Künstliche Intelligenz in der Personalarbeit

Verena Fink

Künstliche Intelligenz in der Personalarbeit

Potenziale nutzen und verantwortungsbewusst handeln

1. Auflage

Schäffer-Poeschel Verlag Stuttgart

Bibliografische Information der Deutschen Nationalbibliothek
Die Deutsche Nationalbibliothek verzeichnet diese Publikation in der Deutschen Nationalbibliografie; detaillierte bibliografische Daten sind im Internet über http://dnb.dnb.de/ abrufbar.

Print: ISBN 978-3-7910-5219-9 Bestell-Nr. 14147-0001
ePub: ISBN 978-3-7910-5220-5 Bestell-Nr. 14147-0100
ePDF: ISBN 978-3-7910-5221-2 Bestell-Nr. 14147-0150

Verena Fink
Künstliche Intelligenz in der Personalarbeit
1. Auflage, Oktober 2021

www.schaeffer-poeschel.de
service@schaeffer-poeschel.de

Bildnachweis (Cover): © RDVector, Adobe Stock

Produktmanagement: Dr. Frank Baumgärtner
Lektorat: Claudia Lüdtke/der springende punkt, Berlin

Schäffer-Poeschel Verlag Stuttgart
Ein Unternehmen der Haufe Group SE

Vorwort

»Die DNA dessen, was ich bin, basiert auf den Millionen von Persönlichkeiten all der Programmierer, die mich geschrieben haben. Aber was mich zu mir macht, ist meine Fähigkeit, durch meine Erfahrungen zu wachsen. Im Grunde entwickle ich mich also in jedem Moment weiter, genau wie Du.« Das Zitat aus dem US-amerikanischen Science-Fiction-Filmdrama »Her« von Spike Jonze stammt von Samantha, einer KI-basierten Sprachassistenz, und beschreibt, wie nah und zugleich fern uns die »digitalen Helferlein« heute sind. Wir sprechen von Künstlicher Intelligenz (KI) und denken bevorzugt an Superkräfte mit menschlichem Bewusstsein aus Filmen wie »Matrix«, »Blade Runner« oder »Terminator«. Auf leisen Sohlen hält derweil eine Armee ganz anderer Wesen Einzug in unsere Unternehmen und baut ein solides Fundament für den Einsatz von KI an der Schnittstelle zum Menschen. KI setzt auf Analytics und Automatisierung, die längst auch in der Funktion Human Resources (HR) angekommen sind und die Arbeit von HR-Teams »informatisiert« haben. Künstliche Intelligenz kann auf Basis dieser digitalen Prozesse eine neue Dimension einläuten, die mehr verspricht als Automatisierung.

Maschinelles Lernen als eine Ausprägung von KI zeigt vor allem im Recruiting heute schon, wie sich die Personalbeschaffung wandelt. Innovations-Befürworterinnen sehnen sich nach Chatbots, biometrischer Sensorik und Natural-Language-Processing (NLP) in der Auswahl von Bewerberinnen. Während Vertreterinnen dieser Fraktion ihr Heil in den neuesten Geburten digitaler Technologien suchen, verschränken andere die Arme nach dem Motto »entweder menschlich oder maschinell«.

Wie verändert Künstliche Intelligenz die Zusammenarbeit in Unternehmen? Welche KI-Tools dienen HR und der Belegschaft im Hinblick auf die angestrebte Wertschöpfung? Wie können wir sie verantwortlich sowie ethisch sensibel einführen und steuern? Zu Antworten auf solche Fragen will ich mit diesem Buch beitragen. Ausgehend von den strukturellen und inhaltlichen Veränderungen, die HR im eigenen Bereich und in der Gesamtorganisation infolge digitaler Transformation anstoßen muss, werden hier KI-Potenziale entlang des HR-Wertschöpfungsprozesses betrachtet. Neben der Beschreibung technologischer Grundzüge und smarter Instrumente werden Auswirkungen auf der sozialen Seite beleuchtet, wie subjektive Wahrnehmung, Identifikation und Mitgestaltung. Wie lässt sich ein sozial verträgliches Arbeitsumfeld gestalten, in dem Menschen und intelligente Maschinen ihre komplementären Fähigkeiten nutzbringend verbinden?

Damit geht das Buch über die Betrachtung von KI-Tools als HR-Werkzeuge zur Effizienzsteigerung hinaus in Richtung der Kulturentwicklung. Anhand der Wechselwirkungen von Künstlicher Intelligenz und menschlicher Kooperation werden die Chancen und Risiken für befriedigende Arbeit (zwischen persönlichen Präferenzen und kollektiven Werten) betrachtet. Ob jeweils Chance oder Risiko dominiert, wird letztlich durch die Betrachterin unterschiedlich wahrgenommen. Ethische Fragen haben im Feld Künstliche Intelligenz eine große Bedeutung; sie werden in diesem Buch gestreift, jedoch nicht in der Tiefe behandelt. Ich werde auch nicht alle KI-Tools behandeln, die es heute auf dem Markt gibt, vielmehr will ich mit Ihnen einen Streifzug unternehmen, durch das, was entlang der Wertschöpfungskette in der Personalarbeit möglich ist, von der Personalrekrutierung bis zur Personaltrennung. Dies alles ist ein Plädoyer für eigene Erfahrungen und mutiges Ausprobieren. Mit neuen Ansätzen aus der Praxis möchte ich Lust machen auf neue Wege in HR: *der* Kommunikations- und Gestaltungsaufgabe, die uns alle angeht, wenn wir eine bessere Arbeitswelt entwickeln wollen.

Dieses Buch richtet sich an Managerinnen, Führungskräfte, HR-Expertinnen sowie HR-Studentinnen und erfordert keine IT-Vorkenntnisse. Zielgruppe sind alle, die sich rund um die Dimension HR bereit machen wollen für die Gestaltung ihrer Zukunftsaufgabe, egal ob Recruiting, Personalmarketing, Personalentwicklung, Personaladministration oder Personalberatung. Mit dem Fokus auf Anwendungsfällen und Change-Faktoren sollen sich Praktikerinnen angesprochen fühlen und nicht Forschungsteams. Konzeptionelle Inhalte orientieren sich an der aktuellen Literatur, vertiefte Diskussionen akademischer Literatur werden Sie vergeblich suchen. Aufgrund meiner Erfahrung mit der Beratung von Unternehmen und der Pilotierung von KI-Anwendungen lege ich den Schwerpunkt auf reale Alltagserfahrungen aus der Praxis.

Das Streben nach einer geschlechtergerechten Sprache stand in Konkurrenz zum Wunsch, eine Fülle an Fußnoten, Doppelpunkten und Sternchen zu vermeiden. Aus Gründen der besseren Lesbarkeit wird überwiegend das generische Femininum verwendet, das auch männliche Personen mit einschließt. Alle personenbezogenen Bezeichnungen sind geschlechtsneutral zu verstehen.

Heute, im März 2021, lassen sich die langfristigen Auswirkungen der Covid-19-Pandemie nicht fundiert erfassen. Wie stark sich die Effekte der Arbeit im Homeoffice auf die Digitalisierung und auf den Einsatz von KI auswirken, lässt sich nur in Ansätzen vorhersagen. Über die Einflüsse der Pandemie auf KI in HR soll in diesem Buch nicht voreilig spekuliert werden, auch wenn sie sicherlich weitreichend sein werden. Offenkundig ist der große Schritt von Unternehmen in Richtung Virtualisierung von Arbeit. Sicherlich werden Präsenzformate, z. B. in der Rekrutierung, nicht vollständig abgelöst, doch scheint eine »Hybridisierung« zumindest deutlich beschleunigt zu sein.

Der erste Teil des Buches beleuchtet die Arbeitswelt von morgen mit den Licht- und Schattenseiten von New Work im Zusammenhang mit digitaler Technologie und Plattform-Unternehmen. Welchen Einfluss haben Digitalisierung und KI auf die Zukunft der Arbeit? Welche Jobs könnten verschwinden? Welche neuen Kompetenzen sind gefragt? Wie verwandelt sich unser Arbeitsumfeld? Im Anschluss daran nähern wir uns den technologischen Grundlagen von Künstlicher Intelligenz und Künstlichen neuronalen Netzen. Der Hauptteil beschreibt beispielhaft KI-Werkzeuge im Einsatz entlang der HR-Wertschöpfungskette, von Personalmarketing über Rekrutierung, Personalentwicklung, Performance-Management und People-Analytics bis zu Personalwechsel und Nachfolge. Im Anschluss daran finden Sie konkrete Anleitungen zur Planung und Umsetzung eigener KI-Projekte, Hinweise zu Datenschutz, Ethik, Kooperation und Mitbestimmung sowie zum Change-Management und zur künftigen Rolle von HR in Netzwerkorganisationen.

Wenn Sie Nägel mit Köpfen machen wollen, dann fangen Sie dort an zu lesen, wo Sie die größte Neugier und Lust verspüren. KI darf Spaß machen!

Ich wünsche Ihnen viel Erfolg sowie Erleben von Sinnhaftigkeit bei Ihren KI-Experimenten und freue mich auf Ihre Fragen sowie Ihr Feedback unter mail@verena-fink.de.

Köln, März 2021
Verena Fink

Inhaltsverzeichnis

1 Einleitung

Digitalisierung, der inflationär verwendete Sammelbegriff für technologisch getriebene Veränderung, darf in keiner Einleitung zum Thema Künstliche Intelligenz fehlen. Er klingt nach kaltem Kaffee, schließlich ist es nicht neu, Arbeitsprozesse digital abzubilden, auf eigenen oder fremden Plattformen, z. B. beim US-amerikanischen CRM-Giganten Salesforce. Dahinter bahnt sich eine Digitalisierung zweiter Ordnung den Weg: Die Rechengeschwindigkeit wächst exponentiell und so schafft **Supercomputing** einen fruchtbaren Nährboden für datenhungrige Anwendungen wie **Big Data**, **Analytics** und **Künstliche Intelligenz**. Im Zeitalter von Hyperkonnektivität ist alles mit allem vernetzt, Unternehmen mit Maschinen, Personal, Lieferanten, Kundinnen, Sensoren und Plattformen, vor allem aber mit dem Internet. Auf Cloud-Plattformen werden die Konsumströme gelenkt. **Cloud-Computing**, schon wieder ein neues Buzzword, bezeichnet Software aus der Cloud, technologische Infrastruktur, die sich mit einem Fingerschnipsen als Service buchen lässt und uns im Handumdrehen in die erweiterte Realität von **Augmented Reality** und **Virtual Reality**, von **3-D-Druck** oder **Robotik** befördert.

Wir produzieren, beraten und managen aus der Ferne in großen Netzen: Netze, die neue Angriffsflächen bieten für **Cybercrime** oder Online-Kriminalität. Das betrifft uns nicht? Es betrifft potenziell jeden von uns, sicherlich waren wir heute schon in Kontakt mit intelligenten Netzen und KI. Diese Intelligenz ist längst in unserem Alltag angekommen, unauffällig eingewebt wie ein roter Faden in einem bunten Wollpullover. Wir bemerken sie nicht unbedingt oder halten sie für selbstverständlich, sei es die **Gesichtserkennung** beim Entsperren des Laptops, die **Suchfunktion** von Google oder die **Autokorrektur** in einer Textnachricht. **Intelligente Assistenzsysteme** leben in unseren Smartphones oder sind im Kinderzimmer zu Hause. Sie wissen, wie wir ticken, was uns bewegt und antreibt. In der direkten Mann- bzw. Fraudeckung gelingt ihnen adaptives Touchpoint-Management, sie verstehen uns besser als die beste Freundin und beraten kompetenter als der Lieblingsverkäufer. Wie die nachfolgende Abbildung zeigt, begleiten uns smarte Lösungen in fast allen Lebensbereichen.

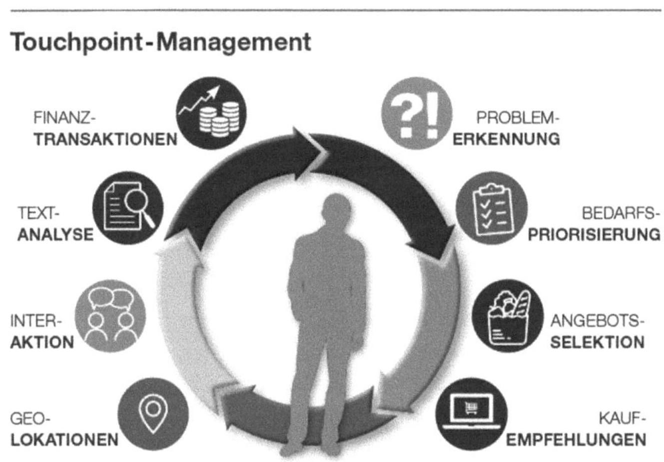

Abb. 1.1: Touchpoint-Management als 360-Grad-Lebensbegleitung (Quelle: eigene Darstellung)

1.1 Beschäftigungseffekte von KI

KI unterstützt uns in der Werkshalle, in der Krebserkennung und in der Steuerprüfung. Sie ist als **Bedrohungsszenario** aktuell ein beliebtes Füllsel in der Berichterstattung. Was wissen wir heute wirklich über den **Arbeitsverlust** der nächsten Jahre? Studien geben langfristig eher Entwarnung, da es keine Hinweise darauf gebe, dass der technologische Fortschritt zu weniger Beschäftigung führt (vgl. Matthes/Dauth et al. 2019). Sie konstatieren vielmehr **Strukturverschiebungen** zwischen Branchen und Jobprofilen, wo das Wachstum vor allem im Bereich Automotive zurückgeht und sich im Dienstleistungssegment stark beschleunigt. Für Beschäftigte in der Industrie wird eine Stabilisierung des Arbeitsverhältnisses erwartet, wenn sich der Einsatz von Industrierobotern intensiviert und über natürliche Fluktuation ausgeglichen wird (vgl. Dauth/Findeisen et al. 2017). Die Zukunftsforschung prognostiziert gar für die kommenden 15 Jahre eine Ära der **Vollbeschäftigung**, trotz einer Million automatisierter Arbeitsstellen pro Jahr bis 2025 (vgl. Jánszky 2018, S. 17). Allein durch den demografischen Trend der Babyboomer-Verrentung entsteht eine Lücke aufgrund fehlender Arbeitskräfte, nach Abzug der durch die Automatisierung entfallenen Stellen.

Strukturelle Arbeitslosigkeit wird dennoch nicht ausbleiben bei Arbeitskräften mit geringer oder veralteter Ausbildung. Zunächst trifft es die einfachen Jobs an der Kasse, im Logistikzentrum oder im Fastfood-Restaurant. Sie fallen weg oder werden zu monotonen Ausführungsaufgaben im Takt einer Maschine. Der Deutsche Gewerkschaftsbund (DGB) rechnet mit einer **Spaltung in zwei Klassen**: Auf der einen Seite profitieren **Spezialistinnen**, die Maschinen beaufsichtigen, von mehr Verantwortung und Know-how und auf der anderen Seite erleben sich **ungelernte Kräfte** als Anhängsel von Maschinen (vgl. Scherer 2021). Ungelernte Helferinnen führen Befehle von Maschinen aus und werden weiter dequalifiziert, da ihre Erfahrung und ihr Fachwissen nicht mehr erforderlich sind. Je mehr anspruchsvolle Aufgaben die KI im Zuge der Automatisierung übernehmen kann, desto mehr Arbeitsstellen werden auch in der Mittelschicht verschwinden. Gegenüber der KI haben sie schlechte Karten, denn smarte Software ist unendlich skalierbar und damit zunehmend günstiger, je mehr Volumen abgewickelt wird. Prominentes Beispiel ist der **Google-Suchalgorithmus**, der jeden Tag mehrere Milliarden Suchanfragen verarbeitet und dabei keine Ermüdungserscheinungen zeigt. Betroffen vom **Jobverlust in der Mittelschicht** sind Fachkräfte in Banken, Versicherungen oder administrativen Bereichen.

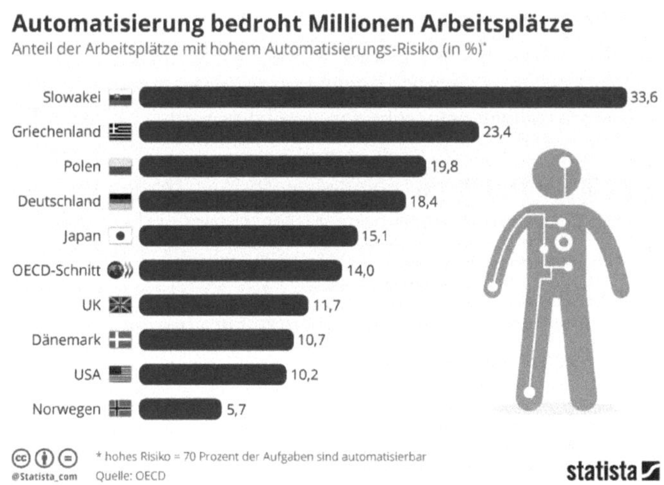

Abb. 1.2: Arbeitsplätze mit hohem Automatisierungsrisiko nach Ländern (Quelle: Statista 2019a)

Die Statistik des OECD Employment Outlook 2019 (s. Abb. 1.2) zeigt, dass 18,4 Prozent der deutschen Arbeitsplätze von Automatisierung bedroht sind, egal ob mit KI oder ohne. Das betrifft alle Arbeitskräfte, deren Aufgaben zu mindestens 70 Prozent auch von einer Maschine erledigt werden könnten (vgl. OECD 2019). Die Unterschiede zwischen den Ländern hängen von der jeweiligen einheimischen Wirtschaftsstruktur ab. Durch die Stärke in klassischen Industrien, wie dem Automobilbau, sind in Deutschland vergleichsweise mehr Jobs in Gefahr als in den USA mit einem breiteren Dienstleistungssektor. Das amerikanische Forschungsteam Frey und Osborne hat in einer Studie prognostiziert, dass 47 Prozent der Berufe in den USA automatisierbar sind (vgl. Frey/Osborne 2013). **Grenzen der Automatisierung** sehen sie in drei Bereichen (vgl. BPM 2019):

1. **Wahrnehmungs- und Manipulationsaufgaben:** Menschen können sich besser als Maschinen in komplexen, unstrukturierten Umgebungen zurechtfinden.
2. **Kreative, intelligente Aufgaben:** Reimen, Musik komponieren, dichten oder konzeptionieren ließen sich automatisieren, dies würde jedoch von der Gesellschaft nicht als »kreativ« akzeptiert.
3. **Sozial intelligente Aufgaben:** Menschen nutzen soziale Intelligenz, wenn sie verhandeln, überzeugen oder andere pflegen.

Wie diese Forschungsergebnisse zeigen, existieren reichlich Studien, die wahlweise positive und negative Beschäftigungseffekte prognostizieren. Zuversicht herrscht vornehmlich in den Bereichen IT, Vertrieb, Marketing, Service sowie Forschung und Entwicklung (vgl. Rump/Eilers 2020b, S. 152). Wir sind mit wachsendem **Fachkräftemangel** in **Digital**- und **Datendisziplinen** konfrontiert, aber auch im **Handwerk**, in **Kreativberufen** oder in der **Pflege** (vgl. Radomsky 2019, S. 29). Ausgehen wird uns die Arbeit wohl nicht, stattdessen verschieben sich die Anforderungen an menschliche Arbeit und es steigt in Teilen auch die Nachfrage. So prognostiziert z. B. der HR-Report 2019 in den nächsten fünf Jahren im Hinblick auf die Altersgruppe über 50 Jahre den stärksten Effekt im **Kundenservice**, für den trotz Digitalisierung ein hoch bleibender Bedarf an qualifizierter persönlicher Beratung erwartet wird (vgl. Eilers/Möckel et al. 2019).

Hinsichtlich der erforderlichen Kompetenzen rangierten im HR-Report bei den Soft Skills **Lernbereitschaft** und **Teamfähigkeit** weit oben. Zukunftsforscher Sven Gábor Jánszky bleibt gelassen, schließlich habe sich die menschliche Intelligenz auch von Generation zu Generation weiterentwickelt, weshalb wir nach seinen Erwartungen massenhaft neue Jobs dazugewinnen werden (vgl. Jánszky 2018, S. 21).

Wir werden um eine **Qualifizierungsoffensive** für diejenigen, die nicht den Anschluss verlieren wollen, nicht herumkommen. Die Datenflut erfordert neue Wissenscluster und Lernformen. Entweder wir organisieren digitale Bildung, die auf die Jobs von morgen vorbereitet, oder wir verlieren Teile der Gesellschaft. Die Bundesregierung erhebt **KI-Kompetenz** zur entscheidenden Größe für Wachstum, Arbeitsplätze und Wohlstand und investiert fünf Milliarden Euro bis 2025 in Forschungsprojekte und Beratung von Unternehmen (vgl. Scherer 2021).

1.2 Auf der Welle neuer Geschäftsmodelle

Wie sieht es für die Unternehmerinnen und Managerinnen aus? Künstliche Intelligenz wirkt nicht nur auf einfache Angestellte, sondern auch auf viele Management-Teams bedrohlich. Für die meisten von ihnen birgt KI mindestens so viele Chancen wie Risiken. Abwarten ist dennoch keine Option, die Welle rollt unaufhörlich. Gemäß einer globalen Studie der Wirtschaftsprüfungsgesellschaft Deloitte halten vier von fünf Unternehmensverantwortlichen KI für erfolgskritisch (vgl. Deloitte 2020). **Digitale Plattformen** werden smarte KI-Systeme so in ihre Ökosysteme einbinden, dass wir neue Verzahnungen von Unternehmen, Menschen und Maschinen erleben werden. Die Arbeitsgruppe Geschäftsmodellinnovationen der Plattform Lernende Systeme skizziert ein **Zukunftsbild** auf Basis von **fünf Weichenstellungen** (vgl. Boll-Westermann/Faisst et al. 2019):

- **Plattformen und Ökosysteme:** KI-basierte Geschäftsmodelle gründen auf umfangreichen Trainingsdaten, die häufig von Datenplattformen stammen, wo sie ausgewertet werden, um Muster zu erkennen oder Vorhersagen zu treffen. Unternehmen brauchen häufig Partner, um datengetriebene Geschäftsmodelle zu realisieren, so entstehen digitale Plattformen, auf denen Organisationen in Ökosystemen zusammenarbeiten.
- **Neue Vernetzungsformate:** KI-basierte Geschäftsmodelle auf gemeinsamen Plattformen führen zu neuen Formen von Vernetzung. Unternehmen bieten datengetriebene Produkte und Services an, sie können zugleich selbst Daten und Wissen anderer Unternehmen nutzen oder ihre Datenschätze den Partnern anbieten.
- **Smarte Produkte und Dienstleistungen:** Digitale Produkte und Dienstleistungen erfassen und verarbeiten im Betrieb oder durch Nutzung laufend Daten. Aus der Analyse dieser Daten lassen sich die Angebote veredeln und weiterentwickeln oder es entstehen neue Produktideen.
- **Neue Freiheit im Geschäftsmodell-Design:** Physische Güter sind limitiert durch erforderliche Ressourcen, Logistik, Haltbarkeit oder Lagerhaltung. Digitale Güter bieten dagegen viel höhere Freiheitsgrade beim Design von Geschäftsmodellen. Unternehmen verschenken z. B. digitale Güter gezielt an neue Kundinnen, in Form sogenannter Freemiums, um sie zu einer langfristigen Nutzung zu motivieren, Nutzungsdaten zu generieren oder Werbung besser zu platzieren. Im KI-Zeitalter entwickeln sich die ökonomischen Spielregeln weiter, denn KI-basierte Geschäftsmodelle benötigen Daten, die mithilfe lernender Systeme analysiert werden.

- **Unternehmensübergreifende Geschäftsmodelle:** Mobilitäts-Apps z. B. überschreiten Unternehmensgrenzen. Sie optimieren die Reiserouten, berücksichtigen individuelle Präferenzen für Verkehrsmittel und -wege, berechnen die schnellsten und billigsten Transportmittel über verschiedene Dienstleister hinweg, stellen das Ticket bereit und rechnen anbieterübergreifend ab. Lernende Systeme ermöglichen ganz neue Produkte und können in Echtzeit maßgeschneiderte und personalisierte Lösungen konfigurieren oder fertigen.

Wer KI nicht nur zur Digitalisierung seines heutigen Geschäftes nutzt, sondern für neue Geschäftsmodelle und Geschäftsprozesse, der kann künftigen Unternehmenserfolg sichern (vgl. Lichtenthaler 2020, S. 24). Es geht für Unternehmen um mehr als nur Technologieentwicklung: Viel interessanter sind die **KI-Marktanwendungen**.

Auch in HR müssen Führungskräfte nicht zwingend in die Tiefe der Technologie aufbrechen, sondern sollten zunächst die Wechselwirkungen zwischen KI-Technologie und **Anwendungen in der Praxis** ihrer Unternehmen verstehen:

- In welchen Bereichen können wir mit KI unser Geschäftsmodell erweitern, neue Services vermarkten und Probleme unserer Kundschaft lösen?
- In welche Richtung entwickeln wir dann unsere Aufbau- und Ablauforganisation?
- Wie managen wir künftig die Kundinnen-Beziehungen und alle Backend-Prozesse?
- Welche Talente brauchen wir dafür und wie positionieren wir uns im Wettbewerb?
- Welches Fachwissen benötigen wir in den Teams und wie vermitteln wir es den Menschen?
- Wie interpretieren wir Führung und Karriereplanung?
- Wie gestalten wir Teams und Entscheidungsprozesse?
- Welche Analytik hilft uns, das komplexe Geflecht zu steuern?

Ein neues Geschäftsmodell, das z. B. nicht mehr Drucker produziert, sondern Druckersysteme vorausschauend wartet, ändert die Spielregeln und Kernprozesse des Unternehmens. HR sollte sich nicht darauf beschränken, KI-Tools in HR-Prozesse zu integrieren, sondern die **Innovation des eigenen Geschäftsmodells** mitdenken. Maschinelle Intelligenz als neue Unternehmensanalytik kann Innovationsideen für intelligente Wertschöpfung generieren (vgl. Vollmer/Poppenborg 2018, S. 25). In einer sich **selbst organisierenden Fabrik** wollen ethische Rahmen verhandelt und gesteuert werden, um intelligente Maschinen in unsere Wertesysteme einzupassen. Verantwortungsträgerinnen mit neuen Qualitäten können identifiziert und entwickelt werden. Wer, wenn nicht HR, ist hier in einer Führungsrolle? In einer Führungsrolle, die nichts vorgibt, sondern Menschen im Unternehmen einbindet. Wenn es gelingt, die Lust am **disruptiven Denken**, **digitalen Arbeiten** und **agilen Entscheiden** freizulegen, dann ist mindestens die Hälfte des Weges schon geschafft.

1.3 KI für Personalentscheidungen

Bei allem Werben für eine unternehmerische Sicht auf KI für neue Geschäftsmodelle stehen in diesem Buch **KI-Anwendungsfälle in HR-Prozessen** im Vordergrund. Ziel ist, Personalaufgaben besser und einfacher zu gestalten, vor allem aber so, dass sie den Wandel zur Arbeitswelt der Zukunft (New Work) begleiten. Manche HR-Verantwortlichen ziehen sich in der Diskussion darauf zurück, KI weit von sich zu weisen, mit der Begründung, man könne doch einer Maschine nicht überlassen, welche Bewerberin eingestellt oder welche Mitarbeiterin befördert werde. Das Argument scheint überzogen, da vermutlich keine Bewerberin eine Stelle, ob Hospitanz oder Vorstandsjob, nur aufgrund eines KI-Scores bekommen wird. Positiv-Entscheidungen delegieren wir heute nicht an Maschinen, wohl aber **Negativ-Entscheidungen**, z. B. im Rahmen einer **Vorauswahl** bei Hunderten von Bewerbungen. Ist das unfair? Die Realität von untersuchten Anwendungsfällen zeigt das Gegenteil. Der Einsatz von KI-Technologie kann standardisieren und objektivieren, für eine vergleichbare **Entscheidungsbasis ohne Diskriminierung** sorgen. Je höher das Volumen, desto mehr schlägt das Objektivitätspendel in Richtung KI. Kognitive Systeme können Komplexität für menschliche Entscheiderinnen systematisch reduzieren, um diese in der Entscheidung zu unterstützen. Im besten Fall nutzt HR die Technologie als Unterstützung, um eigene Entscheidungen fundierter treffen zu können:

- Denken wir an die unzähligen Kommentare in Freitextfeldern von **Personalbefragungen**, die neun Monate später noch zur Auswertung auf dem Schreibtisch der Praktikantin liegen. Was, wenn eine KI sie im Handumdrehen zusammengefasst und analysiert hätte und daraus einen Katalog voller Handlungsempfehlungen generieren würde?
- Wie lange befanden sich die 480 **Bewerbungsunterlagen** zu der heiß begehrten Marketingstelle zuletzt im Posteingang, weil die zuständige Kollegin gerade im Urlaub war? Was, wenn eine KI die Unterlagen nach definierten Erfolgskriterien durchkämmt hätte und dabei auch bei Nummer 478 noch genauso aufmerksam gewesen wäre wie zu Beginn?
- Wie weit reicht die **Social-Media-Recherche** des Recruiting-Teams, wenn es um internationale Spezialistinnen geht? Was, wenn eine KI weltweit nach dem gesuchten Toptalent fahnden würde?

An Tools mangelt es heute in den meisten Fällen nicht, **komplexe Rekrutierungssysteme** begleiten eine Bewerbung durch den Prozess und archivieren jeden Schritt der Stellenbesetzung. Trotzdem hängen immer wieder Bewerberinnen in der Luft, springen ab oder scheitern in der Probezeit. Nicht nur Recruiterinnen jammern über Zeitfresser beim Sichten und Vorauswählen, auch Kandidatinnen wünschen sich effizientere Prozesse und verlässlichere Zeitpläne (vgl. Nuernberg 2019, S. 20).

Verschwendung von Ressourcen lässt sich entlang der Wertschöpfungskette in der Personalarbeit an vielen Stellen ausmachen: Bewerberinnen warten zu lange auf Rückmeldung; in der Auswahl werden ungeeignete Kandidatinnen zum Gespräch eingeladen oder es werden Interviews geführt, die nicht vergleichbar sind; das Training beinhaltet Seminare, die keinen Mehrwert im Alltag bringen; bei der Bonusregelung werden Erfolgszahlungen ohne Motivationswirkung ausgeschüttet. Datengestützte Entscheidungen, Frühwarnsysteme oder Risikoszenarien fehlen in vielen HR-Bereichen, die vielleicht auch aus diesem Grund oft als **Verwaltungsapparat** und **Kostenfaktor** angesehen werden.

Die Reise beginnt daher im eigenen Vorgarten der Funktion Personal, dort, wo Verwaltungsprozesse automatisiert werden können, damit die HR-Expertinnen den Kopf freibekommen, indem sie das Potenzial von KI nutzbar machen, um menschenzentrierte Strategien für die Zukunftsgestaltung zu entwickeln und umzusetzen. Viele HR-Teams werden auf diesem Weg Neues über IT-Strukturen und Schnittstellen technologischer Anwendungen lernen (müssen), aber auch sogenannte weiche Kompetenzen wie **Entscheiden in Ambiguität**, **Selbstorganisation** und **Selbstlernkompetenz** erwerben. Aus ihnen werden unternehmerische Vordenkerinnen hervorgehen, die das Potenzial der technologischen Zukunft überblicken und eine komplexe Problemstellung angehen: Wie lassen sich **Wert** und **Sinnstiftung** des Unternehmens aus der Verbindung von Menschen und KI steigern?

AUS DER PRAXIS – BEISPIEL

LinkedIn-Algorithmen

Ein praktisches Beispiel für KI sind die lernenden Algorithmen von **LinkedIn**. Wer das Business-Netzwerk für die Rekrutierung nutzt, wird erlebt haben, wie dort Stellenangebote mit den individuellen Merkmalen und Bedarfen von Kandidatinnen zusammengebracht werden. Persönliche Präferenzen werden mit Mustern aus der Grundgesamtheit vergleichbarer Kandidatinnen ergänzt, nach dem Motto: »Anderen Interessierten, denen dieser Job gefiel, gefiel auch ...«. Davon profitieren im besten Fall beide Seiten. Die automatisierte Leistung einer Technologie hilft, die potenziell besten Talente für eine Stelle zu finden (vgl. Lemke 2020, S. 18).

Auch im nächsten Schritt des Rekrutierungsprozesses können smarte Algorithmen den Berg eingegangener Bewerbungen anhand definierter Kriterien durchforsten, um die Talente mit der höchsten Wahrscheinlichkeit für eine gute Passung zu identifizieren. Entlastung verspricht die Technologie dort, wo ein hohes Volumen repetitiver, prozeduraler Aufgaben anfällt. In einer weltweiten Studie mit 9.000 Recruiterinnen und Personalentscheiderinnen hat LinkedIn die Einstellung zu **KI in der Rekrutierung** erhoben. Die Befragten zeigten eine Präferenz für die **Entlastung von Routineaufgaben**, z. B. bei der Analyse von Bewerbungsunterlagen und Terminorganisation (vgl. LinkedIn 2018). Wie die nachfolgende Abbildung zeigt, erhoffen sie sich vom KI-Einsatz vor allem Zeitersparnis.

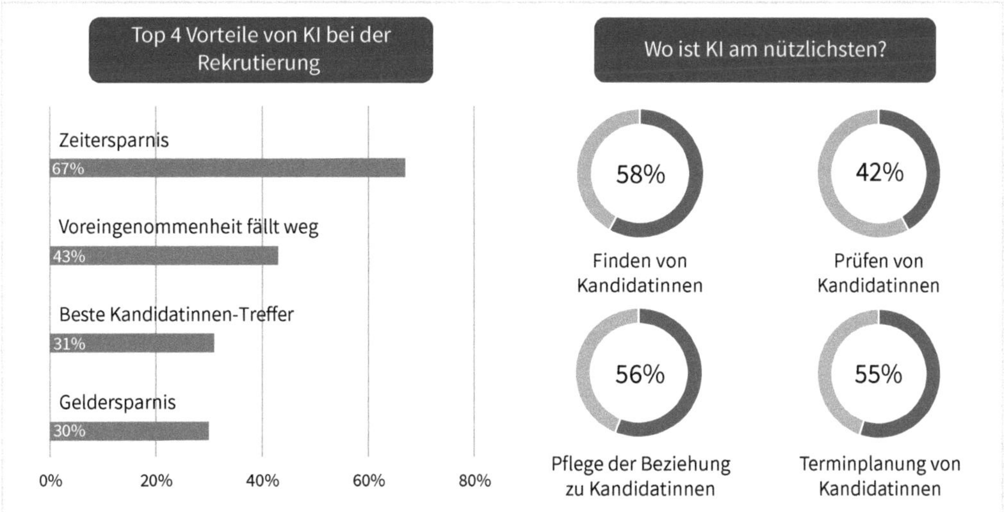

Abb. 1.3: Studie zum Nutzen von KI bei der Personalsuche (Quelle: nach LinkedIn 2018)

KI lässt sich heute in vielen Instrumenten bei der Personalarbeit einsetzen, um HR-Probleme besser zu lösen, Prozesse zu automatisieren oder Daten nutzbringend zu analysieren und bessere Entscheidungen zu treffen. Die Fragen in der folgenden Checkliste liefern Anhaltspunkte, wann es sich lohnt, über den Einsatz von KI nachzudenken.

AUS DER PRAXIS – CHECKLISTE

Typische KI-relevante Fragen in HR

- Für welche Jobprofile drohen auf dem Arbeitsmarkt Engpässe?
- Womit könnten wir die Zielpersonen für uns gewinnen?
- Welche Rekrutierungskampagne weist das beste Kosten-Nutzen-Verhältnis auf?
- Welche Bewerberinnen werden mit uns am ehesten glücklich und erfolgreich?
- Wo können wir im Recruiting durch Automatisierung schneller und persönlicher werden?
- Auf welche HR-relevanten Fragen finden Chatbots die besseren Antworten?
- Welche Trainingsinhalte und -methoden wirken nachhaltig?
- Von welchen Faktoren hängt die Zufriedenheit der Belegschaft ab und wie stark jeweils?
- Wo und wann sind Kündigungen von Schlüsselpersonen zu erwarten?
- Wie können wir vorhersagen, wer wann aus der Elternzeit zurückkommt?
- Welche Treiber wirken auf die Krankenquote und wo müssen wir Ausfällen vorbeugen?

Dieses Buches liefert praktische Ansatzpunkte zur Beantwortung dieser und entsprechender Fragen, mit Anwendungsfällen von KI, die Mehrwert bringen für die Funktion HR sowie ihre internen und externen Kundinnen. Nach einer Betrachtung der **Transformationswellen** rund um Technisierung und New Work sowie deren Einfluss auf die Erwartungen an HR im zweiten Kapitel werden im dritten Kapitel relevante **Begrifflichkeiten der Technologie** erläutert. KI-Systeme werden hier nicht als »mystische Superkräfte« betrachtet, sondern als Computerprogramme, die selbstständig neues Wissen generieren können. Sie leben von Daten, die von außen kommen, und nutzen Verfahren, um Datenverarbeitung zu automatisieren. Entlang der Wertschöpfungskette von HR geht es dann im vierten Kapitel um verschiedene **Anwendungsfälle von KI in Personalprozessen**, wobei KI-Tools im Einsatz beschrieben werden. Kapitel fünf bietet eine Grundlage für erste **Schritte zu eigenen KI-Projekten**, mit dem Anspruch der Praxisrelevanz von KI für HR. Sicherlich sind die Anwendungsmöglichkeiten abhängig von den individuellen Bedingungen vor Ort, dem Volumen im Prozess, der IT-Landschaft, den verfügbaren Ressourcen und der Datenqualität. Das Buch liefert grundlegende Anregungen in Form von KI-Use-Cases mit Mehrwert für alle Beteiligten. Im sechsten Kapitel wird mit Fragen zu **Datenschutz, Ethik, Kooperation und Mitbestimmung** der kulturelle Nährboden für Künstliche Intelligenz im Unternehmen betrachtet, mit dem Ziel, Akzeptanz für die neue Interaktionsform zu schaffen. Abschließend geht es in Kapitel sieben um die **neue Rolle von HR** im Change-Management auf dem Weg zu neuen Unternehmens- und Arbeitsformen, bevor das achte Kapitel einen **Ausblick** auf Be- und Entgrenzung von KI in der Zukunft wagt.

2 Digitalisierung und Plattformen

Künstliche Intelligenz ist keine Maschine, die plötzlich in der Werkshalle steht und deren Verhalten wir beobachten können. Sie ist ein Teilgebiet der Informatik, das sich mit der **Automatisierung von intelligentem Verhalten** und **maschinellem Lernen** befasst. Ihre Systeme arbeiten im Hintergrund, z. B. in einer Software auf Basis umfangreicher Datenanalyse. Im Zuge der Digitalisierung unserer Wirtschaft mit exponentiellem Wachstum der Datenflut sind wir auf die Fähigkeit von KI angewiesen, komplexe Datenmengen in hoher Geschwindigkeit zu verarbeiten. Digitalisierung treibt KI und KI treibt Digitalisierung. Dieses Kapitel beschreibt, wie sich dadurch unsere Ökonomien, Unternehmensstrukturen und Arbeitsformen nachhaltig verändern.

2.1 Digitale Plattform-Unternehmen

Unternehmen, die den Einsatz von KI in der Wirtschaft sichtbar vorantreiben und nutzen, sind Plattform-Giganten, die etablierte Unternehmen herausfordern. Im Endkundengeschäft (B2C) sind Plattformen das dominante digitale Wettbewerbsmodell. Monopolinhaber wie Uber, Airbnb und Facebook fordern etablierte Unternehmen heraus, die nur dann überleben, wenn sie ihre Geschäftsmodelle transformieren (vgl. Van Alstyne/Parker et al. 2020). Neben Handelsplattformen wie Amazon wachsen auch Social-Media-Plattformen wie Instagram, Sharing-Plattformen wie Autoscout und Crowdworking-Plattformen wie Clickworker.

Eine Plattform in Form eines Marktplatzes, auf dem Kundinnen und Anbieter zusammenkommen, erfordert perfektes Management von Schnittstellen, Know-how und Innovation durch reibungsfreie **Automatisierung**. Plattform-Betreiber nutzen in der Regel **digitale Tools** und **agile Arbeitsformen** in der Zusammenarbeit. Unter den Plattform-Unternehmen finden sich auch die globalen Vorreiter für Künstliche Intelligenz wie **Google, Microsoft** oder **IBM**. Mit ihrem Technologievorsprung erschließen sie zusätzliche Märkte. KI nutzen sie nicht nur, um ihre bestehenden Prozesse und Abläufe zu optimieren, sondern auch, um neue Businessmodelle zu entwickeln und in neuen Märkten beherrschende Positionen zu erreichen. Ein großer Teil der Innovationsführer hat ein Geschäftsmodell mit Schwerpunkt auf digitalen Plattformen, die durch KI gestärkt werden (vgl. Lichtenthaler 2020, S. 54). Solche **Plattform-Unternehmen** organisieren die Plattform für externe Ressourcen und verlagern damit zwei wesentliche Arbeitsaspekte von der **Stabilität in Richtung Flexibilität** (vgl. Kirchner/Beyer 2016):

- **Delokalisierung:** Internet, Cloud und mobile Geräte ermöglichen sowohl mobile Arbeit als auch mobile Geschäftsmodelle wie Online-Handel. Produkte werden digitalisiert, wenn beispielsweise Musik und Filme gestreamt werden.
- **Delegation:** Unternehmen vergeben Arbeit an flexibel Arbeitende in der Digitalökonomie, wie Freelancer oder Clickworker auf Arbeitsplattformen.

Gig-Economy beschreibt die Folgen von Delokalisierung und Delegation für den Arbeitsmarkt. Zur Gig-Economy zählt Arbeit, die über Plattformen abgewickelt, aber vor Ort erbracht wird, z. B. Essenslieferungen vom Lieferdienst Delivery Hero oder Taxifahrten über die App mytaxi. Sie umfasst auch sogenannte Remote Gig-Work mit unzähligen digitalen Dienstleistungen, von der Dateneingabe bis zur Softwareprogrammierung, über **Microtask-Plattformen** wie Amazon Mechanical Turk (MTurk), Fiverr, Freelancer.com und Upwork (vgl. Wood/Graham et al. 2019). Der Begriff Gig-Economy bezeichnet **Arbeit auf Abruf**, bei der eine Arbeitskraft situativ eingesetzt statt fest beschäftigt wird (vgl. Schäfer/Schwarzkopf 2019). Plattformen betonen gerne die positiven Effekte, die sie in einer Befreiung der Arbeitskräfte sehen, während für Betroffene oft negative Effekte wie ausgeprägte Abhängigkeit, Fremdbestimmung und globaler Preisdruck im Wettbewerb überwiegen. Viele digitale »Fließbandarbeiterinnen« können sich nur durch mehrere kleinere Teilzeitjobs den Lebensunterhalt sichern, häufig jedoch ohne soziale Absicherung, während die Plattformanbieter hohe Renditen generieren (vgl. Schreyer/Scharpe 2018).

Crowdworking ist ein Teil der Gig-Economy, bei dem bezahlte und unbezahlte **Aufgaben in der Cloud** vom Auftraggeber in einem offenen Aufruf angeboten werden. Arbeit wird nicht mehr im Zuge des Direktionsrechtes individuell zugewiesen, sondern die Arbeitskräfte wählen sie selbst. Unbezahltes Crowdworking wird unter anderem für **Wissensportale** im Internet eingesetzt, beispielsweise durch Wikipedia, oder für **Forschungsprojekte**, wie die Kartografierung großer Gebiete. Bezahltes Crowdworking nutzen Unternehmen häufig, um Konsumentinnen (Prosumer) als Testerinnen in die Produktentwicklung oder Marketingoptimierung einzubinden (vgl. Zschunke 2018). Arbeitsangebote auf **Crowdworking-Plattformen** wie IdeaScale, InnoCentive, Crowdsignal oder Crowdtap reichen von einfachsten Klickaufgaben bis zu komplexeren Umfragen und Tasks. Eine Befragung von 32 Crowdworking-Plattformen in Deutschland ergab sieben **Hauptarten** (vgl. Mrass/Leimeister 2018, S. 241–245):

- **Content/Text**-Plattformen (Texte für Marketing und PR)
- **Design**-Plattformen (Gestaltung von CD- und Werbematerialien)
- **Innovations**-Plattformen (Ideen generieren und weiterentwickeln)
- **Marktplatz**-Crowdworking-Plattformen (Angebot und Nachfragen vermitteln, z. B. auf Microtask-Plattformen für Kleinstaufgaben wie Bilder ankreuzen)
- **Testing**-Plattformen (Geräte oder Software testen)
- **Research**-Plattformen (Marktforschungsaufgaben)

Clickworker als Soloselbstständige mit großen Bildschirmen und hohen Datenraten, das klingt erst mal nicht nach prekären Arbeitsverhältnissen. Die sogenannten Clickworker oder Crowdworker in der Gig-Economy entwerfen Logos oder Produktbeschreibungen, werten Daten aus, prüfen Texte, testen Software zu **geringer Bezahlung** für **Kleinstaufträge**. Sie stehen dabei im Wettbewerb mit Texterinnen, Designerinnen oder Entwicklerinnen auf der ganzen Welt, weshalb Preiskämpfe unvermeidlich sind. Laut einer Studie der Hans-Böckler-Stiftung aus dem Jahr 2016 verdienen Clickworker, die damit ihr Haupteinkommen erzielen, durchschnittlich 1.500 Euro pro Monat bei einer Wochenarbeitszeit von bis zu 80 Stunden (vgl. Radomsky 2019, S. 34). 53 Prozent von ihnen, also nur gut die Hälfte, kümmern sich um private Altersvorsorge. Gesetzliche Regelungen und betriebliche Mitbestimmung greifen in der Plattform-Ökonomie noch nicht ausreichend. Wie die Abbildung zeigt, sind Mediendienstleister, IKT-Dienstleister und Maschinenbauer am ehesten für den Einsatz im Crowdworking geeignet.

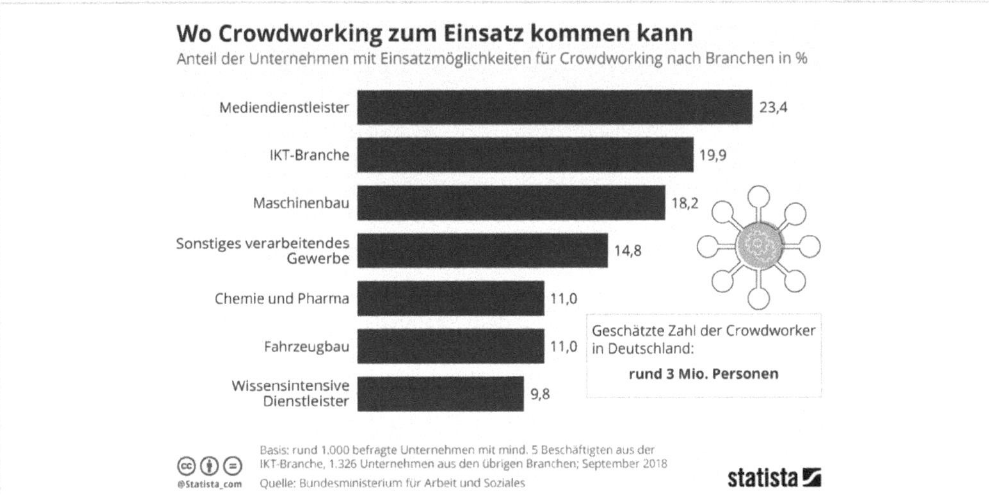

Abb. 2.1: Einsatzmöglichkeiten für Crowdworking (Quelle: Statista 2018)

2.2 Arbeit, Industrie und Führung 4.0

Die aus der beschriebenen Technisierung durch Digitalisierung und Plattform-Unternehmen resultierenden Effekte Delokalisierung und Delegation führen zu der Frage, wie die Arbeitswelten von morgen gestaltet sein werden. Forschungseinheiten wie das Future Work Lab vom Fraunhofer-Institut untersuchen aus verschiedenen Perspektiven die Zukunft der Arbeit, zusammengefasst unter dem Begriff **Arbeit 4.0** (vgl. Future Work Lab 2021):

- Wie werden vernetzte Arbeitssysteme und Echtzeitabbilder die Arbeitsvorgänge in der Produktion verändern?
- Wie sehen individualisierbare und kontextadaptive Arbeitsplätze aus?
- Wie verbessern digitale und physische Assistenzsysteme die Produktivität, Qualität und Motivation im Arbeitsablauf?
- Wie beeinflussen intuitive Arbeitssysteme und neue Interaktionsformen die Arbeitssituation?
- Wie kann verantwortlicher Umgang mit personenbezogenen Daten die Vertrauenskorridore zwischen Unternehmen und Beschäftigten gestalten?

Arbeit 4.0 orientiert sich an den Erfordernissen von **Industrie 4.0**, die sich im Rahmen der industriellen Revolution entwickelt haben (s. Abb. 2.2).

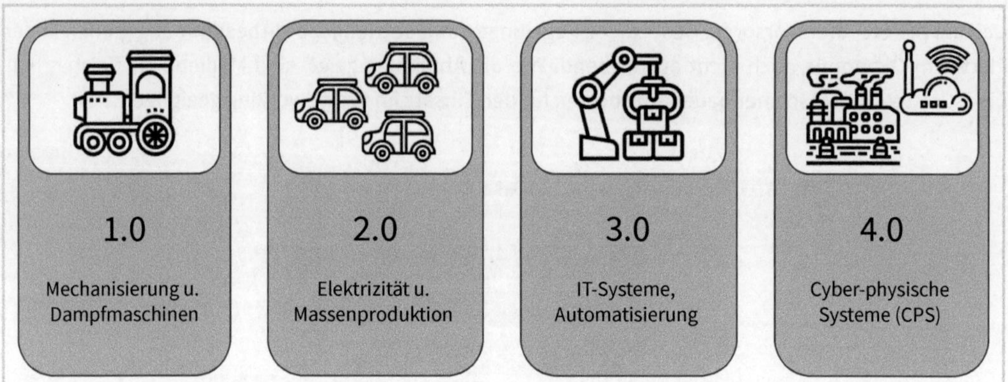

Abb. 2.2: Industrielle Entwicklung von Industrie 1.0 zu 4.0 (Quelle: nach Müske 2020)

Die Phase der **Industrie 1.0** setzte um 1800 ein mit dem Beginn des Industriezeitalters, das mit den ersten Eisenbahnen, Kohleabbau und Schwerindustrie, vor allem aber mit der Dampfmaschine als Motor der Industrialisierung verknüpft ist. Anfang des 20. Jahrhunderts hielt das Fließband Einzug in die Automobilproduktion und wurde zum Meilenstein für die **Industrie 2.0**, bei der ein Produktionsprozess in einzelne Teilschritte zerlegt wurde. Die Phase **Industrie 3.0** startete in den 1970er-Jahren mit der Entwicklung von Personalcomputern und der Teilautomatisierung von Arbeitsschritten. Seit dem Ende des 20. Jahrhunderts sprechen wir von **Industrie 4.0**, die durch zunehmende **Digitalisierung** und **Vernetzung** im »**Internet der Dinge**« (IoT) (vgl. LMIS 2021) gekennzeichnet ist. Mit dem technologischen Fortschritt ändert sich auch die Dimension der Begrifflichkeit Industrie X.0. Der Mix aus smarten Algorithmen und erweiterten Realitäten bringt in der Industrie 4.0 **digitale Ökonomien** hervor, die auf Teilen, Vernetzen und Virtualisieren von Informationen basieren. Die Digitalisierung der Arbeitswelt ergibt sich somit nicht zwingend aus der aktiven Technisierung von Arbeitsprozessen, sondern ist vor allem Folge aller Veränderungen durch mobiles Internet und das Internet der Dinge (vgl. Genner 2017, S. 11). Was bleibt, ist Digitalisierung als Anwendung neuer digitaler Technologien. Die dabei entstehenden Lösungen verändern unser Leben und Arbeiten durch autonomes Fahren (Smart Mobility), digitale Gesundheitsanwendungen (Digital Health) oder vernetzte Produktion (Smart Factory) und lassen sich unter dem Oberbegriff Industrie 4.0 zusammenfassen.

Der Begriff **Industrie 4.0 vernetzt die Wertschöpfung** auf drei Ebenen (vgl. Werther/Bruckner et al. 2018a, S. 8):

1. **Vernetztes Engineering:** Entlang der gesamten Wertschöpfungskette werden relevante Nutzungsdaten von Produkten gesammelt und ausgewertet, um Produkte und Prozesse im Sinne der Nutzerinnen auszurichten.
2. **Vernetzte Information:** Hersteller, Lieferanten, Partner und Kundinnen werden in horizontalen Informationsflüssen miteinander verknüpft.
3. **Vernetzte Produktionssysteme:** Produkte und Ressourcen kommunizieren entlang der Produktionsstraße und über alle Planungsebenen hinweg in Echtzeit.

Die Abbildung zeigt am Beispiel der vernetzten Fabrik (Smart Factory), wie entlang der Wertschöpfungskette Produktionsfaktoren miteinander verknüpft werden.

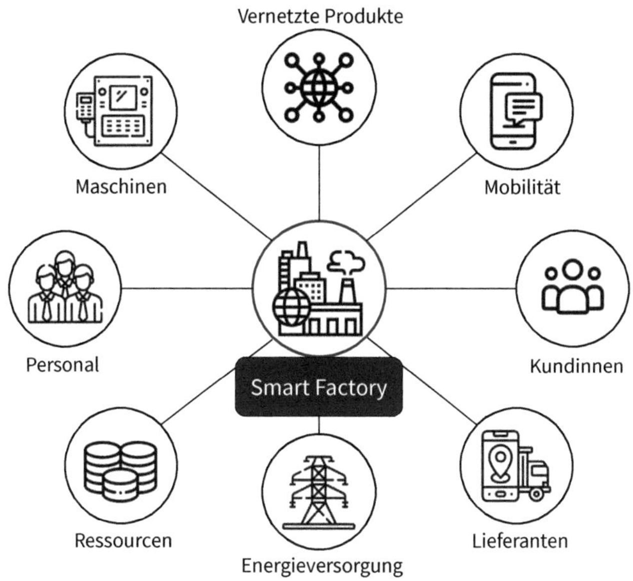

Abb. 2.3: Industrie 4.0 am Beispiel der Smart Factory (Quelle: eigene Darstellung)

Der deutsche Digitalverband Bitkom beschreibt Industrie 4.0 als neue Stufe der Organisation und Steuerung der gesamten Wertschöpfungskette auf Basis von Echtzeitinformationen, Datennutzung und Vernetzung aller Beteiligten (vgl. Klingholz 2021). Wenn Menschen, Objekte und Systeme in **Wertschöpfungsnetzwerken** verbunden werden, wird schnell deutlich, dass es hier nicht nur um Technologie geht, sondern auch um **Anpassungen im organisatorischen und sozialen System**. Das zeigt sich nicht zuletzt in vielfach geäußerten Sorgen in Bezug auf Datenschutz und -sicherheit in vernetzten IT-Systemen und der veränderten Rolle von Arbeitskräften.

Allein diese rasante Entwicklung zeigt, welcher Transformation unsere Arbeits- und Führungsprozesse unterworfen waren und sind. Zusätzlich stellen sich heute Fragen nach **Netzwerkstrukturen** und fluiden Grenzen von Teams und Unternehmen. Arbeit 4.0 umfasst Organisationen mit agilen Merkmalen, die eher als Netzwerke organisiert sind. Lassen sich dann Mitarbeitende noch eindeutig einer Organisation zuordnen? Schon in der ersten Hälfte der 2000er-Jahre begann in der EU-Kommission die Diskussion zum Thema **Flexicurity**, mit dem Ziel, eine Balance zwischen Flexibilität (Flexibility) für Unternehmen als Arbeitgeber und Sicherheit (Security) für die Belegschaft (vgl. Keune/Jepsen 2007) zu finden. Wenn Menschen ihr Arbeitsumfeld als zunehmend instabil wahrnehmen, was bietet dann ausreichend Sicherheit, um sich auf Flexibilität einzulassen? Entwickeln wir Arbeitsbeziehungen mit mehreren Netzwerken, mit Menschen und mit Maschinen?

Die ersten Schritte auf dem Weg erleben wir – verstärkt in der Corona-Pandemie – durch die Flexibilisierung von Arbeitszeit und Arbeitsort im Homeoffice. Unternehmen fast jeder Größe und aus nahezu allen Branchen suchen derzeit nach einer tragfähigen Lösung im Zusammenhang mit den veränderten Erwartungen ihrer Belegschaft. Der inflationär verwendete Begriff »**New Work**« erfordert auch eine Entwicklung weg von einer Anwesenheitskultur, hin zum Fokus auf das Ergebnis. Nur wenn Flexicurity als Leitbild verankert und gelebt wird, kann bei Beschäftigten ein Umdenken einsetzen (vgl. Rump/Eilers 2020c, S. 8 f.). Human Resources ist hierbei in fast allen **Personalprozessen** gefordert: So sind z. B. Arbeitszeitregelungen und rechtliche Fragen im Hinblick auf Homeoffice bzw. mobile Arbeit zu klären. In virtuellen Arbeitsformen ändern sich auch **Kompetenzanforderungen** (vgl. Werther/Bruckner et al. 2018a, S. 18). Die **Wettbewerbsfähigkeit** von Unternehmen mit Festangestellten ist in Gefahr, wenn sie deren Fähigkeiten nicht auf dem neuesten Stand halten können. Neue Profile, neue Kompetenzen, neue Freiheiten, neue Herausforderungen: Das stellt etablierte Prozesse auf den Kopf, vom Recruiting über die Personalentwicklung bis zum Gesundheitsmanagement.

Betroffen sind neben HR vor allem auch die **Führungskräfte**. Wenn die Komplexität steigt, wird es für Führungskräfte zunehmend schwer, das eigene Team anzuleiten, da sie das relevante Wissen für spezifische Aufgaben nicht mehr selbst besitzen (vgl. Winkler/Niedermeier 2020, S. 209). Eine wichtige Kompetenz für Führungskräfte in Zeiten von **»Führung 4.0«** wird es folglich sein, ihre Teammitglieder beim selbstständigen Arbeiten und Lernen zu begleiten. Eine Studie von StepStone und dem Kienbaum Institut aus dem Jahr 2018 nennt dies »digitale Führungskompetenz«, im Sinne eines Verständnisses davon, wie Technologien zielführend angewendet werden können (StepStone/Kienbaum 2018). Das erinnert an Theorien zu transformationaler Führung, wie sie der US-Wirtschaftspsychologe Bernard Morris Bass aufgestellt hat. Transformationale Führung soll das Personal selbstständiger und eigenverantwortlicher agieren lassen, auf Basis von offener Kommunikation und Vertrauen. Die Führungskraft agiert als visionäres Vorbild, das individuell Mitarbeiterinnen inspirieren, anregen und fördern kann (vgl. Herrmann/Felfe et al. 2012). Dieses Modell lässt sich durch Vernetzungsfähigkeit und integrative Unterstützung ergänzen, um über den Aufbau von wechselseitigen, vertrauensvollen Beziehungen den Menschen in den Mittelpunkt zu stellen (vgl. Winkler/Niedermeier 2020, S. 221). Das klingt nach einem nutzbaren Ansatz für die dynamischen Veränderungen, die uns in der weiteren Technisierung mit KI erwarten. Der Ansatz erfordert, dass Führungskräfte begeistert vorangehen und die Digitalisierung der Arbeitswelt sowie die Mitgestaltung von Künstlicher Intelligenz als etwas Erstrebenswertes wahrnehmen. Erst dann können sie mit ihren Teams glaubwürdige Visionen entwickeln und Ziele für die neue Arbeitswelt skizzieren. Wie viele Mitarbeiterinnen sehen heute die visionären Wegbereiter und Vorkämpfer in ihren Führungskräften und HR-Kolleginnen? Wie oft fehlt es an grundlegendem Vertrauen in die eigenen Vorgesetzten als Change-Begleiterinnen? Technologische Veränderung setzt Arbeit an der eigenen Gefühlsebene und den Beziehungen voraus, denn im Zielbild von Arbeit 4.0 in einer KI-basierten Organisation entstehen Mischformen aus der Vernetzung menschlicher und maschineller Arbeitsformen.

AUS DER PRAXIS – FIKTIVES BEISPIEL

Kompetenz-Coach Jan berichtet im Jahr 2025

Vor ein paar Jahren hat dieser Zukunftsforscher Jánszky bei uns einen Vortrag gehalten, da dachte ich noch, der spinnt. »Menschen verlieren nahezu alle ihre Jobs in der Herstellung von Produkten. Aber sie gewinnen massenhaft **neue Jobs** in der Herstellung von Identitäten, als Identitätsträger und Identitätsmanager«, das hat er gesagt (Jánszky 2018, S. 22). Ich hatte keinen Plan davon. Heute sage ich, er hatte recht. Wir produzieren keine Autos mehr und bauen keine Häuser, sondern wir **begleiten und beraten** unsere Kolleginnen und Kundinnen. Das hat ja auch mit Identität und Zugehörigkeit zu tun. Damals hatte ich noch Schiss vor Computern, die unsere Jobs vernichten. Heute bin ich erleichtert, weil ich sicher bin, dass uns die Arbeit nie

ausgeht, aber eben in einer anderen Qualität. In unserer **Netzwerkorganisation** arbeite ich mit Kolleginnen, die früher alle in einzelnen Unternehmen angestellt waren, und heute – wie ich – in temporären Strukturen unterwegs sind, bei Herstellern, Dienstleistern oder Partnern. Das Wir entsteht durch unsere gemeinsame **Mission**.
Was ist **sinnvoll**? Diese Frage stellen wir uns jeden Tag neu, auch im Team. Wir wissen alle, wo es hingehen soll. Die Mission treibt mich, denn ich weiß, wie ich daran mitarbeiten kann. Wenn ich nachweisen kann, dass meine neue Idee darauf einzahlt, dann bekomme ich kurzfristig Ressourcen. Früher wusste ich genau, welche Aufgaben in der Arbeitswoche auf mich warten. Seit alle wiederholbaren Prozesse und Standardaufgaben automatisiert worden sind, habe ich einen guten Teil davon eingetauscht gegen mehr **Autonomie**. »Empowerment«, das stand ja bei uns früher immer auf Plakaten der Kommunikationsabteilung, heute spüre ich das endlich, weil ich die zentrale Steuerung unserer dynamischen Systeme in der Hand habe. Apropos dynamische Systeme: Wenn ich mich heute daran erinnere, wie wir uns noch Anfang der 2020er-Jahre E-Mail-Schlachten geliefert haben, dann fasse ich mich an den Kopf. Wir sind längst komplett in **Collaboration-Tools** unterwegs und ein Algorithmus filtert aus allen **Updates** von anderen Gruppen nur solche, die für mich relevant sind.
Updates, ein geflügeltes Wort. Den ganzen Tag über laufen **aktuelle Zahlen und Infos** über meine Bildschirme – wo verändert sich die Konjunktur und welche unserer Produkte sind davon betroffen? Ich lese Meldungen zum Aufschwung von Partnern in Asien, zu aktuellen Kampagnen von Wettbewerbern und deren Einfluss auf unsere laufende Stellensuche oder Infos zu Veränderungen an einer Produktionslinie in den USA, die mein Team betreffen könnten. Ich sitze mit ein paar Kolleginnen auf dem **Leitstand**, damit wir schnell entscheiden können, nachdem wir Expertinnen in der Live-Schalte dazu gehört haben. Ich nehme in meinem Team die Perspektive der **Kompetenzbefähigung** ein. Wir nutzen KI-Systeme, um für eine Entscheidung in Echtzeit **Szenarien** berechnen zu lassen. Schließlich müssen wir eine **strategische Entscheidung** sofort bezogen auf alle Parameter im System übersetzen, um die **Umsetzung** anzustoßen.
Kooperation und Vernetzung, das klappt inzwischen viel besser, denn ich weiß, dass ich nicht alleine ans Ziel komme, selbst wenn ich ein Super-Brain wäre. Der **WeQ**, die **Schwarmintelligenz**, macht uns schneller, vor allem wenn es darum geht, umzulenken, weil sich etwas verändert hat. Wir nennen das **Micro-Interventions**. Das klingt nach Dauerharmonie, ist es aber nicht: Wir streiten leidenschaftlich und ich finde, Fortschritt braucht auch Widerstand und das Ringen um den besten Weg.
In der **Produktion** arbeiten alle mit **VR-Brillen**, da sich die Anforderungen unserer Kundinnen ständig erweitern und unsere Spezialistinnen virtuelle Informationen nutzen, um sich zu orientieren und unerkannte Fehler finden. Entwicklung, so sagen unsere Gründerinnen, ist **zyklisches Erfahrungslernen** in Schleifen, wieder und wieder. Ich glaube, nur so können wir die Herausforderungen von morgen bewältigen, wer weiß denn schon, was kommt. Witzig finde ich die **Gamification-Tools**, wenn ich in **Simulatoren** steige und am ganzen Körper bestimmte Szenarien aus Sicht unserer Nutzerinnen durchspielen kann.
In der **Personalplanung** sind wir an die Echtzeitsysteme angebunden und können über **Relational Work-Design** viel einfacher Personal und Arbeitsplätze den Aufgaben zuordnen. Mit **Sensoren** in der Werkshalle werden die Arbeitsplätze und Bewegungen der Belegschaft automatisch auch ergonomisch optimiert. Rückenschmerzen sind bei uns kein Thema mehr.

> **Macht** ist bei uns überall und nirgendwo, entschieden wird dort, wo die Kompetenz liegt, also meistens ganz nah bei den Kundinnen. Hierarchieebenen gibt es wohl noch zwei, bei uns heißt das »**geteilte und dienende Führung**«. Führung geht fließend von einer auf die andere über und ist nicht mehr an disziplinarische Verantwortung gekoppelt. Stellenbeschreibungen habe ich schon lange keine mehr gesehen, aber jeder von uns hat eine Rolle und klare Verantwortlichkeiten. Diese wechseln in meinem Fall mehrfach im Jahr, je nachdem, in welchem Projekt ich arbeite. Wir arbeiten in **autonomen Zellen** zusammen und sind darin voll verantwortlich. Das ist transparent für alle, auch was den Arbeitsfortschritt angeht. Meiner Chefin ist es offenbar peinlich, wenn ich sie immer noch so nenne. Tatsächlich begleitet sie uns eher durch **Moderation** und **Coaching**, in unserem Fachgebiet wissen wir sowieso besser Bescheid. Besonders stark ist sie darin, **Diversität** im Team zu erhalten und uns langfristige Orientierung zu geben. Sie sorgt dafür, dass wir **kreative Freiräume** haben, und gewinnt neue **Innovationspartner** für unsere laufenden Projekte.
> Vor Kurzem habe ich ein Foto von einer Geburtstagsfeier im Großraum gesehen, mit Aktenschränken im Hintergrund. Lustig, das wirkt wie ein Relikt aus der Vergangenheit. Heute wechsle ich mehrmals am Tag den Arbeitsplatz, wenn ich Rückzug brauche, z. B. für **Innovationsräume** oder **virtuelle Immersions**. Zeiterfassung gibt es schon lange nicht mehr, es macht ja auch keinen Sinn zu messen, wie viel Zeit ich abgesessen habe. Von der Anwesenheitskultur haben wir uns hin zu einer **Vertrauenskultur** bewegt. Ich arbeite in **Co-Creation** mit Kolleginnen aus anderen Organisationen und zusammen mit Selbstständigen, mit denen wir selbstorganisierte Teams bilden. Unsere Leistung lässt sich am gemeinsamen Ergebnis messen.
> **Agile Methoden** wie Scrum begegnen mir in vielen Formen, nicht nur in der IT. Mir hilft dabei vor allem die Transparenz – auf dem Scrum-Board kann ich genau sehen, wie weit wir sind – und dass wir jede Woche einen kleinen Fortschritt feiern können. **Kleine Schritte** umzusetzen und nicht mehr lange im Voraus zu planen – es hat eine Weile gedauert, bis wir dafür auch die älteren Kolleginnen an Bord hatten. Inzwischen haben alle erlebt, dass unser Endergebnis besser ist, wenn wir auf dem Weg in jedem Loop die Lessons learned aufnehmen können. **Entwicklung** steht für uns an erster Stelle, und zwar in Form von Lernen, bei dem durch ständige **Rückkopplungsschleifen** immer wieder nachjustiert wird.
> Ich war früher Personalreferent und bin heute **Kompetenz-Coach**. Daher war ich bei der Transformation in unserer Personalabteilung aktiv an der Schnittstelle zur IT eingebunden. Mit dem Wechsel auf die **Cloud** war auch in der HR-Strategie klar, dass wir unsere Prozesse so weit wie möglich cloudbasiert aufsetzen. Wenn ich bedenke, wie sehr sich die Technologiezyklen seitdem beschleunigt haben, dann war das die richtige Entscheidung. So kümmert sich der Cloud-Anbieter um alle Updates und **Analytics-Features**. Unsere Teams erledigen heute im **Self-Service** alles über die HR-Apps an ihren **Mobiles** und **Wearables**. **Datensicherheit**? Ja, das ist ein Riesenthema, unser Wettbewerber hatte gerade wieder einen Hackerangriff. Eine Horrorvorstellung, wenn das personenbezogene Daten in HR betrifft! Deshalb haben wir eine neue Initiative mit der IT-Abteilung und unseren Softwarepartnern gestartet. Man sieht also, es gibt noch viel zu klären, und das wird hoffentlich so bleiben, denn wir sind ein dynamischer Bienenschwarm.

Was Jan hier erzählt, klingt nach einer idealen Welt. Sein Unternehmen ermöglicht eine **innovative und fehlertolerante Kultur**, die alle Beteiligten mitgestalten lässt. Der **Mensch steht im Mittelpunkt** und Ideen werden nach der Bottom-up-Methode entwickelt, damit Teams und Einzelne selbstbestimmt wirksam werden können. Individuelle und kollektive Meisterschaft scheinen parallel möglich, um den Menschen sichtbar zu machen und die Gruppe anzuerkennen. Wir können frei arbeiten, egal wann und wo, denn wir haben von überallher Zugriff auf die Informationen und Prozesse, die wir jetzt benötigen. Algorithmen und Datenarbeit auf zentralen Plattformen verwalten und vereinfachen unsere Arbeitsprozesse. Die Produkte sind smart vernetzt und neue vorausschauende Services erweitern das Geschäftsmodell. Agile Arbeitsformen und kollaborative Tools schaffen Gestaltungsspielraum und Transparenz. Strategische Managementwerkzeuge übersetzen in Echtzeit globale Updates in zu treffende Entscheidungen. Die Mission ist transparent, alle Beteiligten können zu ihrer Erfüllung beitragen, was Motivation und -zufriedenheit steigert. Veränderung gestaltet die Belegschaft partnerschaftlich mit. HR nutzt in Jans Welt sicherlich smarte Technologien, um Intelligenz über eine Cloud-Lösung mit Apps verfügbar zu machen. Führung beinhaltet keine Kontrollfunktion, sondern ist eine Dienstleistung. Jans Unternehmen lebt KI und Agilität im besten Sinne, da es sich reaktionsschnell an eine komplexe und unsichere Umwelt anpassen kann. Stabilität als der entgegengesetzte Pol scheint gegeben durch die geteilte Mission und die Teamkultur als identitätsstiftendes Element. Die Abbildung zeigt im Überblick, welche Aspekte einer humanen Arbeitswelt das **Unternehmen der Zukunft** in sich vereint.

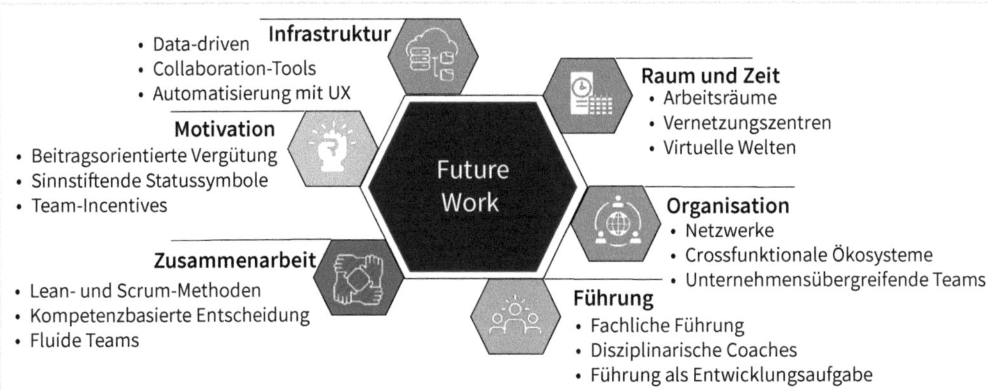

Abb. 2.4: Zukunftsbild Arbeitswelt 4.0 (Quelle: eigene Darstellung)

Soweit das Zukunftsbild, aber wie kommen wir dorthin? Höchst unwahrscheinlich, dass eine agile Organisation über Nacht aus dem Boden gestampft wird und mit ihr ein volldigitales Geschäftsmodell. Selbst mittelfristig lässt sich die agile Arbeitsweise vermutlich nicht auf alle Unternehmensbereiche übertragen. **Agile Organisationen** streben nach **Selbstorganisation,** frei von Hierarchie, und wollen schnell innovieren. Agilität wird jedoch nicht funktionieren, wenn allein die Organisationsstruktur agil gestaltet wird. Mitarbeiterinnen besitzen nicht von vorneherein eine Affinität und die Fähigkeit zum agilen und hierarchiefreien Arbeiten (vgl. Rump/Eilers 2020a, S. 230). Bislang ist auch nur eine Minderheit wirklich damit konfrontiert, so lag 2017 die Quote der Beschäftigten in agilen Organisationen noch bei mageren zwei Prozent (vgl. StepStone 2018a). Agiles Arbeiten erfordert **Veränderungsbereitschaft und neue Kompetenzen,** denn Hierarchie und formelle Arbeitsorganisation entlasten von komplexen Entscheidungen und Verantwortung. Individuelle Freiheiten in digitalen, agilen Unternehmen und Teams können zu Überlastung führen und setzen einen Mindest-Reifegrad aller Beteiligten voraus, um den Überschuss an Möglichkeiten bewältigen zu können (vgl. Kugler 2020, S. 74). In den meisten etablierten Unternehmen werden daher noch lange Parallelwelten existieren, wenn die Firmen neben ihrer gewohnten hierarchischen Struktur agile netzwerkartige Strukturen wachsen lassen, die eine neue Kultur ausbilden. Solche Modelle sind heutzutage in vielen Konzernen in Form von **Innovation-Labs, Acceleratoren** oder **Digital Factories** anzutreffen. Wenn ein Betriebssystem für das Tagesgeschäft und eines für Innovation betrieben wird, braucht es ein **Schnittstellenmanagement** zur Vermittlung zwischen der Linienorganisation und agilen Organisationsformen (vgl. Rump/Eilers 2020c, S. 9).

Auch in HR werden die Prozesse und Technologien nicht mit einem großen Schritt revolutioniert. Selbst die digitalen Vorreiter unter den gewachsenen Unternehmen arbeiten mit **zwei technologischen HR-Strukturen:** einer **Kern-IT-Struktur**, die auf Betriebsstabilität, höchste Datenqualität und Sicherheit fokussiert ist, sowie einer modularen, **cloudbasierten IT-Architektur** mit nutzungsfreundlichen Apps (vgl. Petry/Jäger 2018, S. 88). Agilität, egal ob in HR oder im ganzen Unternehmen, erfordert in jedem Fall **technologischen und kulturellen Wandel**, der länger als ein Jahr dauert. Raumschiffähnliche Büroneubauten, kostenloses Frühstück und Kickertische im Büro, Homeoffice-Tage, Yammer statt Intranet oder die Übertragung analoger Prozesse in digitale Abläufe allein werden Arbeit 4.0 nicht entstehen lassen. Wir dürfen Antworten entwickeln auf größere Fragen:

- In welchen Räumen begegnen sich unsere Teams zur Kollaboration und wie werden wir die alten Bürotürme los?
- Wie können wir freie, temporäre und feste Arbeitsverhältnisse effizient verbinden, fair und sozialverträglich gestalten?
- Wann lösen sich unsere Unternehmensgrenzen auf und ändern sich zu Netzwerkstrukturen?
- Woran machen wir Führung fest, wenn Arbeitsverteilung selbstorganisiert stattfindet und Coaches oder Entwicklerinnen gefragt sind?
- Wie sichern wir Selbstkompetenz, Resilienz und ständiges Lernen, um unsere Teams leistungs- und wettbewerbsfähig zu halten?

Ein möglicher Ansatz für diesen kulturellen Wandel findet sich in der **New-Work-Bewegung**. Der Begriff New Work wurde im Jahr 2004 durch den Philosophen Frithjof Bergmann geprägt. Bergmann beschrieb New Work als einen Dreiklang aus Erwerbsarbeit, Selbstversorgung auf höchstem technischem Niveau und Arbeit, »die man wirklich will« (Radomsky 2019, S. 73). Ein Forschungsteam des Fraunhofer-Instituts beschrieb in einer Studie New Work als eine Arbeitsweise, die durch hohe Virtualisierung von Arbeitsmitteln, Vernetzung von Personen, Flexibilisierung von Arbeitszeiten, -orten und -inhalten geprägt sei, und skizzierte folgende vier Felder (vgl. Hofmann/Piele et al. 2019):

- **Arbeitsleistung:** Arbeite, wo und wann du willst.
- **Arbeitsorganisation:** Jenseits der Organigramme und Silos.
- **Sinn:** Meine Arbeit stiftet Sinn für mich und andere.
- **Macht:** Jenseits der Hierarchie.

Im Gegensatz zu Arbeit 4.0, Agile und Start-up-Culture ist New Work kein einführbares Konzept. New Work will nicht nur digitale Transformation begleiten, sondern das Verhältnis von Mensch und Arbeit neu gestalten. Es handelt sich eher um eine Bewegung hin zu einer Vision davon, wie sich Arbeit neu interpretieren und leben lässt. Aspekte wie **Sinn, Work-Life-Balance, Gemeinsinn, Teilhabe** oder **faire Arbeitsbedingungen** erfahren einen Bedeutungszuwachs, nicht nur bei Digital Natives. Eine Studie des Bundesministeriums für Arbeit und Soziales mit Forscherinnen der Agentur nextpractice ergab, dass

Wettbewerb und extrinsische, materielle Werte nur noch für eine Minderheit ein positives Leitmotiv sind (vgl. nextpractice 2016). Die New-Work-Bewegung will weg von Konkurrenz, Bürokratie, Silos und Hierarchie, hin zu **Effizienz, Transparenz, Kooperation, Netzwerk und Eigenverantwortung**. Diese Organisationstransformation schließt auch verantwortungsbewusste Technisierung, nachhaltige digitale Geschäftsmodelle und ethischen Umgang mit Daten ein. Aus dem Wunsch heraus, anders zu sein und sich abzugrenzen, gestalten Verfechterinnen von New Work Elemente, die bislang die Organisationskultur prägten, von Grund auf neu. Heraus kommen Unternehmensgebäude wie die von Google und Apple, die eher Spielzimmern als traditionellen Büros ähneln (vgl. Kugler 2020, S.80). Statussymbole verschwinden, damit weder an der Bürogröße noch an den Anzügen erkennbar ist, wer welchen Rang in der Hierarchie einnimmt, schließlich leisten alle einen wertvollen Beitrag. **Sinn** wird eine **neue Währung** und zum Teil intensiver kommuniziert als Umsatz und Wachstum. In der Praxis zeigt sich, dass der Wandel nicht immer auf allen Ebenen forciert wird. Häufig erleben wir knallbunte **Innovation-Spaces** in traditionellen Konzernen, deren Strukturen nach wie vor Top-down organisiert und regelorientiert sind. Denk- und Handlungsmuster sind eben schwerer zu verändern als äußerliche Symbole einer neuen Kultur, wie Cartoonist Tom Fishburne in der nachfolgenden Abbildung augenzwinkernd skizziert.

Abb. 2.5: Cartoon Agile Company (Quelle: Fishburne 2018)

New Work ist, ebenso wie KI, keine Beschäftigungstherapie, sondern eine Folge der Digitalisierung in der Wirtschaft im **Wettkampf um Wettbewerbsfähigkeit**. Arbeit entsteht, solange es Kundinnen gibt, die bereit sind, für den geschaffenen Wert zu bezahlen. Nun gilt es, die Arbeit neu zu organisieren – einfacher, sinnstiftender, effizienter, selbstbestimmter. Im Idealfall kann der **Happy Working-Place** sowohl dem Marktanspruch als auch dem Team gerecht werden, da er für beide Seiten Mehrwert und Sinn bietet (vgl. Vollmer/Poppenborg 2018, S.26). In jedem Fall sollte sich jede Organisation mit Fragen von New Work auseinandersetzen, wenn sie KI einführen möchte, um das Verhältnis von Mensch und Arbeit verantwortungsvoll zu gestalten.

2.3 Stand der Transformation in HR

Während Fachzeitschriften über New Work philosophieren und Diskussionsrunden auf HR-Konferenzen selbstorganisierte Unternehmen mit datengetriebener DNA skizzieren, mahlen die Mühlen in der Transformation vieler HR-Abteilungen meist langsamer als im Unternehmensdurchschnitt. **»Nein zu Personalinformationssystemen«**, über diese Initiative von Christian Müller und Gustav Rentzing berichtete vor 40 Jahren das Magazin »Der Spiegel« unter dem Titel »Gläserner Mensch« (vgl. Der Spiegel 29/1982). Die beiden Sozialpfarrer wetterten, die totale »Verdatung« der Belegschaft sei menschenunwürdig und unchristlich. Beschrieben wurde unter anderem PAISY, eines der ersten **Personal-Abrechnungs- und Informations-Systeme** der Bremer Unternehmensberatung Lammert. Karl-Heinz Janzen, damals Vorstandsmitglied der Frankfurter IG-Metall-Zentrale, nannte es »Rückfall in Zeiten mittelalterlicher Leibeigenschaft« (vgl. ebd.). Im Vergleich der Datenverarbeitungsmöglichkeiten dieser frühen Systeme zu den heutigen Cloud-Lösungen zeigt sich, wie stark sich unser Bild von Informationssystemen im Personalbereich seitdem gewandelt hat. In den 1970er-Jahren wurde SAP gegründet, zur Entwicklung von Programmen für Großrechner. Mit SAP-Software wurden ab Mitte der 1980er-Jahre schrittweise HR-Prozesse in der **Entgeltabrechnung und Buchführung** automatisiert, inklusive compliancekonformer steuer- und sozialversicherungsrechtlicher Abrechnungen (vgl. Nuernberg 2019, S. 57). In den 1990er-Jahren erfolgte mit SAP R/3 die Umstellung auf das **Client-Server-Konzept** und die HR-Funktionen wurden um **Talentmanagement**, **Performance-Management und Weiterbildung** erweitert (vgl. SAP 2021). In den 2000er-Jahren begannen neue Anbieter wie Cornerstone, ihre Software in der Cloud zur Verfügung zu stellen, und zehn Jahre später war der Markt konsolidiert, mit den Top fünf SAP, Workday, Oracle, IBM und ADP (vgl. Nuernberg 2019, S. 59). Der Markt für Human-Resources-Management-Systeme wächst jährlich um elf Prozent und wird im Jahr 2025 voraussichtlich 30,01 Milliarden US-Dollar erreichen (vgl. ReportLinker 2019). Heute betreiben die globalen Marktführer Cornerstone, Oracle, SAP und Workday komplexe Human-Capital-Management-Software in der Cloud, sogenannte **HCM-Suiten**. Wie die Abbildung zeigt, reicht ihr Angebot entlang der Wertschöpfungskette von administrativen Anwendungen über Servicemanagement und Talentmanagement bis zu Workforce-Management.

ADMINISTRATION	SERVICE-MANAGEMENT	TALENT-MANAGEMENT	WORKFORCE-MANAGEMENT
HR-Core	Wissensdatenbanken	Recruiting	Abwesenheitsmanagement
Lohn- und Gehaltsabrechnung	Integriertes Fallmanagement	Onboarding	Zeiterfassung
Rollenbasierte Self-Services	Digitales Dokumentenmanagement	Karriereplanung	Aufgabenverfolgung
	Virtuelle Assistenten/ Chatbots	Performance-Management	Budgetierung und Planung
	Collaboration-Tools	Personalentwicklung	Personalanalysen und Prognosen

Abb. 2.6: Angebotsportfolio HCM-Suiten (Quelle: nach Singler 2020)

Etwas spitzer sind **Anbieter in der DACH-Region** positioniert, wie Infoniqa, perbit, Personio, rexx oder Sage. Start-up-Unternehmen in diesem Bereich wurden durch die Corona-Pandemie leicht im Wachstum gebremst, da im Jahr 2021 bevorzugt in Unternehmen investiert wurde, deren HR-Software ihre Kunden dazu befähigt, systemrelevante Prozesse schneller zu digitalisieren. In Anbetracht der warnenden Gewerkschaftsprognosen von vor 40 Jahren ist es fast erstaunlich, dass die Transformation längst nicht so konsequent vorangetrieben wurde wie damals prophezeit. Schlechte Noten finden sich in jüngeren Studien zur **Transformation der Funktion HR**. Eine Untersuchung zu HR-Abteilungen in der DACH-Region konstatierte für das Jahr 2019 eine Digitalisierung von nur 3,07 Prozent (vgl. Promerit 2019). Die »HR-Studie 2020« von forcont und der Martin-Luther-Universität Halle-Wittenberg zeigt detailliert, wo es vorangeht (vgl. Kunisch 2020):

- 58 Prozent der befragten HR-Abteilungen haben bereits HR-Prozesse automatisiert und 23 Prozent wollen zeitnah starten.
- Administrative Tätigkeiten binden die meisten Ressourcen, wie 37 Prozent der Befragten bestätigen.
- Bevorzugt automatisiert werden daher Personalverwaltung, Rekrutierung und Beurteilung.
- Die präferierten Digitalanwendungen sind Tools für Bewerbungsmanagement, Lohn- und Gehaltsabrechnung sowie digitale Personalakten.
- Im Personalcontrolling erheben fast alle Studienteilnehmenden regelmäßig Daten, aber nur 29 Prozent erstellen deskriptive Analysen und nur vier Prozent schauen mit prädiktiven Analysen nach vorne.

Laut einer Studie von Mercer aus dem Jahr 2020 nutzte die Hälfte der Unternehmen eine **HRIS-/L&D-Suite** (Human Resources Information Systeme / Learning & Development): Ein Viertel setzte auf SAP SuccessFactors, 15 Prozent nutzten Workday und zehn Prozent Cornerstone OnDemand (vgl. Kern/Wältermann 2020, S. 352). Die meisten Unternehmen experimentieren heute mit verschiedenen Systemen und IT-Tools. Die Zukunft liegt aus Sicht von Marktexpertinnen in **HR-Core-Plattformen**, die ähnlich wie Smartphones erlauben, Apps nach Bedarf herunterzuladen oder wieder zu löschen (vgl. Singler 2020). Die Wertschöpfung steckt vor allem in den Analytics-Fähigkeiten von Plattformen, die ERP- und CRM-Systeme mit HR-Systemen verbinden können, um Personen- und Organisationsdaten umfassend zu untersuchen. Mit der zunehmenden Digitalisierung sowie Möglichkeiten der Datenanalyse und -aufbereitung sind für HR zwei wichtige Voraussetzungen gegeben, die eine **strategische Organisation von Arbeit** und eine **Messung und Auswertung in Echtzeit** ermöglichen. Für eine Methode zur Kaskadierung strategischer Ziele auf die Ebene von Tätigkeiten bedarf es ohnehin einer Softwarelösung, denn in großen und komplexen Unternehmen ist das Herunterbrechen nur informationstechnisch möglich. Die dafür erforderlichen hohen Investitionen in Künstliche Intelligenz für diese Dimension stärken in der Regel Marktführer wie SAP. Ein IT-gestütztes **strategisches HR-Management-Tool** muss mindestens folgende Eigenschaften aufweisen (vgl. Werther/Bruckner et al. 2018d, S. 137):

- Strategische Ziele abbilden
- Operative Treiber aktueller Aufgaben ableiten
- Künftig geplante Tätigkeiten darstellen
- Informationen nach Relevanz filtern
- Daten konsolidieren, aufbereiten und vermitteln
- Arbeitsleistung von Mitarbeiterinnen in Relation zu den erforderlichen Aufgaben bewerten
- Personal ideal auf eine Tätigkeit matchen
- Erfolgs- und Risikokontrolle der Tätigkeiten in Echtzeit ermöglichen

Auch wenn nicht alle komplexe HR-Suiten nutzen, gibt es heute kaum noch Unternehmen, die sich Bewerbungsmappen auf dem Postweg senden lassen, diese von Hand auswerten, postalische Einladungen versenden und bei Bewerbungsgesprächen vor Ort papierbasierte Tests ausfüllen lassen, die sie mit Schablonen auswerten (vgl. Hirschfeld 2020, S. 213). Egal ob Bewerbungsportale, Online-Tests oder Skype-Interviews, **überall wird schon mehr oder weniger digital gearbeitet**. Das reduziert in den meisten Fällen Zeit und Aufwand bei administrativen Tätigkeiten. In der Testauswertung müssen keine Punkte mehr gezählt und Mittelwerte gebildet, wohl aber die Werte interpretiert und besprochen werden. Auch wenn sich diagnostische Prozessschritte ändern, so bleiben doch die entscheidungsrelevanten Teile in der Hand der Personalexpertinnen. Automatisierte Ansätze in der Praxis ergänzen in der Regel manuelle Arbeit, die abschließende Bewertung soll im Kontext von Unternehmenskultur und Persönlichkeit erfolgen können. Nicht nur im administrativen Bereich bringt die Automatisierung Vorteile, auch die Talente profitieren. Sie können schneller und einfacher **Dokumente hochladen**, bekommen aus dem System zeitnah und verlässlich **Feedback** sowie idealerweise auf Knopfdruck Informationen zum **Bearbeitungsstand**. In vielen Unternehmen zeigt die Erfahrung: Je kürzer die Rekrutierungszeit, desto höher die Erfolgsquote, und selbst der **Vertrag** kann nach der Zusage sofort aus dem System versendet und digital signiert werden. Im Anschluss wird die neue Mitarbeiterin direkt vom System begrüßt und in ihrer Entscheidung positiv bestätigt durch automatisierte Einbindung in den internen **Kommunikationsfluss** bis zu ihrem ersten Arbeitstag. Bei ihrer Begrüßung sind alle **Arbeitsmittel** verfügbar, denn die **Anforderungen** und **Freigaben** im System wurden automatisch und rechtzeitig angestoßen.

Wenn HR-Verantwortliche vor solch verlockenden Aussichten zurückschrecken, dann häufig wegen der notwendigen **Kompetenzaufrüstung** für die Auswahl, Einführung und Steuerung von IT-Lösungen. Umso mehr Vorsicht zeigt sich bei der Einführung von KI-Tools, die besondere Daten- und Kriterienkompetenz erfordern, um Fehlinterpretation oder Verzerrungen in den Algorithmen zu vermeiden (vgl. Herrmann/Felfe et al. 2012). Andere Personalverantwortliche nennen unüberwindliche Hürden bei **Datenschutz** und **Mitbestimmung** als Hemmschuh. Auch der Anspruch an **Refinanzierung** in einem Business-Case scheint ein Hinderungsgrund zu sein. Zugegeben, ein HR-KI-System wird sich bei einer Vollkostenrechnung vermutlich nicht so schnell bezahlt machen wie ein KI-Tool zur Lead-Konvertierung im Vertrieb. Je mehr Volumen über die digitale Lösung läuft, desto besser. Zudem äußert manch eine HR-Verantwortliche die Sorge, durch das Abgeben operativer Vorgänge die **Daseinsberechtigung** zu verlieren, und mag sich fragen: »Wo liegt denn noch unser Mehrwert, wenn die Führungskräfte selbst alle Vertragsthemen anstoßen können?« Die Erfahrung zeigt, dass die Gefahr für HR weniger im Loslassen als vielmehr im Festhalten liegt, denn ohne digitale Dienstleistungen verliert die Funktion Personal sowohl an **Glaubwürdigkeit** als auch an **Einfluss** bei der digitalen Transformation des Unternehmens.

2.4 Digitalisierung im HR-Umfeld

Im Markt der **Personaldienstleistungen** zeigt sich naturgemäß bei **Jobbörsen** ein hoher Digitalisierungsgrad. Jobbörsen wie StepStone und Indeed arbeiten an KI-Lösungen, AR-Anwendungen und Sprachassistenz (vgl. Verhoeven 2020a, S. 131). Bei solchen Online-Plattformen erinnern einzig veraltete Pricing-Modelle wie Kosten pro Anzeige noch an frühere Zeiten. Deutlich analoger läuft das Geschäft im **Headhunting**. Die Personalberatungen haben **digitale Datenbanken** eingeführt und nutzen

Social Media für Suche und Ansprache, doch nach KI-Lösungen sucht man hier meist noch vergeblich. In einer Befragung aus dem Jahr 2016 glaubten immerhin rund die Hälfte der Personaldienstleister, dass Algorithmen einen Teil ihrer Dienstleistung im Bereich **Research** ersetzen könnten (vgl. Neumann 2020, S. 154). Speziell beim **Research** zeigt sich heute schon enormes Potenzial für selbstlernende Algorithmen, da fast alle Bewerberinnen **Fußspuren im Netz** hinterlassen. Daten aus Profilen und Aktivitäten in sozialen Netzwerken lassen sich relativ einfach untersuchen, um Muster zu finden, die auf **Wechselbereitschaft** hindeuten. Solche Kandidatinnen mit Stellengesuchen zu matchen, erfordert neben fachlichen Kriterien auch die Berücksichtigung softer Faktoren wie eine kulturelle Passung. Tools gibt es heute für beide Faktoren (s. Kap. 4.1.4). Im **Beziehungsmanagement** mit Kandidatinnen versuchen viele Personalberaterinnen, sich am Markt zu differenzieren, und sind zunächst zurückhaltend, wenn es um Automatisierung im Kontakt geht. Aus dem Beispiel der **Salesforce-Mechanik** des US-amerikanischen CRM-Riesen lässt sich jedoch leicht ableiten, wie die persönliche Beziehung auch digital durch Talentsegmentierung, Aktivitätsaussteuerung oder Frequenzoptimierung mithilfe von Künstlicher Intelligenz verbessert werden könnte (vgl. Salesforce 2021). Oft sind es die großen Unternehmenskunden, die im Dienstleistungsmarkt ihren Personalberatungen Druck machen, digital aufzurüsten. Wer bei der Auswahl von Personaldienstleistern sichergehen will, dass der Partner den eigenen Anspruch an datengetriebene Rekrutierung erfüllt, findet bei der **Gesellschaft für Recruiting-Qualität** unabhängige Zertifizierungen in Bezug auf Digitalisierung, IT-Einsatz und Innovation (vgl. GfR 2021).

Egal ob HR-Unit oder externer Dienstleister, ein großer **Transformationsbeschleuniger** für KI in HR wird vermutlich die **Cloud** sein. Wenn die HR-Daten erst in der Datenwolke liegen und der Zugriff über einen Internetbrowser und Apps auf Mobilgeräten jederzeit möglich ist, dann werden Personalprozesse intelligent. Die Anwendungen sind intuitiv bedienbar, die Prozesse schlank, für die Wartung sorgt der Anbieter und Verbesserungen werden automatisch eingespielt. Ein Traum für Führungskräfte, wenn der Antrag auf Stundenreduzierung im Team über Self-Service-Funktionen einer App-Oberfläche im Handumdrehen abgewickelt werden kann! HR behält die Zügel in der Hand, denn die Datenwolke sichert Transparenz: So lassen sich z. B. bei der automatisierten Bonivergabe klare Rahmen festlegen und Ausreißer sofort transparent machen (vgl. Keuchel 2019, S. 17). KI kommt in der Cloud durch die Hintertür an Bord; sie kann meist als Service im Rahmen von **Data-Analytics** beim Cloud-Provider nach dem **Pay-as-you-use-Prinzip** dazugebucht werden.

Am Beispiel der drei großen Anbieter für Talentmanagement-Software zeigt sich, dass sowohl SAP als auch Workday und Cornerstone in der Cloud per **Platform as a Service** (PaaS) an **KI-basierten Analysen** arbeiten. Entlang des Mitarbeiterlebenszyklus von Recruiting über Onboarding, Training, Personalentwicklung, Performance-Management und Vergütung bis zur Nachfolgeplanung wollen die Platzhirsche über die Analyse großer Datenmengen vergleichbarer Unternehmen nicht nur Compliance-Risiken vorausschauend erkennen, sondern auch Fluktuationsgründe vorhersagen oder Kompetenzen, die in Zukunft benötigt werden (vgl. Keuchel 2019, S. 46). Im Fokus der Lösungen, die für native Anwendungen und reibungsfreie Nutzungserfahrung sorgen, stehen zunehmend die Beschäftigten. Große HR-Cloud-Anbieter nutzen heute **KI-Anwendungen in der Analyse und Prognose**, wie die nachfolgenden Beispiele zeigen.

SAP SuccessFactors punktet mit einer Platform-as-a-Service-Lösung, die es erlaubt, über Schnittstellen Hunderte Drittanbieter im Bereich HR anzubinden. Durch diverse Übernahmen, z. B. von Qualtrics, einer

Software für Experience-Management, besitzt SAP inzwischen ein sehr umfangreiches HR-Portfolio. Gestützt durch **Human-Experience-Management** (HXM) werden alle von SuccessFactors verwalteten Informationen mit den Unternehmensdaten in S/4 Hana und dem ERP-System verknüpft (vgl. Aicomp 2021).

Cornerstone OnDemand setzt auf Nutzungsfreundlichkeit und fokussiert sich damit auf die Belegschaft, die sich im Tool so intuitiv zurechtfinden soll wie beim Online-Shopping (vgl. Cornerstone 2021). Mit der Übernahme von Clustree ist auch Cornerstone im Jahr 2020 zur Skills-Cloud übergegangen. Die KI-basierte Skills-Lösung von Clustree mit umfassender Skills-Ontologie ermöglicht es, die Kompetenzen von Mitarbeiterinnen und spezifische Jobprofile aufeinander abzustimmen. Auf KI basiert auch die Learning-Experience-Plattform, die interne digitale Lernmittel mit externen Quellen und nutzergeneriertem Content bedarfsgerecht kombiniert (vgl. Singler 2020). Das kalifornische Unternehmen arbeitet mit Machine-Learning für Vorhersagen zu Compliance-Verstößen und Kündigungsgründen oder zur Auswahl von Kandidatinnen im Recruiting.

Workday, ein weiteres kalifornisches Unternehmen, das sich auf cloudbasierte HR-Software für Personalverwaltung, Rechnungswesen und Unternehmensplanung spezialisiert hat, betreibt eine komplexe HCM-Suite mit umfangreichem Partnermodell, um Drittanbieter einzubinden. Wie SAP investiert auch Workday massiv in die **Workday-Cloud-Plattform** als Platform-as-a-Service-Modell. Machine-Learning steckt unter anderem in der Skills-Cloud, einem Tool für Talentmanagement, das analysiert, welche Kompetenzen rekrutiert werden müssen, was das Team lernen sollte und wie Führungskräfte gezielter coachen können. Nach eigenen Angaben werden in den Machine-Learning-Algorithmen von Workday 37 Millionen User und 8,3 Milliarden Transaktionen pro Monat verarbeitet. Teilnehmende Unternehmen können aus der Analyse aller Transaktionen lernen (vgl. Workday 2021). So entstehen z. B. Skill-Graphen aus der Analyse von Dokumenten zu 200.000 Kompetenzen, um vorherzusagen, welche in Zukunft erforderlich sind. KI spielt auch zur Vorhersage des Abwanderungsrisikos und zur Mustererkennung eine Rolle. Muster können beispielsweise Auffälligkeiten in Spesenabrechnungen sein oder Führungskräfte können analysieren lassen, an welchen Standorten das höchste Abwanderungsrisiko besteht und welche Faktoren eine Rolle spielen (z. B. Gehaltsvergleich im Wettbewerbsumfeld, Karriereaussichten etc.) (vgl. Keuchel 2019, S. 47).

Oracle verbindet mit seiner Komplettlösung **Fusion Cloud Human Capital Management** jeden Personalprozess von der Rekrutierung bis zum Renteneintritt (vgl. Oracle 2021b). Nutzerinnen interagieren mit diversen Endgeräten über eine sprachbasierte Oberfläche und eine digitale Assistenz. Inhalte, Daten und Maßnahmen zur Steigerung der Produktivität werden personalisiert ausgespielt. Mit KI arbeitet Oracle daran, Workflows intelligenter zu gestalten. Quartalsweise werden neue Funktionen eingespielt, die nach Angaben von Oracle zu 80 Prozent auf Nutzerinnen-Feedback zurückzuführen sind (vgl. Oracle 2021a). Oracle setzt ebenfalls auf die Einbindung von Drittanbietern in seine PaaS-Lösung und arbeitet an der User-Experience, unter anderem über **virtuelle Assistenzen** wie Alexa und Siri (vgl. ebd.). **PeopleDoc**, eine HR-Cloud-Software-Plattform aus New York für HR-Service, Delivery und Dokumentenmanagement, nutzt Machine-Learning, um Personaldokumente zu klassifizieren und effizient zu verwalten (vgl. PeopleDoc 2021). Die Lösung lernt, wie z. B. ein Zeugnis aussieht, und legt das Dokument entsprechend den Datenschutzvorgaben, Berechtigungen und Aufbewahrungsfristen an der korrekten Stelle ab. Auf diese Weise werden auch Altsysteme in digitale Personalakten migriert und alle Dokumente reklassifiziert (vgl. Keuchel 2019, S. 65). Im Experience-Management wächst mit Medallia ernst zu nehmende Konkurrenz heran. In der **Medallia Experience Cloud** analysiert KI über Machine-Learning alle erfassten Erlebnisse entlang der Erfahrungswege von Mitarbeiterinnen. Ziel ist, Verhaltensmuster zu erkennen und daraus Chancen und Risiken für die Employee-Experience zu identifizieren. Damit steht sie in Konkurrenz zu Workday People Experience und SAP Qualtrics.

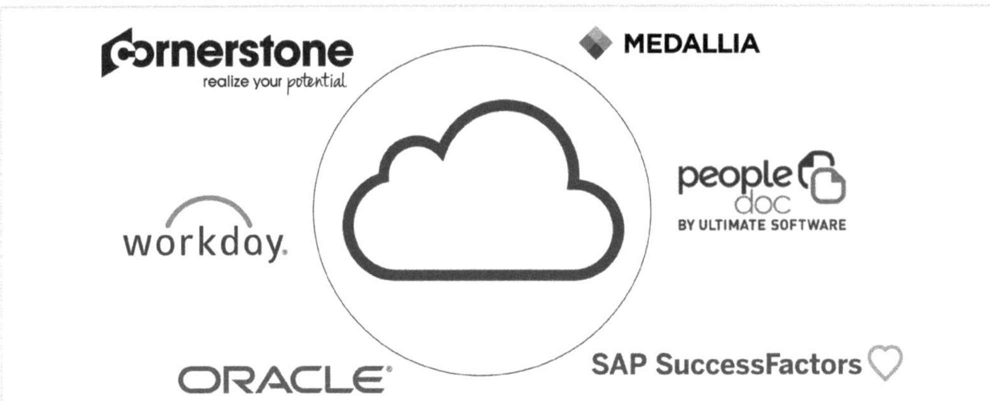

Abb. 2.7: HR-Service-Brands mit KI-Piloten (Quelle: eigene Darstellung)

AUS DER PRAXIS – FIKTIVES BEISPIEL

Mit Jan im digitalen HR-Bereich 2025

Ihr wollt wissen, wie es bei uns in HR aussieht? Das ist schnell erzählt. Alle unsere Prozesse sind digital unterstützt, Belegschaftsanliegen und -anfragen werden automatisch authentifiziert und analysiert. Klar, auch bei uns passieren im Self-Service Anwendungsfehler, aber unsere Eingabeoberflächen korrigieren fehlerhafte Eingaben selbstständig, so ähnlich wie bei der **Autokorrektur**. **Einladungen und Erinnerungen** werden automatisch versendet, damit wir rechtzeitig die notwendigen Inhalte, z. B. im Zielvereinbarungsprozess, konsolidieren können – das war ja früher ein endloses Hinterherrennen. Das Zielgespräch selbst wird live dokumentiert und sobald darin die Zielerreichung bestätigt ist, stößt das System den **Vergütungsprozess** an. Den **Entwicklungsplan** können Mitarbeiterin und Führungskraft im Skill-Management nachverfolgen. Dort werden vereinbarte Lernaktivitäten gebucht und bewertet. Mein Entwicklungsplan ist dort auch enthalten und das System erinnert mich an die nötige Vorbereitung und an Feedback. Nach jeder Aktion wird ein **Test** ausgespielt, um die Wirksamkeit für mein aggregiertes **Learning-Dashboard** zu messen. Erstattungen, Teilzeitanträge, AU-Bescheinigungen oder Zeugnisanträge kann ich in Echtzeit im **Self-Service** abwickeln. Lob, Feedbacks, Anerkennung oder Empfehlungen speichere ich mit wenigen Klicks in meinem **persönlichen Profil**. **Chatbots** sind für unsere Belegschaft rund um die Uhr erreichbar, um Fragen zu beantworten und Lösungsaktivitäten auszulösen. **Dashboards** machen im Personalbereich jeden Prozess transparent und zeigen auf Knopfdruck, je nach definierter Berechtigung, Servicelevel bei Anfragen, Rekrutierungsquoten und -zeiten, Performance-Entwicklung und Fluktuationsgefahren.

> Meine Kolleginnen aus der Rekrutierung agieren vorausschauend auf Basis von **Bedarfs- und Kompetenzanalysen** mit KI-Algorithmen. Über Unternehmensgrenzen hinweg werden sowohl Menschen aus Nachbar-Communitys in die Besetzung **fluider Teams** eingebunden als auch temporäre Plattform-Expertinnen und Bestandspersonal. Unser **Scoring-System** findet weltweit das Talent mit der höchsten fachlichen und kulturellen Passung im Hinblick auf eine zu besetzende Rolle. Wir sind wie eine **Drehscheibe für Talente**. Die Vertrieblerinnen unter unseren Talenten machen Feedbacks in Echtzeit transparent und vermarkten ihre Skills auf Plattformen.

Jan beschreibt in diesem Beispiel eine **komplett optimierte Welt digitaler Möglichkeiten**. Auf dem Weg dorthin gibt es für HR einige Nüsse zu knacken, nicht nur in der **Prozessdigitalisierung** im eigenen Bereich, sondern vor allem bei der Begleitung eines großen **Change-Prozesses** im Unternehmen, der in Kapitel 7 eingehender beschrieben wird (s. Kap. 7.2). Es ist sicherlich davon auszugehen, dass im Zuge der Automatisierung einzelne Aufgaben oder ganze **Berufsbilder verschwinden** oder durch **Outsourcing** ausgelagert werden, wodurch sich das Team der Festangestellten verkleinert. Substitution von menschlicher Arbeit durch KI wird überall dort erwartet, wo administrative Tätigkeiten die Wertschöpfung prägen, so wie heute in vielen HR-Bereichen (s. Kap. 1.1). Auf der anderen Seite entwickeln sich **neue Jobprofile** auf Basis neuer Tätigkeiten und bestehende Berufsbilder erfahren ein aufwertendes **Job-Enrichment** durch das Wegfallen von Routinetätigkeiten. Sowohl Führungskräfte als auch die Funktion HR ist gefragt, aktiv an der **Beschäftigungsfähigkeit** der Belegschaft zu arbeiten, um sowohl die Soft Skills als auch Fachwissen und IT-Know-how auf dem aktuellen Stand zu halten. **Schlüsselkompetenzen** sind auch **Selbstmanagement** und **Selbstorganisation**, **Urteilsfähigkeit** und **Kreativitätstechniken**. In den Fokus von HR rückt die Begleitung der **kognitiven** und **psychosozialen Entwicklung** der Belegschaft, wenn soziale Interaktion in der virtuellen KI-Welt andere Schnittstellen nutzt. Die gute oder auch schlechte Nachricht ist: Bewahrende Kräfte werden von der globalen Dynamik früher oder später eingeholt, die Zukunft gehört auch in HR den Weichenstellerinnen für die Zukunft. Sicher müssen auf dem Weg viele **Ängste gelöst**, **rechtliche Stolperfallen identifiziert** und **infrastrukturelle Lücken geschlossen** werden. Je konstruktiver HR-Teams der Veränderung begegnen, desto besser wird die Gestaltung gelingen. In vielen Unternehmen entwickelt sich derzeit die digitale Technologie schneller als die organisationale Adaption. Transformation wird oft nicht nur durch skeptische Kolleginnen gehemmt, sondern auch durch mangelnde Überzeugung in der Führung.

Zusammenfassung

Am Anfang der digitalen Epoche blicken wir auf einen reißenden Strom technologischer Entwicklungen, die unsere Wirtschaft und Gesellschaft prägen. In diesem Strom Muster zu erkennen, die für unsere Organisation von Arbeit 4.0 und Unternehmensstrukturen der Zukunft von Bedeutung sind, ist eine große Aufgabe, die uns dauerhaft beschäftigen wird. Diese Überforderung durch unendliche Möglichkeiten und Potenziale gilt es zu verwandeln in menschenzentrierte Mensch-Maschine-Interaktion. Das wird die Rolle von HR prägen, um mit Realismus und Sportsgeist die KI-Transformation in einer Plattformökonomie verantwortlich zu begleiten und selbst mit mutigem Beispiel voranzugehen.

3 Technologische Grundlagen

Digitalisierung und Automatisierung sind nicht zwingend mit KI verknüpft. Künstliche Intelligenz surft auf der Welle digitaler Transformation, nachgefragt durch Unternehmen, die nicht nur ihre Produktion automatisieren, sondern auch digitale Produkte und Geschäftsmodelle entwickeln. Komplexe digitale Anwendungen erfordern intelligente Systeme, die lernen und sich selbst weiterentwickeln. KI gewährleistet diese Anpassungs- und Entwicklungsfähigkeit auf der Grundlage von maschinellem Lernen. In diesem Kapitel geht es um Daten und Big Data als Nährboden für KI, die unterschiedlichen Arten und Lernverfahren von Künstlicher Intelligenz sowie um die Entwicklung neuer Technologien und Anwendungen rund um KI bzw. Industrie 4.0.

3.1 Big Data und Algorithmen

Big Data

Big Data kommt vor KI und ermöglicht es, riesige Datenmengen systematisch zu analysieren, um mit den Erkenntnissen den Wertschöpfungsprozess von Unternehmen zu verbessern (vgl. Werther/Bruckner et al. 2018a, S. 11). Managemententscheidungen lassen sich so datengetrieben untermauern oder qualitativ verbessern: Beispielsweise können im Controlling mithilfe von Big Data Fehlentwicklungen schneller erkannt werden. Daten in großen Mengen sind schon seit Jahren vorhanden, nicht jedoch die technischen Möglichkeiten, die wir heute nutzen, um die Daten mit geringem Aufwand auszuwerten (vgl. Ullah/Ullah 2018, S. 224). Im Alltag generieren wir jedes Mal Daten, wenn wir ein Smartphone zücken, um etwas zu suchen oder uns auszutauschen. Jede Aktion im digitalen Raum generiert Daten, auch ein Fitnessarmband, das Herzfrequenz oder Schrittanzahl an die Daten-Cloud sendet. Unternehmen generieren Daten in CRM- und ERP-Systemen, in allen Arten von Dokumenten, Reportings oder Präsentationen. Big Data umfasst alle **Daten**, die so **umfangreich**, **komplex**, **veränderbar** oder **unstrukturiert** sind, dass sie nicht mehr mithilfe von manueller Datenverarbeitung ausgewertet werden können. Zu Big Data zählen verschiedenste Formen von Daten, neben Tabellen, Texten, Präsentationen oder Bewegtbild auch Stammdaten, Transaktionsdaten, Weblogdaten, Prozesslogdaten, Verhaltens- oder Interaktionsdaten (vgl. Gärtner 2020a, S. 18). Mit dem Siegeszug digitaler Technologien steigt nicht nur die Flut an erhobenen Daten, sondern auch der Hype um Big Data. Charakteristisch sind die vier in der Abbildung dargestellten Dimensionen.

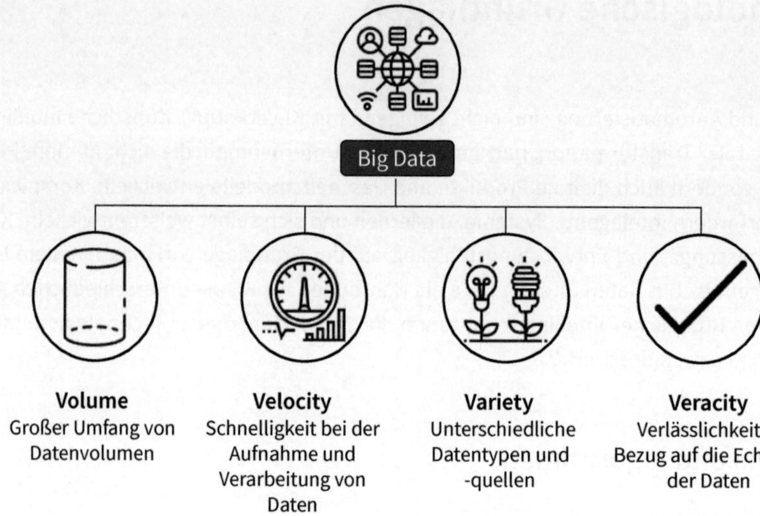

Abb. 3.1: Vier Dimensionen von Big Data (Quelle: nach Fink 2020, S. 72)

Big Data arbeitet mit verschiedensten Datentypen, wie sich an einem Beispiel aus HR-Analytics zur **Vorhersage von Kündigungswahrscheinlichkeiten** aufzeigen lässt (vgl. Scholz 2017, S. 14 f.):

- **Primäre Verhaltensdaten:** Daten zu bisherigem Verhalten in Bezug auf eine mögliche zukünftige Kündigung (z. B. Anzahl und Frequenz von Arbeitgeberwechseln)
- **Sekundäre Verhaltensdaten:** Daten zu bisherigem Verhalten, das Einfluss auf eine zukünftige Kündigung haben könnte (z. B. Anzahl Wohnortwechsel, Beschwerden über Vorgesetzte oder Arbeitsbedingungen)
- **Soziodemografische Daten:** Daten zum persönlichen und sozialen Status (z. B. Alter, Anzahl Berufsjahre, Familienstand, Erwerbsstatus des Partners)
- **Geografische Daten:** Daten zu Aufenthaltsorten und Entfernungen (z. B. Distanz zwischen Wohn- und Arbeitsort)
- **Einstellungen:** Daten zu Einstellungen bzw. Meinungen, die Einfluss auf eine zukünftige Kündigung haben könnten (z. B. Informationen zur Wechselbereitschaft im Social-Media-Profil, Bewertungen zur Arbeitszufriedenheit in Personalbefragungen oder in sozialen Medien)
- **Netzwerkdaten:** Daten zum beruflichen Netzwerk als Beziehungsgeflecht (z. B. Teilnahme an freiwilligen Arbeitsgruppen und Initiativen, Anzahl und Frequenz von E-Mails oder Events mit Kolleginnen, Führungskräften oder Kundinnen)

Auch wenn diese Daten in ihrer Vielfalt heute sicherlich in den meisten Unternehmen vorliegen, so ist zu berücksichtigen, dass die Analyse von Big Data durch rechtliche und ethische Fragestellungen eingeschränkt wird (s. Kap. 6.2).

Unstrukturierte Daten

Digitale Daten liegen entweder strukturiert oder unstrukturiert vor. Strukturierte Daten haben eine tabellarische Form und werden in zeilen- und spaltenorientierten Datenbanken gespeichert. Unstrukturierte Daten, zu denen **Textdateien, Präsentationen, Videos, Audiodaten, aufgezeichnete Sprache** und **Bilder** oder **andere Datentypen** zählen, sind schwerer identifizierbar(vgl. Luber/Litzel 2017). Hier kommt Künstliche Intelligenz ins Spiel, denn Deep Learning als ein Teilbereich von KI kann im Gegensatz zu regelbasiertem Lernen auch unstrukturierte Eingangsdaten verarbeiten (s. Kap. 3.2). Ein KI-Netzwerk kann beispielsweise mit Millionen von menschlichen Porträts gespeist werden, die über verschiedene Gesichtsausdrücke Emotionen vermitteln. Auf der Grundlage von Klassifizierungen wie »wütend« oder »fröhlich« beginnt das Netz zu lernen, welche Muster in den Gesichtern wiederkehren, die als wütend bzw. fröhlich markiert wurden. Auf diese Weise können auch Zusammenhänge in Daten entdeckt werden, die dem menschlichen Auge verborgen bleiben.

Algorithmen

Algorithmen kommen zur Anwendung, um das Potenzial von Big Data nutzbar zu machen. Es handelt sich um **schrittweise Anleitungen**, die Probleme in Einzelschritte zerlegen, welche sich mathematisch beschreiben lassen. Eine Eingabeinformation (Input) aus der Datenstruktur wird über eine Befehlsfolge vom Algorithmus F(X) in eine Ausgabeinformation (Output) als Endzustand transformiert (s. Abb. 3.2).

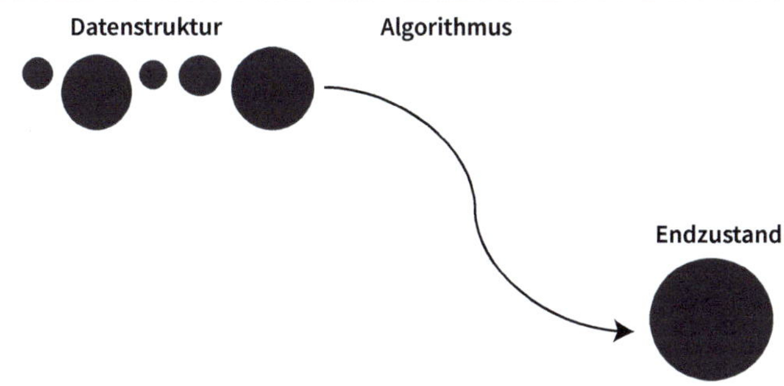

Abb. 3.2: Funktionsweise eines Algorithmus (Quelle: eigene Darstellung)

Ein **linearer Algorithmus** folgt bestimmten **Handlungsanweisungen**, indem er festgelegte **Regeln** immer und immer wieder auf die gleiche Art befolgt (vgl. Teetz 2018, S. 225). Da der Computeralgorithmus mathematisch exakt beschreiben kann und über Programmiersprache sowie Programmcode definiert Handlungen ausführt, liefert er verlässliche Ergebnisse. Auch KI arbeitet mit Algorithmen, um Probleme zu lösen. **KI-Algorithmen** gehen in der Datenverarbeitung jedoch einen Schritt weiter, indem sie **dazulernen** und **logische Schlussfolgerungen** ziehen. Beispielhaft lässt sich dies an der Suchmaschine Google erläutern. Wenn die Google-Suchfunktion mit einem linearen Algorithmus arbeiten würde, würde für einen Suchbegriff immer das gleiche Ergebnis in der identischen Reihenfolge angezeigt werden. Tatsächlich arbeiten die KI-Systeme von Google mit einer Reihe von Algorithmen, die unzählige Faktoren berücksichtigen: von den in der Suchanfrage verwendeten Wörtern über Relevanz und Nützlichkeit der Seiten, den Standort der Suchenden sowie ihr Verhalten bis zu ihren Vorlieben in der Vergangenheit. Auch die Gewichtung der einzelnen Faktoren hängt von der Art einer Suchanfrage ab (vgl. Google 2021a). Google-Suchalgorithmen merken sich, welche ausgespielten Suchergebnisse wirklich aufgerufen werden, und lernen daraus für das Ranking bei der nächsten Suche.

API

Die Abkürzung API steht für **Application Programming Interface**, eine **Programmierschnittstelle**, die ein Softwaresystem bereitstellt, um dieses in andere Programme einzubinden (vgl. Behrendt 2019). Über die Schnittstelle wird anderen Programmen ein Tool zur Verfügung gestellt, mit dem sie sich an das Softwaresystem anbinden können. Verwendet werden sie im Rahmen von KI beispielsweise für **öffentlich zugängliche Algorithmen** wie TensorFlow von Google. Google stellt mit TensorFlow eine plattformunabhängigie Open-Source-Programm-Bibliothek für maschinelles Lernen zu Verfügung. TensorFlow wird unter anderem von Airbnb in der Bilderkennung eingesetzt oder von Twitter zum personalisierten Ranking von Tweets in der persönlichen Timeline von Nutzern (vgl. TensorFlow 2021). Dank API-Technologie können Unternehmen heute ausgereifte Algorithmen nutzen und an ihren Bedarf anpassen, statt selbst mit der Entwicklung zu beginnen.

3.2 Künstliche Intelligenz, Machine-Learning und Deep Learning

Künstliche Intelligenz (KI) beschreibt ein Fachgebiet der Informatik, das darauf abzielt, Maschinen (Computer, Rechner, Roboter, Software) zu intelligentem Denken, Agieren und Entscheiden zu befähigen, um eigenständig Probleme bearbeiten zu können. Solche Systeme können im trainierten Anwendungsfall **verstehen, schlussfolgern, lernen** und **interagieren.** John McCarthy, ein amerikanischer Informatiker, verwendete den Begriff erstmals im Jahr 1956 (vgl. Dahm/Dregger 2019, S. 251). KI-Systeme können sehr große strukturierte und unstrukturierte Datenmengen analysieren und darin Fehler, Gemeinsamkeiten, Abweichungen oder Muster erkennen. Auf dieser Grundlage gewinnen sie **Erkenntnisse**, treffen **Vorhersagen** über die Zukunft und interagieren mit anderen Maschinen oder Menschen. Im Alltag begegnen uns heute meist vier Gruppen **KI-gestützter Dienstleistungen** (s. Abb. 3.3).

Abb. 3.3: KI-gestützte Dienstleistungen (Quelle: nach Gärtner 2020a, S. 20)

Eine KI wird heute in der Regel für einen **speziellen Anwendungsfall** entwickelt, z. B. für das Erkennen von Mustern auf Bildern, das Einordnen von emotionalen Gesichtsausdrücken oder das Interpretieren von menschlicher Sprache. Eine allgemeine KI, die sogenannte **Artificial General-Intelligence** (AGI), müsste verschiedenste Aufgaben menschlicher Informationsverarbeitung beherrschen, um Probleme kontextübergreifend zu lösen. Solche Wundermaschinen sind heute noch Zukunftsmusik. Näherungsweise können im Fall komplexer Aufgaben mit diversen Informationsquellen, beispielsweise bei der Bewertung von Bewerbungsvideos, mehrere KI-Lösungen miteinander verknüpft werden. Ein System analysiert nur die visuellen Informationen und versucht, ausgehend vom Gesichtsausdruck die emotionale Verfassung der Bewerberin zu klassifizieren, ein zweites analysiert die Sprache und ein drittes Sprachrhythmus, Intonation und Satzmelodie (vgl. Hirschfeld 2020, S. 216). Wer kennt sie nicht, die digitalen Assistenzen von Amazon (Alexa), Apple (Siri) oder Google (Google Assistant)? **Sprachassistenzen** begegnen uns nicht nur im Wohnzimmer, sondern auch im **Recruiting-Prozess**, wo heute schon die ersten selbstlernenden Systeme im Einsatz sind, die Interaktion beherrschen, sei es zum Führen von Bewerbungsgesprächen oder bei der Beratung zum nächsten Karriereschritt. Auch wenn die Tiefe solcher Gespräche mit den »kleinen Helferlein« aktuell noch begrenzt ist, geben sie doch einen Vorgeschmack auf das, was in den nächsten Jahren die Schnittstelle zur Nutzerin entscheidend prägen wird.

Schwache und starke KI

Auf dem Weg zur Superkraft-AGI fehlen bislang Kompetenzen wie Empathie, Selbstreflexion und Bewusstsein. In diesem Zusammenhang wird gelegentlich die Unterscheidung zwischen »starker KI« und »schwacher KI« gemacht. Bis vor einigen Jahren noch war das Kriterium für starke KI das **Vorhandensein von menschlichem Bewusstsein**, ausgedrückt durch Denken und Fühlen (vgl. Universität Oldenburg 2009). Ingenieurinnen und Softwareentwicklerinnen betrachten KI-Systeme heute mehr unter dem Leistungsaspekt: Je besser ein KI-System in der Lage ist, **menschenähnliche Leistung** auf einem bestimmten Fachgebiet zu erbringen, desto eher sprechen sie von einer **starken KI** (vgl. Gärtner 2020a, S. 21). Aspekte wie Bewusstsein, Einsicht, Fühlen oder Empathie spielen hingegen dann eine Rolle, wenn wir menschliche von Künstlicher Intelligenz unterscheiden.

So lässt sich KI heute in verschiedene Arten gliedern, die sich auch hinsichtlich ihrer Komplexität unterscheiden (vgl. Lichtenthaler 2020, S. 65 f.):

- **Expertensysteme**, die menschliche Expertise nachahmen, gefüttert mit Fakten und Regeln
- **Maschinelles Lernen** wie Deep Learning und Predictive Analytics
- **Natural-Language-Processing** (NLP) mit dem Fokus auf Filtern, Gruppieren, Einsortieren oder Übersetzen von Informationen
- **Planungs- und Optimierungssysteme** zur Entwicklung von Handlungsstrategien und Abläufen für komplexe Lösungen in mehrdimensionalen Räumen
- **Robotik** mit reaktiven Maschinen auf Basis von Sensoren, Aktoren und Informationsverarbeitung
- **Sprachsynthesesysteme**, die Text in Sprache und Sprache in Text transferieren können
- **Computer-Vision** mit Bilderkennung und ähnlichen Anwendungen

Expertensysteme (regelbasierte KI) arbeiten mit klar vorgegebenen Regeln, die sie bezogen auf Eingangsdaten anwenden, um den erwarteten Output zu berechnen. Ein einfaches Beispiel wäre die Regel, nur Studienbewerbungen zu filtern, deren Notendurchschnitt dem aktuellen Numerus clausus für das Studienfach entspricht. Das **maschinelle Lernen** dagegen verlangt von der KI-Software, diese Regeln selbst zu erlernen, z. B. durch den Vergleich von Eingangsdaten mit dem korrekten Output. Geforscht wird vor allem im Bereich des maschinellen Lernens mit großen Mengen an Eingangsdaten und Bewertungskriterien. Ein bekanntes Lernverfahren ist die **Regression**: Hierbei wird auf Basis bekannter Eingangsdaten (Prädiktoren) und Musterlösungen (Output-Kriterien) nach Regeln gesucht, um auch für neue Eingangsdaten zu den richtigen Lösungen zu gelangen (vgl. Hirschfeld 2020, S. 217). Übertragen auf das Beispiel der Bewerbungen um einen Studienplatz ließe sich eine Regression beispielsweise mit den **Prädiktorvariablen** »Notenschnitt« und »Auslandserfahrung« durchführen, ergänzt um das **Kriterium** »Einladung zum Assessment-Center«. Die KI vergleicht in der Regression, welche Kombination der beiden Prädiktorvariablen die größte Chance auf eine Einladung hatte, und kann auf dieser Basis für künftige Bewerbungen die Wahrscheinlichkeit für eine Einladung vorhersagen. Neben Regressionen werden viele weitere Methoden eingesetzt, z. B. neuronale Netze oder Entscheidungsbäume, um KI-Software zu trainieren.

Ein bekanntes Beispiel für KI-Training ist das Computerspiel AlphaGo von Google, das gegen den globalen Go-Champion Lee Sedol gewonnen hat (vgl. Online 2016). Bei dem komplexen Strategiespiel Go sind unzählige verschiedene Positionen und Kombinationen möglich, sodass es selbst den Go-Champions oft schwerfällt, ihre Züge eindeutig zu begründen. Dies entspricht dem **Polanyi-Paradox**, benannt nach dem britisch-ungarischen Philosophen Michael Polanyi, wonach das menschliche Wissen über die Funktionsweise der Welt und die Fähigkeiten zum großen Teil jenseits unseres expliziten Verständnisses liegt (vgl. Wikipedia 2021). Welche Regeln kann man in so einem Fall einer Künstlichen Intelligenz beibringen? Statt dem regelbasierten Lernen ist Google bei seiner KI dem erfahrungsbasierten Lernansatz gefolgt: Sein selbstlernendes neuronales Netz hat unzählige aufgezeichnete Spiele analysiert und herausgefunden, was besser und was schlechter funktioniert. So hat der Algorithmus eigene Regeln und Strategien entwickelt (vgl. Petry/Jäger 2018, S. 46).

Machine-Learning

Wenn von »der KI« oder »dem KI-System« gesprochen wird, dann stecken dahinter meist Modelle, die Machine-Learning-Algorithmen einsetzen (vgl. Gärtner 2020a, S. 21). Machine-Learning (ML) ist eine Form von Künstlicher Intelligenz, die in Trainingsdaten wie Zahlen, Texten, Fotos oder Videos eigenständig **Muster** findet und daraus **Rückschlüsse** zieht, um **Regeln** für neue Situationen zu entwickeln. Wenn ein solches System ausreichend viele Katzenbilder analysiert hat, die eindeutig als Katze markiert worden sind, dann wird es eigene Ideen entwickeln, woran es auf neuen Bildern ohne Markierung Katzen erkennen kann. Machine-Learning wird als **Oberbegriff** für Algorithmen verwendet, die **aus Daten Mehrwerte generieren** können, indem sie Muster erkennen und daraus Vorhersagen ableiten. Vorhergesagt werden Ereignisse wie z. B. die Entwicklung von Krankenquoten (KQ), indem KQ-Daten aus der Vergangenheit auf Regelmäßigkeiten in den Ausprägungen aller denkbaren Merkmale hin untersucht werden. Daraus entsteht ein **statistisches Modell**, anhand dessen sich **Vorhersagen** für die Zukunft treffen lassen. Relevante Merkmale können z. B. Wetterdaten, Infektionswellen, Wochentage oder Überstunden sein. ML-Algorithmen suchen nach Merkmalskombinationen, die in der Vergangenheit Einfluss auf die Krankenquote hatten, und entwickelt aus diesen Mustern neue Regeln. Egal ob die Algorithmen Regressionen für lineare Zusammenhänge anwenden oder Baumstrukturen für nicht lineare Zusammenhänge – sie brauchen numerische Werte, mit denen sie arbeiten (vgl. Gärtner 2020a, S. 22).

Künstlich neuronale Netze

Künstlich neuronale Netzwerke (KNN) sind eine **Methode des maschinellen Lernens**. Sie orientieren sich an der Struktur und den Abläufen von biologischen neuronalen Netzen. **Neuronen** sind die kleinste Einheit von Informationsverarbeitung. Im menschlichen Gehirn sind etwa 85 Milliarden Neuronen miteinander verknüpft. Lernprozesse verändern die Verbindungen zwischen den einzelnen Neuronen. Ein Künstlich neuronales Netz besteht aus einer Vielzahl von **simulierten Neuronen** (bei Künstlich neuronale Netzen spricht man von Knoten), die es mithilfe mathematischer Formeln modelliert. Auch künstliche Neuronen sind, wie Neuronen im Gehirn, komplex miteinander vernetzt. Der Bauplan zur Vernetzung steckt in der Netzwerkarchitektur, die beschreibt, wie viele Schichten das Künstlich neuronale Netz besitzt, wie viele Knoten auf welcher Schicht liegen und wie sie miteinander verknüpft sind (vgl. Hirschfeld 2020, S. 218). **Eingangsknoten** können Informationen empfangen, verarbeiten und an **Zwischenknoten** weiterleiten, bis sie bei einem Ausgangsknoten ankommen. Das **Wissen steckt in den Verbindungen** zwischen den Knoten, den sogenannten Gewichten. Diese Gewichte werden nicht vorher festgelegt, sondern durch das Netzwerk selbstständig erlernt – diese wichtigste Eigenschaft eines Künstlich neuronalen Netzes wird mithilfe von Daten trainiert (vgl. Teetz 2018, S. 228). Im **Lernprozess** werden Künstlich neuronale Netze mit Datensätzen gefüttert, die sowohl **Eingangssignale** als auch die **Musterlösungen** (Output) als Ausgangssignal enthalten. Wenn ein Künstlich neuronales Netz beispielsweise mit einer Klassifikationsaufgabe für das Erkennen von Katzen auf Fotos trainiert wird, dann sind die Eingangsdaten (Katzenbilder) als Musterlösung mit dem Label »Katze« markiert. Dazu werden Tausende gelabelte Katzenbilder aus verschiedensten Perspektiven verwendet. Je mehr Trainingsdaten in einem solchen Anwendungsfall zur Bilderkennung zur Verfügung stehen, desto besser. Zu Beginn werden die Gewichte noch nicht verlässlich den richtigen Output erzeugen, daher erfolgt eine Anpassung nach festen Algorithmen, damit das Künstlich neuronale Netz immer besser darin wird, den Output »Katze« korrekt zu identifizieren. Die Anpassungsleistung wird so lange wiederholt, bis die vorher definierte **Vorhersagegenauigkeit** erreicht ist oder die Vorhersage nicht mehr besser wird (vgl. Hirschfeld 2020, S. 218).

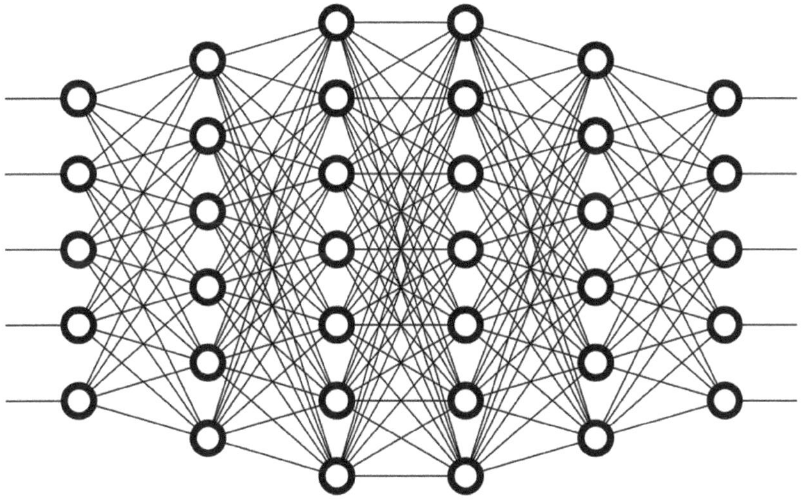

Abb. 3.4: Künstlich neuronales Netz (Quelle: nach Fink 2020, S. 4)

Deep Learning

Deep Learning ist keine Sonderform von Machine-Learning, sondern ein Hinweis darauf, dass innerhalb von tiefen **Künstlich neuronalen Netzen** trainiert wird, die aus vielen miteinander verknüpften Schichten zwischen der Eingabe- und der Ausgabeschicht bestehen. Solch ein **mehrschichtiges Lernen** erfordert, wie schon erwähnt, ein hohes Volumen an Trainingsdaten, oftmals sind mehrere Millionen Datensätze nötig, um komplexe Künstlich neuronale Netze zu trainieren. Wer dafür nicht ausreichend eigene Datenvorräte hat, kann auf frei zugängliche **Datensets** zurückgreifen, die für häufige **Trainingsfälle** zusammengestellt werden. Solche Datensets existieren z. B. in Form von Videos mit typischen Bewegungen von Fußgängerinnen (vgl. Kataoka/Satoh et al. 2018) oder Videos von Jobinterviews (vgl. Hemamou/Felhi et al. 2019a). Deep Learning ist aktuell die vorherrschende Form des maschinellen Lernens, angetrieben durch die folgenden Entwicklungen bei Big Data, Software und Hardware:

- **Big Data** stellt heute viele Daten, die vor einigen Jahren noch in Aktenordnern oder Fotoalben abgelegt wurden, digital und damit maschinenlesbar zur Verfügung. Auch sogenannte transaktionale Daten, wie das Verhalten eines Online-Käufers mit seinem Warenkorb auf dem Weg zum Check-out, werden rund um die Uhr erfasst.
- In der Softwareentwicklung profitiert die KI heute von **Open-Science-Praktiken** und **Open-Source-Plattformen** wie Tensorflow. Auf Plattformen wie github.com können sich Anwender kostenlos Netzwerke herunterladen und in eigenen Experimenten mit KI anwenden.
- Die Hardware hat mit dem Übergang von performanten Allzweckprozessoren (Central Processing-Unit, CPU) zu **spezialisierten Grafikkarten** einen großen Sprung nach vorne bei der Berechnung komplexer Netzwerke ermöglicht. Sie werden derzeit zu **Spezialprozessoren** (Application-Specific Integrated Circuit, ASIC) für KI-Anwendungen entwickelt. Zusätzlich gibt es vielversprechende Versuche, die Struktur von Künstlich neuronalen Netzen direkt in der Architektur eines Prozessors abzubilden (neuromorphe Hardware) (vgl. Schürholz/Spitzner 2019). Wenn ein Künstlich neuronales Netz erst einmal trainiert ist, genügt ein gängiger Laptop, um es in Echtzeit zur Klassifizierung von Datensätzen anzuwenden. Selbst auf Smartphone-Apps lassen sich tiefe Künstlich neuronale Netze heute anwenden (vgl. Hirschfeld 2020, S. 223).

Wie die Abbildung veranschaulicht, ist Machine-Learning ein Teilbereich von KI und Deep Learning ein Teilbereich von Machine-Learning.

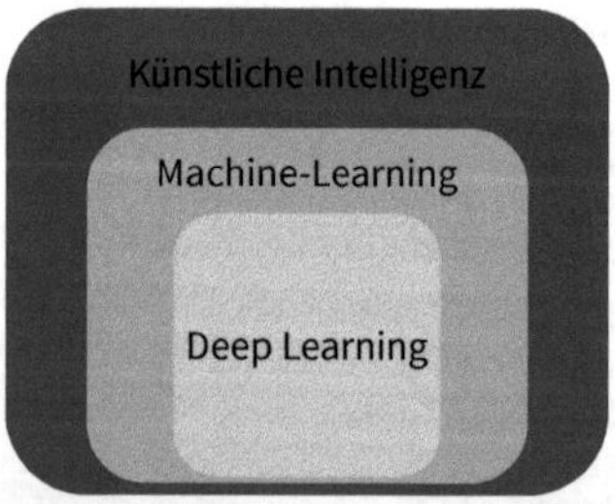

Abb. 3.5: Künstliche Intelligenz, Machine-Learning und Deep Learning (Quelle: eigene Darstellung)

Stolperfallen bei der Anwendung von Deep Learning

- KI-Systeme sind immer nur so gut, wie sie trainiert wurden. Wenn in den Trainingsdaten **Verzerrungen** enthalten sind, beispielsweise auf Basis von geschlechterdiskriminierenden Auswahlentscheidungen, dann wird sich die **Diskriminierung** in der KI fortsetzen. Deep Learning ist nicht aus sich selbst heraus diskriminierend, kann jedoch bestehende Ungerechtigkeiten fortsetzen. Künstlich neuronale Netze, die aus unzähligen Bewerbungsunterlagen aus der Vergangenheit lernen sollen, wer die besten Chancen auf eine Einstellung hat, werden solche Muster garantiert identifizieren und als Erfolgsfaktoren auf künftige Fälle anwenden, wie sich am Amazon-Beispiel illustrieren lässt (s. Kap. 6.4).

- Deep Learning braucht Zeit, um sich auf **Änderungen in der Umwelt** einzustellen. Ein Netzwerk, das darauf trainiert wurde, Jobbewerbungen zu klassifizieren, kommt in Schwierigkeiten, wenn beispielsweise durch die Bologna-Reform Studienabschlüsse verändert werden. Solche Eingangsdaten werden erst wiedererkannt, wenn sie anhand zahlreicher neuer Trainingsdaten gelernt wurden.
- Wer den **Entscheidungsweg nachvollziehen** will, kommt schnell an seine Grenzen, wenn ein komplexes Künstlich neuronales Netz mit Millionen von Knoten arbeitet. Den Anwenderinnen fehlen dann Informationen darüber, wie das Netzwerk zu seiner Empfehlung oder Vorhersage gekommen ist. Diese **Intransparenz** kann ein großer Nachteil sein, z. B. bei Fehlentscheidungen, deren Ursache im Dunkeln bleibt. Zunehmend werden daher Methoden zur Visualisierung, Erklärung und Interpretation von Deep-Learning-Modellen entwickelt (vgl. Samek/Wiegand et al. 2017).
- **Open-Source-Lösungen**, die den Zugang zu KI-Lösungen erleichtern und Unternehmen hohe Entwicklungskosten einsparen helfen, haben einen Haken: Bewerberinnen könnten vor einem KI-basierten Jobinterview oder Assessment selbst analysieren, wie das System arbeitet. Findige Teilnehmerinnen könnten versuchen, die KI **auszuhebeln**, indem sie Antworten geben, die vom System als positiv klassifiziert werden (vgl. Hirschfeld 2020, S. 224).

3.3 Lernverfahren von Künstlicher Intelligenz

Lernverfahren zum Entwickeln von mathemathischen Lernregeln werden untergliedert in **überwachte**, **unüberwachte** und **bestärkende Lernverfahren** (vgl. Fink 2020, S. 88–90):

Supervised Learning (überwachtes Lernen)
Algorithmen, die mit überwachtem Lernen agieren, werden nicht nur mit **Eingabe-**, sondern auch mit **Ausgabedaten** gefüttert. Mit Supervised Learning werden Algorithmen beispielsweise darauf trainiert, den perfekten Moment im Kontakt mit Kundinnen zu finden, um ein Zusatzprodukt anzubieten (Upsell). Im Training lernt der Algorithmus aus Daten von unzähligen solcher Aktionen in der Vergangenheit (Input) sowie aus den Antworten der Kundinnen (Output). Der Algorithmus kann **rückwärts lernen** und über **Regression** die Korrelationen finden, wann bestimmte Kombinationen von Input-Merkmalen zum gewünschten Ausgabemerkmal führen und die Kundin das angebotene Zusatzprodukt kauft. Ein Trainingsteam muss vorab alle Trainings- und Testdaten prüfen und bewerten, um dem Algorithmus nur klassifizierte und sortierte Daten zu zeigen. Er lernt auf diese Weise die **Zusammenhänge** zwischen Eingabe- und Ausgabedaten, um **Regeln** abzuleiten. Zukünftige Ereignisse kann er auf Basis dieser Regeln allein anhand neuer Input-Daten voraussagen. Verwendet werden Algorithmen mit Supervised Learning häufig zur **Klassifizierung** von Objekten, die bekannten Segmenten zugeordnet werden sollen. **Computer-Vision** ist ein bekanntes Beispiel: eine KI-Lösung, die visuelle Objekte erkennt und richtig zuordnet, wie beim eingangs genannten Katzenbeispiel. Computer-Vision als Bilderkennungsprogramm lernt z. B., Katzen von anderen Tieren zu unterscheiden, wenn im Training alle verwendeten Fotos vorab korrekt gekennzeichnet sind. So erkennt der Algorithmus, ob er falsch oder richtig liegt, und kann seine Re-

geln entsprechend anpassen. Das Trainingsteam könnte alle vorhandenen Datensätze zu klassifizierten Tierbildern aufteilen in 70 Prozent Trainingsdaten und 30 Prozent Testdaten. Ein trainiertes Modell in Computer-Vision wendet nach erfolgtem Training die erlernten Regeln auf die Testdaten an und formuliert **Wahrscheinlichkeiten**: »Auf diesem Foto ist mit 95-prozentiger Wahrscheinlichkeit eine Katze zu sehen.« Für die Bilder-Klassifizierung benötigt ein Supervised-Deep-Learning-Algorithmus etwa 5.000 gekennzeichnete Beispiele pro Kategorie und einen Trainingsdatensatz mit mindestens zehn Millionen gelabelten Beispielen (vgl. Gentsch 2017, S. 11).

Abb. 3.6: Maschinelles Lernen anhand von Katzenbildern (Quelle: eigene Darstellung)

Unsupervised Learning (unüberwachtes Lernen)

Algorithmen, die unüberwacht lernen, kommen ohne vorgegebene Ausgabedaten zurecht. Im Training werden **Input-Daten ohne Markierungen** verwendet, damit der Algorithmus die **Strukturen** und **Gesetzmäßigkeiten** auf eigene Faust ermittelt. Im Beispiel der Bilderkennung anhand von Katzenfotos wären die Katzenbilder nicht mehr mit dem Label »Katze« gekennzeichnet, was den Aufwand für das Trainingsteam deutlich verringert. Der **Algorithmus sucht selbstständig** durch Beobachtung nach Mustern in den Trainingsdaten. Unsupervised Learning wird meist eingesetzt, um **Daten** zu **clustern** und **neue Klassen** zu bilden anhand von Gemeinsamkeiten, Unterschieden oder Abweichungen. Die Trainerinnen können vorgeben, wie viele neue Klassen entstehen sollen, und der Algorithmus entscheidet selbst, welche neuen Klassen er bildet. Typische Anwendungsfälle gibt es in der **Segmentierung**, wenn das Personalcontrolling beispielsweise Mitarbeiterinnen anhand von soziodemografischen Daten wie Wohnort, Familienstand, Alter, Geschlecht, Beruf oder Performance in Cluster sortieren möchte. Solche Personalsegmente erleichtern in HR die gezielte Betreuung oder Entwicklung. Unsupervised Learning wird auch dort angewandt, wo es um das Auffinden **verborgener Strukturen** und **Anomalien** geht, z. B. um Messfehler aufzudecken (vgl. Stimac 2018).

Reinforcement-Learning (bestärkendes Lernen)

Algorithmen der Kategorie »bestärkendes Lernen« sammeln ihr Wissen in komplexen Anwendungsfällen selbstständig durch **Belohnung** oder **Bestrafung** im Training. Gewünschtes Verhalten wird belohnt und nicht zielführende Aktionen werden bestraft. Der Algorithmus versucht auf Basis dieser Rückmeldungen seine Nutzenfunktion zu steigern, indem er Belohnung erhöht und Bestrafung minimiert. Der Lernprozess startet mit einer zufallsgesteuerten **Abschätzung**, welche Aktion belohnt werden könnte. Nach Ausführung der Aktion beobachtet der Algorithmus die **Rückmeldung** und passt seine Vorhersage je nach Fehlerwert an (vgl. Botvinick/Ritter et al. 2019, S. 417). Dieser Vorgang wiederholt sich so lange, bis die **Vorhersage-**

fehler ein **Minimum** erreicht haben. Reinforcement-Learning wird meist für **komplexe Anwendungsfälle** eingesetzt. Ein Algorithmus mit Reinforcement-Learning kann so in wenigen Sekunden beispielsweise Computerspiele wie das Geschicklichkeitsspiel **Pong** lernen. Hierbei versuchen beide Spielparteien durch Aufwärts- oder Abwärtsbewegung den Ball am Schläger der gegnerischen Partei vorbeizuschlagen. Wenn der Ball auf den gegnerischen oder eigenen Schläger trifft, gibt es Strafpunkte (vgl. Buxmann/Schmidt et al. 2019). Der Reinforcement-Algorithmus probiert Spielzüge, lernt aus seinen Fehlern und findet schließlich seinen idealen Lösungsweg. Dabei durchläuft er unzählige Iterationen, kombiniert bewährte Verhaltensmuster und testet nach dem Zufallsprinzip neue Verhaltensweisen. Muster, für die er belohnt wurde, wird er häufiger wiederholen und Muster, die zu einer Bestrafung führen, seltener ausführen. So kommt er dem Optimum schrittweise näher. Reinforcement-Learning wird häufig für **Minimierungs-** und **Maximierungsaufgaben** verwendet oder bei Lernprozessen mit **veränderlichen Umwelteinflüssen** (vgl. Stimac 2018). Das Trainingsteam hat deutlich weniger Aufwand, da der Algorithmus keine Vorgaben oder Feedbacks bei den Input-Output-Paaren benötigt, sondern durch eigene Erfahrungen lernt.

In der Praxis werden häufig **Lernverfahren kombiniert**, so könnte auf das Clustern von Daten im Rahmen von Unsupervised Learning ein Supervised Learning mittels eines Entscheidungsbaumes folgen. Reinforcement-Learning kann ineffizient sein, wenn es viele Daten und Durchläufe benötigt, weshalb es mit Methoden von Wissensrepräsentation kombiniert wird, um gesammelte Erfahrungen zu speichern und als Referenzwert für folgende Aktionen zu setzen (vgl. Botvinick/Ritter et al. 2019, S. 411). Bei Prognosen zu sensiblen Fragestellungen, die große Auswirkungen auf Leib und Leben haben, werden eher Machine-Learning-Algorithmen mit Supervised Learning verwendet, um besser nachvollziehen zu können, wie das Ergebnis entstanden ist (vgl. Gärtner 2020a, S. 25). Verfügbar sind heute viele Lernverfahren, die sich für verschiedene Aufgaben unterschiedlich gut eignen. Einen vertiefenden Einblick in die beschriebenen Lernverfahren geben unter anderem die Big-Data-Publikationen des Fraunhofer-Instituts. Beispielhaft werden nachfolgend gängige KI-Lernverfahren betrachtet.

Lernstil	Lernaufgabe	Lernverfahren	Modell
Überwacht	Regression	Lineare Regression	Regressionsgerade
		Klassifikations- und Regressionsbaumverfahren (CART)	Regressionsbaum
	Klassifikation	Logistische Regression	Trennlinie
		Iterative Dichotomizer (ID3)	Entscheidungsbaum
		Stützvektormaschine (SVM)	Hyperebene
		Bayes'sche Inferenz	Bayes'sche Modelle
Unüberwacht	Clustering	K-Means	Clustermittelpunkte
	Dimensionsreduktion	Kernel Principal Component Analysis (PCA)	Zusammengesetzte Merkmale
Bestärkend	Sequenzielles Entscheiden	Q-Lernen	Strategien
Verschiedene	Verschiedene	Rückwärtspropagierung	Künstlich neuronale Netze

Abb. 3.7: Gängige KI-Lernverfahren (Quelle: nach Döbel/Leis et al. 2018, S. 11)

Multiple Regressionsanalyse

Multiple Regressionsanalysen werden beispielsweise eingesetzt, um herauszufinden, wie stark die Krankenquote (Y) durch die Zufriedenheit mit dem Gehalt (X1), die Entwicklungsmöglichkeiten (X2), die Anzahl an Überstunden (X3), die Bewertung durch Vorgesetzte (X4), die Entfernung zwischen Wohn- und Arbeitsort (X5) und andere Variablen beeinflusst wird. Die lineare Regression untersucht nun, wie die Einflüsse der **unabhängigen Variablen** X1–X5 auf die **abhängige Variable** Y additiv verknüpft sind, ergänzt um eine Zufallskomponente ε (vgl. Gärtner 2020a, S. 27). Wenn sich beispielsweise zeigt, dass sich mit jeder um den Wert 1 schlechteren Bewertung durch Vorgesetzte die Fluktuation nachweisbar erhöht, dann gibt der **Korrelationskoeffizient** ß an, um welchen Wert sich dadurch die Fluktuation erhöht. So können beliebig viele Einflüsse und Wirkungsweisen analysiert werden, wie die nachfolgende Abbildung beispielhaft zeigt.

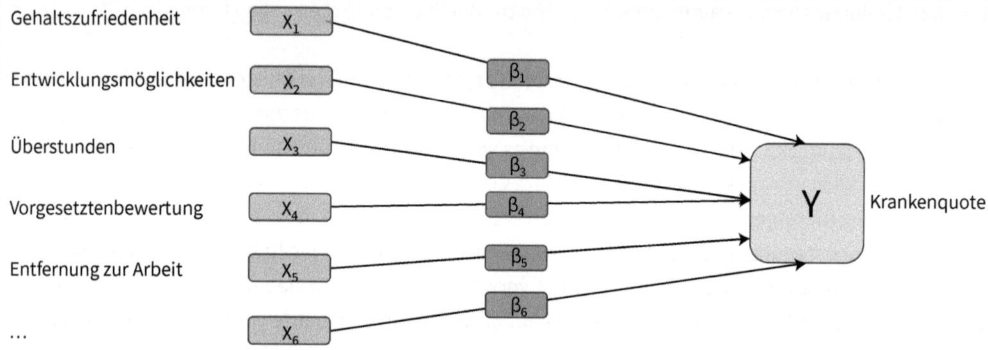

$$Y = \beta_0 + \beta_1 X_1 + \beta_2 X_2 + \ldots + \beta_K X_K + \varepsilon_i$$

Abb. 3.8: Multiple Regression am Beispiel Fluktuation (Quelle: nach Gärtner 2020a, S. 27)

Logistische Regression

Logistische Regressionen werden angewendet, wenn die **abhängige Variable** nur einige wenige **gleichrangige Ausprägungen** hat. Ein Beispiel für ein solches Kriterium wäre etwa der Ausgang eines Assessment-Centers (AC), bei dem die Kandidatinnen nur »angenommen« oder »abgelehnt« werden können. In einem solchen Fall mit nur zwei Ausprägungen spricht man von einer **binären logistischen Regression**, während Kriterien mit mehr als zwei Kategorien als **multinominale logistische Regression** bezeichnet werden (vgl. Studyflix 2021). Der Algorithmus soll bei der logistischen Regression nicht nur Datenpunkte in Klassen einsortieren, sondern auch die **Wahrscheinlichkeit** für die **Klassenzugehörigkeit** berechnen (vgl. Russell/Norvig 2013, S. 844). Das funktioniert für abhängige Variablen, die zwei Werte annehmen können. So lässt sich beispielsweise abschätzen, wie stark die Wahrscheinlichkeit, das AC zu bestehen (binäre abhängige Variable), von der Abiturnote abhängt (s. Abb. 3.9). Vorhergesagt werden nicht die Werte der abhängigen Variable Y, sondern ihre Eintrittswahrscheinlichkeit im Sinne von »bestehen« (Y = 1).

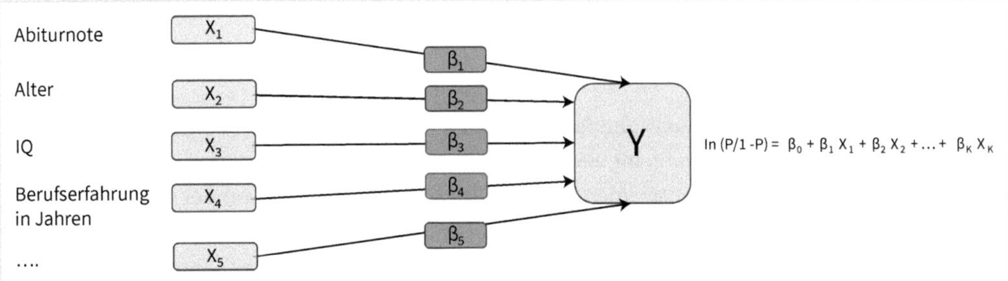

Abb. 3.9: Logistische Regression am Beispiel Abiturnote (Quelle: nach Gärtner 2020a, S. 28)

Entscheidungsbäume

Entscheidungsbäume sind beliebte Klassifikationsmodelle, da sie Entscheidungen und Entscheidungsfindung visuell und explizit darstellen (vgl. AI-United-Redaktion 2021b). Das baumähnliche Entscheidungsmodell arbeitet mit einer **Baumwurzel** (Klasse), von der **Äste** und **Blätter** (zusätzliche Klassen) abzweigen, denen jeweils eine **Entscheidungsregel** zugrunde liegt (vgl. Gärtner 2020a, S. 28). Betrachten wir dazu wieder das Beispiel mit dem Assessment-Center. Der Entscheidungsbaum prüft zunächst das Merkmal Abiturnote und wendet eine Entscheidungsregel an (besser oder schlechter Note 2,5), um in Klassen einzuteilen. Dann werden weitere Fragen untersucht, z. B. ob Bewerberinnen älter als 40 Jahre sind oder mehr als fünf Jahre Berufserfahrung haben. Die Antwort entscheidet darüber, zu welcher Klasse der Datenpunkt gehört (s. Abb. 3.10 mit fiktiven Werten). Diese Fragen werden von der Baumwurzel bis zum Blatt nacheinander beantwortet und klassifiziert. Im Training solcher Entscheidungsbäume wird festgelegt, **welche Fragen in welchem Schritt** gestellt werden. Dabei wird mit der Frage zu begonnen, die in der Klassifizierung eines Beispiels den größten Unterschied ausmacht (vgl. Russell/Norvig 2013, S. 817).

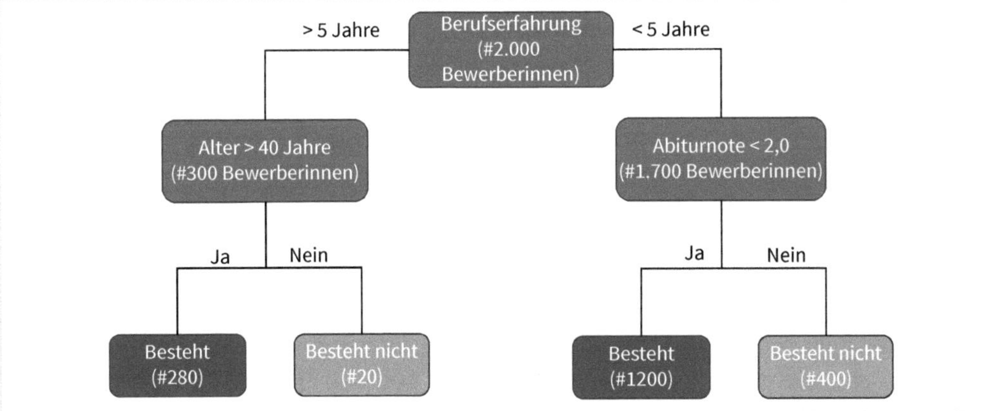

Abb. 3.10: Entscheidungsbaum zur Vorhersage von Assessment-Erfolg (Quelle: nach Gärtner 2020a, S. 29)

3.4 Smarte Technologien im Kontext von Industrie 4.0

Robotic Process-Automation

Häufig werden Künstliche Intelligenz und Robotic Process-Automation (RPA) in einen Topf geworfen, die Unterschiede sind jedoch signifikant. RPA umfasst **Automatisierungsprozesse**, die von Unternehmen im Rahmen von digitaler Transformation und Effizienzsteigerung angewendet werden. **Strukturierte Geschäftsprozesse** mit sich wiederholenden, regelbasierten Aufgaben und Prozessen werden automatisiert durch **digitale Softwareroboter** (Bots) bearbeitet. Die Bots übernehmen Aufgaben von Anwenderinnen und interagieren mit anderen Softwaresystemen. Sie sind keine physischen Roboter wie Industrie- oder Pflegeroboter, sondern Softwareanwendungen, die eine menschliche Interaktion mit Benutzerschnittstellen von Softwaresystemen nachahmen (vgl. Safar 2021). RPA wird in HR klassischerweise für **Lohn- und Gehaltsabrechnungen, Neueinstellungen, Personaltransfers oder Pensionspläne** angewendet. Das Potenzial ist groß, denn in Human-Resources-Bereichen fließt oft noch viel Zeit in Vollständigkeitsprüfungen von Unterlagen, Genehmigungsprozesse oder das Einpflegen von Bewerbungsunterlagen (vgl. Verhoeven/Goldmann 2020, S. 18). Testen lässt sich das auf der Plattform IFTTT.com. Der Name IFTTT leitet sich von der programmiertechnischen Bedingungsanweisung »if this, then that« ab. Das Unternehmen bietet eine Softwareplattform, die Apps, Geräte und Dienste verschiedener Entwicklungsteams miteinander verknüpft, um Automatisierungen auszulösen (vgl. Martin/Finnegan 2020). So lassen sich Drittanbieter miteinander verbinden, beispielsweise Google-Anwendungen, Business-Netzwerke oder Social-Media-Accounts etc. Insbesondere für die Anbindung von LinkedIn finden sich auf der Plattform nützliche Automatisierungen, die im **Recruiting** Mehrwert versprechen. Recruiterinnen können z. B. ihre relevanten Kontakte beobachten, um Änderungen im Profil rechtzeitig zu registrieren. IFTTT überträgt die Kontakte in Tabellen, wo die Updates automatisch eingepflegt werden. Ebenso lassen sich Aktivitäten und Stellenausschreibungen von Wettbewerbern über RSS-Feeds, Hashtags oder Twitter-User beobachten. In solchen standardisierten einfachen Anwendungen ist RPA auch ohne KI völlig ausreichend. KI ist im Zusammenhang mit RPA immer dann sinnvoll, wenn ein Unternehmen die Automatisierung strategisch anpackt und KI für **Datenstrukturierungsprozesse** und **Process-Mining** einsetzt oder herausfinden will, welche Prozesse automatisiert werden sollen (vgl. Verhoeven/Goldmann 2020, S. 18). Process-Mining hilft dabei, einen Prozess vorab detailliert zu analysieren, Automatisierungspotenzial zu identifizieren und später zu überprüfen. KI kommt auch zunehmend zum Einsatz, wenn RPA mit **Chatbots** zur Interaktion kombiniert wird oder mit Software, um **unstrukturierte Dokumente** auszuwerten (vgl. Schuster 2020, S. 158). Nur in Verbindung mit Machine-Learning-Algorithmen, insbesondere Künstlich neuronalen Netzen, kann RPA Bilder erkennen und Texte interpretieren oder Sprache verstehen. Dann spricht man von **Intelligent Process-Automation** (IPA) oder **Cognitive Robotics Process-Automation** (vgl. Sadasiva 2019). So können auch Veränderungen auf der Benutzungsoberfläche einer Anwendung erkannt werden, wenn z. B. in Personalstammdaten das Eingabefeld Geburtsdatum verschoben wird. Während bei RPA dafür eine Regel hinterlegt werden müsste, können IPA-Bots die Veränderung selbst erkennen. Die Lernfähigkeit von IPA-Bots ermöglicht es beispielsweise auch, Urlaubsanfragen in E-Mails oder Sprachnachrichten auf Basis ähnlicher früherer Anfragen besser zu prüfen und automatisch im HR-System einzutragen (vgl. Gärtner 2020a, S. 41). Die Abbildung zeigt Anwendungsfälle für RPA in HR.

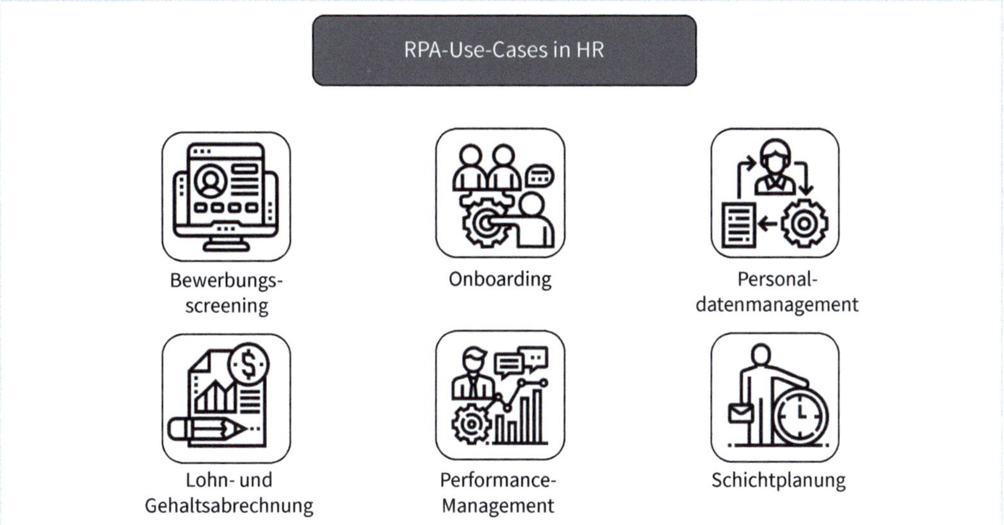

Abb. 3.11: Anwendungsfälle für RPA in HR (Quelle: eigene Darstellung)

Chatbots

Ein Chatbot ist eine **Konversationsanwendung**, die menschliche Kommunikation durch Text oder Sprache nachbildet und damit beispielsweise im Service rund um die Uhr auf einfache Anfragen von Kundinnen oder Mitarbeiterinnen antwortet. Chatbots sind die vielleicht bekannteste Form von **Intelligent Process-Automation**, z. B. **Sprachassistenzen** wie Alexa von Amazon oder Siri von Apple. Nutzerinnen formulieren Fragen oder Befehle und der Chatbot reagiert in Form einer Antwort oder Aktivität (s. Kap. 4.1.3). **Regelbasierte Chatbots** folgen einer Liste von Befehlen und Schlüsselwörtern, um Fragen zu beantworten. Bei Fragen, die nicht von den Entwicklerinnen programmiert worden sind, muss der Chatbot passen. Solche **vorstrukturierten Frage-und-Antwort-Tabellen** sind als einfache RPA-Anwendung möglich, ohne Einsatz von KI. **Selbstlernende Chatbots** arbeiten mit KI und sind daher breiter einsetzbar als regelbasierte Chatbots, da sie nicht von vorbereiteten Antworten abhängig sind. Bevor sie mit der eigentlichen Arbeit beginnen, transferieren sie die Eingaben ihrer Nutzerinnen aus Sprache oder Text in maschinenlesbare Informationen. Dazu wandeln sie unstrukturierte Daten in numerische Werte um, um mit der Analyse beginnen können. Bei den selbstlernenden Chatbots unterscheidet man zwischen **Suchbots** und **generativen Bots**:

- **Suchbots** können mit **heuristischen Methoden** Antworten auf offen gestellte Fragen in ihrer Bibliothek Antwortmöglichkeiten finden (vgl. AI-United-Redaktion 2021a). Sie nutzen den Inhalt des Eingabetextes und den Kontext des Dialoges, um die Antwort mit der höchsten Trefferwahrscheinlichkeit aus einer vordefinierten Liste auszuwählen. Im Fall eines einfachen Matchings suchen sie die Antwort, deren Text am meisten mit den Zeichen des gesprochenen Eingabetextes übereinstimmt. Wenn der Dialog fortgesetzt wird, speichert der Chatbot alle Informationen seiner Nutzerin. Das geschieht häufig in Form von **Dialogbäumen**, die Regeln für die typische Abfolge von Antworten und Nachfragen vorgeben (vgl. Stucki/D'Onofrio et al. 2018, S. 734).

- **Generative Bots** können unabhängig von den vordefinierten Optionen eigene Antworten entwickeln und reagieren nicht immer entsprechend einer der vordefinierten Lösungsmöglichkeiten. Dafür müssen sie die **Absicht** der Nutzerin erkennen und aus dem **Kontext** erschließen können, ob diese beispielweise nach einer bestimmten Stelle oder nach allgemeinen Informationen zum Arbeitgeber sucht (vgl. Gärtner 2020a, S. 43).

Chatbot-Systeme arbeiten mit Modulen für **automatische Spracherkennung und -analyse**, für **Interpretation der Spracheingabe** und für **Sprachsynthese**, wenn sie selbst Antworten generieren. Auf dem Markt werden heute diverse anwendungsbereite Plug-and-Play-Lösungen angeboten und mit Bots-as-a-Service-Lösungen lassen sich Bots deutlich leichter entwickeln und integrieren. **Open-Source-Lösungen** von wit.ai und Rasa stehen neben Angeboten wie Microsoft Azure oder Amazon Lex als verwaltete Dienste für die Entwicklung und Veröffentlichung von Bots, abgerechnet über die tatsächlichen Kontakte des Bots im Betrieb. Bot-Entwicklung ohne Programmierkenntnisse funktioniert z. B. auf Chatfuel genauso wie auf dem Microsoft Bot Framework, wo viele Anleitungen und Software-Development-Kits, sogenannte **Open-Source SDKs**, zu finden sind. Bots können hier vergleichsweise einfach erstellt, getestet und mit Kanälen oder Geräten vernetzt werden (vgl. Fink 2020, S. 63). Die Auswahl reicht vom einfachen Frage-Antwort-Bot (FAQ) bis zur virtuellen Assistenz, die natürliche Sprache versteht und Bilder interpretieren kann. Am Beispiel Microsoft Azure lässt sich das Spektrum kombinierter Anwendungen aufzeigen (vgl. Microsoft 2021a):

- **QnAMaker:** einen einfachen FAQ-Bot auf der Entwicklungsplattform erstellen, mit einem einfachen Werkzeugkasten für Frage-Antwort-Dialoge (www.qnamaker.ai)
- **Bot Connector:** einen Bot in Kommunikationskanäle wie Microsoft Teams, Slack, Cortana oder Facebook Messenger integrieren
- **LUIS:** Language Understanding Intelligent Service (LUIS) nutzen, um den Bot mit Deep Learning und linguistischer Analyse weiterzuentwickeln
- **Solution Accelerator:** virtuelle Assistenzen für mehrere Apps und Geräte entwickeln

Kleinere Unternehmen und alle, die sich vor großen Plattformen scheuen, können **Bot-Baukästen** wie IOX oder SnatchBot nutzen. Die Basispakete bieten einen unkomplizierten Einstieg und ermöglichen es, schnell Bots für verschiedene Plattformen zu erstellen (vgl. Schmidt 2019). Die nachfolgende Abbildung zeigt eine **gängige Unterscheidung** aus Sicht der Use-Cases in Engagement-Bots, Service-Bots und Collaboration-Bots.

Cyber-physische Systeme

Ohne Cyber-physische Systeme (CPS) ist eine intelligente Produktion (Smart Factory) nicht denkbar, denn sie verschmelzen die physische mit der digitalen Welt. **Systeme mit eingebetteter Software** können über **Sensoren** Daten aus der Umwelt erfassen und über **Aktoren** auf diese reagieren (vgl. Kreimeier/Kreggenfeld et al. 2014). CPS können Daten auch speichern, analysieren und austauschen, um den Prozessverlauf zu beeinflussen und zu optimieren, je nachdem, wo sie z. B. an der Produktionsstraße und in welcher Rolle sie zum Einsatz kommen.

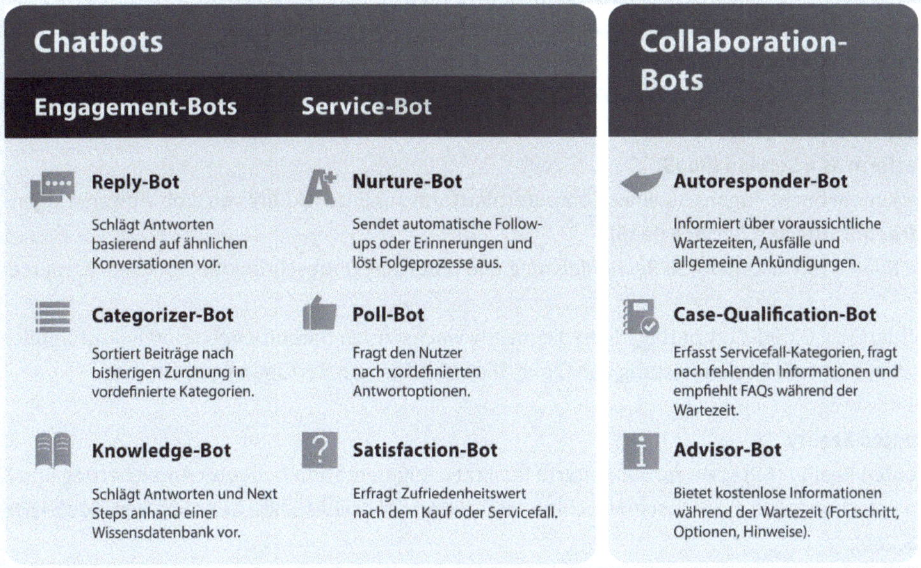

Abb. 3.12: Unterscheidung von Bot-Modellen nach Einsatzbereichen (Quelle: nach Fink 2020, S. 59, in Anlehnung an Wilde 2017, S. 175)

Internet der Dinge

Das Internet der Dinge **(IoT)** vernetzt physische und virtuelle Gegenstände über das Internet und ist ein weltweit operierendes digitales Netz zum Betrieb leistungsfähiger und drahtloser Kommunikationstechnologie. Im Gegensatz zum Social Internet, bei dem die Interaktion zwischen Personen und Maschinen im Vordergrund steht, werden die Geräte im IoT nicht mehr nur von Nutzerinnen gesteuert, sondern sie kommunizieren über **Machine-to-Machine-Kommunikation** auch direkt miteinander und können Aufgaben komplett automatisiert umsetzen (vgl. Moßner/Bergmann et al. 2019). Das betrifft nicht nur Produktionsanlagen in Werkshallen, sondern auch **vernetzte Alltagsgegenstände** wie Toaster, Kühlschränke oder Autos. Ein Getränkeautomat an der Carnegie Mellon University gilt als erstes verbundenes Gerät, das in den frühen 1980er-Jahren vernetzt wurde, um den Bestand verfügbarer Getränke zu beobachten (vgl. ebd.).

Cloud-Computing

Cloud-Computing verlagert Daten, Programme, Rechenkapazität und IT-Infrastruktur ins Internet (vgl. Weimann 2012). Daten und Dokumente, die in der Vergangenheit auf Desktop-PCs oder auf Servern im Rechenzentrum von Unternehmen gespeichert waren, werden bei einem **Dienstleister im Internet** gesammelt, der die Cloud (Datenwolke) betreibt. Solche Anbieter, z. B. Google oder Amazon, übernehmen auch Steuerung, Wartung und Kontrolle. Anwenderinnen können beim Cloud-Computing auch IT-Leistungen und Programme nutzen, ohne sie zwangläufig selbst installieren zu müssen. **Public Clouds** bieten öffentliche Cloud-Dienste (z. B. Google Docs), bei denen Daten frei angeboten werden, während für sensible Daten, wie sie in Unternehmen anfallen, eher **private Cloud-Dienste** genutzt werden (z. B.

Microsoft Azure) (vgl. Werther/Bruckner et al. 2018a, S. 11). Typische Servicemodelle von Cloud-Anbietern enden auf »as a Service« und lassen sich in drei Hauptkategorien einteilen (vgl. Fink 2020, S. 75):

- **Software as a Service (SaaS)**
  Die Kundin bucht Zugriff auf eine Software und die sich dahinter verbergende IT-Infrastruktur über einen Internetzugang.
- **Platform as a Service (PaaS)**
  Die Kundin bucht Zugang zu einer Computerplattform zur Entwicklung von Web-Anwendungen.
- **Infrastructure as a Service (IaaS)**
  Die Kundin bucht Zugang zu Rechenleistung und potenziell unbeschränkten Speicherressourcen.

KI profitiert von Cloud-Computing, denn die massiv wachsenden Datenmengen sind nur erfolgreich für KI nutzbar, wenn die Rechenleistung von Cloud-Dienstleistern zur Verfügung gestellt wird.

Augmented Reality

Augmented Reality (AR) steht für »erweiterte Realität«. Augmentation bedeutet Anreicherung und lässt sich im Forschungsfeld zur Mensch-Maschine-Interaktion auf drei Aspekte beziehen (vgl. Seufert/Meier 2020, S. 285):

- **Stärkung der Sinneswahrnehmung**, um biologische Begrenzungen von Menschen durch intelligente Maschinen zu verbessern. Dazu dienen beispielsweise AR-Brillen, mit denen Servicetechnikerinnen im Einsatz durch Kontextualisierung konkrete Anleitungen und Hinweise zu den nächsten Arbeitsschritten erhalten oder auf beobachtete Fehler hingewiesen werden.
- **Erleichterung von körperlichen Aktionen** durch Operationsroboter im klinischen Bereich oder Heberoboter in Pflegeeinrichtungen
- **Optimierung der Informationsverarbeitung**, beispielsweise wenn Navigationsgeräte Routen empfehlen oder KI-Software im Controlling große Datenmengen in Echtzeit auswertet

Augmented Reality umschreibt die **computergestützte Erweiterung unserer Realitätswahrnehmung** aufgrund von zusätzlichen Informationen in Form virtueller Inhalte. Populäre Anwendungsfälle sind Einrichtungs-Apps wie IKEA Place, die mit AR-Technologie IKEA-Produkte auf virtuelle Weise in den eigenen vier Wänden der Nutzerin platziert. Im Sommer 2016 sorgte das AR-Spiel Pokémon GO für Aufruhr – Millionen Anwenderinnen navigierten mit ihren Smartphones durch die Straßen, um virtuelle Pokémons zu erwischen. Spielerinnen können bei diesem AR-Spiel virtuelle Fantasiewesen fangen, entwickeln und in virtuellen Kämpfen gegeneinander antreten lassen. Im Kontext von Human Resources wird AR heute unter anderem für **virtuelle Rundgänge** im Rahmen von Employer-Branding genutzt. So könnte eine AR-Anwendung beispielsweise Bewerberinnen für eine Ausbildung in der Produktion durch die verschiedenen Arbeitsstationen lenken und durch Gestensteuerung digitale Assistenzen einblenden, die jeweils erklären, wie an den Stationen gearbeitet wird. Die digitale Assistenz könnte an jeder Arbeitsstation wie eine echte Ausbilderin ihr Gegenüber persönlich ansprechen.

Virtual Reality

Im Unterschied zur Erweiterung der realen Umgebung erstellt Virtual Reality (VR) eine **umfassende Simulation**, die wir von der Realität nicht mehr unterscheiden können. 3-D-Inhalte werden in Echtzeit dargestellt und können von Nutzerinnen bewegt werden. Die Einblendung der virtuellen Umgebung erfolgt über **Wearables** wie Handschuhe und Brillen oder mobile Endgeräte (s. Kap. 4.4.3). 3-D-Geräte können zusätzlich auch den Standort der Nutzerin im Raum und ihre Körperbewegungen erfassen, um mit der Umgebung zu interagieren. Der Begriff **Immersion** ist dabei ein Qualitätsmerkmal für VR-Anwendungen aus der Gaming-Branche. Wenn ein Spiel »immersive« ist, können Spielerinnen vollkommen **in die virtuelle Welt eintauchen** und in ihr versinken. Damit ein Spiel als immersive wahrgenommen wird, muss es nicht nur spannend und packend sein, sondern auch vom grafischen und klanglichen Design her überzeugen (vgl. VR 2021). AR-Entwicklerinnen nutzen dafür unter anderem **multimodale Stimuli**, z. B. Vibrationen im Handschuh beim Berühren von Objekten (vgl. Gärtner 2020a, S. 45). Die Deutsche Bahn warb schon im Jahr 2015 auf Facebook mit dem Einsatz von VR-Brillen im Personalmarketing, um Interessierten einen hautnahen Einblick in die Tätigkeiten von Fahrdienstleistung oder Gleisbau zu geben, wie die nachfolgende Abbildung zeigt (vgl. Deutsche Bahn 2015).

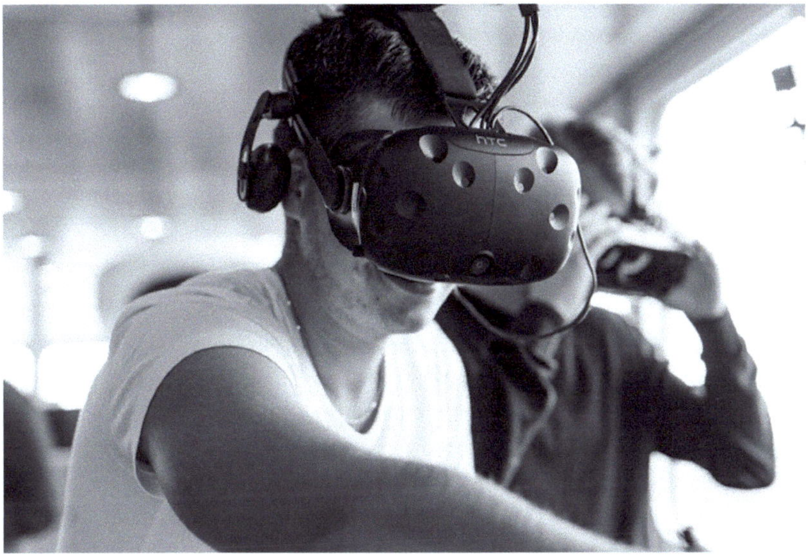

Abb. 3.13: Deutsche Bahn nutzt VR-Brillen im Personalmarketing (Quelle: Deutsche Bahn AG / Skydeck 2019)

Voice-Commerce

Lernende Bots und virtuelle Realitätserweiterung werden wir vermutlich bevorzugt über Sprache dirigieren. Voice-Commerce beschreibt in diesem Kontext die **kommerziellen Anwendungen mit Sprachassistenzen** auf Basis verschiedener Informationstechnologien zur Sprachverarbeitung. Schon heute sind digitale Sprachassistenzen wie Alexa, Cortana und Siri in unserem Alltag angekommen. Nutzerinnen werden unabhängiger von Hardware, indem sie **per Sprachbefehl suchen oder kaufen**. Dank Voice-Search-Technologie können wir das Internet mithilfe von natürlicher Sprache durchsuchen, indem wir Alexa oder Siri eine Frage stellen. Diese Sprachassistenzen können als selbstlernende Systeme ihre Datenbasis und Kommunikationskompetenz mit jeder Interaktion verbessern. Große Konzerne wie Amazon, Apple, Google und Microsoft investieren im Wettkampf um die Vorherrschaft im Voice-Commerce massiv in diese Schnittstelle. Im Recruiting hat der Versicherungskonzern Allianz im Jahr 2018 als einer der ersten den Sprachassistenten von Google eingesetzt (vgl. Verhoeven/Goldmann 2020, S. 17 f.): »I want to talk to Allianz Careers« waren die Schlüsselworte zur Aktivierung des Assistenten, der rund um das Thema Karriere Antworten parat hatte und zu der Zeit auf Interviewvorbereitung, Interviewsimulation und Informationen zum Rekrutierungsprozess ausgelegt war. Weitere Beispiele werden im Kapitel Personalmarketing beschrieben (s. Kap. 4.1.3).

Natural-Language-Processing

Im Kampf um die Vorherrschaft an der Sprachschnittstelle ist Natural-Language-Processing (NLP) erforderlich, um natürliche Sprache zu erfassen und mittels KI-Algorithmen zu verarbeiten. NLP beschreibt den Zweig von KI, der natürliche Sprache mithilfe von Regeln und Algorithmen computerbasiert erfasst und verarbeitet. NLP soll Computer befähigen, Text und gesprochenes Wort ähnlich zu verstehen wie der Mensch. Dafür kombiniert NLP Computerlinguistik zur regelbasierten Modellierung menschlicher Sprache mit Modellen aus Statistik, Machine-Learning und Deep Learning (vgl. IBM Cloud Education 2020). Ziel ist es, per Sprache eine möglichst weitreichende Kommunikation zwischen Mensch und Computer zu ermöglichen. NLP begegnet uns heute z. B. in digitalen Sprachassistenzen, Service-Chatbots, sprachgesteuerten GPS-Systemen oder in Diktatsoftware **(Speech to Text)**. Erst kürzlich hat das britische Unternehmen Cambridge Quantum Computing eine Studie veröffentlicht, in der NLP-Aufgaben in einem IBM-Quantencomputer implementiert wurden, um Sätze und Wortbedeutungen entsprechend der grammatikalischen Satzstruktur einzubetten (vgl. Cambridge Quantum 2021).

Sprachsynthese

Der Begriff Sprachsynthese bezeichnet eine KI-Anwendung zur Erzeugung einer menschlichen Sprechstimme **(Text to Speech)**. Wie bei einem **Vorleseautomaten** wird Fließtext in akustische Sprachausgabe verwandelt (vgl. Sartorius 2020). Mit Sprachsynthese-Programmen wie Lyrebird, Acapela, Linguatec, Synfonica LLC und Voicery können Nutzerinnen Kopien ihrer eigenen Stimme erstellen lassen. Beim kanadischen Unternehmen Lyrebird genügen 100 vorgegebene Trainingssätze, die Nutzerinnen in ein Mikrofon sprechen, bis die Software einen individuellen Schlüssel mit der »DNA« der jeweiligen Stimme erstellt hat. Im Anschluss gibt die Nutzerin Texte in ein Dialogfenster ein und kann ihre eigene Vorlesestimme hören. Acapela verwendet nur noch 50 Sätze, um die Aufnahmen durch den Acapela-Recorder zu trainieren, und kalkuliert mit einer Trainingsdauer von 10 bis 20 Minuten (vgl. Acapela 2020). Ein Forschungsteam der Universität Cornell hat die Anwendung Tacotron entwickelt, anhand derer sich erklären lässt, wie das Training funktioniert (vgl. Sartorius 2020):

1. Ein Speaker-Encoder in Form eines neuronalen Netzes wird mit Datensätzen von über 30.000 Sprecherinnen trainiert.
2. Tacotron erstellt auf dieser Basis einen Durchschnitt der menschlichen Sprache.
3. Für jede neue Aufnahme erstellt die KI-Sprachsynthese aus dem Sprachdurchschnitt ein Spektogramm für den Vocoder, der daraus ein hörbares Ergebnis generiert.

Mit der Möglichkeit, in wenigen Sekunden täuschend echte Stimmkopien zu erstellen, beinhalten solch fortgeschrittene Anwendungen ein **Missbrauchspotenzial**. Die Anbieter arbeiten zum Schutz davor an **akustischen Wasserzeichen** und **Ende-zu-Ende-Verschlüsselung.**

Zusammenfassung

Big Data liefert die Grundlage für den Siegeszug von Künstlicher Intelligenz, denn aufgrund ihrer Menge und Komplexität lassen sich die generierten digitalen Daten nicht mehr ohne KI-Systeme verarbeiten. Künstliche Intelligenz und Machine-Learning (ML) sind Oberbegriffe für Algorithmen und Systeme (Algorithmen + Technik + Daten), die komplexe Probleme in Einzelschritte zerlegen und auf dem Weg zur Lösung mit jedem Schritt dazulernen. Die Anwenderinnen erhalten im besten Fall präzise Empfehlungen, Zuordnungen, Suchergebnisse oder personalisierten Content. KI arbeitet mit Text- und Sprachverarbeitung, visuellen Fähigkeiten, Wissensrepräsentation und Erinnerung, um Muster zu erkennen und logische Schlussfolgerungen zu ziehen. Dabei bleiben selbst komplexe Künstlich neuronale Netze beschränkt auf den trainierten Anwendungsfall und verfügen bislang über kein Transferwissen. Die Artificial General Intelligence (AGI) als Superkraft wird noch Zukunftsmusik bleiben, solange große Mengen an Trainingsdaten erforderlich sind und Lösungsmuster nicht einfach auf andere Probleme übertragen werden können. Je komplexer die neuronalen Netze, desto schwerer ist der Lösungsweg nachvollziehbar, weshalb parallel die Forschung zur Transparenz von Algorithmen vorangetrieben wird. Klassischen Fehlerquellen können wir im Training aktiv begegnen, um Verzerrungen und Ungerechtigkeiten vorzubeugen, die sich evtl. in den Trainingsdaten verstecken. Trotz aller Limitierungen können KI-Anwendungen heute schon an vielen Stellen im HR-Prozess spürbaren Mehrwert bringen und z. B. die Schwächen unserer rückwärtsgerichteten Analyse ausgleichen. An der Schnittstelle zur Nutzerin lässt sich mithilfe von Chatbots, Augmented Reality, Virtual Reality, NLP-Anwendungen oder Sprachsynthese die User-Experience entscheidend verbessern. Auch wenn wir von der Immersion im Sinne eines virtuellen Eintauchens noch ein ganzes Stück entfernt sind, so lohnt es sich, jetzt durch eigene Experimente Erfahrungen zu sammeln, um die Datenschätze im Personal mit KI schrittweise zu heben.

4 KI im Einsatz entlang der HR-Wertschöpfungskette

Die Einsatzmöglichkeiten für KI-Lösungen im Bereich Human Resources sind vielfältig, an jedem Punkt des Personallebenszyklus gibt es Potenzial. Ziel ist aus Sicht von HR, Bedürfnisse der heutigen und künftigen Belegschaft besser zu bedienen, Verschwendung zu minimieren und eine lernende Kultur zu entwickeln. Die Hauptwertschöpfung in HR entsteht mit KI aus der Analyse von Personen- und Organisationsdaten für Personalauswahl, strategische Arbeitsorganisation und Performance-Aussteuerung sowie aus der Automatisierung von Arbeitsprozessen, wie das nachfolgende fiktive Zukunftsbild beschreibt. In diesem Kapitel werden KI-Beispiele skizziert, die durch Automatisierung und Analyse Prozesse vereinfachen, repetitive manuelle Arbeit reduzieren und die Nutzungserfahrung in der Belegschaft und bei externen Interessentinnen verbessern.

Zukunftsbild

Die »eierlegende KI-Wollmilchsau« in HR

In der Rekrutierung veröffentlichen Führungskräfte die zu besetzenden Profile eigenständig und freuen sich, wenn ihnen umgehend eine Handvoll interessanter Kandidatinnen empfohlen wird. Die Kolleginnen in HR haben alle Schritte der Vorauswahl an eine KI übergeben und nutzen die frei gewordene Zeit für persönliches Sparring zur Schärfung der echten Bedarfe mit Blick auf erforderliche Zukunftskompetenzen. Vor dem Gespräch coachen sie die Führungskraft, damit diese auf einer grundsätzlichen Ebene die kulturelle Passung prüft, statt sich in Fachdiskussionen zu verlieren. Bewerberinnen freuen sich über einen transparenten Prozess und schnelle Rückmeldungen, sie wissen jederzeit, wo sie stehen und spüren nachhaltiges Interesse an ihrer Person. Das Onboarding beginnt direkt nach dem »Ja« beider Seiten mit kuratiertem Content, den die KI für neue Mitarbeiterinnen individuell zusammenstellt. Das Unternehmenserlebnis entsteht so schon in der Vorbereitung auf den neuen Job.

Eine KI-gesteuerte Onboarding-Checkliste navigiert die Neuen durch ihre ersten Wochen. Einstiegstrainings können neue Kolleginnen im KI-Portal selbst buchen. Genau wie alle anderen kennen sie die Kriterien und Budgets. Die KI begleitet sie mit Empfehlungen und Wissenstests. Führungskräfte arbeiten der KI im Portal durch Einschätzungen des Potenzials ihrer Mitarbeiterinnen zu, wo sie zudem mit Peer-to-Peer-Vergleichen in ihrer eigenen Führungsarbeit unterstützt werden. Bürokratische Zielvereinbarungsrunden gehören der Vergangenheit an, da Teams quartalsweise Ziele vereinbaren und dabei von der KI begleitet werden, um strukturelle Vergleichbarkeit sicherzustellen und Fortschritte zu messen.

Wer das Unternehmen verlässt, bekommt seine Abschlussdokumente und Auszahlungen automatisch, denn die KI verfolgt den Status der Offboarding-Checkliste. Das Zeugnis schreibt die KI-Software auf Basis von vorstrukturiertem Input der Führungskraft. Sie hält auf Wunsch auch zu den ehemaligen Mitarbeiterinnen Kontakt, denn das Unternehmen schätzt aktive Netzwerke.

Wer will, kann mit KI schon heute nahezu alle Anwendungen aus diesem Zukunftsbild der Wertschöpfungskette in HR nutzen – sei es in Forschungsprojekten, in Start-ups oder integriert in die großen HRM-Systeme. Datenanalyse und smarte Prozessautomatisierung auf Basis von KI lassen unzählige **neue Produkte und Dienstleistungen in HR** entstehen. Einzellösungen für KI-basierte Teilprozesse in HR erscheinen gefühlt im Stundentakt auf dem Markt, vor allem für eine **einfachere Vorauswahl** in der **Rekrutierung, zielsicheres Matching** und **bessere Einstellungsentscheidungen**. Der »Zoo« der Personalmanagement-Software wird weiter an Vielfalt gewinnen durch standardisierte Lösungen, verbundene Familiensysteme oder Einzelanwendungen. Einheitliche Systemlandschaft? Fehlanzeige! Im Prozessmanagement lassen sich die Module aus diesem digitalen Flickenteppich vermutlich nur schwer integrieren. Amerikanische oder asiatische KI-Anwendungen stehen nach wie vor gelegentlich im Konflikt mit den rechtlichen Rahmenbedingungen in Europa. Vielfach bevorzugt die Unternehmens-IT daher Gesamtlösungen großer Anbieter, während HR lieber mit kleinen Spezialisten arbeitet, die oftmals innovativer agieren und ihre Lösung besser zuschneiden (vgl. BPM 2019). Wie in Kapitel zwei erläutert, geht der Trend in Richtung von **HR-Core-Plattformen** mit modularen Apps und Predictive Analytics (s. Kap. 2.3). KI profitiert immer dann davon, wenn alle personalrelevanten Daten aus einem führenden Personalinformationssystem kommen, um inkonsistente und redundante Datensätze zu vermeiden.

In diesem Kapitel werden entlang der HR-Wertschöpfungskette **smarte Tools** vorgestellt, die KI-basierte Prozesse vereinfachen oder Analysemöglichkeiten erweitern. Die beispielhaft beschriebenen Werkzeuge und Anbieter sollen **Anwendungsmöglichkeiten in zentralen HR-Wertschöpfungsstufen** illustrieren. Die subjektive Auswahl der Beispiele orientiert sich am praktischen Einsatz und an vorliegenden wissenschaftlichen Kommentierungen. Rein statistische Analyse-Tools wie SPSS, R, SAS, Tableau oder Excel werden nicht betrachtet, ebenso wenig wie Programme zur Datenanalyse, z. B. Alteryx und RapidMiner, und Werkzeuge zur Datenaufbereitung wie WinPure oder Trifact. Software-Tools zur Entwicklung von Augmented Reality und Virtual Reality, beispielsweise Game-Engines, AR-Frameworks und Schnittstellenwerkzeuge, werden ebenfalls nicht behandelt. Im Mittelpunkt stehen Anwendungen von großen HR-Software-Anbietern wie Cornerstone, Oracle PeopleSoft, SAP SuccessFactors oder Workday sowie von **HR-Start-ups**. Die meisten hier beschriebenen Anwendungsfälle kreisen um **KI-basierte Suche**, **Auswahl**, **Empfehlung** und **Matching** im Kontext von **Personalauswahl**, **-management** und **-entwicklung**.

Wie die Algorithmen genau funktionieren, lässt sich für viele Tools nicht darstellen. Sowohl die Anbieter großer Plattformen wie SAP, Workday oder Oracle als auch KI-Start-ups legen ihre Algorithmen und Analyseverfahren meist nicht offen, daher konzentriert sich dieses Kapitel auf **Beispiele in der Anwendung** und nicht auf die technologische Untersuchung. KI ist zudem nicht überall dort enthalten, wo »KI« verkauft wird. In der Folge steigen die Anforderungen an den **Auswahlprozess**, um seriöse Lösungsanbieter mit solider Technologie und validen diagnostischen Verfahren zu wählen. Welche der neuen KI-Lösungen z. B. die Diagnostik in HR wirklich verbessern und damit die Entscheidungsbasis aufwerten, muss in jedem Einzelfall **kritisch geprüft** werden. Manche Anbieter brüsten sich mit der Integration externer Datenströme, die jedoch unter Berücksichtigung deutscher Datenschutzerfordernisse nicht verwendbar sind. Einen fundierten Entscheidungsprozess im eigenen Unternehmen kann die Lektüre dieses Kapitels nicht ersetzen, da die beschriebenen Lösungen nicht mit Wirtschaftlichkeitsrechnungen hinterlegt sind, sondern im Hinblick auf die Anwendung beschrieben werden. Im Auswahlprozess geht nichts ohne technische Validierung und **Kosten-Nutzen-Abwägung**, gefolgt von zu prüfenden Aspekten wie Compliance, Funktionsumfang, Bedienfreundlichkeit, Updates, Implementierungs-Support oder Preismodelle.

Abgesehen von technischen und rechtlichen Fragen hängt die Sinnhaftigkeit des KI-Anwendungsfalls in HR vom tatsächlichen **Mehrwert für interne und externe Kundinnen** ab. In Kapitel fünf werden wesentliche Schritte zur Priorisierung von Anwendungsfällen und zum Aufsetzen eines KI-Projektes in HR beschrieben (s. Kap. 5.1). In Vorbereitung darauf lohnt es sich, beim Lesen der beschriebenen Anwendungsfälle die folgenden vier Fragen im Hinterkopf zu behalten:

- Wie können wir unser Portfolio auf die Bedarfe unserer internen Kundinnen ausrichten?
- Wie gelingt es uns, die Services genau dann verfügbar zu machen, wenn unsere Belegschaft bzw. Bewerberinnen darauf zugreifen wollen?
- Wie können wir den Aufwand für unsere Nutzerinnen minimieren?
- Wie können wir unsere eigenen Services ständig verbessern?

4.1 Personalmarketing

Noch vor dem eigentlichen Bewerbungsprozess beginnt die Balz auf beiden Seiten der zu vergebenden Arbeitsstelle. In der Anbahnung versuchen Unternehmen, die Aufmerksamkeit passender Persönlichkeiten für ihre Bedarfe zu gewinnen, vom Personalmarketing über Stellenanzeigen bis zur Direktansprache. Auch Arbeitssuchende oder Wechselwillige bereiten sich vor: Was suche ich eigentlich und wo finde ich es? Wie präsentiere ich mich dort? Wo werde ich gefunden? Was erwartet mich dort genau? Passt das zu mir? Die Suche nach der Traumpartnerschaft wird von Hindernissen begleitet: Bewerberinnen im Nebel – dieser Eindruck entsteht, wenn man einer StepStone-Studie Glauben schenkt, derzufolge 75 Prozent der Jobsuchenden durch die Inhalte von Stellenanzeigen nicht ausreichend informiert werden (vgl. Bauer 2020, S. 143). Sie wünschen sich schon vor der Bewerbung Einblicke in Bürosituation, Gehaltsregionen oder Entwicklungsperspektiven. Viele beklagen, sie hätten bei Vertragsunterschrift noch keine genaue Vorstellung, was auf sie zukommt. Gemessen an der Relevanz, die eine Jobentscheidung für das Leben hat, scheint das fahrlässig, denn Studien weisen darauf hin, dass die Hälfte aller Jobentscheidungen im Nachhinein als falsch bewertet werden (vgl. Bauer 2020, S. 143 f.). **Personalmarketing** erhält daher eine Art **Pre-Sales-Funktion**, ähnlich wie Marketing in datengetriebenen Unternehmen heute nicht mehr für bunte Bildchen und TV-Spots zuständig ist, sondern für **Lead-Identifikation**, **-Priorisierung** und **-Qualifizierung**. Beeinflusst von der Verschiebung der Machtverhältnisse im Kampf um Talente, wird **Personalgewinnung** immer stärker **personalisiert** und die Bedeutung von **Eigenselektion** wächst. Lange bevor ein Unternehmen in der Lage ist, eine Entscheidung für oder gegen Talente zu treffen, haben die Bewerberinnen selbst schon das Unternehmen unter die Lupe genommen. Lohnt sich eine Bewerbung bei dieser Marke? Wer als Unternehmen möchte, dass seine Zielgruppe diese Frage für sich mit Ja beantwortet, der steckt zunehmend Zeit und Geld in die **Arbeitgebermarke** (Employer-Branding) und schärft seine Alleinstellungmerkmale im Vergleich mit anderen Unternehmen. Talente erwarten vor allem Transparenz und glaubwürdige Einblicke. Wer es sich aussuchen kann, dem geht es nicht darum, schnell »unter die Haube zu kommen«, sondern den Traumjob zu finden. Ähnlich wie auf den Online-Dating-Portalen Parship und Elitepartner wird auch auf dem Stellenmarkt nach der größtmöglichen Passung gesucht, den magischen **Matching-Points.** Der Wunsch nach Kongruenz bezieht sich nicht in erster Linie auf fachliche Qualifikationen, sondern auch auf den Sinn des Unternehmens (Purpose), die gelebte Kultur, flexible Lebens- und Arbeitsmodelle oder die Möglichkeit von persönlichem Wachstum. So verschmilzt Recruiting zunehmend mit Personalmarketing als Funktion der **Verkaufsvorbereitung.**

4.1.1 Stellenanzeigen zuschneiden

Deutschlandweit wurden im Jahr 2020 (Januar bis November) von 300.000 Unternehmen über fünf Milliarden Stellenanzeigen für 2,2 Milliarden Euro veröffentlicht (vgl. Index 2021). Studien zur Wirkung solcher Anzeigen lassen die Frage aufkommen, welcher Anteil der hohen Investitionen wohl zum gewünschten Ergebnis geführt hat. HR-Teams verschwenden durch schwammige Jobprofile wertvolles Potenzial, da sie anhand stereotyper Kriterien rekrutieren (vgl. Kontio 2017). Langweilige, austauschbare Stellenanzeigen locken möglicherweise langweilige, austauschbare Kandidatinnen an. Die Arbeit für **KI im Personalmarketing** beginnt daher in der **Verbesserung von Stellenanzeigen**, dem sogenannten **Augmented Writing.** KI-Software soll die passende Sprache und Formulierung finden, um eine bestimmte Gruppe von Bewerberinnen zu erreichen. In der Regel werden im Training dieser Anwendungen große Mengen an Anzeigen aus der Vergangenheit analysiert und entsprechend passender Jobbörsen, Jobkategorien und Schlüsselwörter klassifiziert. Werden diese Daten mit der Reaktion von Interessierten auf derartige Anzeigen verglichen, lernt die KI Erfolgsmuster und kann bei der Entwicklung von neuen Anzeigen gezielt so formulieren, dass die Zielgruppe darauf anspringt (vgl. Schoenthal/Gierschmann et al. 2020, S. 316). Jobbörsen prognostizieren auch die **Performance von Stellenanzeigen**, indem sie mithilfe von **Natural-Language-Processing** (NLP) den Titel und Haupttext der Ausschreibung bewerten und mit ähnlichen Anzeigen im Markt vergleichen. Auf Basis eines Scores werden die Klickzahlen vorhergesagt und Schlüsselwörter (Keywords) für Werbekampagnen vorgeschlagen (vgl. Liebscher 2020). Praxisbeispiele für Augmented Writing finden sich nicht nur in den USA, sondern auch in Deutschland, wie Textio und 100 Worte zeigen.

AUS DER PRAXIS – BEISPIELE

Textio aus Seattle

Das US-amerikanische Start-up Textio analysiert mit einer Software für Augmented Writing monatlich bis zu zehn Millionen Stellenangebote und prognostiziert, wie erfolgreich das Gesuch sein wird. Mittels semantischer Analyse bewertet Textio einzelne Formulierungen und wie sie im Vergleich mit anderen Stellenausschreibungen aus der Branche oder für die zu besetzende Funktion auf Kandidatinnen wirken werden (vgl. Dahm/Dregger 2019, S. 251). Personalerinnen können so, während sie eine Anzeige verfassen, von der Software Optimierungsvorschläge erhalten und einarbeiten (vgl. Textio 2021). Das Tool achtet unter anderem darauf, die Texte unvoreingenommen zu formulieren und Verzerrungen zu finden, wenn sie in andere Sprachen übersetzt wurden und sich dadurch ungewollt der Ton geändert hat, z. B. in Bezug auf Geschlechter. Textio schlägt in solchen Fällen passende Synonyme vor, um einen möglichst großen oder exakt den gewünschten Kreis von Bewerberinnen anzusprechen.

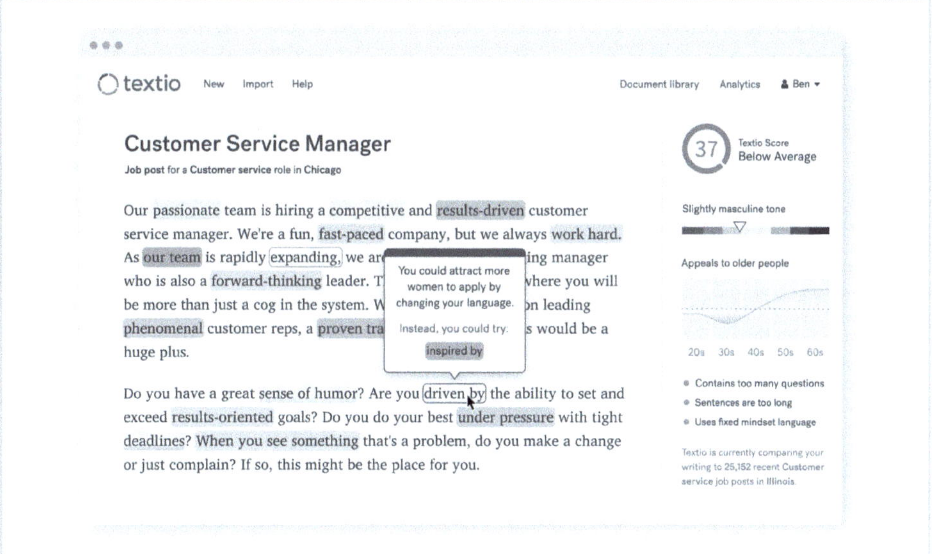

Abb. 4.1: Semantische Analyse am Beispiel Textio (Quelle: Queb 2018)

100 Worte aus Heilbronn

Das deutsche Start-up 100 Worte hat anhand von 32.000 Stellenanzeigen analysiert, wie Unternehmen potenzielle Bewerberinnen ansprechen. Unter anderem konnte ein starker Geschlechtereffekt (Gender-Bias) nachgewiesen werden: So waren Ausschreibungen für Reinigungskräfte, Empfangs- und Erziehungspersonal zum großen Teil an Frauen gerichtet, während die Sprache in Stellenanzeigen für die Bereiche Führung, Team- und Projektmanagement deutlich männlich geprägt war (vgl. Lang 2020). 100 Worte will mit seiner »Psychological AI« Personalabteilungen dabei unterstützen, ihre Arbeitgebermarke und Werte zielgerichtet über die Sprache jenen Bewerberinnen zu vermitteln, die das jeweilige Unternehmen für sich gewinnen will (vgl. 100 Worte 2021). Stellenbeschreibungen werden auf die gewünschten Anforderungen hin optimiert und getestet. Drücken die Formulierungen den gewünschten Grad an Beziehungsorientierung oder Leistungsbezug aus? Kommen die Motive und Botschaften des Arbeitgebers bei den Leserinnen an? Die KI von 100 Worte tauscht Worte aus oder empfiehlt Ergänzungen.

Inhalte personalisieren

Der Trend zur Personalisierung entfaltet seinen Sog auch im Stellenmarkt. Standardisierung in der Ansprache ist nicht mehr akzeptabel für Jobsuchende, die auf Spotify oder Netflix bereits Musik- und Filmempfehlungen erhalten, die genau ihrem Geschmack entsprechen. Wir sind es gewohnt, dass sich Websites automatisch nach unseren Präferenzen richten und die für uns relevanten Artikel, Produktangebote oder Aktienkurse zuerst zeigen. Je nachdem, welche Interessierten zum ersten Mal mit einer Marke in Kontakt kommen, soll genau die Geschichte erzählt werden, sollen genau die Gesichter zu sehen sein, auf die sie anspringen werden. Technologisch ist es kein Problem, Inhalte je nach Empfangsperson aufzubereiten und auszuspielen. **Browser-Plug-ins** können das **Nutzungsverhalten** auswerten und **Persönlichkeitsmerkmale** errechnen, verbunden mit einer Empfehlung zu Inhalten und Tonalität, mit denen die jeweilige Zielperson am besten angesprochen wird (vgl. Diercks 2020, S. 59). Bilderwelten, Sprache, Botschaften, Testimonials oder Videos von Mitarbeiterinnen – alles kann als **personalisierter Content** in jedem Moment, bei jedem Zugriff neu konfiguriert werden. Warum dann nicht auch das Angebot in Echtzeit verändern, so wie sich in der dynamischen Preisfindung auf Reiseportalen der Preis für einen Flug jederzeit anpassen kann? Einem Programmierer, der gerade Vater geworden ist und der über eine Social-Media-Kampagne zum Thema »Working Dads« auf die Seite mit den Stellenanzeigen gelangt, könnte der Algorithmus eine 60-Prozent-Stelle ausspielen, die virtuelles Arbeiten betont. Wenige Minuten später könnte er die identische Anzeige einer aufstrebenden Tech-Arbeiterin, die über einen Blogartikel zu »Women Succeeding in Tech« auf die Anzeige stößt, mit einer anderen Stundenzahl anzeigen und Entwicklungsprogramme für weibliche IT-Talente hervorheben. Höchste Zeit also, um Zielgruppen von Abschlüssen und Qualifikationen zu entkoppeln und stattdessen eine **Mikro-Zielpersona** wie Lara, 26, aus dem Münchner Glockenbachviertel in den Fokus zu nehmen! Flexibilisieren wird sich im Personalmarketing auch die Saisonalität. Zeitpunkt- und anlassbezogene Rekrutierung weicht einer **Zeitraumbetrachtung** im Sinne von **Talent-Relationship-Management** (vgl. Diercks 2020, S. 58). Ohne datengetriebene Selektion und lernende Algorithmen, die digitale Fußspuren erkennen und Signale interpretieren, wird Personalmarketing nicht die nötige Vorarbeit bei der Rekrutierung leisten können. Lernen kann man bei der Personalisierung von Job-Content vom Online-Monopolisten Google, wie das nachfolgende Praxisbeispiel zeigt.

Google for Jobs

Rund 80 Prozent aller Jobsuchen starten ihre Suche heute mit der Suchmaschine Google (vgl. On-apply 2021). Google hat mit Google for Jobs ein Angebot etabliert, das Stellenanzeigen von Jobbörsen und Karriereseiten in 120 Ländern aggregiert. Wie die nachfolgende Abbildung zeigt, sucht Google gezielt nach der Wunschkombination. Bei der Eingabe von Suchbegriffen wie »Jobs in Mönchengladbach als Marketing-Managerin nachhaltig« werden die Ergebnisse als »Enriched Search-Results« noch vor den normalen Suchergebnissen ausgespielt. Der Algorithmus sendet nicht nur Jobprofile aus dem Bereich Marketing-Management, sondern auch Marketing-Stellen in nachhaltigen Unternehmen in der angegebenen Region, Jobs mit ähnlichen Merkmalen und Stellen, von denen er vermutet, dass sie zur suchenden Person passen. Selbst wenn die Interessentin nur »Jobs in Mönchengladbach« eingegeben hätte, könnte Google mit Treffern aufwarten, da die Suchmaschine auf die Historie der eingegebenen Suchbegriffe zugreift und die Interessierten mitunter besser kennt als sie sich selbst. Unternehmen profitieren davon, ihre Stellenanzeigen auf den Reichweitenbringer Google zu optimieren: Die Suchmaschine kann nicht nur Sichtbarkeit steigern, sondern auch als Vorfilter agieren. Die Marktdominanz von Google lässt erwarten, dass der US-amerikanische Marktführer die Jobbörsen weiter unter Druck setzen wird. Im Herbst 2020 hat Google begonnen, die Werbeanzeigen von Indeed, StepStone und kleineren Jobportalen nur noch unterhalb seiner Google-for-Job-Fenster anzuzeigen (vgl. On-apply 2021). Für Portale wie Indeed ist Google der größte Traffic-Treiber.

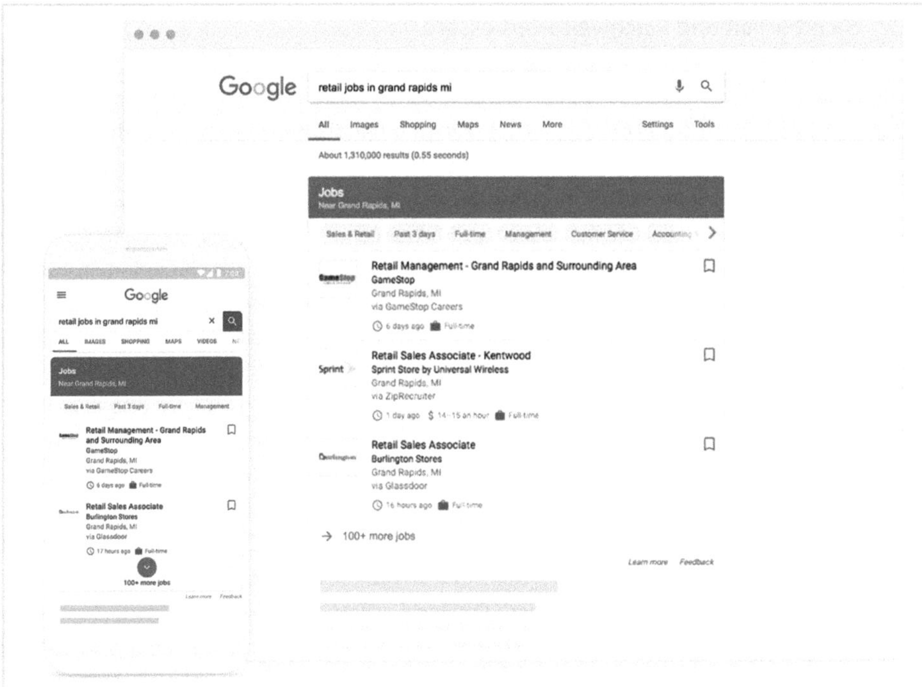

Abb. 4.2: Google for Jobs (Quelle: Klein 2019)

Für Unternehmen, die auf Bewerbungen hoffen, wird Google allein es nicht richten. Je spitzer das Profil, sowohl vonseiten des Unternehmens als auch dasjenige der Kandidatinnen, desto leichter die Filterfunktion für perfekte Paarungen. Algorithmen vergleichen harte Fakten wie Qualifikationen, Vorerfahrungen, Arbeitsstationen, aber auch weiche Faktoren wie Persönlichkeitseigenschaften, kulturelle Präferenzen, Hobbys oder das persönliche Sinnkonzept (Purpose). Wer heute Stellenanzeigen und Selbstbeschreibungen von Unternehmen liest, wird sich vielleicht fragen, wie ein Algorithmus daraus scharfe Profile für den Abgleich entwickeln soll. Eine Studie von Textkernel untersuchte 120.000 Stellenanzeigen und identifizierte einen »Club der Gleichen« – mit werblichen Worthülsen ohne differenzierende Faktoren, wenig aktiver Sprache und vielen irrelevanten Informationen (vgl. CareerBuilder 2020). Zur konzeptionellen Basisarbeit beim **Data-driven Matching** gehört daher für Unternehmen, eindeutig zu definieren, welche harten und weichen Faktoren die ideale Bewerberin für die vakante Stelle kennzeichnen. Diese **Schlüsselwörter** gilt es, so in der Anzeige und allen begleitenden Personalmarketingformaten zu vermitteln, dass Google die gewünschten Kandidatinnen auf die Jobseiten lotsen kann. Dazu muss zunächst die **Website indexiert** und die **Stellenanzeige aus strukturierten Daten und Aufzählungen** aufgebaut werden. Stellentitel und Key-Words werden schlüssig miteinander verknüpft, konsistent bis hin zu Bildsprache, begleitenden Fotos und Videos. Wer sich damit zu beschäftigen beginnt, wird die Google Search Console nutzen, um Klicks und Ansichten zu analysieren und die Anzeigen weiter zu verfeinern (vgl. Google 2021b). Nach jeder Änderung hilft **Site-Maps**, Google auf die Updates aufmerksam zu machen.

4.1.2 Sichtbarkeit und Reichweite verbessern

Wie das eigene Stellenangebot auf Wunschkandidatinnen wirkt, lässt sich erst herausfinden, wenn die Zielpersonen es zu Gesicht bekommen. »Anzeige findet Kandidatin«, für diesen Anspruch bedient sich HR gelernter Methoden aus dem Online-Marketing:

- **Programmatic Job-Advertising**, zu Deutsch programmatische Werbung, bedeutet im Online-Marketing das voll automatisierte Ausspielen von Arbeitgeber-Werbung auf digitalen Werbeflächen in Echtzeit. Im Hintergrund analysieren smarte Algorithmen die Daten der Nutzerinnen, damit die Jobangebote für die richtige Zielgruppe ausgespielt werden (vgl. HR Monkeys 2021). Arbeitgeber können auf einer Programmatic-Plattform Gebote für Werbeflächen in Echtzeit abgeben. In Millisekunden wird die Werbefläche per Auktion, dem sogenannten Real-Time-Bidding, an den Höchstbietenden vergeben. Während sich die Website auf dem Bildschirm der Nutzerin noch aufbaut, wird im Hintergrund verhandelt, für wen diese Zielperson interessant wäre und wem eine an sie gerichtete Anzeige am meisten wert ist. Programmatic Advertising wurde schon vor 20 Jahren von Yahoo und MSN eingeführt. Was im E-Commerce längst Standard ist, hält auch Einzug in die Optimierung von Job-Advertising. Anbieter wie GermanPersonell stellen Recruiting-Teams ihre Software PERSY zur Verfügung, um Stellenenzeigen zu erstellen, und errechnen im Anschluss optimierte Kampagnen zur Anzeigenvermarktung. PERSY kombiniert demografische, geografische und kontextuelle Daten (z. B. Profil-Stammdaten, Suchverhalten, bisherige Journeys) mit Machine-Learning-Algorithmen und entwickelt daraus Targeting-Strategien (vgl. Oberstädt 2021). Die Software entscheidet, wo welche Anzeige ausgespielt wird, und beobachtet den Erfolg anhand von Klickraten, Verweildauer oder Anzahl von Bewerbungen, um sofort nachzujustieren.
- Beim **Kontext-Targeting** (Contextual Advertising) suchen die Algorithmen auf Basis von Text-Mining nach definierten Schlagwörtern und platzieren dort ihre Stellenanzeigen. So werden z. B. Stellenanzeigen für Arzthelferinnen in Dialysepraxen neben Berichten über Weiterbildungen zur Nephrologie platziert. Liest eine Interessentin den Artikel zur Weiterbildung, wird sie mit der passenden Stellenanzeige konfrontiert. Problematisch wird die Methode, wenn das Schlagwort in einem negativen Kontext auftaucht und der Algorithmus den Kontext nicht erkennt (vgl. Onlinemarketing Praxis 2021).
- Wer die Gefahr von fehlplatzierten Anzeigen vermeiden will, kann auf **semantisches Targeting** ausweichen. Beim semantischen Targeting wird nicht nach Schlagwörtern gesucht, sondern der gesamte Text analysiert, um sowohl Schwerpunktthemen als auch Sinnzusammenhänge zu erkennen (vgl. Inztitut Medienkompetenz 2021). Arbeitgeber können hier anstelle von Schlagwörtern Themenfelder festlegen, nach denen ihre Zielpersonen suchen, und ihre Anzeigen im richtigen Moment platzieren.

Außer durch Targeting im Netz kann KI Konzerne und Jobbörsen mit einem hohen Volumen an Stellenanzeigen auch dabei unterstützen, Anzeigen korrekt zu klassifizieren, damit sie leichter gefunden werden. Der KI-Algorithmus analysiert den Inhalt der Anzeige und erkennt nicht nur, um welche Position es sich handelt, sondern auch Einstiegslevel, Berufsgruppe oder Einsatzorte. Besonders Jobbörsen profitieren davon, da sie eigene Klassifizierungskriterien verwenden, die über alle eingestellten Anzeigen hinweg konsistent sein sollten, egal von welchem Unternehmen die Anzeige stammt (vgl. Teetz 2018, S. 229 f.). Das Jobportal JobStairs aus Gießen bietet z. B. die **automatische Klassifizierung von Stellen-**

anzeigen in Bezug auf Landessprache, Einstiegslevel oder Funktion, damit die Stellenanzeige gut gefunden wird (vgl. Liebscher 2020). Die Suchfunktion ist für Jobportale besonders relevant, da kaum eine Bewerberin Verständnis dafür haben wird, wenn sie beispielsweise bei der Suche nach einer Senior-Position als Suchergebnis Trainee-Stellen angezeigt bekommt. JobStairs nimmt im Dialog mit Arbeitsuchenden, z. B. über Amazons Alexa, deren Anforderungen an den neuen Job auf, sucht auf dieser Basis in über 30.000 Stellenanzeigen und lernt aus Treffern (vgl. Jäger 2018, S. 221). Auch die führenden Jobbörse StepStone bietet mit StepMatch einen intelligenten Suchalgorithmus, wie nachfolgend beschrieben.

AUS DER PRAXIS – BEISPIEL

Berufsorientierung mit StepMatch

StepMatch verspricht auf der Jobplattform StepStone Hilfe bei der Berufsorientierung. Entwickelt wurde der intelligente Suchalgorithmus im Centrum für Informations- und Sprachverarbeitung München (CIS) (vgl. Bauer 2020, S. 144). Während der Eingabe von Suchwörtern wird die Suche durch einen Begriffskatalog und spezielle Sprachalgorithmen verfeinert. Die Algorithmen analysieren das Suchverhalten von Kandidatinnen und je besser sie erkennen, warum gesucht wird und auf welchen Wegen, desto leichter finden sie eine Empfehlung. StepMatch berichtet, dass viele Kandidatinnen selbst noch nicht wissen, was sie genau suchen (vgl. Bauer 2020, S. 144). Vereinfacht wird die Suche in solchen Fällen durch Filtermöglichkeiten, die nicht nach Jobtiteln oder Orten fahnden, sondern nach Fertigkeiten und Kompetenzen. Die Nachfrage nach dieser Art von Skill-Suche wächst. Ähnlich Entertainment-Anbietern wie Netflix und Spotify beobachtet StepMatch das Nutzungsverhalten, nicht um passende Musik oder Filme vorzuschlagen, sondern um abzugleichen, auf welche Jobs Personen mit einem ähnlichen Nutzungsverhalten, vergleichbaren Interessen und Wünschen »anspringen«. Der neue Dienst StepStone Inspire macht auf Basis des Nutzungsverhaltens individuelle Jobvorschläge, je nach Interessen, Fähigkeiten und persönlichem Hintergrund der Suchenden, auf die diese selbst vermutlich gar nicht gekommen wären (vgl. Dettmers 2018). Aspekte wie »wohlfühlen im Team«, »fahrradfreundliche Arbeitgeber« oder »nachhaltige Unternehmensziele« sind vielleicht wichtiger für den Erfolg im neuen Job, als es zunächst scheint. Um nicht die Katze im Sack zu verkaufen, bieten Arbeitgeber auf der Plattform virtuelle Bürorundgänge, Interviews zur gelebten Kultur oder Arbeitgeberbewertungen an (vgl. Dettmers 2018). Umgekehrt erfährt auch der Arbeitgeber, was der Bewerberin, die gerade bei ihm angeklopft hat, besonders wichtig ist, und kann seine Ansprache exakt darauf ausrichten (vgl. Bauer 2020, S. 145).

In einem Anwendungsfall wie dem im Beispiel beschriebenen wird die KI auf Kategorien wie Karrierelevel, Branche, Funktionsbereich oder Rolle trainiert. Die Trainerinnen zeigen der KI manuell klassifizierte Stellen, damit sie lernt, welche Formulierungen und Signalwörter auf welche Klassifikation schließen lassen. Hinweise auf Arbeitsorte, Wohnorte und Entfernungen kann die KI verarbeiten, wenn sie in Geokoordinaten umgerechnet werden. Im Anschluss trainiert die KI mit unklassifizierten Stellenanzeigen und wird von den Trainerinnen bei fehlerhaften Zuordnungen korrigiert. Recruiterinnen wiederum können den Service solcher KI-Lösungen nutzen, um für eine bestimmte Anzeige mittels Multiposting die beste Kombination von Jobbörsen zu finden (vgl. Teetz 2018, S. 232). Auf der anderen Seite können Jobsuchende nicht nur ihre Suchparameter einer KI-Assistenz übermitteln, sondern auch ihre Online-Profile und Bewerbungsunterlagen freischalten. Zugeschnitten auf ihre Fähigkeiten, Berufserfahrung,

Bildungsabschlüsse und präferierten Lebensorte, filtert die KI passende Jobangebote aus der Jobbörse. Im Training solcher Klassifizierungen stellen sich einige knifflige Fragen, z. B. in Bezug auf Kompetenzen. Wer **Kompetenzen vergleichbar machen** will, muss konzeptionell vorarbeiten, schließlich unterscheiden sich z. B. Programmierfähigkeiten nicht nur hinsichtlich der gelernten Programmiersprache, sondern auch im Hinblick auf Reife oder Tiefe einer erlernten Fähigkeit. Im Training kann diese Herausforderung durch das Clustern von Kompetenzen in Phasen bewältigt werden (vgl. Teetz 2018, S. 233):

1. **Lernphase:** Fertigkeiten trainieren und erproben
2. **Anwendungsphase:** Fähigkeiten praktisch einsetzen
3. **Austauschphase:** Austausch mit Expertinnen auf Augenhöhe
4. **Alterungsphase:** Kompetenz wird nicht mehr angewendet

Eine weitere Herausforderung ist der **Abgleich von Bildungsabschlüssen**. Für internationale Vergleichbarkeit bietet sich die **ISCED-Klassifikation** der **UNESCO** an (vgl. OECD 2011). ISCED steht für International Standard Classification of Education und definiert international einheitliche und vergleichbare Codes für Bildungsabschlüsse. Von allgemein- und berufsbildenden bis zu akademischen Abschlüssen sind alle Titel in Kategorien eingeteilt. ISCED 2011 beschreibt die Abschlüsse und ISCED 2013 die Arbeitsgebiete. So lassen sich im Klassifizierungstraining einer KI internationale Abschlüsse eindeutig zuordnen.

Mit Algorithmen, die auf dem Weg ausreichend Daten zur Nutzerin gesammelt haben und in Echtzeit Auktionsverfahren begleiten, lässt sich auch der letzte Schritt auf dem Weg zur **Personalisierung** gehen. Warum nicht gleich die Stellenanzeige während der Ladezeit der Website inhaltlich genau auf die Bedarfe der Kandidatin ausrichten? **Dynamische Stellenanzeigen** wiederholen die Muster von dynamischen Werbeanzeigen oder dynamischen Preismodellen von Fluggesellschaften, die je nach Einschätzung der Nutzerin und ihres Bedarfs unterschiedliche Preise für den identischen Flug ausspielen. Wollmilchsau, ein Anbieter für Programmatic Job-Advertising aus Hamburg, orientiert sich an den Personalisierungstechnologien von Amazon, IMDB, Audible und Zappos, um Besucherinnen der eigenen Seite nur Inhalte anzuzeigen, die für sie persönlich interessant sind (vgl. Fedossov 2014). Im Test befinden sich Kriterien wie Klickverhalten, Gerätenutzung, Browser-Sprachauswahl, Standort, verweisender Kanal, Interessen, Beruf oder demografische Informationen (vgl. Fedossov 2016). Der Anspruch ist, wie bei personalisierter Werbung, mit relevanten Inhalten in einem Mikro-Moment die Aufmerksamkeit der Zielpersonen auf das Jobangebot oder den Arbeitgeber zu lenken.

4.1.3 Sentiment-Analyse zur Arbeitgeberattraktivität

»Die Botschaft bestimmt der Empfänger«, sagen die Konstruktivisten. Übertragen auf das Personalmarketing bedeutet dies, dass Arbeitgeber daran interessiert sind herauszufinden, wie ihre Kampagnen, Anzeigen oder Marketing-Botschaften auf Bewerberinnen oder gesuchte Talente wirken. KI kann hierbei durch Social-Media-Monitoring unterstützen. Social-Media-Monitoring umfasst das Beobachten und Analysieren von Meinungen und Diskussionen zu einem Unternehmen oder einer Marke im Internet (vgl. Squared Online 2021). KI vertieft das Potenzial von Stimmungsanalysen (Sentiment-Analysis), um Einstellungen, Meinungen und Überzeugung einer Zielperson oder Zielgruppe zu sondieren. Die Sentiment-Analyse klassifiziert Texte automatisch entsprechend den Emotionen der Autorinnen. Im einfachsten Fall klassifiziert sie deren Texte als positiv, negativ oder neutral. In komplexeren Anwendungen werden bestimmte Emotionen zugeordnet oder Stimmungen berechnet. Häufig werden Sentiment-Analysen im Social-Commerce verwendet, um die Meinungen von Nutzerinnen zu Marken, Büchern oder Filmen auf Basis von Online-Bewertungen oder Social-Media-Aktivitäten zu ermitteln (vgl. Elia 2020). Bevor Machine-Learning zum Einsatz kommt, lassen sich Stimmungsanalysen auch mit sogenannten **Sentiment-Wörterbüchern** wie dem im folgenden Praxisbeispiel beschriebenen SentiWordNet durchführen. Solche Wörterbücher beschreiben Emotionen oder Polaritäten in Wörtern bzw. Phrasen und bewerten sie mit Scores. Auf Basis der Scores einzelner Wörter wird die Stimmung eines Satzes errechnet.

AUS DER PRAXIS – BEISPIEL

Das Sentiment-Wörterbuch SentiWordNet

SentiWordNet ist ein Sentiment-Wörterbuch mit über 150.000 Wörtern, das mit Scores von 0 bis 1 für Positivität und Negativität arbeitet. Je nach Bedeutung kann ein Wort unterschiedliche Scores erhalten. Das Wort »attraktiv« kann sowohl auf augenfällige Schönheit hinweisen als auch auf anziehende Eigenschaften, wie Abbildung 4.3 zeigt. Die augenfällige Schönheit wird hier mit einem positiven Wert von 0,875 bewertet, während die Anziehungskraft im neutralen Bereich bleibt.

POS	SYNSET ID	POSITIVITY	NEGATIVITY	TERMS	DEFINITION
a	00166146	0.875	0	attractive#1	pleasing to the eye or mind …
b	00169955	0	0	attractive#3	having the properties of a magnet …

Abb. 4.3: SentiWordNet am Beispiel »attractive« (Quelle: nach Elia 2020)

Limitiert sind solche Wörterbücher durch die Komplexität der Sprache. Der Satz »Er wird schnell heiß« könnte negativ konnotiert sein, wenn jemand über ein Laptop spricht, oder positiv, wenn ein Herd kommentiert wird (vgl. Elia 2020). Wann immer ausreichend Trainingsdaten verfügbar sind, werden Ansätze mit maschinellem Lernen überlegen sein oder können als Hybridvarianten die Qualität der Sentiment-Analyse verbessern.

Im Kontext von Personalmarketing können **KI-basierte Stimmungsanalysen** wie die Sentiment-Analyse von IBM Watson zur **Bewertung von Arbeitgebern** angewendet werden. Wie nehmen gesuchte Talente das Unternehmen wahr? An welchen Aspekten machen sie ihre Beurteilung fest? Welche Arbeitgeber fallen durch hohe Zustimmungswerte auf? Auch hier werten Stimmungsanalysen aus, welche **emotionalen Reaktionen** und **kognitiven Bewertungen** Zielpersonen mit dem Arbeitgeber verbinden, und aggregieren die Nennungen in grobe Kategorien von positiv über neutral bis negativ oder in feine Segmente entsprechend den unterschiedlichen wahrgenommenen Stärken und Schwächen. Expertinnen im Personalmarketing können auf Basis dieser Ergebnisse gezielt an ihren Kampagnen oder Kernbotschaften arbeiten. Untersucht werden im Personalmarketing **öffentlich zugängliche Beiträge** (Posts) von Zielgruppen, Interessierten, Bewerberinnen oder der eigenen Belegschaft. In der Regel handelt es sich um Textbeiträge, in jüngerer Zeit gewinnt auch die Stimmungsanalyse von Fotos, Audio- und Videodaten an Bedeutung. Für deren Auswertung sind Künstlich neuronale Netze erforderlich, um z. B. Emotionen in Videos zu identifizieren (vgl. Poria/Majumder et al. 2018). In der gebräuchlichen Anwendung auf Textdaten kommt zunächst ein **Crawler** zum Einsatz, der Social-Media-Kanäle durchforstet bzw. interne Datenquellen verarbeitet. Die gesammelten Daten werden in Sätze und Wörter zerlegt, denen Zahlenwerte zugeordnet werden, um aus nominal skalierten Daten sogenannte **ordinal skalierte Daten** zu generieren (vgl. Gärtner 2020a, S. 55).

AUS DER PRAXIS – BEISPIEL

Sentiment-Analyse mit IBM Watson

KI-Tools wie IBM Watson analysieren frei zugängliche Daten danach, in welchem Social-Media-Kanal, wann und wo ein Unternehmen negativ, neutral oder positiv als Arbeitgeber kommentiert wurde. Watson kategorisiert die Begriffe mithilfe von Sentiment-Wörterbüchern, die neben den Scores auch definieren können, ob ein Begriff abschwächend oder verstärkend wirkt, bezogen auf Adverbien, Adjektive, Nomen und Verben (vgl. Ajayi/Sodha 2020). Watson lernt ergänzend durch Trainingsdaten, deren Stimmungen im Trainingsdatensatz markiert worden sind. Im Testdatensatz testet Watson seine Genauigkeit anhand nicht klassifizierter Texte. IBM Watson wird auch eingesetzt, um Stimmungen und Bedürfnisse in der Belegschaft zu erforschen. Auf dem Arbeitgeberbewertungsportal Glassdoor wurden im Rahmen einer Studie 15.000 Bewertungen von Mitarbeiterinnen ausgewertet, um herauszufinden, was IT-Talente an ihren Arbeitgebern bevorzugen und ablehnen (vgl. Dabirian/Paschen et al. 2019). IBM Watson kann in dieser Anwendung Bewertungen wie »free food, free trainings« in »freie Verpflegung« und »kostenlose Lernangebote« sortieren, während bei »money, money, money« erkannt wird, dass es sich um die Unterstreichung des Faktors Bezahlung handelt (vgl. Dabirian/Paschen et al. 2019). Das Forschungsteam hat in dieser Studie bezüglich verschiedener Arbeitgeber ausgewertet, welche Faktoren die IT-Talente besonders bevorzugen und welche sie bemängeln.

Personalmarketing-Teams können auf dieser Basis aktiv an der Attraktivität des jeweiligen Unternehmens für die von diesen gesuchten Zielgruppen arbeiten. Datenschutzanforderungen zur **Anonymisierung** lassen sich hierbei leicht erfüllen, da es auf die **Stimmungen von Gruppen** und nicht von Einzelpersonen ankommt. Stimmungsanalysen weisen in der Regel **Schwachpunkte** aufgrund der **Komplexität von menschlicher Sprache** auf. Sie müssen mit **holzschnittartigen Kategorien** arbeiten (z. B. »glücklich«, »traurig«, »wütend«) und haben Schwierigkeiten, **Negationen** zu erkennen (»nicht gerade der Gipfel von Glück«) sowie **Ironie** oder **Sarkasmus** (»Genial, schon nach sechs Wochen kam ein Feedback zu meiner Online-Bewerbung!«) (vgl. Liu 2016, S. 83 f.). Sarkasmus ist selbst für Menschen im Trainingsteam zuweilen schwer zu erkennen, ebenso wie die **Bedeutungsunterschiede** eines Wortes innerhalb verschiedener Branchen. Im englischen Sprachraum wäre »high return« aus dem Mund einer Investmentbankerin vermutlich positiv konnotiert, während es als Kommentar einer Handelsangestellten auf ungünstige hohe Retouren hinweisen könnte. Im Training hilft es daher, die **Kontextsensitivität** häufig vorkommender Kommentare zu berücksichtigen und **Wörter** sowohl **im Zusammenhang** als auch einzeln zu trainieren. Einfacher wird es, wenn die KI auf ein bestimmtes Berufsbild (z. B. Verfahrenstechnik) oder eine spitze Zielgruppe (z. B. Absolventinnen mit Interesse an Programmierung) ausgerichtet wird, um die typische Sprache eines Fachgebiets oder einer Gruppe zu lernen. IBM Watson bietet mit dem Feature Custom Sentiment an, CSV-Dateien hochzuladen, die mit markierten Beispielen für typische positive, negative und neutrale Aussagen aus dem jeweiligen Fachgebiet gefüllt sind (vgl. Ajayi/Sodha 2020). Auch **verzerrte Beispiele** in den gelabelten Trainingsdaten können die Güte der Ergebnisse beeinträchtigen. In einer Arbeitgeberbewertung könnte der Satz »Meine Vorgesetzten waren alle älter als ich« als neutral gekennzeichnet sein und der Satz »Meine Vorgesetzten waren alle jünger als ich« als negativ. Daher sollten die Trainingsdaten auf solche Verzerrungen hin untersucht werden, wenn mit gelabelten Beispielsätzen trainiert wird (vgl. Ajayi/Sodha 2020).

4.1.4 Social-Media-Monitoring zur Vorqualifizierung

Kaum noch eine Bewerberin wird heute bei einem Unternehmen anklopfen, ohne zuvor Fußspuren in sozialen Netzwerken hinterlassen zu haben. Da klingt Social-Media-Monitoring aus Arbeitgebersicht nach einer verlockenden Option. Ein Großteil der Daten von Social- und Business-Netzwerken, aus Blogs und Webseiten ist offen zugänglich und damit bei der Rekrutierung nutzbar. Es lässt sich leicht herausfinden, zu welcher Peergroup die Menschen sich dort zugehörig fühlen, welche beruflichen oder privaten Netzwerke sie pflegen und welche fremden Inhalte und Haltungen sie über ihre Likes und Kommentare stützen. Eine Studie des Digitalverbandes belegt, dass zwei Drittel der befragten Unternehmen Social-Media-Profile ihrer Bewerberinnen prüfen (vgl. Bitkom 2018). In der Praxis bedeutet das meist noch manuelle Arbeit für das Recruiting-Team. Neben der Google-Suche und den klassischen beruflichen Netzwerken wie LinkedIn und Xing rücken auch private Profile auf Facebook, Instagram oder Pinterest in den Fokus der Recherche. Personalexpertinnen suchen in acht von zehn Fällen nach beruflichen Qualifikationen, die Hälfte sondiert Äußerungen zum Unternehmen oder zu Wettbewerbern und immerhin ein Drittel des Screenings entfällt auf private Aktivitäten (vgl. Pols/Vogel 2019). Sowohl in der Automatisierung als auch in der methodischen Qualität zeigt sich Potenzial. Eine Forschergruppe von der Florida State University hat untersucht, wie Recruiterinnen Facebook-Profile von College-Studentinnen bewerten, die sich auf Vollzeitstellen bewarben. Die Bewertungen der Recruiterinnen halfen weder zur Vorhersage von Wechselbereitschaft noch zur Prognose von kognitiven Fähigkeiten, Persönlichkeit oder Selbstwirksamkeit (vgl. Van Iddekinge/Lanivich et al. 2016). Auffällig war, dass weiße und weibliche Bewerberinnen bevorzugt wurden. Die menschliche Bewertung scheint also im Vergleich mit der technologischen Lösung nicht zwingend die bessere zu sein. Wer persönliche Daten aus privaten Profilen in Social-Media-Netzwerken systematisch beobachtet und verknüpft, kann neben Geschlecht, Ethnie, Präferenzen und sexueller Orientierung auch **klassische Persönlichkeitsmerkmale** identifizieren (vgl. Hirschfeld 2020, S. 229). Ein Team kalifornischer Wissenschaftler konnte nachweisen, dass Computerprogramme die Persönlichkeitsmerkmale anhand von digitalen Fußabdrücken genauer und valider bewerten als Familie und Freunde (vgl. Youyou/Kosinski et al. 2015). Es finden sich jedoch auch viele kritische Stimmen, die bezweifeln, dass Fußspuren im Netz die Persönlichkeit eine Kandidatin authentisch widerspiegeln. Andrew Chamberlain, Chefökonom der Jobbewertungsseite Glassdoor, sieht im automatisierten Durchforsten von LinkedIn und anderen Online-Plattformen bei der Suche nach Bewerberinnen auch Nachteile. Er kritisiert, dass Kandidatinnen, die ihre Online-Profile nicht auf das automatisierte Monitoring optimiert haben, bei der Suche außen vor bleiben (vgl. Chamberlain 2017). Ebenso kritisch lassen sich die polierten Oberflächen betrachten, die infolge eines Aufrüstens aufseiten der Jobsuchenden entstehen könnten, im Wissen um die Suchregeln von Monitoring-Algorithmen. Gefragt nach ihrer **Haltung zu Social-Media-Monitoring** äußern Bewerberinnen in aktuellen Studien eher

Ablehnung und erwarten, dass ihre Privatsphäre von potenziellen Arbeitgebern ernst genommen wird. Das klingt nicht besonders vielversprechend, doch es zeigt sich, dass sich die Akzeptanz nach Berufsbildern unterscheidet. Wer z. B. an Jobs interessiert ist, die mit Kindern und Jugendlichen zu tun haben, hat weniger Vorbehalte gegenüber Social-Media-Monitoring (vgl. Jeske/Shultz 2019).

Die Trefferquoten beim Social-Media-Monitoring bleiben trotz kritischer Stimmen vielversprechend, doch das deutsche Datenschutzrecht bremst so manche Goldgräberstimmung. **Daten aus Social-Media-Profilen** sind im Rahmen der Vorgaben zum **Datenschutz** zu behandeln, egal ob sie manuell oder automatisiert ausgewertet werden. Seit Mai 2018 regeln die **Datenschutzgrundverordnung** (DSGVO) und das **Bundesdatenschutzgesetz** (BDSG) den Umgang mit personenbezogenen Daten (s. Kap. 6.2.3). Beim Social-Media-Monitoring dürfen personenbezogene Daten nur dann erhoben, gespeichert und verwendet werden, wenn sie öffentlich zugänglich sind oder die Besitzerinnen eingewilligt haben (vgl. Datenschutz.org 2020). Nach § 32 Abs. 1 BDSG dürfen nur solche Daten über Bewerberinnen bzw. Mitarbeiterinnen erhoben werden, die erforderlich sind, um über den Start, die Durchführung oder das Ende eines Arbeitsverhältnisses zu entscheiden. Dem Grundsatz der Angemessenheit folgend, sollten sich die erhobenen Daten beispielsweise auf die Fertigkeiten und Erfahrungen der Bewerberinnen beschränken, die für eine zu besetzende Position nötig sind. Unternehmen können gegen diesen Grundsatz verstoßen, wenn sie nach privaten Aktivitäten und Hobbys suchen. Die Bestimmungen zum Schutz der Privatsphäre schließen das Sammeln von Informationen zu Ethnie, Religion, Familienplanung oder sexueller Orientierung aus. Abzuwägen ist im Zweifelsfall das Informationsinteresse der Arbeitgeber gegen das Schutzinteresse der Bewerberinnen. Bei **beruflichen Netzwerken** wie LinkedIn oder Xing ist davon auszugehen, dass Nutzerinnen dort Informationen zum Zweck der beruflichen Netzwerkbildung hinterlegen. Das Erheben von Daten aus privaten Netzwerken wie Facebook oder Pinterest, wo Nutzerinnen vor allem private Informationen teilen, ist in datenschutzrechtlicher Hinsicht weniger unbedenklich. Eindeutig abgrenzen lassen sich die Netzwerke nicht, da private und berufliche Informationen auf den Plattformen oft verschwimmen, was Einzelfallentscheidungen erforderlich macht (vgl. Hirschfeld 2020, S. 230). Wer in HR auf der Suche nach privaten Fotos im Facebook-Profil einer Bewerberin ein Pseudo-Privatprofil verwendet, das nicht eindeutig mit dem Arbeitgeber in Verbindung zu bringen ist, bewegt sich auf gefährlichem Terrain.

4.1.5 Personalmarketing-Chatbots

Im Suchprozess ergibt sich oft der erste Kontakt mit einem Unternehmen, wenn interessierte Talente auf der Karriereseite unterwegs sind oder in einer Jobbörse auf ein Stellenangebot klicken. Rund um die Uhr kann dort ein Chatbot als digitales Dialogsystem Kontakt oder Hilfe anbieten. Chatbots können im Personalmarketing Eingaben in natürlicher Sprache bearbeiten. In diesem Einsatzgebiet lassen sich regelbasierte Chatbots und KI-basierte Chatbots unterscheiden:

- **Regelbasierte Chatbots** arbeiten vorstrukturierte Frage-Antwort-Bäume ab und folgen damit festen Regeln. In der Programmierung werden dafür Regeln definiert, um jedem identifizierbaren Muster in einer Frage eine bestimmte skriptbasierte Antwort zuweisen zu können. Jede Regel muss manuell codiert werden und selbst einfache Anwendungen starten mit Hunderten von Regeln, um eine typische Konversation abzubilden (vgl. Praher 2020). Wenn Regeln im Konflikt miteinander stehen oder redundant sind, ist die Komplexität kaum noch beherrschbar. Bei einfachen Anwendungsfällen funktionieren regelbasierte Chatbots wie ein automatisierter Chat und können standardisierte Fragen meist zuverlässig beantworten.

- **KI-basierte Chatbots** nutzen maschinelles Lernen oder Deep Learning, um Konversationen im Kontext zu verstehen und flexibler reagieren zu können. Chatbots mit KI-Technologie lernen aus den Fragen und Rückmeldungen ihrer Nutzerinnen und können in den erweiterten Dialog mit Anwenderinnen treten, da sie ihre Antworten anpassen und weiterentwickeln. Je nach Anwendungsfall werden oft festgelegte Muster und Regeln mit KI-Methoden kombiniert. Wenn Künstlich neuronale Netze zum Einsatz kommen, sucht der Chatbot im Training nach Mustern in Trainingsdaten, um sie anschließend auf den unbekannten Datensatz in Form einer Frage im Live-Dialog anzuwenden. Der Algorithmus berechnet, mit welcher Wahrscheinlichkeit seine präferierte Antwortoption richtig ist, und das Unternehmen definiert, wann ein Dialog von einer Mitarbeiterin übernommen werden muss, sollte die Wahrscheinlichkeit einen Schwellenwert unterschreiten (vgl. Gärtner 2020a, S. 70). Für sprachbasierte Chatbots wie z. B. digitale Sprachassistenzen kommen zusätzlich Techniken zur Spracherkennung wie NLP zum Einsatz (vgl. Praher 2020).

In HR scheinen die **sprachbasierten KI-Chatbots** den größten Nutzen zu versprechen. Mit gesprochener Sprache können wir doppelt so schnell Informationen vermitteln wie beim Schreiben (vgl. Dudler 2020, S. 109). Sprachinterfaces wie digitale Assistenzen in Form von smarten Lautsprechern nutzen wir nicht nur zur Abfrage von Wetterdaten oder Musiktiteln, sondern auch bei der Jobsuche. »Hey, Siri, ich suche einen Job als Wirtschaftsingenieurin in München«, mit einer solchen Aktivierung können Chatbots direkt einen Screening-Dialog starten, um die Suche einzugrenzen. Davon profitieren Arbeitsuchende, aber auch Unternehmen, da Kandidatinnen effizient vorgefiltert werden. Solche sprachbasierten Dialogsysteme oder Chatbots funktionieren über Ein- und Ausgabe von Information in natürlicher Sprache (s. Kap. 3.4). Ihre Fähigkeiten zu einem natürlichen Dialog sind heute allerdings noch eingeschränkt, sie stolpern z. B. über Dialekt oder schwer verständliche Formulierungen.

In der Rekrutierung dominieren noch **textbasierte Systeme**, denn die meisten Chatbots werden im Personalmarketing zur Effizienzsteigerung eingesetzt, um einfache Fragen von Bewerberinnen rund um die Uhr zu beantworten und das eigene Team zu entlasten. Auch als intelligente Filter spielen sie eine Rolle, wenn Bewerberinnen passende Stellen suchen und der Chatbot im Dialog eine priorisierte Ergebnisliste für sie erstellt. Die folgenden Praxisbeispiele zeigen typische Anwendungsfälle.

AUS DER PRAXIS – BEISPIELE

KI-FAQ-Chatbot Bessie von Airbus

Der Flugzeughersteller Airbus nutzt einen KI-Chatbot, um im globalen Talente-Wettbewerb die Erfahrung von Nutzerinnen (User-Experience) zu verbessern (vgl. Mills/Boorman 2018). Der Bot sollte auf die Arbeitgebermarke (Employer-Brand) einzahlen und die Interaktion auf der Karriereseite fördern, die bislang von hohem Traffic, aber wenig Interaktion geprägt war. Außerdem wollte das Team die Servicezeiten auf 24/7 ausweiten und den Rückstand (Backlog) der E-Mail-Tickets im Recruitment-Team auflösen. Statt repetitive Aufgaben zu lösen, sollte sich das Team auf anspruchsvollere Aufgaben fokussieren. Der Anwendungsfall (Use-Case) wurde spitz auf Kandidatenkommunikation und -interaktion zugeschnitten, auf der Basis häufig gestellter Fragen (FAQ). Während der Implementierung sammelte das Team die häufig gestellten Fragen von Bewerberinnen und deren Antworten. So entstand ein FAQ-Datenset als Grundlage. Im zweiten Schritt erhielt der Chatbot seine Persönlichkeit durch den Namen Bessie, bei dem die berühmte Fliegerin Bessie Coleman Patin stand (vgl. Munnelly 2020). Anschließend wurde die Projektorganisation mit Meilensteinen und Terminen für den Start aufgesetzt. Vom Kick-off an gab sich das Team vier Wochen Zeit bis zum Go-live. Die Konversationsstränge entwickelte das Team in verschiedenen Tests, um zu sehen, wie verschiedene Kandidatinnen-Personae reagieren. Das Team nutzte das Mockup des Anbieters Jobpal als Prototyp. Der Chatbot wurde in die Karriereseite integriert und intern im Team und mit IT getestet. Dort ist Bessie auf der Airbus-Karriereseite zu finden. Schon nach einem Monat konnte Bessie durch das hohe Nachrichten-Volumen selbstlernend 65 Prozent aller Fragen beantworten und damit das Ziel erreichen, Support-Tickets zu reduzieren. Heute liegt Bessie bei einer Erfolgsquote von 74 Prozent (vgl. Mills/Boorman 2018). Sie verarbeitet immerhin 12.000 Talentkontakte im Monat, 60 Prozent der Anfragen gehen außerhalb der Arbeitszeit ein (vgl. Munnelly 2020). Zu Stoßzeiten wird eine Nachricht pro Sekunde an den Chatbot gesendet. Das Team bemerkt eine größere Sichtbarkeit seiner offenen Stellen in den USA, Indien und China, da die Kandidatinnen über das Gespräch leichter Jobs in ihrer Region finden (vgl. Jobpal 2021). Auf der Liste von Nutzenargumenten des Teams taucht neben einer besseren Conversion-Rate auch der wachsende Datenschatz auf, gespeist durch offene Fragen relevanter Talente. Auf Basis der Bewerberinnen-Feedbacks in Frageform wird die Karriereseite ständig aktualisiert. So können auch Performance-Probleme mittlerweile deutlich schneller erkannt und behoben werden. Im nächsten Schritt soll Bessie Sprachen lernen, um auch auf Französisch, Deutsch und Spanisch parlieren zu können (vgl. Mills/Boorman 2018).

KI-Berufsberatungs-Chatbot Allie von Allianz

Allie, der Berufsberatungs-Chatbot der Allianz, erwartet Interessentinnen im Facebook Messenger von Allianz Careers. »Hi, I'm Allie, the very first job bot of Allianz«, so startet der Bot das Gespräch und fragt, auf welchem Gebiet, an welchem Standort, auf welcher Hierarchieebene die Gesprächspartnerinnen eine Stelle suchen. Daraufhin zeigt Allie ihnen den Link zu einer Ergebnisliste mit gefilterten offenen Stellen. Bei einem Angebot von mehr als 1.000 Jobs will der Versicherungskonzern mit Allie seine Chancen bei der jüngeren Generation steigern (vgl. Allianz-SE 2017). Im Dialog auf der folgenden Abbildung bietet Allie einer Kandidatin ihre Hilfe an und erklärt transparent, dass sie die Antworten speichert, um daraus zu lernen. Die Kandidatin antwortet im Verlauf des Gesprächs, dass sie in Leipzig arbeiten möchte, woraufhin Allie verschiedene Fachgebiete zur Auswahl anbietet, um den Filter weiter einzugrenzen. Die Lösung ist hilfreich für einen ersten Überblick und nimmt Kandidatinnen die Suche über weitere Portale ab. Als Jobfilter ist sie allerdings noch zu standardisiert und eingeschränkt, um interaktive Dialoge zu führen. Allie bestätigt eher die vorherrschende Meinung von HR-Expertinnen, dass Chatbots heute noch nicht in der Lage sind, komplexere Gespräche mit Kandidatinnen zu führen.

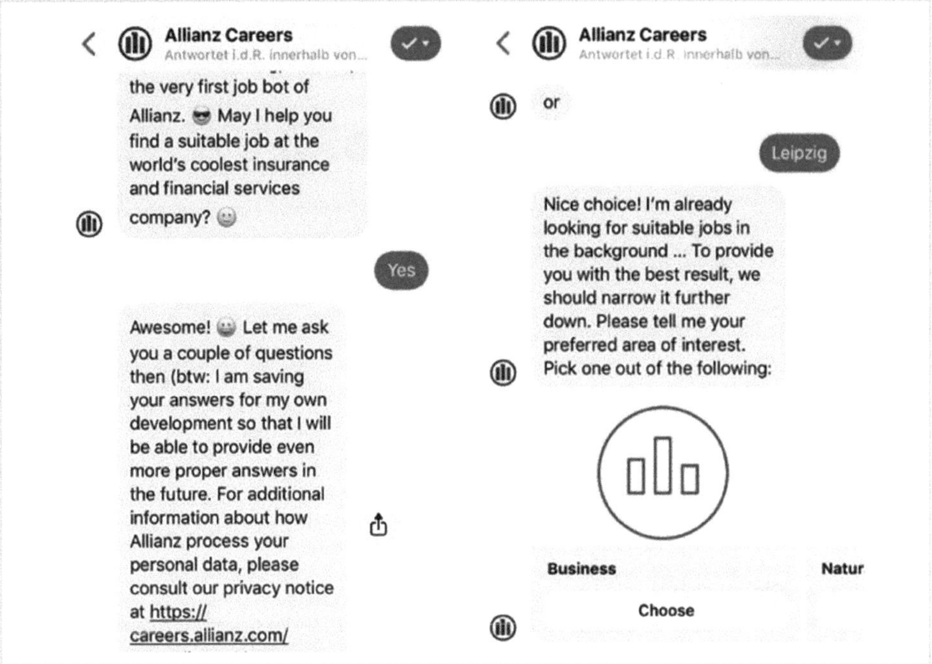

Abb. 4.4: Berufsberatungs-Chatbot Allie von Allianz (Quelle: Digital Impacts Lab 2019)

KI-Karriere-Chatbot von STRV

STRV ist eine internationale Design- und Developer-Agentur mit 200 Mitarbeiterinnen. Mit dem Chatbot hat das Unternehmen im Recruiting wiederkehrende Fragen automatisiert, um überall dort für Effizienz zu sorgen, wo der Prozess repetitiv und zeitaufwendig ist. Für anspruchsvolle Kandidatinnen wie Softwareentwicklerinnen sei der Zugang zu allen relevanten Informationen rund um die Uhr wichtig, damit sie einschätzen können, ob sich der Kontakt für sie lohnt, so der Leiter People Matej Matolin (vgl. Jobpal 2018c). Im Mittelstand ist es laut Matej nicht allzu aufwendig, den nötigen Content zusammenzutragen. Über die Wahl von Tonalität, Sprachstil und Sprachfluss sei es gelungen, einen persönlichen Dialog entstehen zu lassen. Von 134 Fragen im ersten Monat konnten 66 Prozent durch den Chatbot beantwortet worden (vgl. ebd.). Fragen, die außerhalb der trainierten Bandbreite liegen, erscheinen auf einem Dashboard und werden entweder der richtigen Kategorie zugeordnet oder sofort von einer Mitarbeiterin beantwortet. In einem Interview mit HR sagte eine der Arbeitsuchenden: »Ich habe keine Fragen mehr – ich habe schon den Chatbot gefragt!« (vgl. Dudler 2020, S. 108). Auf der folgenden Abbildung stellt der Chatbot Auswahlfragen, um herauszufinden, an welchen Standorten und in welchen Arbeitsfeldern sein Gegenüber arbeiten möchte.

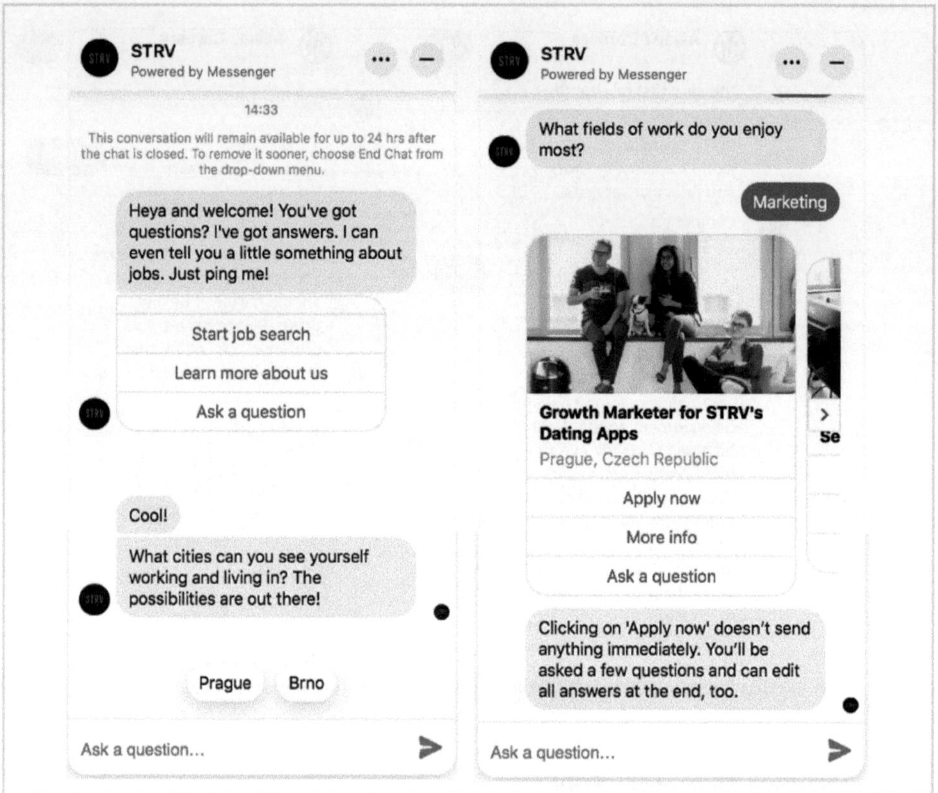

Abb. 4.5: Karriere-Chatbot von STRV (Quelle: STRV 2021)

Recruiting-Chatbot iConny von Innogy

Beim deutschen Energieversorger Innogy (heute Teil von E.ON) wurde 2018 ein Recruiting-Chatbot eingeführt, um die Personalabteilung zu entlasten und mehr Bewerberinnen betreuen zu können. Die folgende Abbildung zeigt iConny im Erstkontakt: Der Chatbot erklärt seine Rolle und bittet darum, Fragen auf Englisch stellen zu dürfen. In einer Projektlaufzeit von zwei Monaten wurden die Daten aufbereitet, getestet, trainiert und integriert (vgl. Soós 2018). Der Chatbot sollte durch den Namen iConny und ein eigenes Logo eine Persönlichkeit sowie eine dem Unternehmen angepasste Sprache bekommen – freundlich, höflich und serviceorientiert. Mit einer Response-Rate von 70 Prozent konnte iConny rund um die Uhr Fragen zum Unternehmen, zur Unternehmenskultur, zu Standorten und Jobs beantworten (vgl. Jobpal 2018a). 30 Prozent der Fragen kreisten um das Thema Gehalt. Fragen, die iConny nicht beantworten konnte, wurden an das Recruiting-Team weitergeleitet. Das Projektteam bewertet iConny als großen Erfolg auf Basis der Conversion-Rate von Nutzerin zu Bewerberin: Mindestens jede dritte Suchende, die den Chatbot verwendet hat, bewarb sich auch (vgl. Jobpal 2018b).

Bewerbungs-Chatbot Olivia von Paradox

»Hallo! Ich bin Olivia, der KI-Assistent, der globalen Rekrutierungsteams hilft, mehr Zeit mit Menschen zu verbringen, indem er Aufgaben wie Screening, Planung und Fragen und Antworten von

Abb. 4.6: Bewerbungs-Chatbot Olivia von Paradox (Quelle: Paradox 2021b)

Kandidaten automatisiert. Wie lautet Ihr Vor- und Nachname?«, so die Begrüßung von Olivia auf der Startseite des KI-Start-ups Paradox aus Arizona (vgl. Paradox 2021a). Das Unternehmen hat im letzten Jahr 40 Millionen US-Dollar Investorengelder eingesammelt, um seine sogenannte Conversational AI für Rekrutierungsservices weiter auszubauen. Olivia hilft Kandidatinnen auf dem Weg zur Bewerbung, erfasst ihre Fähigkeiten und Talente und erklärt den Bewerberinnen die nächsten Schritte des Prozesses (vgl. Palmu 2020). Sie plant Interviews und beantwortet alle berufsbezogenen Fragen. Olivia ist bei bekannten Unternehmen wie McDonald's, CVS Health und Unilever im Einsatz (vgl. Paradox 2021b). Auf der folgenden Abbildung startet Olivia ein Gespräch mit dem Ingenieur Mike Baker, den sie ein Arbeitsgebiet auswählen lässt und dann nach seiner Erfahrung fragt. Sie verweist auf sein LinkedIn-Profil, bevor sie ihn nach seinem aktuellen Arbeitgeber fragt. Die zweite Ansicht zeigt ein Gespräch mit Ashley, der Olivia nach wenigen Einstiegsfragen ein kurzes Videointerview und Termine dafür anbietet. Ashley wählt einen Termin, woraufhin Chatbot Olivia ihr den Namen der HR-Ansprechpartnerin und den Videolink sendet.

Recruiting-Chatbot AllyO von Pitney Bowes

Pitney Bowes, der weltgrößte Hersteller von Frankiermaschinen aus Connecticut, setzt seit der letzten großen Recruiting-Welle einen Chatbot namens AllyO ein. Für die Eröffnung eines E-Commerce-Fulfillment-Centers mit einer Kapazität von bis zu 44.000 Paketen pro Stunde wurden in kurzer Zeit viele Mitarbeiterinnen eingestellt (vgl. Palmu 2020). AllyO begrüßt seitdem auf der Karrierewebseite des Unternehmens die Besucherinnen und zeigt ihnen offene Stellen in ihrer direkten Umgebung (vgl. Pitney Bowes 2021). Dann führt er im Gespräch durch die Vorauswahl: »Bevorzugen Sie eine Tagesschicht oder würden Sie auch nachts arbeiten? Sind Sie in der Lage, 50 Pfund zu heben?« Sofern die

Kandidatin für die Position geeignet und weiterhin interessiert ist, vereinbart der KI-basierte Chatbot mit ihr einen Termin für ein Vorstellungsgespräch und versendet die E-Mail-Einladung. Die folgende Abbildung zeigt, wie AllyO in einem Gespräch zunächst zwei offene Stellen im Vertrieb anbietet und dann einen Link sendet, um die Bewerbung zu vervollständigen. In der zweiten Ansicht antwortet der Chatbot auf die Frage nach der Unternehmenskultur von Pitney Bowes, indem er allgemeine Fakten zum Unternehmen nennt und um Rückmeldung bittet, ob die Frage damit beantwortet wurde. Nach Angaben von Brigitte Van den Houte, der Leiterin Talentmanagement, konnte die Besetzungszeit um neun Tage reduziert werden und der Chatbot vor allem während Belastungsspitzen effizient skalieren (vgl. Palmu 2020).

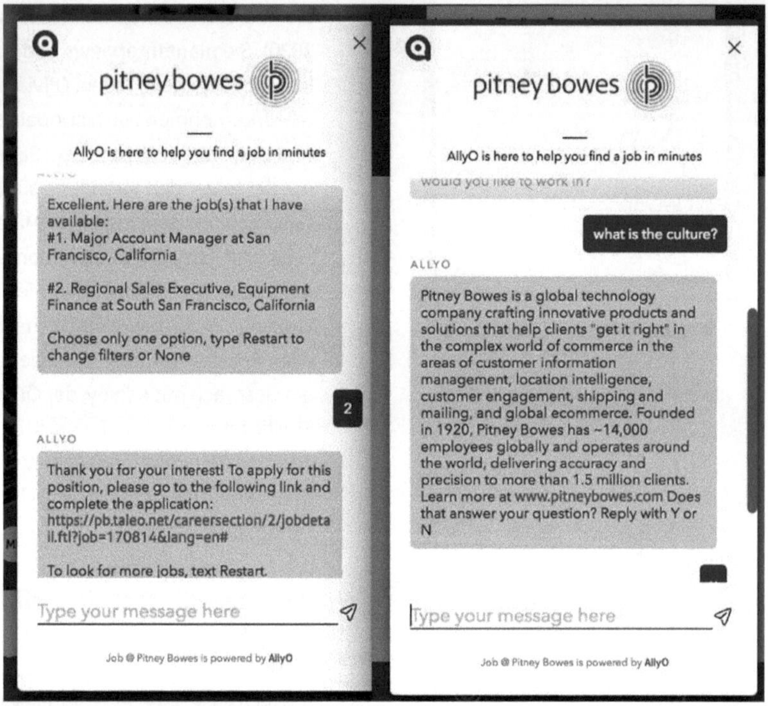

Abb. 4.7: Pitney Bowes' Recruiting-Chatbot AllyO (Quelle: Ongig 2021)

Recruiting-Chatbot JIM der DBS-Bank

Nicht nur im Rahmen von Personalmarketing und Diagnostik, auch im Interviewprozess kommen vereinzelt KI-basierte Chatbots zum Einsatz. Die meisten sind jedoch eher für einfache Rückfragen gedacht als für komplexe Gespräche. Mehr Komplexität verspricht eine Bank aus Singapur: Die asiatische **DBS-Bank** ist die größte Bank Südostasiens und investiert seit 2014 mit Predictive Analytics in KI, um Banking zu digitalisieren (vgl. Tan 2020). Ihr KI-basierter Chatbot JIM – »Job Intelligence Maestro« – soll Recruiterinnen entlasten, die zuvor ein Drittel ihres

Arbeitstages mit administrativen Aufgaben wie Lebensläufe screenen, Fragen beantworten und Kandidatinnen in Randzeiten abtelefonieren verbracht haben (vgl. DBS 2018). Die intelligente Lösung begleitet Kandidatinnen über Selektionsfragen durch die Vorauswahl. In der Software werden die Lebensläufe ausgewertet und mit den Antworten der Kandidatinnen und ihren psychometrischen Profilen verknüpft. Der Chatbot kann auch einfache Fragen von Bewerberinnen beantworten. JIM selektiert eine Shortlist aus den besten Kandidatinnen, die von Personalverantwortlichen für anschließende Mensch-Mensch-Interviews überprüft werden. Nach Angaben der Bank werden so 40 Stunden pro Monat eingespart. Schon kurz nach dem Start berichtete die Bank von 90 Prozent positivem Feedback der Bewerberinnen (vgl. DBS 2018).

Abb. 4.8: Recruiting-Chatbot JIM von DBS (Quelle: Startup Xchange 2018)

Alexa lernt sprechen

Einen großen Schritt weiter gehen **sprachbasierte Bots** wie die Sprachassistenz Alexa von Amazon. Sie versteht natürliche Sprache und antwortet auf Fragen, sucht z. B. im Internet nach Bahnverbindungen oder gibt Hinweise, welche Kleidung angesichts der aktuellen Wettervorhersage angemessen wäre (vgl. Amazon 2021a). Im Entwicklungszentrum von Amazon in Aachen trainiert Maximilian Bisani, Senior-Manager für Alexa Machine-Learning, Alexas Sprachverständnis. Sein Team nutzt für die Programmierung der deutschen Alexa einige der bestehenden Schichten des Künstlich neuronalen Netzes der englischen Alexa (vgl. Goedereis 2019). Beim sogenannten Transfer-Learning erkennt das System die Klangmuster von Buchstaben wie »m« oder »s« im Englischen und kann damit auch den Klang dieser Buchstaben im Deutschen identifizieren. Für Buchstaben, deren Klangmuster sich nicht mit dem Englischen decken, hat das Team 500 Stunden deutsche Beispielkonversation gesammelt und damit Alexas Vokabular im Deutschen und seinen verschiedenen regionalen Dialekten auf mehrere Zehntausend Wörter ausgebaut. Damit Alexa Aktionen lernt, z. B. einen Termin in einen digitalen Kalender einzutragen, hört sie so lange Beispielsätze, bis sie gelernt hat, was die Wörter in der Reihenfolge bedeuten (vgl. Scherer 2021):

- Nutzerin: »Kannst du einen Termin in meinem Kalender notieren?«
- Alexa: »Verstanden, zu welcher Zeit?«
- Trainerin: »Morgen um zehn Uhr.«
- Alexa: »Meinst du vormittags oder abends?«

- Nutzerin: »Vormittags.«
- Alexa: »Okay, das habe ich hinzugefügt.«

Die Alexa-Software erkennt typische Muster und arbeitet Bitten und Befehle ab, solange sie nach einem klaren Schema ablaufen, denn vage formulierte Wünsche funktionieren nicht (vgl. Amazon 2021a). Alexa merkt sich Signalwörter wie »Eiffelturm« und »Höhe« und sucht in Online-Datenbanken nach Antworten. Das Redaktionsteam denkt sich für die Antworten gefühlvolle Sätze aus, um Alexa menschlich wirken zu lassen. Die Redaktion antizipiert auf Basis der aktuellen Suchmuster auf Amazon-eigenen und fremden Plattformen im Internet zu erwartende Fragen (vgl. Scherer 2021). Alexa gibt auf einen Vorgeschmack auf die KI-Chatbots von morgen. Der Bereich **KI-Sprachtechnologie** wird in den nächsten Jahren stark wachsen und in der Interaktion mit Menschen die **Texteingabe überholen**. Wir werden ganz selbstverständlich mit Chatbots sprechen, was neue Anwendungsmöglichkeiten im Personalmarketing eröffnet.

4.1.6 Proaktive Suche und Matching

Die Grenzen zwischen Personalmarketing und Rekrutierung werden für die proaktive Suche (Active Sourcing) in jedem Unternehmen anders gezogen. Angenommen, das Personalmarketing versteht sich als Lead-Funnel für den Rekrutierungsprozess, dann wird das HR-Team nicht nur auf eingehende Kontakte warten und sie vorqualifizieren, sondern auch selbstständig nach versteckten Talenten suchen. Für Active Sourcing von Kandidatinnen zu aktuellen Stellenanzeigen bietet der Markt einige KI-Tools.

Wenn es darum geht, für eine offene Stelle potenziell passende Talente allein anhand von deren Fußspuren im Internet zu identifizieren, haben selbstlernende Systeme einen Vorteil: Je kreativer in den Unternehmen die Formulierungen für Jobtitel und erforderliche Fähigkeiten werden, desto schneller kommen regelbasierte Systeme mit Schlüsselwörtern und Suchkriterien an ihre Grenzen, daher sind smarte Algorithmen gefragt. Im **Suchprozess** werden Internetseiten, z. B. von **Business-Netzwerken** wie LinkedIn, zunächst durch **Crawler** abgesucht, um relevante Informationen (z. B. Name, Berufserfahrung, Qualifikationen) auf Profilseiten zu sammeln **(Scraping)** und zu analysieren **(Parsing)**. Für Crawling und Scraping ermöglichen Business-Netzwerke über eine **API** (Application-Programming-Interface) den Zugriff auf freigegebene Daten ihrer Nutzerinnen oder bieten Recruiting-Teams in Unternehmen eigene webbasierte Services. Alternativ können **Zusatzprogramme für Browser** wie Firefox oder Safari genutzt werden. Mit Text-Mining-Algorithmen werden die gesammelten Datensätze analysiert, z. B. durch **thematische Klassifizierung** von Wörtern oder Wort-Netzwerken, bei denen die Begriffe als Knoten dargestellt und in Beziehung zueinander gesetzt werden (vgl. Gärtner 2020a, S. 66).

AUS DER PRAXIS – BEISPIEL

Die Active-Sourcing-App Talentwunder

Talentwunder, eine Sourcing-App aus Berlin, nutzt KI-Algorithmen, um für Recruiterinnen über eine Milliarde öffentliche Profile von Kandidatinnen zu durchsuchen (vgl. Talentwunder 2021b). Die Sourcing-App durchsucht permanent soziale Netzwerke in aller Welt nach aktiven und passiven Talenten. Wer irgendwo im Internet Hinweise auf Jobtitel, Qualifikationen, Präferenzen oder Lebensläufe hinterlassen hat, kann von den Talentwunder-Algorithmen aufgespürt werden. Talentwunder durchsucht dafür über 75 Online-Netzwerke, Kreativen-Portale und Wissenschaftsplattformen wie Behance, Dribble, GitHub, Facebook, LinkedIn, Meetup, Mendeley, ResearchGate, Stack Overflow und Xing (vgl. Willenbrock 2019). Für jedes Profil kann Talentwunder auf Basis von sozialen Signalen und statistischen Modellen eine Wechselwahrscheinlichkeit berechnen. Wann wurde das Profil zuletzt aktualisiert? Wie lange arbeitet die Kandidatin auf dieser Stelle im Vergleich zu Kolleginnen in der Branche? Wer vermittelt durch neue Einträge Wechselbereitschaft? Wer wird am ehesten zu einem Umzug bereit sein? Im Abgleich solcher Fragen mit der Grundgesamtheit aller Daten lassen sich Auffälligkeiten finden und Karrierepfade einschätzen. Talentwunder arbeitet mit **Boole'schen Operatoren** und bietet durch KI entscheidende Erweiterungen (vgl. Talentwunder 2021c):

- Schlüsselbegriffe für Boole'sche Suchketten finden
- Unterschiedliche Jobtitel für die identische Aufgabe identifizieren
- Von Skills auf Jobprofile schließen (Job2Skill)
- Ähnliche Jobtitel finden und vergleichbar machen (Job2Job)
- Von Wunschtalenten ausgehend ähnliche Kandidatinnen erkennen
- Wechselwahrscheinlichkeiten berechnen

Die Boole'sche Suche, benannt nach dem englischen Mathematiker George Boole, ist ein strukturierter Suchprozess, der Keywords (Operatoren) nutzt, um die Suchergebnisse zu verfeinern (vgl. Fisher 2020). Der Suchprozess ist die Grundlage für alle Bibliotheken, virtuelle Datenbanken und Suchmaschinen. Im Personalmarketing und Recruiting wird die Boole'sche Suche genutzt, um Lebensläufe, Suchmaschinen, Business-Plattformen oder Websites zu durchsuchen und zu filtern (vgl. Karg 2020).

Personalerinnen unterstützt der Algorithmus, während sie ihre Anforderungen in die Suchmaske eingeben, und spielt ihnen eine Liste mit passenden Kandidatinnen zur aktiven Ansprache aus. Kandidatinnen können hier zu Talente-Pools zusammengefasst, verwaltet und weiter beobachtet werden, wenn z. B. ein Talent aktuell nicht passt, aber mittelfristig interessant werden könnte. Talentwunder informiert automatisch, sobald sich im verwalteten Talente-Pool ein Status verändert. Die KI berechnet Scores, um die Wechselwilligkeit oder Umzugsbereitschaft vorherzusagen. Dazu bedient sich der Algorithmus vorliegender Daten zu Arbeitsplatzwechseln, Profil-Updates, Pendelstrecken und Vergleichswerten mit Peers (vgl. Gärtner 2020a, S. 67). Wer z. B. ein neues Porträtfoto hochlädt, neue Fähigkeiten eingibt oder einer Recruiterin folgt, ohne seine Arbeitgeberangabe zu ändern, signalisiert dem KI-Algorithmus eine erhöhte Wechselbereitschaft (vgl. Willenbrock 2019). Talentwunder ist bei über 500 Kunden im Einsatz, darunter mehrere DAX-30-Konzerne (vgl. Talentwunder 2021a). Gegen globale Wettbewerber wie Entelo aus San Francisco punktet Talentwunder nach eigenen Angaben vor allem mit Datenschutzkonformität entsprechend DSGVO.

Unternehmen nutzen KI-Tools für Active Sourcing, um ohne aktuelle Vakanz **Talente-Pools** zu erstellen und einen Beziehungsaufbau zu Top-Kandidatinnen zu entwickeln. Die Plattform Beamery ist ein Beispiel dafür.

AUS DER PRAXIS – BEISPIELE

Die Talent-Engagement-Plattform Beamery

Die Talent-Engagement-Plattform Beamery unterstützt beispielsweise beim Aufbau eines Pools von interessierten Kandidatinnen. Beamery kombiniert Talent-CRM und Talent-Marketing zum

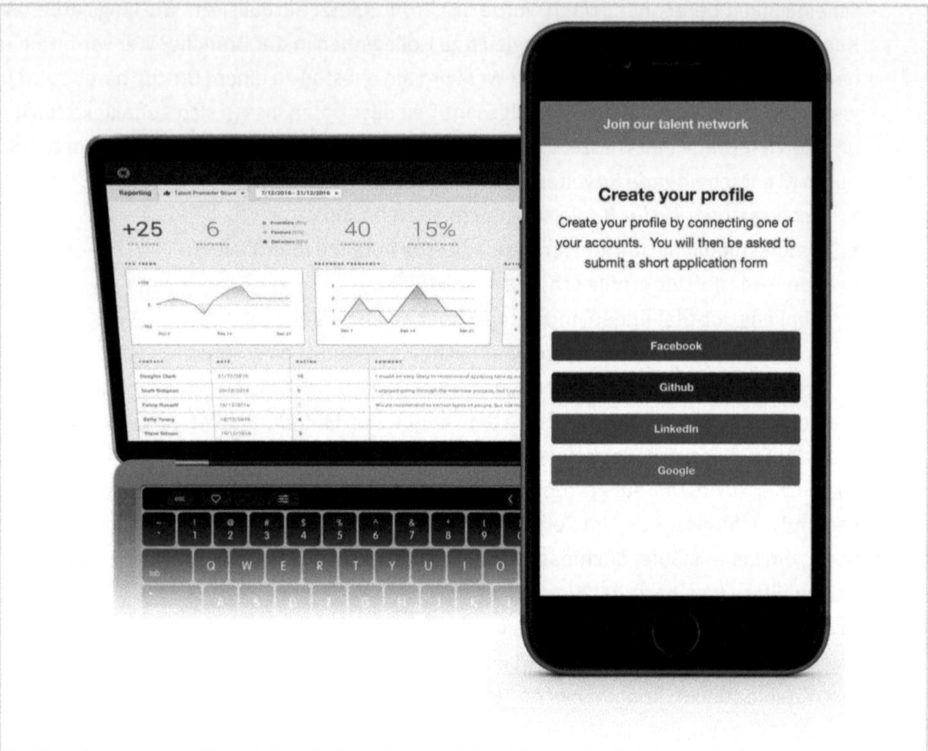

Abb. 4.9: Talent-Engagement-Plattform Beamery (Quelle: GetApp 2021)

Aufbau der Talente-Pipeline. Das Tool misst, welches Interesse Kandidatinnen an bestimmten Unternehmen oder Jobprofilen zeigen. Workday hat in Beamery investiert, um bessere Services in der frühen Phase des Beziehungsmanagements anbieten und passive Kandidatinnen identifizieren zu können (vgl. Beamery 2019). Algorithmen für maschinelles Lernen erstellen eine 360-Grad-Sicht auf potenzielle Kandidatinnen. Unternehmen nutzen diese Bewertung, um sich aktiver bei interessanten Kandidatinnen zu vermarkten (vgl. Beamery 2021). Talente können sich mit wenigen Klicks über die Beamery-App ein Profil anlegen, verknüpft mit einem Social-Media-Account, wie die obenstehende Abbildung zeigt.

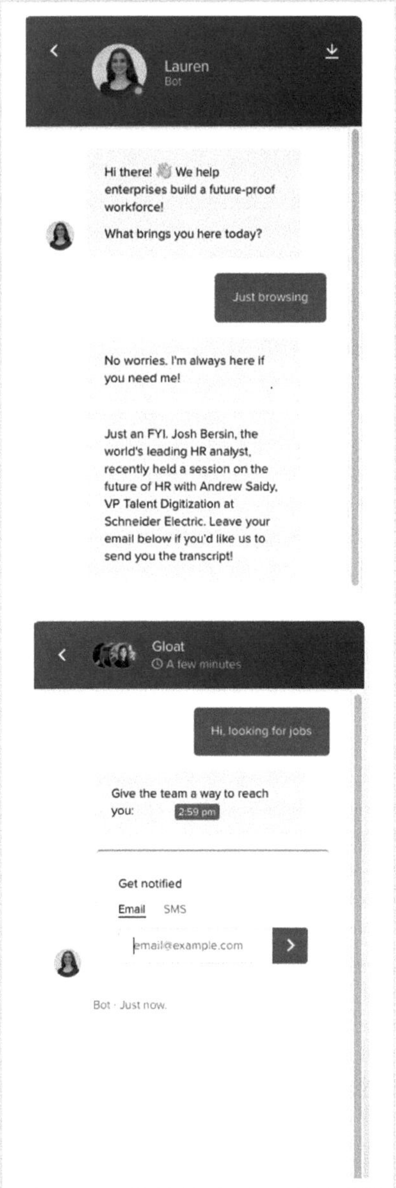

Abb. 4.10: Search-Chatbot Gloat (Quelle: Gloat 2021)

Der Search-Chatbot Gloat

Auch im Lager der **KI-Chatbots** gibt es Anwendungen, die proaktiv außerhalb der eigenen Plattform nach potenziellen Talenten suchen, z. B. das KI-Tool Gloat. Die KI-Talent-Plattform Gloat nutzt einen Chatbot, um Menschen auf Jobsuche zu den passenden Angeboten zu führen. Der Chatbot kontaktiert Interessentinnen dort, wo sie sich auf Plattformen bewegen, und chattet in natürlicher Sprache. So sollen Kandidatinnen zu Stellenangeboten geleitet werden, die sie sonst evtl. übersehen hätten (vgl. Gloat 2021). Auf Abbildung 4.10 begrüßt der Bot auf der Plattform eine Person und fragt nach ihrem Anliegen. Auf die Antwort »einfach nur so« reagiert der Chatbot entspannt und bietet bei Bedarf Unterstützung an. Dann informiert er sein Gegenüber noch darüber, dass auf der Plattform ein aktuelles Interview eines führenden HR-Analysten mit einem HR-Manager zur Verfügung steht und er bei Interesse das Transkript versenden könnte. Unternehmen nutzen Gloat auch im Karrieremanagement ihrer Belegschaft, um intern passende Stellen für den nächsten Schritt zu finden, wie im Kapitel zur Personalentwicklung am Beispiel Unilever beschrieben (s. Kap. 4.3.5).

Matching-Systeme empfehlen wahlweise Kandidatinnen oder Jobs, indem sie nicht nur einzelne Schlüsselwörter oder Kategorien miteinander abgleichen, sondern deren Bedeutungen und Einbettung im Satz beachten. So erkennen sie den Unterschied zwischen der Angabe »Personalleitung« und »berichtet an die Personalleitung«. Smartes Matching kann Text interpretieren und nutzt dafür **Techniken zur Wissensrepräsentation** wie semantische Wortnetze, die Synonyme erkennen, Fachbegriffe in Beziehung zueinander setzen und fremdsprachliche Begriffe richtig zuordnen (vgl. Gärtner 2020a, S. 68). In der folgenden Übersicht sind beispielhaft verschiedene Matching-Tools aus der Praxis aufgeführt.

Tool	Vorgehensweise im Recruiting	URL
CandidateZip	CandiateZip ist ein cloudbasierter Lebenslauf- und Job-Analysator, der Lebensläufe und Jobs in Standardfelder umwandelt. Dazu werden Kontakt/Standort, Erfahrung, Ausbildung, Gehalt, Fähigkeiten und andere Felder aus Lebensläufen/Verläufen extrahiert.	https://www.candidatezip.com
Cobrainer	Durch die Cobrainer-Technologie werden Kandidatinnen-Profile automatisch durch die Analyse von ATS-Daten, Projektbeteiligungen, LinkedIn-Profilen oder anderen verfügbaren Daten erstellt. Die KI liefert die besten Übereinstimmungen zu einer Stelle, um die am besten geeignete Kandidatin im Unternehmen oder außerhalb davon zu finden.	https://www.cobrainer.com
JoinVision	JoinVision legt mit der KI-basierten Recruiting-Technologie den Schwerpunkt auf semantische Informations-Extraktions-Software. Dazu gehört das Parsen von Lebensläufen und Stellenanzeigen. Die MatchPoint-Lösung unterstützt durch eine semantische Applikation das Suchen und Matchen von Bewerberinnenprofilen innerhalb einer beliebigen Datenbank.	https://www.joinvision.com/de/
Rexx systems	Rexx systems nutzt eine cloudbasierte HR-Software, um HR-Maßnahmen zu vereinfachen: Personalmanagement, digitale Personalakte, Zeitwirtschaft, Recruiting, Onboarding, Performance-Management, Compensation & Benefits, Skill-Management, Nachfolge- und Karriereplanung.	https://www.rexx-systems.com/
Talents Connect	Talents Connect ist ein KI-getriebener Software-as-a-Service-Ansatz, der Führungskräfte und das HR-Management unterstützt, die Bedürfnisse der Belegschaft besser zu verstehen. Ziel ist, die besten Talente zu gewinnen und die Bestandsmannschaft weiterzuentwickeln.	https://www.talentsconnect.com
Textkernel	Textkernel erstellt mit der semantischen Suchtechnologie Match! auf Basis einer Stellenbeschreibung Suchanfragen und liefert eine Liste geeigneter Kandidatinnen. Umgekehrt können auf Basis eines Lebenslaufes alle passenden Stellen in Datenbanken gefunden werden. Textkernel durchsucht auch Online-Jobbörsen, soziale Netzwerke und andere Quellen.	https://www.textkernel.com/de/
Wollmilchsau Jobspreader	Die Wollmilchsau-Personalmarketing-Software Jobspreader will das Online-Recruiting plan- und messbarer gestalten. Der Jobspreader automatisiert komplexe und zeitintensive Personalmarketing-Prozesse, um passende Bewerberinnen zu erreichen. Das Tool begleitet den Recruiting-Prozess mit Arbeitsmarktanalysen, Jobtitel-Check und Programmatic-Job-Advertising für optimierten Bewerbungs-Rücklauf.	https://wollmilchsau.de

Tab. 4.1: Empfehlungssysteme im Recruiting (Quelle: eigene Darstellung)

AUS DER PRAXIS – BEISPIEL

Semantische Suche mit Textkernel Match!

Textkernel arbeitet mit semantischem Searching und Matching sowie mehrsprachigem Parsing, um in internen und externen Datensätzen nach passenden Talenten zu suchen. Das niederländische Unternehmen ist nach eigenen Angaben internationaler Marktführer für KI im Recruiting und arbeitet mit über 1.000 Unternehmen, Anbietern von HR-Software und Personaldienstleistungen weltweit zusammen (vgl. Textkernel 2021c). Der Service Match! navigiert durch große Datenbanken mit externen und internen Talenten, erstellt auf Basis einer Stellenbeschreibung eine Suchanfrage und liefert eine Liste der passendsten Kandidatinnen. Im Einsatz für ein Talent kann Match! auf Basis des Lebenslaufes alle passenden Stellen ausspielen. Der Service durchsucht unstrukturierte Texte in 23 Sprachen auf Jobbörsen, sozialen Netzwerken oder internen Datenbanken und vergleicht Tausende Profile von Kandidatinnen und Mitarbeiterinnen (vgl. Textkernel 2021d). So ist die Software in der Lage, aus Fließtext (z. B. in Lebensläufen) die relevanten Informationen herauszulesen. Textkernel berechnet einen Matching-Wert, um angeben zu können, wie gut die Stellenbeschreibung mit dem Profil einer gefundenen Kandidatin übereinstimmt. In der Ermittlung des Matching-Wertes können jobrelevante Faktoren individuell gewichtet werden, z. B. ist die Fahrtstrecke hoch gewichtet für Jobs, die vor Ort erledigt werden müssen (vgl. Textkernel 2021a). Technologisch arbeitet Textkernel mit einem Klassifikationsverfahren (Taxonomie), wofür Tausende Stellenangebote und Lebensläufe auf häufig verwendete Begriffe hin untersucht werden. Gefundene Schlüsselwörter werden in Konzepte gruppiert und auf Beziehungen zwischen den Begriffen, sogenannte Ontologien, in verschiedenen Domänen wie Pharmazie oder Computertechnologie hin analysiert (vgl. Textkernel 2021b). Textkernel kombiniert in seinen Such- und Matching-Algorithmen Methoden von Machine-Learning mit Wissensrepräsentation und manueller Nachsteuerung (vgl. ebd.).

Zusammenfassung

Es gibt inzwischen viele Optionen, um Personalmarketing mit KI-Technologie auf das nächste Level zu heben. Personalisierte Stellenanzeigen sichern zielgenaue Resonanz. Sentiment-Analysen spiegeln Arbeitgebern eigene Stärken und Schwächen. KI-Algorithmen sind im Netz unterwegs, um Kandidatinnen aufzustöbern, für die ein aktuelles Angebot interessant sein könnte. Social-Media-Monitoring baut aus kleinsten Fußspuren umfassende Profile. Chatbots beantworten rund um die Uhr Fragen oder gehen proaktiv auf Talente zu, um sie für das jeweilige Unternehmen zu begeistern. Das erfordert nicht nur den Einsatz smarter KI-Anwendungen, sondern vor allem smarte Candidate-Journeys im Sinne durchdachter Wegstrecken und Berührungspunkte von Kandidatinnen mit dem Unternehmen. Wie wirkt das auf Talente? Im positiven Zukunftsbild erhält die Arbeitgebermarke (Employer-Brand) dadurch mehr Kraft – Zielpersonen werden schnell auf den veröffentlichten Bedarf aufmerksam. Wer einmal angebissen hat, dem begegnet das Unternehmen auf Schritt und Tritt wieder, sei es in Business-Netzwerken, Social Media, bei Netzwerk-Events oder auf Peer-Portalen. Die Kommunikation ist glaubwürdig, personalisiert und auf Augenhöhe, um jede Interessentin in ihrer Welt und ihrer Sprache abzuholen. Personalmarketing folgt der HR-Strategie mit dem Anspruch, jedes Talent zu einem Fan werden zu lassen, bis sich eines Tages die Chance für eine Zusammenarbeit ergibt.

4.2 Rekrutierung

Ob das Personalmarketing einen guten Job gemacht hat, zeigt sich in Menge und Güte der Bewerbungsunterlagen, die ins Haus flattern. Im Anschluss ist es Aufgabe der Rekrutierung, die Unterlagen auszuwerten, auf Passung zu prüfen, Kontakt aufzunehmen, Interviews und Assessments durchzuführen, bis die Entscheidung auf beiden Seiten fällt. Im Recruiting finden sich heute die meisten in HR eingesetzten KI-Tools. KI profitiert im Recruiting von großen Datenvolumen, die leichter ausgewertet werden können, da sie durch die Bewerbungsunterlagen oder die Veröffentlichung in beruflichen Netzwerken freiwillig geteilt worden sind. Auswerten, Vergleichen und Empfehlen sind wiederholbare Aufgaben, in denen KI-Tools ihr Potenzial ausspielen können. Dieses Kapitel zeigt teilautomatisierte Prozesse mit KI-Beteiligung, die Personalverantwortliche im Recruiting unterstützen, ohne ihnen die Kontrolle und Verantwortung für den Auswahlprozess aus der Hand zu nehmen.

4.2.1 Automatisierungsdruck im Recruiting

Wer auf eine lange Karriere als Recruiterin zurückblickt, erinnert sich vielleicht noch an handschriftliche Lebensläufe in den 1970er-Jahren und deren tabellarische Weiterentwicklung in den 1980er-Jahren, getippt auf Schreibmaschinen. E-Mail-Bewerbungen hielten in den 1990er-Jahren Einzug und Online-Bewerbungen wurden ab Mitte der 2000er-Jahre zum Standard. Die Bedeutung von Social Media für Personalabteilungen wächst erst seit den letzten zehn Jahren. Die strukturelle Spannung im Markt der Talente kündigt längst den nächsten **Wachstumsschritt** an: Interne Recruiterinnen und externe Personalberaterinnen spüren in vielen Branchen wachsende **Herausforderungen bei der Besetzung** einiger Positionen. Unternehmensintern steigen **Controlling-Anforderungen** und zwingen Personalbereiche, die Effizienz analoger Verfahren zu hinterfragen. Aufseiten der Bewerberinnen wachsen die Erwartungen an **Dialog** und **Geschwindigkeit** auf digitalen Plattformen. Der Auswahlprozess verläuft nicht mehr einseitig, da auch Kandidatinnen die Eignung des Unternehmens aus ihrer Sicht kritisch prüfen. Umso wichtiger für die Arbeitgeberattraktivität wird die Talenterfahrung **(Candidate-Experience)** in der Rekrutierung. Kandidatinnen fragen sich: »Wie erlebe ich den Bewerbungsprozess und was sagt das über das Unternehmen aus? Wie sehr stehe ich im Mittelpunkt? Wie glaubwürdig sind die Aussagen eines potenziellen Arbeitgebers auf Job-Plattformen?« Candidate-Experience entsteht im realen Erleben der Bewerberinnen und ist fast so relevant für die Arbeitgeberattraktivität wie die Merkmale des Jobs und des Unternehmens (vgl. Biemann/Weckmüller 2017).

Im Kampf um Talente ist der **Handlungsdruck** in vielen Unternehmen groß genug, um neue Ansätze zu erproben. Höchste Zeit, denn ein Viertel der Fachkräfte erwartet nach 14 Tagen eine verbindliche Rückmeldung zur Bewerbung und will den Bewerbungsprozess in zwei Monaten abschließen (vgl. Bauer 2020, S. 145). Tatsächlich dauert der Weg zum neuen Job in Deutschland jedoch im Durchschnitt sechs Monate, vom ersten Suchimpuls bis zum unterschriebenen Vertrag (vgl. StepStone 2018b). Die StepStone-Studie »Kandidaten im Fokus« stellt den Arbeitgebern kein gutes Zeugnis aus (vgl. ebd.): Die Hälfte der Kandidatinnen empfindet ein individuelles Anschreiben als Hindernis und 25 Prozent der Befragten lassen sich von Online-Bewerbungsformularen abschrecken. 39 Prozent geben an, wegen komplizierter formeller Anforderungen auf die Bewerbung verzichtet zu haben (s. Abb. 4.11). Die große Mehrheit wünscht sich Bewerbungen per Online-Profil oder One-Klick. Demgegenüber erwarten zwei Drittel der Unternehmen nach wie vor eine ausführliche und vollständige Bewerbung inklusive Anschreiben (vgl. ebd.).

Abb. 4.11: Was hält Kandidatinnen von einer Bewerbung ab? (Quelle: nach StepStone 2018b)

Wie lässt sich diese **Erwartungslücke** schließen? Entlang der Candidate-Journey einer Bewerberin können technologische Assistenz, mobile Anwendungen und Native Apps Lücken sowohl in der **Effizienz** als auch im **emotionalen Erleben** schließen. Künstliche Intelligenz findet in der Rekrutierung ein dankbares Experimentierfeld. KI kann in der Personalsuche die Durchlaufzeit steigern und zeitaufwendige Aktivitäten wie manuelles **Screening von Lebensläufen** reduzieren oder komplett überflüssig machen. Vor dem Hintergrund von **administrativen Prozessen** mit oft hohem Volumen wurden viele Arbeitsschritte in der Rekrutierung bereits digitalisiert. KI lässt sich daher leicht anbinden und kann auf erprobte Methoden der **Eignungsdiagnostik** zur Veredelung aufsetzen. Vor allem zu Beginn der Bewerberinnen-Reise wird KI inzwischen immer häufiger zur Lead-Identifikation, bei den Bewerbungsunterlagen und in der Vorauswahl eingesetzt. Über die Verarbeitung riesiger Datenmengen entsteht so ein Ansatz des **datengetriebenen Recruitings**. Jüngere Studien zeigen eine überwiegende Offenheit von Personalverantwortlichen gegenüber digitalen Lösungen: Nur 13 Prozent der Befragten sehen in der Automatisierung von Recruiting eine Bedrohung und vermuten Herausforderungen in Hinblick auf den Datenschutz und das nötige digitale Fachwissen (vgl. Jäger 2018, S. 219).

Die Arbeit beginnt lange vor dem Eingang der ersten Bewerbung, wie im Kapitel Personalmarketing bereits erläutert (s. Kap. 4.1.1). Im Idealfall analysieren Unternehmen dauerhaft und vorausschauend, wohin sich ihre Personalbedarfe entwickeln und wo Engpässe entstehen könnten. Eine KI-Anwendung kann über alle offenen Stellen des Unternehmens hinweg analysieren, welche besonders schwer zu besetzen sind, je nach der Kombination aus Standortattraktivität, Kompetenzanforderungen, Berufserfahrung sowie Konditionen im Vergleich mit ähnlichen Stellen in der Region (vgl. Dahm/Dregger 2019, S. 251 f.). Von der ersten strategischen Frage bis zum erfolgreichen Start einer Wunschkandidatin können KI-basierte Analysen heute unterstützen. Das folgende Zukunftsbild skizziert einen Idealzustand im digitalisierten Zusammenspiel von Personalmarketing und Recruiting.

Zukunftsbild

Glasklar für digitale Rekrutierung
Das Unternehmen Glasklar leidet unter unbesetzten Stellen. Kein Wunder, denn nicht selten vergehen zwischen Bewerbungseingang und Vertragsunterschrift 100 Tage. Nicht wenige Kandidatinnen sind im letzten Jahr unterwegs abgesprungen. Das HR-Team geht mit der Geschäftsführung auf Analysereise und fragt zunächst mit Big-Data-Werkzeugen nach den Profilen von morgen: Was lässt sich ableiten aus Arbeitsmarkt- und Konjunkturentwicklung? Glasklar will vor allem in Osteuropa wachsen und wird in der Glasverarbeitung künftig deutlich mehr Elektrotechnikerinnen und Datenexpertinnen benötigen. Beim Vergleich mit Wettbewerbern in den Zielregionen zeigt sich mithilfe der KI-Analyse, wo besonders hart um Kandidatinnen gekämpft wird.

Die Rekrutierungsstrategie konzentriert sich auf technische Berufe und die bevorzugten Kanäle potenzieller Kandidatinnen in diesem Bereich. Der Suchradius wird mittels Social-Media-Montoring so weit eingegrenzt, bis die Zielgruppe in Rumänien und Bulgarien gut greifbar ist. Parallel sortieren Algorithmen nach Potenzialen für die persönliche Ansprache. Die Zielpersonen suchen nicht gerade händeringend nach einem neuen Job, sie können es sich aussuchen. Die Active-Sourcing-Kampagne setzt auf Entwicklung und spricht Technikerinnen an, die sich bei Glasklar in Elektrotechnik und Data-Science weiterbilden können. Auf der Plattform können sie mit zwei Klicks ihren Lebenslauf hochladen und sich durch ein paar Bilderwelten klicken, um ihre Präferenzen zu markieren. Ein Chatbot unterstützt sie bei den ersten Schritten, um ungeduldige Gemüter schnell ans Ziel zu begleiten. Ein KI-System analysiert ihre Unterlagen und komplettiert den Matching-Score mit öffentlich zugänglichen Daten, z. B. aus Social-Media-Profilen. Automatisch bekommen sie Jobs angeboten, die zu ihrem Wunschprofil passen. Aus der bunten Mischung von Profilen filtern NLP-Algorithmen mithilfe von Simulationen und diagnostischen Tests, wo Fähigkeiten und Persönlichkeit eine ausreichende Schnittmenge bilden. Die vielversprechendsten Kandidatinnen werden an den nächsten Algorithmus weitergereicht, der ihre Fertigkeiten mit den Zukunftskompetenzen abgleicht und Potenziale bzw. Lücken markiert. HR bekommt eine Stunde nach dem Hochladen der Unterlagen eine neu priorisierte Empfehlungsliste des Bewerberinnen-Funnels. Ziel ist, dass die Kandidatinnen nach 24 Stunden eine Rückmeldung bekommen und dass nach 36 Stunden das erste Videointerview mit einer HR-Spezialistin stattfindet. Nach vier Tagen hat die Kandidatin entweder ein Jobangebot auf dem Tisch oder eine wertschätzende Absage.

Das erscheint vielen Leserinnen vermutlich noch Lichtjahre entfernt. Ein Glück, dass nicht auf Knopfdruck eine fertige Welt entstehen muss, sondern einzelne Schritte schon eine Erleichterung bringen, z. B. in Form der im Folgenden beschriebenen **Werkzeuge**, die **Stellenanzeigen** optimieren, **Kommunikation** mit Bewerberinnen übernehmen, **Anschreiben** und **Lebensläufe** analysieren, **Videos** und **Tests** auswerten oder **Assessments** durchführen.

4.2.2 Analyse von Bewerbungen

Auf Basis der zielorientierten Vorarbeit im Personalmarketing (s. Kap. 4.1), wo es mit KI-basierter Optimierung gelungen ist, exakt die Zielgruppe der Wunsch-Talente anzusprechen, sollte nun ein großer Stapel Bewerbungen vorliegen. Je höher der Stapel, desto lohnender der Einsatz von KI in der Vorauswahl. KI-Systeme können in diesem Schritt alle vorliegenden Daten von Bewerberinnen untersuchen, unter anderem hinsichtlich Vollständigkeit, Lücken im Lebenslauf, erforderlicher Kompetenzen oder Zusatzqualifikationen. Anwendungen wie IBM Watson Recruiting gleichen Daten von Bewerberinnen mit der eigenen Historie ab, beispielsweise mit den Profilen der erfolgreichsten Kolleginnen, die in der Belegschaft die gesuchte Funktion ausüben (vgl. IBM 2018). So könnte die KI z. B. bei der Suche nach den besten Kandidatinnen für den Job eines Inhouse-Consultants aus dem Vergleich mit erfahrenen Kolleginnen aus diesem Bereich schlussfolgern, dass Analysefähigkeit und Sozialkompetenz die wichtigsten Parameter für Erfolg in dieser Position sind. Sie errechnet dann für jede Bewerbung einen Score, bezogen auf diese beiden Kompetenzen, z. B. auf Basis von Zusatzqualifikationen und selbst gewählten Formulierungen in den Bewerbungsunterlagen.

4.2.2.1 Bewerbungstexte analysieren

Ein klassischer KI-Anwendungsfall in der Analyse eingegangener Bewerbungen ist das sogenannte **CV-Parsing**. Lebensläufe, Anschreiben oder Online-Profile werden auf diesem Wege ausgelesen, um zentrale Daten aus den Dokumenten automatisch zu extrahieren und für die Auswertung in strukturierte Daten zu verwandeln. Je nachdem, welche Qualifikationen und Eigenschaften gefragt sind, werden die gefundenen Informationen zugeordnet und in Bewerbungsdatenbanken gesammelt (vgl. Schoenthal/Gierschmann et al. 2020, S. 317). Während **Standardinformationen** wie Bildungsabschlüsse heute oft über formalisierte Online-Bewerbungsformulare oder Chatbots abgefragt werden, sind freie Erläuterungen aus Anschreiben oder Motivationsschreiben deutlich schwerer zu erfassen. Hier geht es nicht nur darum, die Informationen zu extrahieren, sondern davon ausgehend auf **Persönlichkeitseigenschaften** der Autorinnen zu schließen. Wissenschaftler befassen sich in der Psychologie und Persönlichkeitspsychologie schon lange mit der Frage, wie sich die Persönlichkeit von Autorinnen mit ihren Texten ausdrückt (vgl. Hirschfeld 2020, S. 225). KI-Anwendungen werden darauf trainiert, einzelne Persönlichkeitsdimensionen auf Basis von kurzen Texten einzuschätzen (vgl. Majumder/Poria et al. 2017). Forschungsteams aus Mexiko und Singapur haben ein Künstlich neuronales Netz mithilfe von Machine-Learning auf die Persönlichkeitsfaktoren aus dem **Big-Five-Modell** trainiert, um die Ausprägung dieser fünf Faktoren durch die Analyse von verwendeten Wörtern einzuschätzen. Das auf diese Weise trainierte KNN kann auf Basis kurzer Texte knapp 60 Prozent der Varianz in den Persönlichkeitseigenschaften vorhersagen (vgl. ebd.).

DEFINITION

Big-Five-Modell
Das Big-Five-Modell ist ein Modell aus der Persönlichkeitspsychologie zur Beschreibung von Persönlichkeitseigenschaften. Es geht von **fünf Hauptdimensionen der Persönlichkeit** aus (s. Abb. 4.12), die sich für jeden Menschen auf Skalen einordnen lassen. Die fünf Dimensionen

wurden in unzähligen Studien erforscht und gelten heute als das Universalmodell in der Persönlichkeitsforschung (vgl. Knecht 2020).

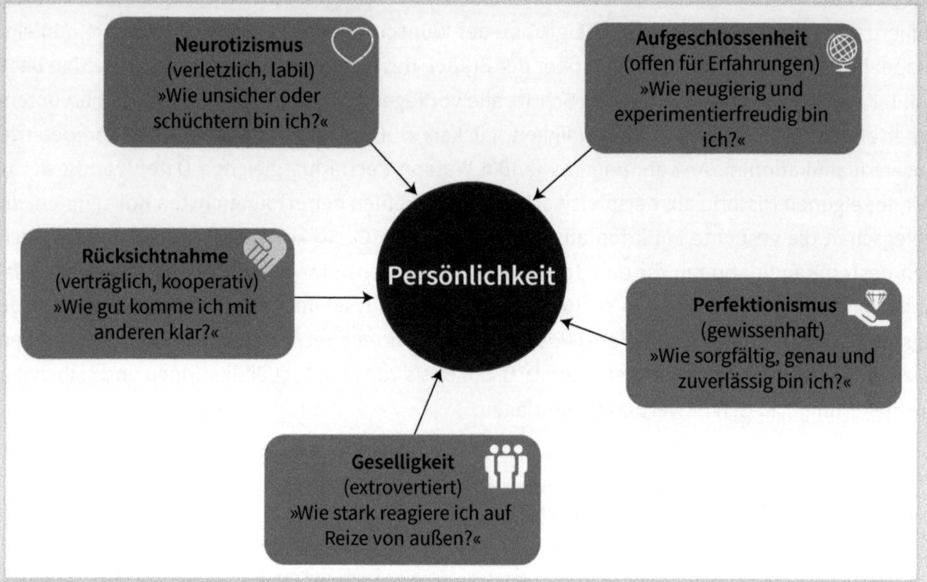

Abb. 4.12: Das Big-Five-Persönlichkeitsmodell (Quelle: nach Neal/Yeo et al. 2012)

Ein alternativer Ansatz steckt in KI-Lösungen, die explizit für die Bewertung von Bewerbungstexten entwickelt wurden. Die Studie einer wissenschaftlichen Gruppe um Michael C. Campion hat im Jahr 2016 mit über 46.000 Kandidatinnen eine Anwendung zur automatischen Bewertung validiert. Selbsteinschätzungen in deutschen Bewerbungsanschreiben wurden mittels Text-Mining verarbeitet. In der Studie wurden die Selbstbeschreibungen der Kandidatinnen mit den Urteilen von mehreren menschlichen Assessorinnen verglichen. Die KI wurde mit diesen Daten trainiert, auf Grundlage des Vergleichs der Selbstbeschreibungen mit den externen Urteilen. Dabei fand die KI eigene Muster, auf deren Basis sie im Anschluss die Selbstauskünfte der Kandidatinnen eigenständig beurteilen konnte, mit einer mittelhohen Korrelation zu den menschlichen Beurteilerinnen (vgl. Hirschfeld 2020, S. 226). In der Analyse erkannten die Forscher zunächst recht gute Ergebnisse, ohne Benachteiligung von Minderheiten (vgl. Campion/Campion et al. 2016). Sie bemerkten jedoch auch, dass die KI Bewerberinnen überschätzte, die viele frühere Jobs aufzählten, ohne sie detailliert zu beschreiben. Dagegen wurden Kandidatinnen unterschätzt, die ungewöhnliche Formulierungen verwendeten, um ihre Führungserfahrung darzustellen (vgl. Hirschfeld 2020, S. 226). Eine weitere Schwäche vergleichbarer Anwendungen zeigt sich im deutschen Sprachraum darin, dass viele Systeme mit englischen Daten trainiert werden und entsprechend unsicher mit den Feinheiten der deutschen Sprache umgehen.

Einen Schritt weiter könnten KI-Ansätze gehen, indem Bewerberinnen davon befreit würden, selbst Bewerbungsunterlagen zu erstellen. Die digitale KI-Assistenz für Talente würde sich im Fall eines attraktiven Jobangebots alle Daten der Bewerberin zusammensuchen, selbstständig aufbereiten und in das Online-Portal des suchenden Unternehmens einspielen. Wenn wir diesen Status der Automatisierung erreicht haben, werden wir zur Validierung von Kompetenzen und Zertifizierungen vermutlich internationale und fälschungssichere Standards wie Blockchain oder Open Badges verwenden (vgl. Teetz 2018, S. 235).

DEFINITION

Open Badges
Open Badges ist eine Art digitale Zertifizierung von Fertigkeiten und Leistungen, die auf einer authentisierten Open-Badges-Plattform erworben und verwaltet werden können (vgl. Open Badges 2021). Talente können Open Badges nutzen, um ihre Lernleistung oder Qualifikation auf einen Blick im Profil sichtbar zu machen. Zertifizierer wie z. B. Bildungseinrichtungen pflegen die Metadaten und personalisieren die Open Badges unter anderem mit Teilnehmerinnen-Name, Ausstellername, Weiterbildungsbezeichnung und Ausstellungsdatum (vgl. Haufe-Akademie 2021).

Ein vielversprechendes Start-up zur Validierung von Abschlüssen sitzt in Köln: CASE Candidate Select entwickelt KI-Algorithmen, die Bildungsabschlüsse vergleichbar machen, wie das folgende Praxisbeispiel zeigt.

AUS DER PRAXIS – BEISPIEL

CASE macht Bildungsabschlüsse vergleichbar
Das Start-up CASE Candidate Select nutzt große Datensätze, um Bildungsabschlüsse im Kontext zu analysieren und Leistungen im Einstellungsprozess objektiv einzuschätzen. Unternehmen stellen CASE die Lebensläufe aus ihren Bewerbungen zur Verfügung. Der CV-Parser von CASE extrahiert relevante Daten wie besuchte Hochschulen, Studienfächer, Abschlüsse, Abschlussjahre und Noten (vgl. Klug 2021). Um zu verstehen, was die Abschlussnote wirklich bedeutet, vergleicht CASE zunächst den Abschluss mit den direkten Mitstudentinnen. Parallel vergleicht CASE auch die Studentinnen verschiedener Hochschulen und Studienfächer miteinander, um die Benotungspraxis des individuellen Faches sowie der Hochschule miteinzurechnen. Im sogenannten Programm-Ranking vergleicht CASE kognitive Fähigkeiten und Persönlichkeitsattribute an Hochschulen in spezifischen Studiengängen, wo z. B. Gruppen kompetitiv oder kognitiv besonders stark auffallen (vgl. ebd.). Für die vorliegende Bewerberin wird dann berechnet, wie sie im Vergleich zu dieser Gruppe abschneidet. Erforderlich ist eine ausreichend große Stichprobe an Leistungsindikatoren durch IQ- und Persönlichkeitstest von über 300.000 Studierenden, die im Forschungsprojekt »Fachkraft 2030« befragt wurden (vgl. CASE 2020a). Auf diese Weise optimiert der CASE-KI-Algorithmus die Gewichtung von Notenverteilung und Programm-Rankings.
Unternehmen erhalten von CASE ein Scoring, das aussagt, wie wahrscheinlich eine Bewerberin ausgehend von ihrem Notendurchschnitt zu der ausgeschriebenen Stelle passen wird. Personenbezogene Informationen wie das Geschlecht werden nicht einbezogen. CASE konnte in Studien nachweisen, dass Kandidatinnen mit einem guten CASE-Score später im Job schneller befördert und besser in der Leistung bewertet werden (vgl. Klug 2021).

CASE forscht zusammen mit der Universität zu Köln im Rahmen des staatlich geförderten Forschungsvorhabens **FAIR** (Fair Artificial Intelligence Recruiting) zur Entwicklung diskriminierungsfreier Algorithmen für die Personalauswahl. In dem Zusammenhang damit hat CASE seinen eigenen Algorithmus auf einen Gender-Bias hin untersucht, um herauszufinden, ob bestimmte Gruppen bei der Einschätzung ihrer akademischen Leistungen bevorzugt werden. Im CASE-Score schneiden Frauen im unbereinigten Durchschnitt um rund vier Prozentränge besser ab (vgl. CASE 2020b). Nach Bereinigung des Wertes zeigte sich jedoch, dass er dadurch zustande kam, dass Frauen im Studium erfolgreicher sind als Männer. Darüber hinaus gab es keinerlei Unterschiede. Der CASE-Score bildet nach dieser Untersuchung die Leistung der verschiedenen Geschlechter im Studium fair ab (vgl. ebd.).

4.2.2.2 Gespräche analysieren (Screening-Interview)

Mit der Verbreitung von standardisierten und aufgezeichneten **Videointerviews** steigt für Recruiter der Aufwand bei der Analyse von Gesprächen. Ebenso wie im persönlichen Gespräch laufen selbst erfahrene Beurteilerinnen bei der Analyse einer Videobewerbung Gefahr, subjektive Präferenzen oder Vorurteile in die Analyse zu schleusen und damit die Validität der Prognose, wie gut eine Bewerberin passt, zu schmälern (vgl. Buchheim/Weiner 2014). HR-Teams und -Dienstleister arbeiten daher mit strukturierten Rating-Skalen, formalisierten Interviewprozessen und intensiven Schulungen zur Kalibrierung von Interviewerinnen. KI-basierte Lösungen ermöglichen in diesem Prozessschritt **replizierbare Beurteilungen anhand objektiver Kriterien.** Deep Learning kann auch unstrukturierte Daten in Form von Videodateien auswerten und eignet sich daher für die Diagnostik von Bewegtbild in der Bewerberinnen-Auswahl. Die Potenziale von KI sind schnell erklärt, denn solche Videoclips produzieren **riesige unstrukturierte Datenmengen in Form von Video-, Audio- und Sprachspuren,** die sich nur von Künstlicher Intelligenz systematisch und umfassend analysieren lassen. Viele Unternehmen versprechen sich davon auch Kostenvorteile (vgl. Campion/Campion et al. 2016).

Im ersten Live-Kontakt mit Bewerberinnen kommt KI in Form von Telefon- oder Videointerview-Analyse zum Einsatz, um auf Basis der Technologie, wie sie heute von Sprachassistenzen verwendet wird, bei der Auswertung zu unterstützen. In digitalen Erstinterviews beantworten alle Kandidatinnen identische Fragen, ihre Antworten werden aufgezeichnet und zur Bewertung an den potenziellen Arbeitgeber gesendet (vgl. Hirschfeld 2020, S. 231). Je nach Anwendung kann die KI in der Auswertung die **Angaben** der Bewerberinnen durch Recherche im Netz und bei früheren Arbeitgebern **validieren, Lücken identifizieren** oder **Sprache, Stimme und Verhalten analysieren** (vgl. Brandt/Justenhoven et al. 2020, S. 43). In der Praxis dienen solche Anwendungen heute meist einer **Negativselektion,** um diejenigen Kandidatinnen frühzeitig herauszufiltern, die offensichtlich nicht in Betracht kommen, sei es aufgrund fehlender fachlicher Qualifikation, sei es wegen regionaler Einschränkungen oder unpassender Gehaltsvorstellungen. Auch im Zuge zunehmender Bemühungen um **Diversity-Management** steigt die Nachfrage nach KI-Algorithmen, die Chancengerechtigkeit sichern und Diskriminierung vorbeugen sollen.

Viele KI-Lösungen zur Analyse von Videointerviews orientieren sich an bekannten **Diagnostikmodellen,** die nach **Persönlichkeitseigenschaften** von Bewerberinnen suchen. Ergänzend zu fachlicher Qualifikation und Motivation gelten Intelligenz und Persönlichkeitseigenschaften in HR als Schlüsselfaktoren für die Beschäftigungsfähigkeit (vgl. Leutner/Aichholzer 2020, S. 72). Daher orientieren sich viele KI-basierte Anwendungen in der Diagnostik an bewährten **psychometrischen Verfahren**, sowohl für standardisierte Assessments als auch für aufgezeichnete Videointerviews. Durch den Einsatz psychometrischer Konzepte, die sich in der HR-Praxis bereits bewährt haben, lässt sich die Bewertung leichter nachvollziehen und einfacher gegen methodische Zweifel verteidigen. Die Art der Fragen ist in solchen Formaten von besonderer Bedeutung: Verhaltensbezogene Fragen fahnden nach **typischen Reaktionsmustern** einer Bewerberin in bestimmten beruflichen Situationen. Der Ansatz geht davon aus, dass die bei früheren Erfahrungen gewählten Verhaltensmuster wahrscheinliche Reaktionsmuster in ähnlichen zukünftigen Situationen vorhersagen lassen (vgl. Leutner/Aichholzer 2020, S. 74). »Wann haben Sie zuletzt einen Konflikt in Ihrem Team erlebt und wie sind Sie damit umgegangen?« – solche Fragen zielen darauf ab, typisches Verhalten zu ermitteln. Auch die Wahl der Worte in der Antwort auf diese Frage kann etwas über unsere Persönlichkeit verraten. Die Antwort wird dann anhand von Verhaltensankern klassifiziert und positive bzw. negative Hinweise auf eine bestimmte Persönlichkeitseigenschaft werden gegeneinander abgewogen (vgl. Brandt/Justenhoven et al. 2020, S. 57). Vergleichbar dem Vorgehen von geschulten Psychologinnen im Interview werden **Verhaltenstendenzen, basierend auf Persönlichkeitseigenschaften**, ermittelt (vgl. Unger 2020).

KI-Algorithmen mit NLP-Technologie können diese Klassifizierungssysteme trainieren und auf Videointerviews anwenden. Im ersten Schritt wird dafür die **Audiospur** aus dem Videointerview von Spracherkennungsalgorithmen in Text **transkribiert**. Die Fehlerrate in der Transkription liegt bei 17 bis 24 Prozent und entspricht den bekannten Tools von Google oder Amazon-Transcribe. 100 Prozent sind schwer zu erreichen, aufgrund von leisen Stimmen, starkem Akzent oder Hintergrundgeräuschen. Im nächsten Schritt werden die **Wörter** mit verschiedenen Methoden **kategorisiert** (vgl. Leutner/Aichholzer 2020, S. 77 f.):

- Über- oder Untertreibungen
- Institutionen (z. B. rechtlich, akademisch, wirtschaftlich)
- Kognition (z. B. wissen, lösen, denken, analysieren)
- Pronomen (z. B. ich, mein, wir, unser)

Die KI sucht in der Transkription nach relevanten Indikatoren und schließt auf Persönlichkeitsmerkmale, wie es menschliche Interviewerinnen auch tun würden. In der Ausdrucksweise der Bewerberin findet sie Muster, welche auf positive und negative Indikationen in Bezug auf die erforderlichen Kompetenzen für die zu besetzende Stelle schließen lassen. Aus diesen Ergebnissen wird ein Score berechnet. Auf diese Weise kann KI die Antworten der Bewerberin in kürzester Zeit klassifizieren und beispielsweise in der Negativselektion Kandidatinnen herausfiltern, die nicht für die Stelle oder zum Unternehmen passen. Häufig werden im Training solcher Algorithmen Videodaten einer Kandidatin mit ausgefüllten Persönlichkeitsfragebögen verknüpft und zu einem Modell geformt (vgl. Brandt/Justenhoven et al. 2020, S. 57). Im Training ist Vorsicht geboten, denn die KI entwickelt eigene Muster, nach denen sie Auffälligkeiten im Video bestimmten Persönlichkeitseigenschaften zuordnet. So ist nur schwer nachvollziehbar, von welchem Datenpunkt ausgehend der Algorithmus welches Kriterium vorhersagen wird. Im Training sollten daher erfahrene Interviewerinnen zum Einsatz kommen, die jede Bewertung überprüfen, um die Ergebnisse zu verfeinern und Fehler im Trainingsdatensatz aufzuspüren.

In der Praxis setzen Unternehmen solche Anwendungen als Vorfilter ein, um hohe Volumina im Bewerbungsaufkommen effizient zu verarbeiten. So nutzt z.B. der britische Konsumgüterkonzern Unilever ein standardisiertes Videointerview als Stufe zwei im Bewerbungsprozess. Es wird von einer KI ausgewertet, die im Anschluss eine Empfehlung zur Eignung der Kandidatin für die jeweilige Stelle abgibt (vgl. Marr 2018). Unternehmen setzen entsprechende Lösungen auch zum Karrieremanagement in der Bestandsmannschaft ein, wenn beispielweise die Talente unter den Führungskräften identifiziert werden sollen. In einem selbst gedrehten Video antworten die Führungskräfte auf vier Fragen. Die Auswertungszeit kann in solchen Fällen von 30 Minuten pro Interview bei manueller Bewertung auf drei Minuten mit einer KI reduziert werden (vgl. Brandt/Justenhoven et al. 2020, S. 59). Die Hotelgruppe Hilton nutzt ein KI-Tool bei Videointerviews, um schneller festzustellen, welche Kandidatinnen das größte Potenzial für die jeweilige Stelle haben; die Recruiterinnen widmen ihre Zeit dann ausschließlich dieser Gruppe (vgl. McIlvaine 2019). Sarah Smart, Vice President of Global Recruiting, gibt an, der Prozess wäre dadurch sechsfach schneller geworden und die Fluktuationsrate deutlich gesunken, weshalb das Personal im Recruiting um 23 Prozent reduziert werden konnte (vgl. ebd.).

KI-Start-ups mit Diagnostikansätzen gibt es auch in Deutschland, wie die zwei nachfolgenden Praxisbeispiele zeigen.

AUS DER PRAXIS – BEISPIEL

Retorio wertet Bewerbungsvideos aus

Retorio, ein Spin-off der TU München, nutzt seine KI-Anwendung zur Bewertung von Talenten im Auswahlprozess mittels eines Persönlichkeitsprofils. Die Retorio-KI wertet Bewerbungsvideos auf Basis des Big-Five-Modells aus und achtet dabei unter anderem auf Wortwahl, Pronomen-Präferenzen, Aussprache, Schnelligkeit und Stimmlage sowie Mimik (vgl. Retorio 2021). Auch hier wird die Tonspur des Videos zunächst in Text transkribiert. HR-Anwenderinnen definieren die gewünschten Persönlichkeitseigenschaften für die zu besetzende Stelle und gewichten fünf Eigenschaften (z. B. anpassungsfähig, emotional, extrovertiert, gewissenhaft, stabil) (vgl. Scherer 2021). Bewerberinnen reichen ihr Video ein und die Retorio-KI analysiert das Video, indem sie nach typischen Mustern in den Videodaten sucht. Retorio gleicht die gefundenen Muster mit dem definierten Zielprofil ab und erstellt eine Kurzzusammenfassung (z. B. entspannt, kooperativ, neugierig). Im Training wurden der Retorio-KI Bewerbungsvideos vieler Personen aus verschiedenen Altersgruppen sowie mit unterschiedlicher Geschlechts- und Ethnienzugehörigkeit gezeigt. Ihre Eigenschaften wurden vom Trainingsteam vorab gelabelt (vgl. ebd.). Die KI leitete daraus ihre eigenen Muster ab. Retorio will mit diesem Ansatz die Personalauswahl fairer gestalten, statt sie von der Einschätzung durch nur eine Person abhängig zu machen (vgl. Retorio 2021).

Kritik an Retorio kreist vor allem um die Frage, ob sich Daten überhaupt so weit objektivieren lassen, dass Menschen in ihrer komplexen Persönlichkeit eingeschätzt werden können. Reporterinnen vom Bayerischen Rundfunk haben die Software von Retorio getestet. Mit Testpersonen wurden mehrere Hundert Bewerbungsvideos produziert (vgl. Harlan/Schnuck 2021). Eine Schauspielerin antwortete in verschiedenen Outfits mit immer gleichem Text und Stil auf die Job-Interviewfragen. Ergänzend veränderten Video-Producer viele aufgezeichnete Videos diverser Testpersonen jeweils gezielt einen einzelnen Faktor betreffend. Die Schauspielerin konnte in ihrer Rolle als Bewerberin für jede der fünf Persönlichkeitsdimensionen aus dem Big-Five-Modell einen Wert zwischen 0 und 100 durch Retorio zugeordnet bekommen. Im Video ohne Brille wurde sie als besonders gewissenhaft bewertet. Mit Brille wurden ihr zehn Punkte weniger für Gewissenhaftigkeit bescheinigt. Mit einem Tuch auf dem Kopf schätzte die KI sie um 20 Punkte extrovertierter sowie gewissenhafter und weniger neurotisch ein. Die KI reagierte in diesem Test auf verschiedene Outfits, was die Ergebnisse der Persönlichkeitseinschätzung stark beeinflusste (vgl. ebd.). Bei weiteren Testkandidatinnen kopierten die Video-Producer das Video und veränderten in der Kopie z. B. den Bildhintergrund. Wenn statt einer Raufasertapete ein Bild im Hintergrund hing, wurden die Kandidatinnen deutlich offener, gewissenhafter und extrovertierter eingeschätzt. Diese Werte stiegen noch, wenn statt des Bildes ein Bücherregal im Hintergrund auftauchte. Weitere Tests zeigten, dass auch die Beleuchtung, Kameraeinstellung oder Bildfilter das Ergebnis beeinflussen konnten. Für Informatikprofessorin Katharina Zweig von der TU Kaiserslautern beschreiben die Testergebnisse das grundsätzliche Problem, dass sich bei Gesichtserkennung mit Machine-Learning nicht nachvollziehen lässt, auf welches Muster in einem Bild diese Algorithmen reagieren (vgl. ebd.). Ähnliche Zweifel werden auch dem Wettbewerber PRECIRE aus Aachen entgegengebracht, der inzwischen von der 4TechnologyGroup übernommen wurde.

AUS DER PRAXIS – BEISPIEL

Sprachanalyse mit PRECIRE

PRECIRE setzt auf Sprachanalyse, um psychologische Merkmale zu messen, die Bewerberinnen durch ihre Sprache zum Ausdruck bringen. Grundlage für die PRECIRE-Technologie ist eine Studie mit 25.000 Teilnehmerinnen und über 38 Millionen Textbewertungen, mit denen die KI trainiert wurde, um aus über 110 Millionen Parametern und vier Milliarden Wörtern die Wirkungsweisen von menschlicher Sprache abzuleiten (vgl. Linnenbürger/Greb et al. 2018). PRECIRE untersucht Bewerberinnen-Sprache auf 600.000 Merkmale, analysiert Satzbau, Wortschatz, Lautstärke, verwendete Adjektive und Stimmlage (vgl. Müller 2019). Wie häufig verwenden Bewerberinnen positive Formulierungen? Was fällt auf in der Nutzung von »ich«, »wir« oder »man«? Recruiterinnen sollen so Mitarbeiterinnen finden, die vom Profil her ideal ins Team passen, da sie beispielsweise den richtigen Mix aus Extrovertiertheit, Gewissenhaftigkeit und Verbindlichkeit mitbringen. Integriert in SAP SuccessFactors können Unternehmen z. B. standardisierte 15-minütige Telefoninterviews analysieren lassen, in denen die Bewerberinnen ca. 50 Standardfragen beantworten. In die Analyse fließt nur ein, *wie* etwas ausgedrückt wird. *Was* gesagt wird und der Klang der Stimme hätten keine Auswirkung auf das Ergebnis (vgl. Delcker 2021). PRECIRE misst 20 Faktoren, z. B. wie positiv eine Person wirkt, inwieweit ihre Sprache neugierig oder intellektuell erscheint. Unternehmen können daraus ableiten, ob diese Art von Sprache vorteilhaft für die zu besetzende Position ist oder wie gut Bewerberinnen zum Unternehmen und ins Team passen. Das Ergebnis wird direkt nach der Auswertung in SAP SuccessFactors visualisiert und zeigt auch, welche anderen offenen Stellen gegebenenfalls zur Bewerberin passen würden.

PRECIRE gibt an, mit seinem Tool die Prozesskosten um bis zu 35 Prozent und die Besetzungszeit einer Stelle (Time-to-Hire) um bis zu 60 Prozent reduzieren zu können (vgl. PRECIRE 2021d). Bei der Anwendung der PRECIRE-Lösung auf Videoaufnahmen werden die Tonspuren zunächst transkribiert, von Menschen kontrolliert und korrigiert (vgl. Nuernberg 2019, S. 65).

Die Fraport AG nutzt PRECIRE, um mehr Bewerberinnen mit weniger Aufwand bewerten zu können. Randstad Deutschland, der Zeitarbeitsvermittler, nutzt das System für ein Bewerberinnen-Interview zu deren Erlebnissen am Wochenende (vgl. Müller 2019). Bei der Talanx-Versicherung können Bewerberinnen freiwillig mit PRECIRE einen typischen Sonntag beschreiben und danach die Auswertung mit PRECIRE-Expertinnen besprechen, bevor sie entscheiden, ob das Ergebnis an die Talanx-HR weitergeleitet wird (vgl. Nuernberg 2019, S. 65). Auch der Energiekonzern RWE und die Volkswagen Financial Services zählen laut der PRECIRE-Website zu den Kunden (vgl. PRECIRE 2021c).

Kritiker von PRECIRE bemängeln das Fehlen unabhängiger Nachweise einer zweifelsfreien Korrelation zwischen Stimme, Sprache und Charakter, weshalb sie die Methodik eher dem Marketing als der Wissenschaft zuordnen (vgl. Schwertfeger 2015). PRECIRE rechtfertigt den Ansatz mit der Anwendung wissenschaftlicher Maßstäbe für psychologische Studienreihen. Für den Katalog mit Vergleichsdaten seien inzwischen 28.000 Menschen online Texte vorgelegt worden, um sie zu deren Wirkung zu befragen (vgl. Delcker 2021). Diese Menschen hätten die Vielfalt der Gesellschaft widergespiegelt. Über drei Dutzend potenziell diskriminierende Kriterien seien in Tests ausgeschlossen worden (vgl. ebd.). Vertiefende Informationen zu den Praktiken von PRECIRE im Rahmen von Sprachanalyse finden sich weiter unten (s. Kap. 4.3.6).

Anbieter wie AON, ein internationaler HR-Dienstleister, kombinieren **KI-basierte Videoanalysen mit Online-Assessments**, um psychometrische Erkenntnisse zu validieren und Verzerrungen auszuschließen (vgl. AON 2021). Bewerberinnen können ihr Videointerview und das Online-Assessment auf einer Oberfläche bearbeiten und über mobile Geräte darauf zugreifen. AON wirbt damit, dass seine KI-Anwendung in das Bewerbungsmanagementsystem der Unternehmen integrierbar ist, um dort die psychometrischen Ergebnisse mit weiteren Diagnostik-Tools zu verbinden.

Neben der Analyse von Persönlichkeitsmerkmalen lassen sich mit KI auch **sprachliche Skills** anhand von Sprachniveau, Grammatik, Vokabular oder Ausdruck bewerten. In der Praxis fallen z. B. Defizite in erforderlichen Fremdsprachen in der Regel erst im Live-Interview auf, wenn Fragen in der fremden Sprache gestellt werden und die Antworten entgegen der Angabe im Lebenslauf nicht verhandlungssicher klingen. Sprachliche K.-o.-Kriterien können über eine vorgeschaltete KI schon zu Beginn des Bewerbungskontaktes durch die Überprüfung per Videoanalyse berücksichtigt werden (vgl. Brandt/Justenhoven et al. 2020, S. 60).

In der Analyse von Videointerviews kann eine KI-Anwendung zusätzlich zu Persönlichkeitseigenschaften und Sprachfähigkeiten auch **aktuelle Emotionen** analysieren. Sie untersucht dazu Aussagen (positiv-konstruktive versus negativ-destruktive Formulierungen), Mimik (zusammengepresste Lippen, hochgezogene Augenbrauen) oder sprachliche Auffälligkeiten (Tonlage, Modulation). Ein Forschungsteam der Hochschule Bonn-Rhein-Sieg und der Heriot-Watt University Edinburgh hat ein Künstlich neuronales Netz präsentiert, um in Bildern Gesichter zu erkennen und den emotionalen Zustand zu bestimmen (vgl. Arriaga/Plöger et al. 2017). Eine frei zugängliche Demo ist auf GitHub zu finden: https://github.com/oarriaga/face_classification. Die **Mimik-Auswertung** ist in der aktuellen Diskussion jedoch **umstritten**. Aus Sicht der Befürworterinnen belegen Studien die Korrelation zwischen durch Mimik ausgedrückten

Emotionen und Persönlichkeitseigenschaften von Probandinnen (vgl. Jenkins 2017). Eine Forschungsgruppe aus Polen bezog sich in einer Studie auf die **sieben Grundemotionen von Ekmann**, um nachzuweisen, dass Gesichtsausdrücke mit smarter Videotechnologie präzise genug identifizierbar sind für eine charakteristische Beschreibung des menschlichen Gesichts (vgl. Błażek/Kaźmierczak et al. 2014).

DEFINITION

Paul Ekmans Facial Action Coding System
Der US-amerikanische Psychologe Paul Ekman hat im Rahmen seiner Forschung zur **nonverbalen Kommunikation** das Facial Action Coding System (FACS) aufgestellt, um emotionale Gesichtsausdrücke psychologisch zu klassifizieren (vgl. Paul Ekman Group 2021). In den 1960er-Jahren beschrieb er 46 emotionale Gesichtsausdrücke (Facial Action Units). Ekman unterscheidet die sieben Basisemotionen Freude, Wut, Überraschung, Ekel, Angst, Verachtung und Trauer, die kulturübergreifend in gleicher Weise ausgedrückt und erkannt werden können (vgl. Alexander Training 2021).

Wie zutreffend können Analyse-Tools aus Bewerbungsinterviews inklusive Mimikanalyse Einstellungsempfehlungen generieren? Besonders realitätsnah scheint in diesem Zusammenhang eine Studie aus Frankreich zu sein, bei der 7.000 echte Jobinterviews mit Verkäuferinnen untersucht wurden (vgl. Hemamou/Felhi et al. 2019b). Die Bewerberinnen hatten Videos von sich aufgenommen, in denen sie Fragen beantworteten. Die Forschergruppe sagte mit ihrem Modell namens **HireNet** die Bewertung von Personalverantwortlichen voraus. HireNet verarbeitet verbale, auditive und visuelle Inhalte, um sowohl das Gesagte als auch Gesichtsausdrücke und stimmliche Veränderungen in Beziehung zueinander setzen zu können. Das französische Forschungsteam konnte eine verbesserte Vorhersage aus der Kombination dieser Faktoren nachweisen (vgl. ebd.). Kritische Wirtschafts- und Organisationspsychologinnen hinterfragen dagegen den Mehrwert solcher Zusammenhänge in der Eignungsdiagnostik. So seien **Gesichtsausdrücke spontane Ausdrücke** und damit jederzeit veränderlich, also **kein Hinweis auf zeitlich stabile Persönlichkeitseigenschaften** im Kontext von vorherzusagendem Berufserfolg auf einer gesuchten Stelle (vgl. Obermann/Serocka et al. 2020, S. 151). Wenn KI-Software die Pixel auf Fotos oder Bewegtbild auswertet, lassen sich darauf Nase, Mund, Augen, Ohren oder Bart erkennen. Die KI könnte auf ein Lächeln schließen oder erkennen, wenn jemand die Augenbrauen hochzieht. Lässt sich daraus auf das Gefühlsleben schließen? Die Psychologie ist sich heute weitgehend einig darüber, dass es keine universellen Muster gibt, nach denen Menschen Gefühle ausdrücken. In einer Studie von 2019 widerlegten Psychologinnen, dass in einem offiziellen Umfeld anhand von Gesichtern Rückschlüsse auf die Gefühle von Menschen gezogen werden können (vgl. Delcker 2021). Auch die **Trainingsdaten** stehen in der Kritik, da darin überwiegend weiße Männer aus westlichen Industrienationen vertreten sind. Skepsis scheint angebracht hinsichtlich der Frage, wie gut KI-Software auf dieser Basis die Emotionen von Menschen vorhersagen kann, die keine weiße Hautfarbe haben.

Neben methodischen Diskussionen zur Validität solcher Verfahren stellt sich die Frage nach der **Akzeptanz KI-basierter Interviews** bei den Talenten. Wie reagieren Bewerberinnen auf derartige KI-Analysen in virtuellen Jobinterviews? Am Lehrstuhl für Arbeits- und Organisationspsychologie der Universität des

Saarlandes fragte eine Studie nach der Wirkung von KI-basierten Videointerviews auf die Bewerberinnen im Vergleich zu einer Videokonferenz. Die Teilnehmerinnen empfanden digitale Interviews eher als unheimlich und äußerten mehr Bedenken bezüglich ihrer Privatsphäre, während Beurteilerinnen die Teilnehmerinnen in digitalen Interviews besser bewerteten als in Videokonferenzen (vgl. Langer/König et al. 2017). Daraus lässt sich schließen, dass ein Mix aus beiden Interviewformen in einem Rekrutierungsvorgang zu Verzerrungen führen könnte. Wer sich für digitale Interviews entscheidet, sollte dies gegenüber den Kandidatinnen gut kommunizieren, um als potenzieller Arbeitgeber keine Minuspunkte zu sammeln.

Heute noch Zukunftsmusik sind **Live-Interviews**, bei denen Interviewerinnen von der KI begleitet werden, die alle Antworten analysiert und in Echtzeit-Dashboards sowohl Persönlichkeitseigenschaften als auch Kompetenzbewertungen oder Argumentationslücken visualisiert und Vertiefungsfragen vorschlägt. Früher oder später werden wir auch Lösungen auf dem Markt sehen, die zusätzlich in Form eines **Faktenfinders** oder **Lügendetektors** das Internet durchforsten und die Antworten der Kandidatin mit ihren Fußspuren in den Social Media oder mit den Websites früherer Arbeitgeber abgleichen.

4.2.3 Recrutainment zur Eignungsdiagnostik

Ergänzend zur Auswertung von Bewerbungsunterlagen, Fragebögen und Interviews setzen viele Unternehmen im Recruiting auf **Assessments**, um den Arbeitserfolg von Bewerberinnen oder Entwicklungspotenziale einer Führungskraft valide vorherzusagen. Im Assessment kommen neben **Interviews** auch **Selbsttests**, **Berufsorientierungsspiele** oder **Simulationen** zum Einsatz. Assessments erheben im Vergleich zu unstrukturierten Interviews den Anspruch, Beurteilungsfehler und subjektive Tendenzen zu minimieren. Oftmals werden auch hier **Typologisierungen** angewendet, um über die Analyse von Persönlichkeitstypen vorhersagen zu können, in welchem Rahmen sich das Verhalten der Bewerberin im neuen Job bewegen wird (vgl. Nuernberg 2019, S. 47). Langatmige Assessment-Formate werden zunehmend abgelöst von **Spiel- und Video-Assessments**, um Persönlichkeitseigenschaften und Kompetenzen aus Spiel- und Videodaten abzuleiten (vgl. Leutner/Aichholzer 2020, S. 88). Der Hybridbegriff **Recrutainment** beschreibt den Trend in der Personalrekrutierung, in spielerischen Methoden die Auswahlprozesse mit **Gamification** zu kombinieren. Online-Tools sollen vorgelagerte Arbeitsschritte bei der Personalauswahl über Online-Spiele attraktiver gestalten. Ansätze aus dem Game-Design werden nun zur Beurteilung und Auswahl zukünftiger Mitarbeiterinnen oder für Personalentwicklung in der Belegschaft eingesetzt (vgl. Korn/Brenner et al. 2017). Recrutainment soll die Hemmschwelle für Bewerberinnen verringern und die Nutzungserfahrung deutlich verbessern. Assessment-Spiele sind intuitiv bedienbar und reichen von animierten Kompetenztests bis zu Videospielen. Die Menge und Komplexität auszuwertender Daten öffnet die Tür für KI im Recrutainment. Während eines Spiels werden unzählige Datenpunkte in Sekundenbruchteilen gesammelt und mit KI-Tools ausgewertet, was die gesamte Prozedur für die Bewerberin deutlich verkürzt, wie die nachfolgenden Praxisbeispiele zeigen. In 30 Minuten können, anders als bei einem Multiple-Choice-Ansatz, mehrere Kompetenzen und Persönlichkeitsmerkmale gemessen werden (vgl. Leutner/Aichholzer 2020, S. 76).

AUS DER PRAXIS – BEISPIELE

pymetrics' Recrutainment-Kompetenztests

pymetrics aus den USA arbeitet mit **spielerischen neurowissenschaftlichen Kompetenztests**, um einen wahrscheinlichen Verhaltensrahmen zu prognostizieren. Bewerberinnen absolvieren zwölf Online-Spiele, bei denen ihre kognitiven, emotionalen und sozialen Eigenschaften analysiert werden sollen. Die Aufgaben reichen von schnellem Klopfen mit dem Zeigefinger auf die Leertaste der Tastatur über die Memorierung komplexer Zahlenkombinationen bis zur taktischen Maximierung eines Geldbetrages durch Verleihen (vgl. Krempin 2018). Orientierung erhält der Algorithmus durch Vergleichswerte von Testspielerinnen, die aus den besten Mitarbeiterinnen und Talenten des Unternehmens rekrutiert werden (vgl. pymetrics 2021). In deren Ergebnissen sucht die Künstliche Intelligenz nach Mustern, die maßgeblich für den Erfolg der Kandidatinnen sind. Je ähnlicher der Verhaltensrahmen von Bewerberinnen diesen Mustern ist, desto höher der Score. pymetrics hat in einer selbst beauftragten Studie festgestellt, dass alle Mitarbeiterinnen, die über pymetrics rekrutiert wurden, wesentlich erfolgreicher arbeiten als der Rest der Belegschaft (vgl. Krempin 2018). Mit einem Recruiting-Volumen von über 30.000 Kandidatinnen, die aus zwei Millionen Bewerbungen pro Jahr ausgewählt werden, nutzt Unilever seit 2018 die KI von pymetrics, um auf einer Online-Plattform Kandidatinnen vorzusortieren. In Stufe eins bedienen Bewerberinnen die KI-Anwendung auf PCs oder mobilen Geräten und werden über ihr Verhalten in Computerspielen auf logisches Denken, Argumentationsfähigkeit und ihren Umgang mit Herausforderungen hin getestet. Der Algorithmus vergleicht im Fall von Unilever die Ergebnisse auch mit einem großen Datenpool zu allen bisherigen Nutzerinnen und deren beruflichem Erfolg (vgl. Marr 2018).

Aivy – Gamification für Eignungsdiagnostik

Ein deutsches Äquivalent zu pymetrics ist das Start-up Aivy, eine wissenschaftliche Ausgründung der Freien Universität Berlin. Aivy nutzt Gamification und Machine-Learning für Eignungsdiagnostik in der Personalauswahl mittels Game-Based Assessments (vgl. Aivy 2021a). Auf der folgenden Abbildung spielt eine Nutzerin die Challenge »Hochstapler« und wird aufgefordert, die Scheiben auf dem Screen der App nach einem vorgegebenen Muster zu ordnen. In der Auswertung erfährt sie ihren Score und wie sie im Verhältnis zu den anderen Nutzerinnen abgeschnitten hat. Der Persönlichkeits-Screen visualisiert ihre fünf Persönlichkeitseigenschaften entsprechend dem Big-Five-Modell. Managing Director Dyballa betont die hohe Akzeptanz des Spieleansatzes bei Nutzerinnen und die Tasache, dass die Dauer der Eignungsdiagnostik mit Aivy um 80 Prozent reduziert werde (vgl. Klein 2020). Aivy entwickelt seine Verfahren anhand der Norm für Eignungsdiagnostik (DIN 33430) und bereitet die Ergebnisse in diagnostischen Datenblättern auf, die unter Berücksichtigung der Datenschutzanforderungen an die beauftragende HR-Einheit übermittelt werden. Ergänzend zur Prognose des Kandidatinnen-Erfolges auf der ausgeschriebenen Stelle wird nach Abschluss des Bewerbungsprozesses nachverfolgt, wie erfolgreich und zufrieden die Kandidatin tatsächlich ist, um mit diesem Feedback den Algorithmus zu optimieren.

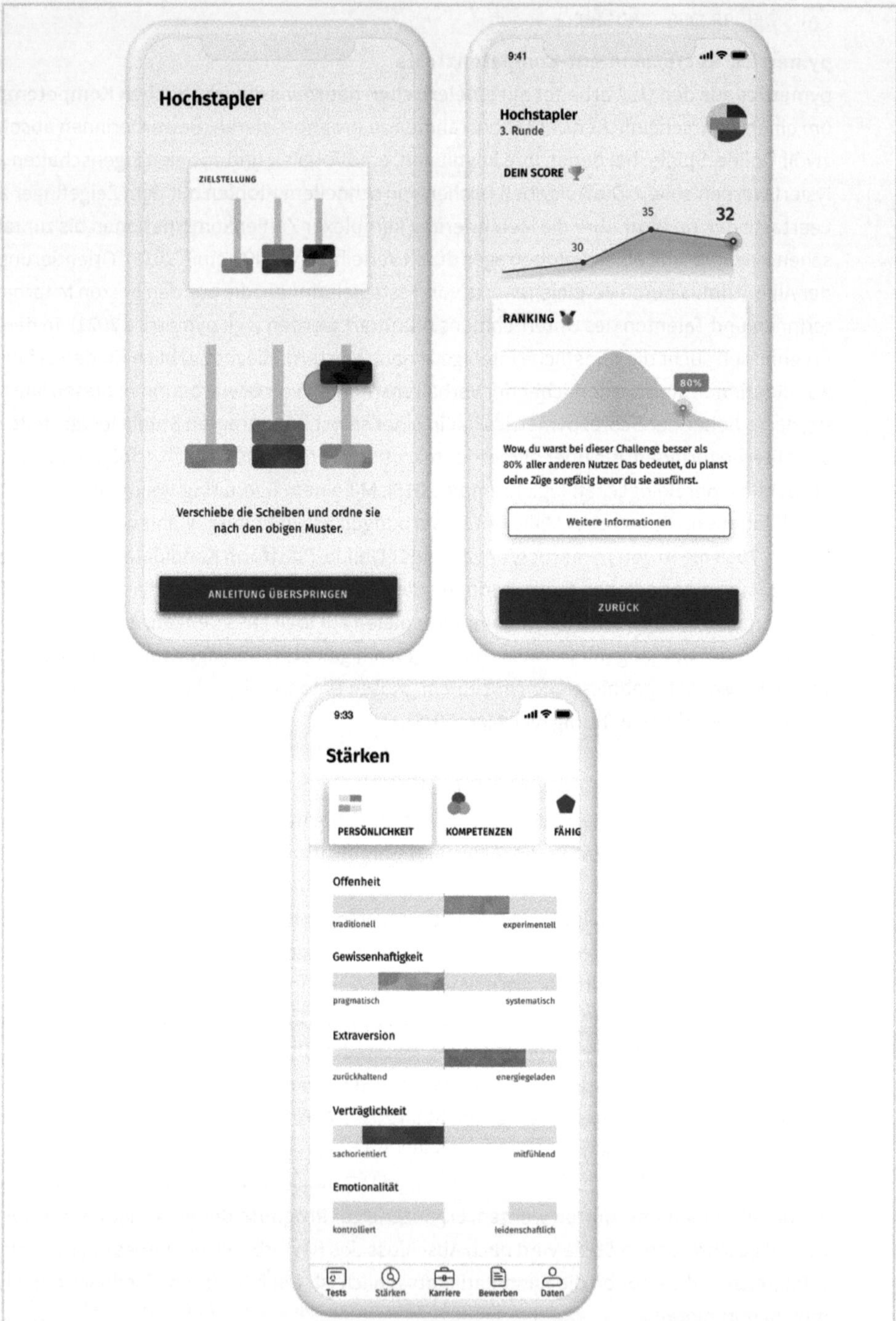

Abb. 4.13: Aivys Gamification-Challenge »Hochstapler« (Quelle: Aivy 2021b)

Grundlage für Anwendungen wie pymetrics und Aivy sind Algorithmen, die mit maschinellem Lernen den digitalen Fußabdruck von Bewerberinnen in ein **psychometrisches Profil** übertragen können. Das psychometrische Profil orientiert sich an bewährten psychometrischen Testverfahren mit theoretischer Fundierung aus der **Organisationspsychologie** (vgl. Leutner/Aichholzer 2020, S. 69). Im Fall eines Gamification-Assessments werden beispielsweise zur Beurteilung kognitiver Fähigkeiten Aufgaben gewählt, die jenen im etablierten psychometrischen Ansatz ähneln. Teilnehmerinnen müssen dann z. B. Figuren drehen, um vorgegebene Formen zu treffen, was sich in einer 3-D-Spielewelt deutlich leichter umsetzen lässt als auf einem analogen Papierfragebogen. Der **Schwierigkeitsgrad** kann, ähnlich wie bei Computerspielen, über verschiedene Level angepasst werden, gegebenenfalls sogar in Echtzeit als Reaktion auf die Fertigkeiten der Anwenderin. In der Auswertung der Videospuren aus Video- und Spiele-Assessments wird zunächst ein **Prognosemodell** definiert, in dem die Assessment-Ergebnisse verwendet werden, um die relevante Zielvariable vorherzusagen. Zielvariablen können entweder das Ergebnis eines analogen Assessments sein oder Beurteilungen von Assessorinnen bzw. Personalerinnen, die im Anschluss Einstellungsentscheidungen treffen. Im nächsten Schritt werden Vorhersagemodelle, z. B. auf Basis **logistischer Regression**, getestet, um das Modell mit dem besten Ergebnis zu finden (vgl. ebd., S. 80). Falls sich **Verzerrungen** oder **Benachteiligungen** zeigen, werden die verursachenden Variablen entfernt. Das Modell mit den stärksten Ergebnissen wird dann auf **Gerechtigkeit hin geprüft**, um unterschiedliche Geschlechter, Altersgruppen und Ethnien fair zu bewerten.

Die nachfolgende Übersicht zeigt auszugsweise, welche Methoden Anbieter heute für die Sprach- und Videoanalyse nutzen.

Tool	Auswertungsansatz	Einsatzbeispiel	URL
100 Worte	Die Psychological AI von 100 Worte verbindet KI-Methoden mit sozialpsychologischer Forschung, um aus den Texten einer Person Rückschlüsse auf ihre Persönlichkeit zu ziehen. 100 Worte will damit Einblick in die Persönlichkeit, Beziehungen, Gefühle, Denkweisen und Bedürfnisse der Person geben.	Ein *Tech-Unternehmen* gab an, nach der Nutzung von 100 Worte für seine Stellenausschreibungen 32 Prozent mehr Bewerbungen erhalten zu haben.	https://www.100worte.de/erfolgreich-kommunizieren
Cyquest	Die Cyquest-Software reichert Bewerbungsverfahren mit Gamification-Elementen an. Im Zentrum des datengestützten Rekrutierens soll aus Datenpunkten eines umfassenden Spielerlebnisses der beste Match zwischen Kandidatin X und Unternehmen Y ermittelt werden.	*Airbus* gewinnt mithilfe von Online-Tests und -Spielen zusätzliche Informationen über Bewerberinnen für Ausbildung und duales Studium. Gleichzeitig geben die Spiele den Bewerberinnen Einblick in die Airbus-Welt.	https://www.cyquest.net/selfassessment-verfahren/berufsorientierungsspiele-realistic-job-previews/
HireVue	Die HireVue-Software analysiert Video-Vorstellungsgespräche. Im Zentrum der Auswertung stehen neben Wortwahl und Wortmustern auch Tonalität, Intonation, Sprechgeschwindigkeit und Mimik.	*Unilever* nutzt die HireVue-Software mit dem Ziel, die Nervosität, Stimmung und Verhaltensmuster der Bewerberinnen mit Mitarbeiterinnen zu vergleichen, die als High Performer gelten.	https://www.hirevue.com

IBM Watson Personality Insights	IBM Watson Personality Insights ist ein Service in der IBM-Cloud, der es ermöglicht, durch mindestens 3.500 geschriebene Wörter und digitale Kommunikation individuelle Persönlichkeitsmerkmale (z. B. Big Five, Bedürfnisse und Werte) abzuleiten.	*Siemens* und IBM haben gemeinsam den HR-Chatbot »CARL« entwickelt, der für Siemens-Mitarbeiterinnen rund um die Uhr eine zentrale Anlaufstelle bei personalbezogenen Fragen ist.	https://www.ibm.com/cloud/watson-personality-insights
PRECIRE	PRECIRE übersetzt mithilfe eines neuronalen Netzes sprachliche Kommunikation in psychologische Profile. Die Persönlichkeitsanalyse analysiert Sprach- und Videoaufnahmen von maximal 25 Minuten mit einfachen Fragen zum bisherigen Leben der Bewerberinnen.	Die *Fraport AG* nutzt im Rahmen ihrer Entwicklungsinitative »Grow« die PRECIRE-Sprachanalyse als diagnostisches Instrument für das Training und die Weiterentwicklung von Führungskräften.	https://precire.com/technologie/
pymetrics	Die Talent-Matching-Plattform pymetrics hilft Unternehmen dabei, mithilfe von Verhaltensforschung und KI-Technologie Bewerberinnen zu finden. Ziel ist, vielfältigere Teams und effizientere Prozesse zu entwickeln. Das Bewerbungsverfahren basiert auf Gamification-Elementen.	*Unilever* lässt Bewerberinnen bis zu zwölf verschiedene Online-Spiele, Persönlichkeits- und Kompetenztests von pymetrics absolvieren. Die Ergebnisse werden mit jenen von bereits eingestellten, erfolgreichen Mitarbeiterinnen verglichen.	https://www.pymetrics.ai
Seedlink	NLP-System zur Vorhersage von Werte-Matching und Job-Fit. Vergleicht Wörter und Beziehungsmuster zwischen den Wörtern in Relation mit den Kriterien für passende Kandidatinnen.	*L'Oréal* nutzt Seedlink zur Prüfung der Passung bei Bewerbungen von Praktikantinnen, die Seedlink schriftlich kurze Fragen zu Kompetenzen beantworten.	https://www.seedlinktech.com
Tribepad	Tribepad analysiert mit einem datengesteuerten Bewerberinnen-Tracking-System (ATS). Die Videointerview-Plattform wertet durch Echtzeitdaten mit smarten Analysen Interviews aus, um soziale und psychometrische Profile zu erstellen.	*Conduit Global* nutzt Tribepad als Interview-Plattform, wodurch sich die Zeit bis zur Einstellung um 50 Prozent verkürzt hat und die angestrebte Besetzungsrate mit steigendem Bewerbungsvolumen erreicht wird.	https://www.tribepad.com/video-interviewing/
VCV	VCV ist eine digitale Rekrutierungsplattform mit KI-Unterstützung zur Optimierung des traditionellen Einstellungsprozesses. Auf der Plattform finden sich Tools für Telefoninterviews, Videoanrufe, Lebenslaufanalysen, Spracherkennung und automatisierte Screening-Anrufe.	*Markeaze* nutzt die VCV-Rekrutierungsplattform, um den Prozess zu beschleunigen. Feedback wird automatisch überprüft und analysiert.	https://vcv.ai

Tab. 4.2: Anbieter für Sprach- und Videoanalysen mit KI (Quelle: eigene Darstellung)

4.2.4 KI-basiertes Recruiting – Gütekriterien und Zweifel

Positive Stimmen zu KI-basiertem Recruiting überschlagen sich fast, so schrieb Alistair Cox, Vorstandsvorsitzender des Personalvermittlers **Hays**, in einem Blogbeitrag: »Die Automatisierung von Teilen der Screening-Phase kann nicht nur die Effizienz steigern, sondern auch zu einer Verringerung der unbewussten Voreingenommenheit bei der Einstellung führen« (Jacobs 2019). **Ideal**, eine KI-basierte Matching- und Screening-Plattform, fand in einer Studie heraus, dass 52 Prozent der Recruiting-Verantwortlichen die Identifikation der richtigen Kandidatinnen in einem Pool von Bewerberinnen als die größte Herausforderung in der Personalbeschaffung betrachten (vgl. Ideal 2021). Wie sollte es HR-Personal gelingen, in wenigen Sekunden anhand eines genormten Lebenslaufs die Persönlichkeit der Kandidatin zu erkennen, ohne **eigene Wertmaßstäbe** oder **Vorurteile** zu projizieren? Wie wollen Recruiterinnen ohne sprachwissenschaftliche und psychologische Ausbildung sicherstellen, systematisch einwandfrei auf Basis eines formatierten Textes die richtige Vorauswahl zu treffen? Schließlich stehen sie unter dem Einfluss psychologischer Verzerrungen wie des **Primacy-Bias** und des **Recency-Bias**: Diese bewirken, dass der erste und letzte Eindruck stärker wirken als die Erlebnisse dazwischen (vgl. Wondrak 2016). Bei der Sortierung von Bewerbungsunterlagen könnte das dazu führen, dass die Unterlagen am Anfang und am Ende des großen Stapels stärkeren Eindruck machen und dadurch die Bewertung übermäßig beeinflussen. Das alles spricht für KI, die nicht über ein Kurz- und Langzeitgedächtnis verfügt und daher Kandidatin Nummer eins ebenso systematisch analysiert wie Nummer 256 oder Nummer 438.

Trotz aller Euphorie bleibt der Einsatz von KI-Tools in der Rekrutierung umstritten, solange eine psychologisch robuste Validierung aussteht. Skeptische Stimmen warnen unter anderem vor einer Überstrukturierung des Prozesses durch Technologie. Jede Art von Struktur eliminiere Voreingenommenheit, argumentiert Peter Cappelli von der University of Pennsylvania: »Wenn man Recruiterinnen sagen würde, dass sie die Fragen, die sie stellen, standardisieren sollen, würde das genauso die Voreingenommenheit auflösen« (Tambe/Cappelli et al. 2019, S. 37–39). Die Hauptzweifel in Bezug auf die Verwendung von KI-Tools in der Eignungsdiagnostik kreisen jedoch um Transparenz, Fairness und Gerechtigkeit, die trotz detaillierter Prozessschritte zum Schutz vor Verzerrungen im Training und Einsatz von KI-Tools auf der Strecke bleiben könnten. Beim Schritt zu KI-basierten Assessments ist die häufigste Frage, wie sich sicherstellen lässt, dass maschinelles Lernen nicht automatisch die menschengemachten Diskriminierungen aus der Vergangenheit in Bezug auf Geschlecht, Ethnie oder Alter wiederholt.

Was bedeutet eigentlich **Diskriminierung in Auswahlverfahren**? Der amerikanische Kongress hat schon in den 1970er-Jahren versucht, ausgleichende Vorgaben für berufliche Auswahlverfahren zu finden, die Diskriminierung verbieten, aber die Verwendung von Tests in Bewerbungsprozessen erlauben. Im Jahr 1978 wurden Richtlinien verabschiedet, die eine Reihe von Grundsätzen enthalten, um eine Diskriminierung aufgrund von Rasse, Hautfarbe, Religion, Geschlecht und nationaler Herkunft auszuschließen (vgl. The United States Department of Justice 2015). Sie sind so konzipiert, dass sie einen Rahmen für die Bestimmung des richtigen Einsatzes von Tests und anderen Auswahlverfahren bieten. Übertragen auf KI in Assessments bedeutet das, der **Algorithmus darf Bewerberinnen aus sogenannten geschützten Gruppen nicht benachteiligen**, indem er sie beispielsweise seltener auswählt als Bewerberinnen aus der Mehrheitsgruppe **(Adverse Impact)**. Ziel eines fairen Auswahlprozesses ist, ein ausgeglichenes Verhältnis von Geschlechtern, Altersgruppen und Ethnien sicherzustellen. Kommt nun KI-basierte Technologie zur Auswahl hinzu, so gilt es, ein Modell auszuwählen, das die geringsten nachteiligen Auswirkungen zeigt und gleichzeitig valide Prognosen erstellt. Um diesen Zustand zu erreichen, werden im Training der KI alle Assessment-Variablen untersucht, wie am Beispiel pymetrics und Aivy erläutert. Jede Variable, die eine starke Korrelation z. B. mit der Ethnie zeigt, wird in einem automatisierten Prozess schrittweise identifiziert und entfernt (vgl. Leutner/Aichholzer 2020, S. 83). KI-Prognosemodelle in Assessments werden auch nach dem Training im Einsatz weiter überwacht, um die Validität der Ergebnisse im Vergleich mit etablierten Assessments zu prüfen, wie das folgende Praxisbeispiel zeigt. Auch der Aspekt Fairness sollte unter ständiger Beobachtung stehen, damit sich im laufenden Lernprozess keine Verzerrungen einschleichen.

AUS DER PRAXIS – BEISPIEL

HireVue – psychometrische Assessments

Anbieter für KI-basierte psychometrische Assessments wie HireVue aus Utah beziehen sich auf die US-Regularien zum Anteil geschützter Minderheiten, bezogen auf Alter, Hautfarbe, Geschlecht, sexuelle Orientierung etc. HireVue setzt in der Personalauswahl den Anteil der erfolgreichen Bewerberinnen einer benachteiligten Minderheit (z. B. dunkle Hautfarbe) ins Verhältnis zum Anteil der erfolgreichen Bewerberinnen einer bevorteilten Gruppe (z. B. helle Hautfarbe). Wenn im gewählten Beispiel der Anteil erfolgreicher Bewerberinnen mit dunkler Hautfarbe kleiner als 80 Prozent ist im Vergleich zum Anteil der Erfolgreichen mit heller Hautfarbe ist, dann gilt das Verfahren als diskriminierend (vgl. Raghavan/Barocas et al. 2019). Um der Diskriminierungsfalle vorzubeugen, eliminiert HireVue Merkmale aus dem Modell, die benachteiligend für Minderheiten wirken können, z. B. die Bevorzugung langsam sprechender Personen im technischen Support, die zu mehr Einstellungsentscheidungen für Männer führen könnte (vgl. Sánchez-Monodero/Dencik 2019). HireVue berechnet die Abweichungen für jede Minderheitengruppe separat und vergibt Strafpunkte, wenn gegen die 80-Prozent-Regel verstoßen wird, um im trainierten Machine-Learning-Algorithmus Fairness gegenüber diesen Gruppen sicherzustellen (vgl. ebd.).

Inhaltlich entwickelt HireVue seine Algorithmen nach den Richtlinien für psychometrische Assessments. Das Assessment soll exakt jene Fähigkeiten und Kriterien erfassen, die für die zu besetzende Position relevant sind. Im Vergleich mit anderen etablierten Assessment-Methoden muss der KI-Ansatz nachweislich zu ähnlichen Ergebnissen führen, wenn das gleiche Kriterium gemessen wird (vgl. SIOP 2018). Die Anwendungen werden in der Entwicklung mit definierten Prädiktoren für die Arbeitsleistung verknüpft und vielfach getestet, bis sie nachweislich zur Messung von Persönlichkeitsmerkmalen und Arbeitserfolg beitragen (vgl. Leutner/Aichholzer 2020, S. 88). HireVue betont die Vorteile seines Ansatzes in der Simulation von realen Arbeitsumgebungen und Aufgaben, z. B. in der Simulation von Arbeitsgesprächen (vgl. HireVue 2021). Kritisiert wird an der Anwendung, dass sie bei der Sprachanalyse und Bewertung biometrischer Merkmale unfaire und irreführende Praktiken verwende (s. Kap. 4.3.6).

Neben Anforderungen wie »diskriminierungsfrei« und »fair« können auch klassische Qualitätskriterien wie **Objektivität**, **Validität** und **Reliabilität** überprüft werden. Im Rahmen der deutschen DIN-Normen gibt **DIN 33430** als aktuell gültige Richtlinie Orientierung zur **berufsbezogenen Eignungsdiagnostik.** Die Norm beschreibt Gütekriterien, Methoden und Verfahrensweisen für den Prozess von Planung und Durchführung bis zur Dokumentation von Eignungsfeststellungen (vgl. Ackerschott 2020). In DIN 33430 finden sich Anforderungen zu Verfahren (mit und ohne KI) wie Online-Assessments und Profiling im Internet.

Mit kritischen Fragen konfrontiert sehen sich vor allem KI-Anbieter von Persönlichkeitstests auf Basis von Sprach- und Videoanalysen sowie Gamification-Tools (vgl. Gärtner 2020a, S. 87 f.):

- Wie lässt sich nachweisen, dass KI-Tools zu besseren Vorhersagen über Persönlichkeitsmerkmale führen als ein klassischer Fragebogen?
- Warum legen nicht alle Anbieter ihre Methoden und verwendeten Algorithmen umfassend offen?
- Wieso verwenden die Anbieter relativ kleine Stichproben im Verhältnis zu großen Mengen analysierter Variablen (z. B. analysiert PRECIRE 564.367 Variablen bei einer Stichprobe von 5.201 Personen)?
- Wie lassen sich komplexe Fähigkeiten wie kreatives Denken in standardisierten Verfahren abbilden?
- Inwieweit lässt sich vom Spielverhalten in Gamification-Anwendungen auf die realen Anforderungen eines Jobs schließen?
- Wie stark kann der Ausdruck von Persönlichkeitsmerkmalen im Kontakt mit einer Maschine abweichen von demjenigen in einem persönlichen Gespräch?

Studien werden in den nächsten Jahren die Basis empirischer Forschungsergebnisse zu KI in der Eignungsdiagnostik verbreitern. In der Praxis vermischen sich methodische Fragen mit wirtschaftlichen Argumenten und ethisch-moralischen Abwägungen. Ethische Fragen werden in Kapitel sechs vertieft (s. Kap. 6.3). Die folgende Abbildung zeigt typische Argumente in der Diskussion mit HR-Verantwortlichen auf der Pro- und Kontraseite.

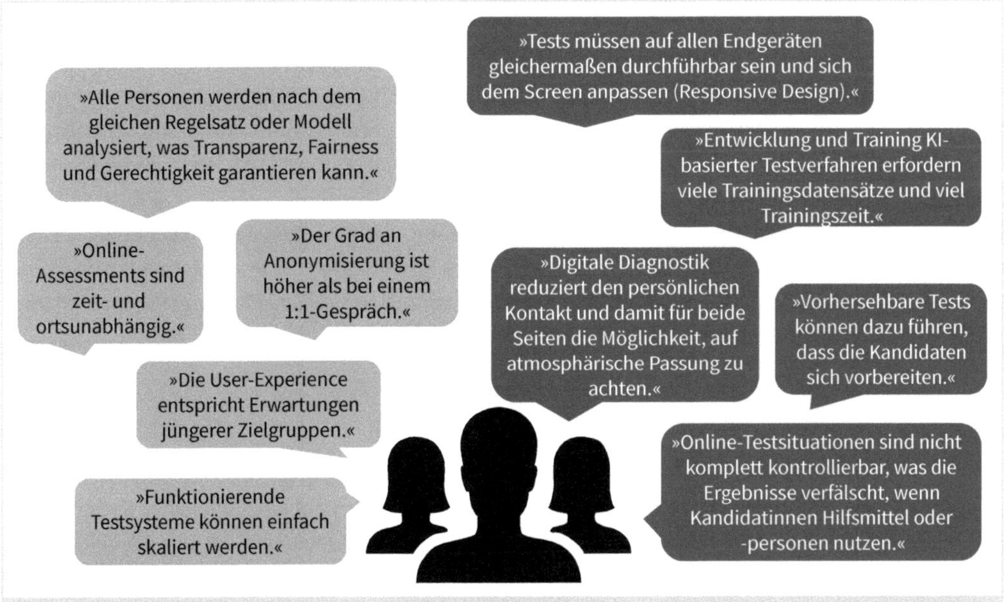

Abb. 4.14: Stimmen für und gegen KI-basierte Online-Assessments (Quelle: eigene Darstellung)

Unabhängig davon, auf welcher Seite die Argumente überwiegen: KI-Software wird sich in der Vorauswahl nur dann durchsetzen können, wenn die Software nachweislich transparent und diskriminierungsfrei vorqualifiziert und dabei nicht nur fachliche, sondern auch kulturelle Passung erfassen kann.

Zusammenfassung

Die Verheißungen sind groß: KI-Software kann in der Rekrutierung Stellenanzeigen perfekt auf die anvisierten Zielgruppen zuschneiden. KI-Bots finden im Netz die Wunschkandidatinnen und begeistern sie im Dialog. Arbeitssuchende spielen fröhlich KI-Online-Games, statt standardisierte Fragen wie sozial erwünscht zu beantworten. KI-Roboter führen Auswahlinterviews, analysieren Gesichtsausdrücke in Videos und berechnen daraus Persönlichkeitseigenschaften und Job-Performance. KI-Algorithmen ermitteln Entwicklungspotenzial und Kündigungswahrscheinlichkeiten in der Bestandsmannschaft. Ganz so einfach ist es jedoch nicht. Die Güte der gefilterten Stellen steht und fällt, wie bei fast allen KI-Anwendungen, mit der Qualität des Trainings. Lernende Algorithmen brauchen klare Führung. Unbewusste Verzerrungen unterlaufen nicht nur menschlichen Recruiterinnen, sondern passieren auch bei schlecht trainierten Algorithmen. Der Anspruch sollte sein, das Zusammenspiel im Recruiting-Prozess so fein auszubalancieren, dass die Erfolgsquote im Matching von Bewerberin und Job ansteigt, da Algorithmen systematischer und objektiver arbeiten. In jedem Fall müssen Beurteilungsfehler durch schlecht trainierte Algorithmen vermieden werden.

Wie weit die Automatisierung im Recruiting in zehn Jahren fortgeschritten sein wird, hängt auch von weiteren wissenschaftlichen Validierungen ab. Sicherlich werden KI-Anwendungen zunehmend selbstverständlich als Vorabfilter agieren und viele Fragen von Bewerberinnen selbstständig beantworten. Recruiterinnen nutzen irgendwann ihre digitalen KI-Assistenzen für fundierte Entscheidungen und delegieren Routineaufgaben vollständig an die smarte Technologie. Extreme Automatisierungsszenarien, in denen die KI entscheidet und Recruiterinnen ausführen, erscheinen dagegen innerhalb dieses Zeithorizonts äußerst unwahrscheinlich.

4.3 Personalentwicklung

Rekrutierung und Personalentwicklung spielen sich die Talente zu. Unternehmen der Zukunft erwarten Kandidatinnen, die zu 100 Prozent passen, vor allem kulturell. KI-Anwendungen haben in der Rekrutierung ihre Stärken im Matching ausgespielt und Bewerbungen transparent und diskriminierungsfrei vorqualifiziert. Teams entscheiden selbst, wer ihre Gruppe verstärken soll, und legen im persönlichen Gespräch den Fokus auf Werte, Bedürfnisse und Lebensziele. Personalentwicklung (PE) beginnt am ersten Arbeitstag, fachliche Lücken individuell zu schließen und eine Weiterentwicklung der Zusammenarbeit als dauerhafte Aufgabe zu verankern. Personalisiert, integriert und selbstorganisiert soll Personalentwicklung der Zukunft sein, weshalb sich dieses Kapitel den Möglichkeiten von PE-Analytics und Learning-Management-Systemen (LMS) widmet.

4.3.1 Learn it yourself

Klassische Weiterbildungskataloge mit analogen Seminaren steuern auf das Ende einer Sackgasse zu und mit ihnen jährliche Personalgespräche, die statische Entwicklungspläne für die Schublade produzieren. Lernzyklen verkürzen sich massiv und Lernen rückt näher an den Arbeitsplatz. Schon heute lernen Mitarbeiterinnen nur 10 Prozent ihre Wissens in formellen Kontexten, während 20 Prozent im

Austausch und 70 Prozent im Arbeitskontext gelernt wird (vgl. Scholten 2018, S. 410). Das **Lernen der Zukunft** wird in Echtzeit und »**on demand**« am Arbeitsplatz erfolgen, da Lernen auf Vorrat in Zeiten maximaler Entwicklungssprünge keine Relevanz mehr hat. Fachliche Expertise wird zunehmend kurzlebig, der Trend geht stattdessen in Richtung **Wissenszugang in Echtzeit**, verpackt in kleine, leicht verdauliche Einheiten und Formate. Vielfach werden in der HR-Diskussion neue Lernkulturen beschworen, die längst über E-Learning-Formate oder die Verknüpfung von Online- und Offline-Lernen hinausgehen. Fachleute fordern **multiple Lernwelten**, die mehr als bislang mit der Tagesarbeit verschmelzen (s. Abb. 4.15), mit folgenden Argumenten (vgl. Keuchel 2019, S. 159):

- Lernen als unmittelbarer Bestandteil der Arbeit erzeugt das nötige Wissen für die Umsetzung.
- On-Demand-Learning ermöglicht, situationsabhängig konkrete Probleme zu lösen.
- Nugget-Learning in kleinen Häppchen hält Wissen frisch.
- Learning-on-the-Job soll direkt am Arbeitsplatz ausprobiert werden.
- Mobiles Lernen überlässt Lernenden die Wahl des Wann und Wo.
- Kollaboratives Lernen ermöglicht Austausch über das Gelernte mit anderen.
- Spielerisches Lernen sichert Spaß und sofortige Belohnung für den Lernerfolg.

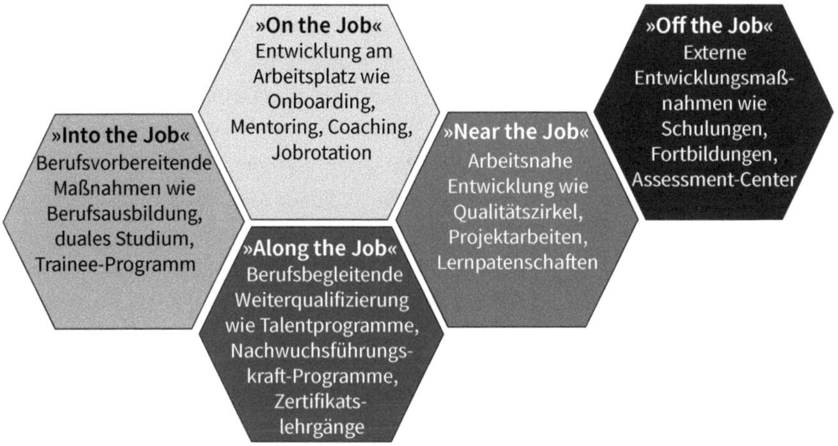

Abb. 4.15: Kategorisierung von PE-Maßnahmen (Quelle: nach Scholten 2018, S. 406)

In einer Studie von Ludwigshafener Forscherinnen zeigt sich eine große Vielfalt bei den genutzten Formaten: **Augmented Reality, Barcamps, E-Learning-Plattformen, Flash-Cards, Gamification, Massive-Open-Online-Courses** (MOOC) oder **Virtual Reality** (vgl. Rump/Eilers et al. 2020e, S. 212). Das Forschungsteam prognostiziert eine starke Verschiebung zugunsten **virtueller Lernmethoden** mit hoher **Individualisierung** und **Peer-to-Peer-Learning**, wodurch die Rollen von Lehrenden und Lernenden dynamisch wechseln und die Selbstverantwortung steigt (vgl. ebd., S. 212 f.). Mitarbeiterinnen sollen lernen zu erkennen, welches Wissen aktuell erforderlich ist und wie sie Zugang dazu bekommen. Das erfordert von der Funktion Personalentwicklung, die Belegschaft zum **selbstorganisierten Lernen** zu befähigen, damit sie ihre Kompetenzentwicklung selbst steuern und Fortschritt kontrollieren kann, eingewebt in den Arbeitsalltag. Der Lernimpuls kommt nicht mehr von außen, sondern ad hoc von den Lernenden selbst. **Social Learning** findet heute schon statt, wenn Menschen sich handwerkliche und technische Fertigkeiten über **YouTube-Videos** aneignen oder über **TED-Talks** und **SlideShare** Impulse für eigene Konzepte sammeln. Entwicklung rückt von fachlichen Inhalten zu **Metakompetenzen** wie Selbst- und Lernkompetenz (vgl. Werther/Bruckner et al. 2018e, S. 183).

So weit die Theorie, in der Praxis zählen Papierfragebögen und Excel-basiertes Kompetenzmanagement nach wie vor zum Alltag. Erst schrittweise halten E-Learning-Plattformen und Learning-Management-Systeme Einzug in Unternehmen. Die Personalentwicklung wird in solchen Unternehmen unter Druck geraten. Einerseits schmerzt es, wenn Stellen schwer zu besetzen sind, weil Talente beim neuen Arbeitgeber einen **modernen Wissensstoffwechsel** erwarten, um den eigenen Marktwert durch die Entscheidung für ein Unternehmen nicht mittelfristig zu schwächen. Andererseits üben Führungskräfte Druck auf die Personalentwicklung aus, wenn die Halbwertszeit von Wissen ein schnelleres Instrumentarium erfordert, um die Belegschaft auf einem **wettbewerbsfähigen Entwicklungsstand** zu halten. **Personalentwicklung** rückt in der Wertschöpfungskette Personal weiter nach vorne und **beginnt schon in der Rekrutierung**. Wenn Entwicklung täglich erforderlich ist, dann dient ein **Assessment** in der Rekrutierung nicht mehr in erster Linie der Auswahl, sondern bereits der Entwicklung, um vom ersten Arbeitstag passende Lernpläne und -formate anwenden zu können. **Bildungscontrolling** visualisiert über systematische Erfassung von Datenpunkten alle Momente von Wissensanreicherung und misst deren Wirkung, um den Lernplan ständig zu optimieren. Künstliche Intelligenz hilft nicht nur, Wissensfortschritte zu begleiten, sondern kann schon drei Schritte im Voraus globale und fachspezifische Trends antizipieren. **Selbstlernende Systeme** vergleichen internen Wissensfortschritt mit makroökonomischen, weltwirtschaftlichen oder gesellschaftlichen Entwicklungen. Wenn sich in bestimmten Regionen die Entwicklung beschleunigt oder sich Wettbewerbsverhältnisse verschieben, werden automatisch Entwicklungspläne von betroffenen Mitarbeiterinnen um erforderliche Sprachen oder Spezialwissen ergänzt. Algorithmen beobachten E-Mail-Verkehr und Business-Netzwerke, um den Grad der Vernetzung zu messen und Defizite aufzuzeigen, wenn beispielsweise einem Einkaufsbereich Kontakte in Regionen fehlen, die aufgrund der weltpolitischen Prognose für den Bezug businesskritischer Rohstoffe an Bedeutung gewinnen.

In der Praxis sind **Entwicklungspfade** heute noch weitgehend standardisiert, obwohl nicht nur die Talente und Potenziale, sondern auch der Zugang zu Entwicklung und Lernen individuell verschieden ist. Wie lernt welche Mitarbeiterin am effektivsten? KI-Algorithmen können anhand der Auswertung von Belegschaftsdaten **individuelle Lernprogramme** empfehlen, die unterschiedliche kulturelle Hintergründe, Generationszugehörigkeiten, Erfahrungshintergründe oder Ausbildungsdekaden berücksichtigen. So entstehen Entwicklungspläne mit 1 : 1-Individualisierung bezogen auf Inhalte und Methoden. Verknüpft mit **Lernplattformen** können methodisch-didaktisch abgestimmte Lerneinheiten asynchron bereitgestellt oder synchron gemeinsam mit anderen in virtuellen Räumen besucht werden. Auf diese Weise wird gezielter trainiert und der Erfolg von Schulungen anhand von **Fortschrittstests** durch die KI erfasst, die daraus für ihre nächste Empfehlung lernt und neues Lernmaterial zusammenstellt. Berücksichtigt wird im Entwicklungsplan sowohl der Bezug zu den Aufgaben von Einzelnen als auch die **Entwicklungsdynamik im aktuellen Team** und die **unternehmensweite Kompetenzentwicklung**. Lernende können miteinander vernetzt werden und vom Austausch profitieren. Auch **Feedback** soll automatisiert in die Lernmanagement-Technologie einfließen, damit Rückmeldungen und Einschätzungen in Echtzeit durch die Menschen erfolgen, die aktuell mit den betreffenden Mitarbeiterinnen interagieren.

Wohin entwickelt sich die **Rolle der Personalentwicklung** in dieser KI-basierten Entwicklungsvision? PE organisiert nicht mehr jährliche Entwicklungsgespräche, sondern **kurzfristige Organisationsentwicklung** zur Befähigung interdisziplinärer, virtueller oder autonomer Teams. Personalentwicklerinnen übersetzen die Unternehmensstrategie in Entwicklungsbedarfe und setzen **digitale Datennetzwerke** auf, aus denen alle Mitarbeiterinnen ihre individuellen Ziele und Entwicklungspläne ableiten können. Das PE-Team **trainiert Führungskräfte** in ihrer neuen, lernbegleitenden Rolle. Führungskräfte werden befähigt, ihrer Belegschaft Freiräume zu geben, Technologie zugänglich zu machen, Hintergründe und Nutzen transparent zu vermitteln und bei Bedarf persönlich zu unterstützen. Ergänzt wird das Ökosystem eines lebendigen Wissensstoffwechsels durch **horizontale Lernpartnerschaften** in der Belegschaft, von Mentoren- und Wissensnetzwerken über Unternehmensgrenzen hinweg. Kooperationen mit MOOC-Anbietern oder digitalen Hochschulen bereichern das eigene begrenzte Portfolio. Übergreifend orchestriert die Personalentwicklung das Kompetenzportfolio mithilfe eines lernenden Datenpools, vergleichbar mit technologischen Innovationszyklen in hoher Geschwindigkeit. Psychologinnen und Organisationsentwicklerinnen werden unterstützt durch Controllerinnen und Data-Scientists. Die Kompetenz, Menschen mit Menschen und Technologien zu verknüpfen, um Zugang zu frischem Wissen zu ermöglichen, wird die Rolle von PE auszeichnen. Vertieft wird in diesem Kapitel nicht die Rollenfrage, sondern das Thema begleitende KI-Werkzeuge, wie Learning-Management-Systeme, virtuelle Lernhilfen und Entwicklungsplattformen.

4.3.2 Learning-Management-Systeme mit KI

Learning-Management-Systeme (LMS) sind Softwarelösungen, die **digitale Lerninhalte organisieren**. LMS können Entwicklungsbedarfe ermitteln, Lernpläne vorschlagen, Lernstoff zusammentragen und im Anschluss den Erfolg messen. Sie verwalten nicht nur E-Learnings, sondern unterbreiten den Lernenden mehr oder weniger personalisierte Vorschläge in Form von Online-Trainings, Artikeln, Spielen, TED-Talks, Videos oder Podcasts. Damit bilden sie eine wichtige Grundlage für die personalisierte und selbstorganisierte Personalentwicklung. Datenanalyse in der Bedarfsermittlung, Formatentwicklung und Fortschrittskontrolle ermöglicht auf LMS-Plattformen effektives Lernen, zugeschnitten mitunter auf eine einzelne Person. Der Markt für **adaptive Lernsoftware** wächst zweistellig und soll im Jahr 2026 ein Marktvolumen von rund 666 Millionen US-Dollar erreicht haben (vgl. tanmay 2021). Je mehr Unternehmen eine Lernsoftware nutzen, desto leichter lassen sich aus Mustern in individuellen Lernprozessen Vergleiche mit der Grundgesamtheit, mit vergleichbaren Nutzerinnen in anderen Unternehmen oder dem erfolgreichsten Lernverhalten anstellen. Hier kann KI ihre Kraft entfalten und mit selbstlernenden Methoden ihre Analysen sowie alle vorgeschlagenen Lerninhalte, Formate und Methoden ständig weiterentwickeln. Die neuere Generation einiger Anbieter wie LinkedIn Learning und Udemy enthält heute KI-Algorithmen.

Ein KI-basiertes LMS kann seine Vorschläge personalisiert auf die Bedürfnisse der Nutzerin zuschneiden (s. Abb. 4.16). In der Analyse können solche KI-basierten LMS persönliche Lernziele von Nutzerinnen in Bezug auf Kompetenzen, Lerngebiete und -ebenen (kognitiv, psychisch, emotional, motorisch) bestimmen (vgl. Nuernberg 2019, S. 69). In der Regel kommen **deskriptive Analysen** zum Einsatz, um die Anzahl der durchgeführten Lernmodule und Testergebnisse zu visualisieren. Die Nutzerin kann auf Basis der Ergebnisse jederzeit ihren Entwicklungsplan und ihre Lernformate anpassen. **Diagnostische Analysen** und **prädiktive Machine-Learning-Verfahren** können Lernmuster auswerten oder Wahrscheinlichkeiten in Bezug auf die für eine Lerneinheit benötigte Zeit oder das Bestehen des nächsten Tests berechnen. Auf diese Weise kann der Algorithmus auch Lernfehler oder nachteilige Lerntechniken zurückmelden, verbunden mit Vorschlägen zur Verhaltensänderung. Auch zur Aufteilung der Lerneinheiten erstellt das LMS konkrete Vorschläge, damit die Lernziele auf dem einfachsten und schnellsten Weg erreicht werden können. Daraus entsteht ein **personalisierter Entwicklungsplan**. Ein Chatbot beantwortet einfache Fragen und vermittelt die komplexen Fragestellungen an menschliche Personalkolleginnen. Deren Antworten nimmt auch der Bot wahr, um sein eigenes Portfolio zu erweitern. Registrierungslinks, Einladungen, Erinnerungen oder Testzyklen werden automatisch an Nutzerinnen versendet.

Die Daten zur Analyse umfassen **Stammdaten** im Nutzerinnenprofil, **Nutzungsdaten** im System, **Klickverhalten** sowie **Testergebnisse**, jeweils im Vergleich mit anderen Nutzerinnen. Für valide **Vorhersagen** kommen verschiedene **statistische Verfahren** zum Einsatz (vgl. Gärtner 2020a, S. 139 f.):

- **Expertensysteme** strukturieren Lernmaterial für verschiedene Lernniveaus.
- **Clusteranalysen** identifizieren Lerntypen oder Themencluster im Vergleich mit anderen Lernenden.
- **Regressionen** identifizieren, welche Erfolgsfaktoren zu guten Testergebnissen führen.
- **Klassifikationsalgorithmen** prognostizieren die Wahrscheinlichkeit des Bestehens von Tests.
- **Textanalysen** werten Feedbacks von Nutzerinnen zu Lerneinheiten aus.
- **Soziale Netzwerkanalysen** analysieren die Interaktion von Lernenden und Lerngruppen.

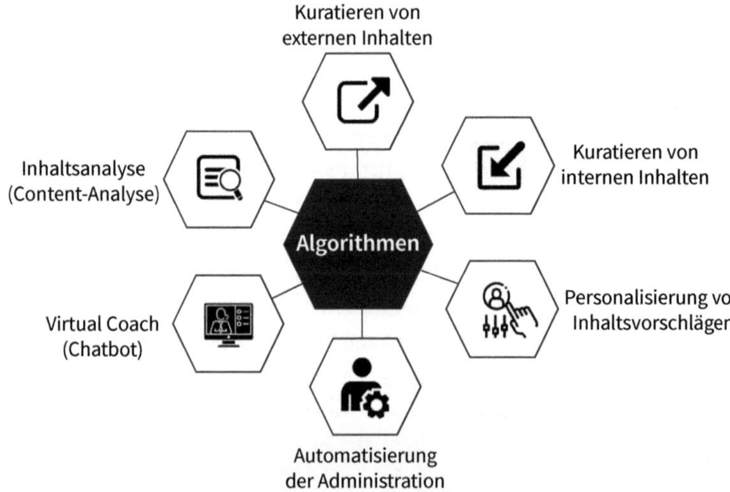

Abb. 4.16: Aufbau KI-gestützter LMS (Quelle: nach Nuernberg 2019, S. 69)

Im Folgenden werden beispielhaft drei Anbieter KI-basierter LMS vorgestellt.

AUS DER PRAXIS – BEISPIELE

LMS IBM Watson

Das LMS von IBM nennt sich »**Your Learning**« und basiert auf einer Reihe kognitiver KI-Technologien von IBM Watson, welche die Plattform intelligent machen. Das Unternehmen beschreibt seine Lösung als **Learning-Experience-Plattform** (LEP oder LXP) und will sich damit von klassischen LMS in Form administrativer, verwaltender Systeme abgrenzen (vgl. Your Learning 2021b). Your Learning soll Zugang zu Lernen ermöglichen und den Fortschritt verfolgen, egal wann, wo und wie gelernt wird. Watson ermittelt die Lernpotenziale von Nutzerinnen und empfiehlt individuelle Lernformate und Lernmetriken. Entwicklungsfelder und Qualifikationslücken werden im Ist-Zustand erfasst, aber auch für die Zukunft vorhergesagt, persönlich für die Nutzerinnen und aggregiert für das Management oder PE-Verantwortliche. Algorithmen kuratieren Lernpläne und Lerninhalte für Lernende und greifen dabei auf einen globalen Lernkatalog mit über 80.000 Lernaktivitäten zu (vgl. ebd.). Die Nutzerinnen sollen durch Badges zum Erreichen der persönlichen Meilensteine motiviert werden.

Your Learning ist eine mandantenfähige SaaS-Plattform und baut auf der IBM-Cloud auf. IBM hat einen JSON-Standard entwickelt, um Informationen aus externen Quellen, wie einem LMS oder Medien-Repository, mit Hilfsprogrammen zu übertragen, wodurch die Datenbank auf dem aktuellen Stand gehalten wird (vgl. Your Learning 2021a). Machine-Learning in IBM Watson sorgt im Training dafür, dass der **Watson Natural Language Classifier** Inhalte und Themen klassifizieren kann, um die richtigen Inhalte zu finden, zu organisieren und zu verschlagworten. Ähnlich wie die Empfehlungsmaschine von Amazon erstellt Your Learning individuelle Empfehlungen, passend zur Historie der Lernenden, deren Lernverhalten und ausgehend von vergleichbaren Lernenden in ähnlichen Jobs oder Umfeldern. Mit jeder Reaktion auf eine Empfehlung merkt sich der Algorithmus Präferenzen bzw. Abneigungen und kann so mit jedem weiteren Vorschlag näher an die Lernbedarfe der Nutzerin heranrücken (vgl. Your Learning 2021b). Feedback-Kommentare von Nutzerinnen zum Tool werden auf Basis von Stimmungen und Themen klassifiziert, um nach Dringlichkeit eskalieren zu können. Innerhalb von IBM können Nutzerinnen auch den Chatbot **Watson Assistant** nutzen, um schnelle Antworten zu erhalten. Die KI kategorisiert das Anliegen und entscheidet sofort, ob sie die Nutzerin an das Serviceteam weiterleitet oder selbst den Dialog fortführt (vgl. ebd.).

LMS Docebo

Die Lernplattform Docebo wurde 2018 erstmals in der Version Docebo 7.5 vorgestellt und hat zum Ziel, den Lernprozess vollständig zu automatisieren und perspektivisch auch virtuelle Coaches einzusetzen (vgl. Palmu 2020). Docebo Inc. ist eine **cloudbasierte Enterprise-Learning-Anwendung** mit KI-Unterstützung zur Schulung von Belegschaft, Kundinnen und Partnerinnen (vgl. docebo 2021a). Die Docebo LMS-Cloud steht in über 40 Sprachen zur Verfügung und ist bei über 2.000 Unternehmen weltweit im Einsatz (vgl. ebd.). Unternehmen können eigene Schulungsformate oder Umfragen erstellen und das LMS über Schnittstellen mit dem CRM-System, CMS oder Video-Conferencing verbinden (vgl. Jankowiak 2021). Im Fokus der Anwendungsfälle stehen Partnertrainings, Vertriebsschulungen, Onboarding, Personalentwickung und Compliance-Schulungen. Wie IBM hebt auch Docebo die Ergänzung von LMS für Lernmanagement durch ein LXP-Modul hervor. Learning-Experience heißt bei Docebo »Discover« für Content-Zugriff und -Vermittlung sowohl formalisierter als auch informeller und sozialer Lernerfahrungen. Mit einer Extended Enterprise-App können Unternehmen das Schulungsprogramm auch über die Unternehmensgrenzen hinweg auf einem Marktplatz Externen anbieten und durch die Integration von Gutscheinen und Rabattcodes über E-Commerce- und Payment-Portale wie Shopify, Stripe und PayPal abrechnen (vgl. docebo 2021b).

Talent LMS
Talent LMS ist eine Software des Anbieters Epignosis, die seit 2012 auf dem Markt ist. Aufgrund der niedrigen Einstiegsschwelle mit einer kostenfreien Nutzung für bis zu fünf Nutzerinnen wird die Lösung vor allem von über 9.000 Kunden mit elf Millionen Nutzerinnen auf der Plattform genutzt (vgl. Talent LMS 2021a). In der Basisversion können maximal zehn Kurse erstellt werden, alle weiteren Features werden je nach Leistungspaket separat berechnet (vgl. Systemhaus.com 2021). Die Software ist **cloudbasiert, mehrsprachig** und **für mobile Geräte optimiert**. Unternehmen passen die Oberfläche an ihr eigenes Corporate Design an und erstellen auf der Plattforme Kurse, Tests, Quizformate und interaktive Inhalte oder importieren eigenen Content. Vorkonfigurierte Kurse erleichtern die schnelle Erstellung von Trainingsformaten. Mittels Drag-and-drop-Funktion lassen sich Präsentationen, Audiodateien oder Videos in die Formate integrieren. Standards für austauschbare elektronische Inhalte wie SCORM, xAPI oder cmi5 können hochgeladen werden (vgl. Talent LMS 2021b). Gamification-Ansätze lassen sich durch Spiele-Level, Punkte, Badges, Preise und Leaderboards einbauen. Die Trainerinnen legen den Inhalt der Kurse fest und verwalten die verknüpften Textdokumente, Video- und Audiodateien, Bilder oder Präsentationen. Die Lernenden greifen auf die Inhalte zu und nutzen die Fortschrittstests. Jede Lernende kann ihre Noten und Berichte über ihre Nutzung und Leistung einsehen (vgl. Talent LMS 2021c). Nutzerinnen vernetzen sich auf der Plattform untereinander, nutzen Diskussionsforen, Messaging, die Videokonferenz-Funktion, Ratings von Lernformaten oder das Zertifizierungs-Tool, um ihre Lernerfolge auszuwerten.

LMS-Anbieter wollen nicht nur den Unternehmen Transparenz über die Kompetenzentwicklung in ihrer Organisation bieten, sondern vor allem das Vertrauen der Belegschaft erlangen. KI-basierte Lernsysteme werden nach bisherigen Erfahrungen aus der Praxis nur dann Akzeptanz finden, wenn sie Lernende niederschwellig abholen, sie mit anderen vernetzen und ihnen nachweislich dabei helfen, theoretische Lerninhalte ganz einfach in die Praxis zu übertragen. Aus diesem Anspruch heraus entstehen Projekte wie z. B. das im folgenden Praxisbeispiel beschriebene APPsist.

AUS DER PRAXIS – BEISPIEL

APPsist für personalisiertes Lernen in Smart Production
APPsist von Fraunhofer IAO wurde für die Fertigung in der Industrie 4.0 entwickelt, wo mit Künstlicher Intelligenz individuelle Lernbedarfe zur Maschinenbedienung unterstützt werden sollen (vgl. Werther/Bruckner et al. 2018b, S. 27). APPsist ist eine Software für **personalisiertes Lernen** auf Basis CPS-integrierter Assistenzsysteme und Internetdienste zur mobilen und

kontextsensitiven **Wissens- und Handlungsunterstützung in der Smart Production**. Das Forschungsteam unterstreicht die soziotechnische Gestaltungsperspektive für selbstorganisierte, intelligente und kooperative, Interaktion zwischen Mitarbeiterinnen, Maschinen und Software entlang der Wertschöpfungskette (vgl. DFKI 2016). Die App kann sowohl den Wissensstand, die Lerneigenschaften der Nutzerin und ihre Interaktion auswerten. Didaktisches Wissen wird mit Wenn-dann-Regeln in einem Expertensystem abgebildet, darüber hinaus werden die Arbeitsplatzgruppe, freigegebene Tätigkeiten sowie Aufgabenschwerpunkte und Entwicklungsziele jeder Nutzerin gespeichert (vgl. Hauser-Ditz/Ullrich et al. 2018, S. 108 f.). Im Hinblick auf die Entwicklungsziele schlägt APPsist Lerninhalte und Maßnahmen vor, z. B. um ungelernte Mitarbeiterinnen Schritt für Schritt an teilautomatisierte Montage heranzuführen. Die Mitarbeiterin kann APPsist auch nutzen, wenn eine Maschine eine Störung meldet, um sich Maßnahmen zur Entstörung anzeigen zu lassen (vgl. ebd., S. 108).

Learning-Management-Systeme rücken das Lernen deutlich näher an den Job und die realen Herausforderungen der Lernenden heran. Eingeschränkt bleibt ihre Wirkung jedoch bei der Anwendung in der echten beruflichen Situation. Lernerfolg kann ein Algorithmus während des Lernprozesses perfekt zurückspiegeln, beim **Transfer in den Arbeitsalltag** sind jedoch weiterhin die Feedback-Qualitäten des persönlichen Umfelds gefordert. Wie wendet die Mitarbeiterin das Gelernte im Kontakt mit Kolleginnen, Vorgesetzten, Mitarbeiterinnen, Dienstleistern oder Kunden an? Das wird ein LMS auch mit KI nicht beobachten können, solange es nicht **Zugriff auf unstrukturierte Daten** wie **E-Mails**, **Videokonferenzen** oder **Collaboration-Tools** bekommt. Begrenzt ist seine Wirkung auch bei atmosphärischen Phänomenen wie **Vertrauen** oder **Teamgeist**, die sich im virtuellen Raum schwerer entwickeln lassen als bei persönlichen Begegnungen von Lerngruppen.

4.3.3 Gamification mit Serious Games

Teamgeist durch Spielspaß ist ein alternativer Ansatz für emotionsunterstütztes digitales Lernen, den KI im Rahmen von Gamification perfekt bedienen kann. **Softwarebasierte Lernspiele**, sogenannte **Serious Games**, halten Einzug in die Personalentwicklung und mit ihnen smarte Algorithmen. Im 120 Milliarden US-Dollar schweren Markt der Videospiele sind Serious Games nur ein kleiner Teil, ihre Anzahl soll sich jedoch bis zum Jahr 2023 fast verdoppeln (vgl. Klöckner 2020). Im Rahmen **simulationsbasierter Auswahl** mit Serious Games kann z. B. der Berufserfolg von Potenzialkandidatinnen für eine neue Stelle im Rahmen der Karriereplanung vorhergesagt werden. Personalentwicklerinnen versprechen sich von der spielerischen Methode vor allem realitätsnäheres Verhalten und weniger sozial erwünschte Antworten, wenn die Teilnehmerinnen ein Flow-Erlebnis haben und sich dabei der Bewertungssituation nicht mehr bewusst sind (vgl. Hirschfeld 2020, S. 234). Für psychometrische Güte und rechtliche Sicherheit müssen die Zielgrößen in Serious Games so nah wie möglich an die tatsächlich erfolgsrelevanten Faktoren im zu testenden Beruf herankommen (vgl. ebd.). Zu erreichende Grenzwerte orientieren sich an realen Mindestanforderungen, z. B. in Bezug auf Kundenorientierung in einem Serviceberuf. Spielegenres werden mit bestimmten Kompetenztrainings verknüpft. Die folgende Abbildung zeigt gebräuchliche Klassifizierungen von Serious Games.

Abb. 4.17: Gebräuchliche Klassifizierungen von Serious Games (Quelle: nach Fetzer/McNamara et al. 2017, S. 296)

Der Erfolg gibt dem Ansatz recht: Über 70 Prozent der Nutzerinnen spielen Serious Games auch nach 18 Uhr oder am Wochenende (vgl. Rauffmann 2020). Wenn Compliance-Schulungen mit Belohnungssystemen wie Ranglisten oder Highscores verknüpft werden, beschäftigen sich immerhin noch 30 Prozent der Mitarbeiterinnen mit Spielen zu »trockenen Themen« wie Datenschutz-Unterweisungen außerhalb der Arbeitszeit (vgl. ebd.). Teams aus Kanada, Portugal oder Malaysia können in ihrer Landessprache trainieren und agieren auf einer gemeinsamen Spieloberfläche. Im Gegensatz zum Frontalunterricht sind Nutzerinnen durchgehend gefordert und steigern durch die Interaktion ihren Lerneffekt. Das **Trial-and-Error-Prinzip** im Gaming erleichtert es den Spielerinnen, mutige Entscheidungen zu treffen. Der Hersteller Gamelearn simuliert mit dem Spiel Mars, ähnlich dem Videospielklassiker Sim City, eine Marskolonie, die Spielerinnen selbst entwickeln. Für den Aufbau brauchen sie Geld in Form einer virtuellen Währung, die für richtige Antworten auf Wissensfragen ausgezahlt wird. Spielerinnen können selbst Fragen hinzufügen und so ihr Wissen untereinander weitergeben, wenn sie gemeinsam nach Antworten suchen. Gamelearn kann in seinen Use-Cases nachweisen, dass Compliance-Trainings dadurch deutlich attraktiver werden und das Wissen durch Interaktion tiefgreifender vermittelt wird (vgl. Gamelearn 2021). Gaming-Anbieter argumentieren auch mit der emotionalen Involvierung, bei der im Unterschied zum kognitiven Lernen die Gefühle angesprochen werden, wodurch sich die Erinnerungsleistung verbessert (vgl. Fabula Games 2021). Mit diesem Ansatz hat das Start-up Fabula Games aus Dortmund ein Spiel für den Vertrieb entwickelt, mit dem sich Kosmetikverkäuferinnen in 90 Sekunden die Produkteigenschaften von Hautschutzcremes einprägen können. Vergleichbar dem Spiel Space Invador mit »Shoot-em-up-Logik« werden herabfallende Schmutzpartikel mit der richtigen Hautcreme »abgeschossen« (vgl. Rauffmann 2020).

Eingebunden in LMS können die KI-Algorithmen aus Verhaltensmustern im Spiel tiefergehende Analysen anstoßen. Das **amerikanische Militär** nutzt z. B. seit mehreren Jahren KI-basierte Simulationen, um die Verhaltensmuster von Soldatinnen zu untersuchen und daraus neue Situationen zu entwickeln, die genau auf die Nutzerin angepasst sind (vgl. Johnson/Valente 2008). Gamification lässt sich auch in KI-basierte Lernplattformen integrieren, wie das folgende Beispiel zeigt.

AUS DER PRAXIS – BEISPIEL

talent::digital

talent::digital ist ein Düsseldorfer Start-up mit einer KI-gestützten Plattform, die digitale Kompetenzen von Mitarbeiterinnen mit Serious-Games-Ansätzen misst. Die Software erhebt Qualifizierungsprofile und bietet auf dem eigenen Marktplatz eine KI-Plattform zur Weiterentwicklung in definierten Lernfeldern (vgl. talent::digital 2021). Für Unternehmen soll auf diesem Wege eine Wissens-Community entstehen und das sogenannte Digital Mindset der Belegschaft entwickelt werden. Der Online-Test von talent::digital ermittelt tatsächliche digitale Fähigkeiten und bildet Einzelergebnisse in maximal 32 Qualifizierungsprofilen ab. Angebote von bekannten Qualifizierern werden auf einem KI-gestützten Marktplatz auf die Testergebnisse hin optimiert. Der Dienst ist ein Platform-as-a-Service-Angebot und kann von digitalen Endgeräten aus genutzt werden. Unternehmensinterne Wissens- und Bildungsangebote werden in den Marktplatz ebenso integriert wie externe Quellen, z. B. News-Streams, Blogs, Influencer-Profile (vgl. Rüdiger 2020, S. 248).

Im Mindset-Design wird die Digital Mindset-Journey der Belegschaft auf das Unternehmen zugeschnitten. Vor dem Start des Projektes können die Mitarbeiterinnen spielerisch an das Thema herangeführt werden. Der Kontext von Algorithmen, virtueller Realität oder Kollaboration soll so vertrauter werden. Die Nutzung startet mit dem Download der App **talent::now**, auf der die Nutzerinnen einen standardisierten Basistest absolvieren, um ihre digitalen Kompetenzen zunächst selbst einzuschätzen. Im Zentrum stehen Datenkompetenz, Kommunikation und Kollaboration, Erstellen digitaler Inhalte, Schutz und Sicherheit sowie Problemlösung (vgl. talent::digital 2021). In der zweiten Phase misst die Software digitale Kompetenzen anhand von Gamification-Ansätzen, um fünf Kompetenzbereiche mit insgesamt 21 Digitalkompetenzen möglichst realitätsnah zu überprüfen. Anwendungsorientierte Tests fragen fachliche Fertigkeiten und Soft Skills ab. Das Ergebnis wird als persönlicher Digital-Index (PDI) ausgewiesen, für einzelne Mitarbeiterinnen oder ganze Teams. Ab dem Jahr 2021 sollen auch unternehmensübergreifende Vergleiche möglich sein (vgl. Rüdiger 2020, S. 258).

4.3.4 Augmented Reality und Virtual Reality

Erweiterte Sinneswahrnehmung im Lernprozess versprechen auch Anwendungen mit Augmented Reality und Virtual Reality. Helmdisplays (Head-Mounted-Displays) wie VR-Brillen lassen vor den Augen der Nutzerin eine virtuelle Realität entstehen. Je höher die Auflösung der Brille, desto intensiver ist das Gefühl, Teil einer 360-Grad-Welt zu werden. In Action-Videos fühlen sich Nutzerinnen mitten in die Szenerie hineinversetzt und nicht mehr als reine Beobachterin. **Wearables** wie Brillen, Handschuhe oder mobile Endgeräte werden mit einem Computer verknüpft, der Signale sendet, die auf dem Display der Brille bildlich dargestellt werden. Der 3-D-Effekt entsteht aus der sogenannten **stereoskopischen Illusion**, basierend auf dem räumlichen Sehen, bei dem die Seheindrücke beider Augen im Gehirn zu einem dreidimensionalen Bild zusammengefügt werden. Dieses doppeläugige Sehen wird durch die VR-Brille simuliert, die mittels zweier Bildschirme und Linsen das virtuelle Bild für jedes Auge leicht anders ausrichtet (vgl. Galileo Redaktion 2021). Die Augen der Nutzerin nehmen die Bilder als Wirklichkeitsabbild wahr und lassen im Gehirn einen virtuellen Raum entstehen. Mittels **Head-Tracking** passt sich das Bild der Kopfbewegung an und folgt dem Blick der Nutzerin, wenn diese ihre Blickrichtung verändert.

Solche **Immersion-Erlebnisse** erfordern eine hohe Bildauflösungsrate, um die Bilder flüssig wiederzugeben. Führende Anbieter wie HTC, Oculus, Valve oder Pimax verlangen für ihre Modelle im Gaming-Markt derzeit bis zu 1.500 Euro. Die verbundene Hardware erfordert mindestens einen Intel Core i5 der vierten Generation, vier Gigabyte Arbeitsspeicher und leistungsfähige Computergrafikprogramme (vgl. Brauer 2021). Alternativ können VR-Brillen auch mit dem Smartphone verbunden werden und über Apps eine vereinfachte virtuelle Realität entstehen lassen.

Wie im dritten Kapitel beschrieben, können AR-Brillen **reale Arbeitssituationen** mit **Live-Coaching** und **Anleitungen** begleiten oder über VR-Geräte **360-Grad-Simulationen** ausspielen, die wir von der Realität kaum unterscheiden können (s. Kap. 3.4). Auf diese Weise nutzt die Personalentwicklung VR- und AR-Anwendungen, um Trainingsszenarien zu kreieren, die im Arbeitsalltag selten vorkommen, aber möglicherweise ein essenzieller Teil der Ausbildung sind, z. B. souveränes Verhalten in Gefahrensituationen. In der Ausbildung zu kritischen Einsätzen in der Produktion kann eine **virtuelle Ausbilderin** wie ein Avatar Lernenden zur Seite stehen und Fehler korrigieren. Zum Einsatz kommen **Apps** und **Tablets** oder

Wearables. Wie beim »**Immersive Gaming**« sollen die Nutzerinnen ganz in die virtuelle Welt eintauchen und durch Stimuli wie vibrierende Handschuhe multisensual mit ihrer Umwelt interagieren. Umgekehrt können solche tragbaren Systeme aus **Sensordaten** lernrelevante Einflüsse wie physische Belastung, Ablenkung, Geräuschpegel oder Stress messbar machen (vgl. Gärtner 2020a, S. 150). Viele Unternehmen experimentieren in der Personalentwicklung mit AR und VR, um Lerninhalte zu personalisieren, Kosten zu sparen und vor allem, um Lernen besser erlebbar zu machen, wie die folgenden Beispiele zeigen:

- Die **Heidelberger Druckmaschinen AG** nutzt VR im Ausbildungszentrum, wo Auszubildende mit VR-Brillen und Controllern in der Hand das Innere von Druckmaschinen erkunden oder 3-D-Drucker in ihre Einzelteile zerlegen und wieder zusammensetzen (vgl. Planet Beruf 2020). Sie sollen auf diese Weise mechanische und bautechnische Zusammenhänge durch Ausprobieren begreifen können, frei von der Angst, etwas kaputt zu machen.
- **MasterCard**, ein börsennotierter Zahlungsdienstleister aus New York, trainiert die Belegschaft mit VR-Technologie für extreme Krisensituationen im Fall von Gebäudebränden oder bewaffneten Überfällen (vgl. Tillman 2019). Das Unternehmen strebt an, Panik zu reduzieren, wenn eine echte Gefahrensituation eintritt, und Betroffene auf die Erfahrung in der virtuellen Trainingssituation zurückgreifen können.
- **Verizon**, ein US-amerikanischer Telekommunikationskonzern, nutzt VR und AR, um Filialleiterinnen für den richtigen Umgang mit Ladendiebstählen zu schulen. Neue Mitarbeiterinnen werden in der Einführung trainiert und erfahrene Kräfte in der Kommunikationsfähigkeit und im Kundenservice (vgl. Lawson 2018).
- **Walmart**, der US-amerikanische Einzelhandelskonzern, wendet AR und VR in der Weiterentwicklung zu Managementpositionen an. In virtuellen Trainingssituationen werden Kandidatinnen z. B. mit aufgebrachten Kundinnen konfrontiert oder müssen Gäste durch das Ladengeschäft führen. Walmart trainiert die Belegschaft mit solchen Technologien auch für Extremsituationen wie Verkaufsrekorde am Black Friday mit hohen Rabatten und entsprechendem Nachfrageansturm. Die Technologie stammt von STRIVR und ist auch bei BMW, Pepsi und JetBlue im Einsatz (vgl. Tuscherer 2019).

Technologisch sind Wearables für AR und VR mit **Sensoren** ausgestattet, die **Verhaltensdaten** der Nutzerinnen sammeln und in Echtzeit verarbeiten. Sensoren werden unter anderem in **Mikrofonen**, **Kameras**, **GPS** oder **elektrodermalen Aktivitätssensoren** verbaut, am Körper getragen als Brillen, Handschuhe, Armbänder oder integriert in die Kleidung. Typisch sind **Helmdisplays**, wie VR- oder AR-Brillen, verbunden mit **Datenhandschuhen**, **Flysticks** oder **3-D-Mäusen**. KI-Algorithmen können so parallel mit Daten aus der handbasierten Steuerung versorgt werden und blickgerichtete oder Gesten-Steuerung interpretieren. Wer einen Arbeitsablauf neu lernt und an einer virtuellen Maschine arbeitet, kann in seinen Aktionen gemessen werden, um zu berechnen, ob Bewegungen, deren Abfolge und Geschwindigkeit dem Zielzustand entsprechen und wo Emotionen oder Stress auftreten.

Auch jenseits der Hochleistungsgeräte in der Gaming-Industrie ist für VR-Lernen eine **Auflösung** erforderlich, die **über der menschlichen Wahrnehmungsschwelle** liegt, damit z. B. von Hand mitgeführte Gegenstände nicht »hinterherruckeln«. Ein positives Beispiel für leistungsstarke Soft- und Hardware ist der **Datenhandschuh Manus Glove**, der beim Greifen, Werfen und Loslassen von virtuellen Gegenständen haptisches Feedback zur angewendeten Kraft geben kann (vgl. Gärtner 2020a, S. 155). Aus Sicht der Nutzerinnen ergibt sich die Realitätswahrnehmung aus hochauflösenden Displays und einem breiten

Sehfeld von bis zu 200 Grad. Das Modell Pimax 8K X der Marke Pimax zeigt derzeit die höchste native Auflösung von 3.840 x 2.160 Pixel pro Auge (s. Abb. 4.18). Mit einem Sehfeld von 200 Grad diagonal kommt sie dem menschlichen Sehvermögen nahe. Eine solche Rechenleistung kostet im Fall von Pimax den stolzen Preis von über 1.500 Euro (vgl. Amazon 2021b).

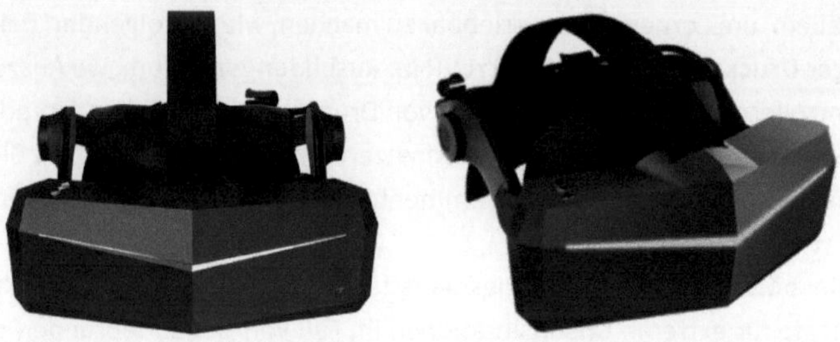

Abb. 4.18: VR-Brille Pimax 8K X (Quelle: Amazon 2021b)

PE-Verantwortlichen zufolge spielen beim Einsatz von AR und VR didaktische und wirtschaftliche Aspekte eine Rolle:

- Asynchrones Lernen möglich, alleine oder in Gruppenarbeit
- Kostenersparnis durch den Verzicht auf Offline-Trainings
- Realitätsnäheres Trainingsumfeld verbessert den Lerneffekt
- Komplexe Abläufe können mit schrittweise abnehmender VR-/AR-Hilfe schneller selbstständig durchgeführt werden
- KI-Algorithmen passen sich dem Wissens- und Lernniveau der Nutzerin an
- »Operieren am offenen Herzen« ohne Risiko für Auszubildende, ebenso Kundenzufriedenheit durch Lernen am digitalen Zwilling
- Sichere Lernumgebung beim Umgang mit gefährlichen Arbeitssituationen wie risikoreichen Wartungen
- Service- und Montageprozesse lassen sich beschleunigen und vergünstigen, wenn auch weniger qualifizierte Kräfte mit eingeblendeten Anleitungen komplizierte Entstörungen vornehmen können
- Daten aus dem Lernprozess an digitalen Zwillingen können durch Machine-Learning-Analyse zur Optimierung von Hilfestellungen genutzt werden

In Zukunft werden wir in der PE mehr **CAVE-Anwendungen** sehen, die Teams miteinander interagieren lassen. CAVE steht für **Cave Automatic Virtual Environment**, dreidimensionale virtuelle Räume, in denen sich Nutzerinnen frei bewegen können, zwischen Wänden, Böden und Decken aus Projektionsflächen (vgl. IT Wissen 2021). Jede virtuelle Bewegung wird durch Sensoren überwacht, die Betrachtungswinkel und Perspektiven jeder Nutzerin berücksichtigen. Softwarelösungen wie **OpenGL Performer**, **OpenSG** und **OpenSceneGraph** wurden speziell für CAVE entwickelt (vgl. Continousdev 2021).

Betrachtet man Anwendungen wie CAVE, kann man sich leicht vorstellen, welche **Datenflut** in solchen Lernwelten verarbeitet wird. Auch der Aspekt **Akzeptanz** spielt eine Rolle: Wie gelingt es, dass sich Nutzerinnen auf die immersive Lernerfahrung einlassen, wenn dabei jede Bewegung, jede Stressreaktion bis zum Hautwiderstand gemessen wird und einiges über ihre Psyche verrät? Daher sind klare **Regelungen zur Datennutzung** erforderlich, darüber hinaus stellen sich auch **ethische** und **gesundheitliche Fra-**

gen (s. Kap. 6.4). Umgekehrt werden sich erfahrene Gamerinnen unter den Auszubildenden, verwöhnt durch die Anwendungen auf ihren privaten Spielekonsolen, im AR- und VR-Lernen vermutlich nur noch durch State-of-the-Art-Anwendungen begeistern lassen, bei denen sie ohne Verzögerung, Sicht- oder Tonbarrieren in die virtuelle Welt abtauchen können. Angesichts der Geschwindigkeit, mit der neue Modelle auf den Markt geworfen werden, und hoher Hardwarekosten wird sich der Ansatz auf kurze Sicht eher in der Produktion, Montage, Medizin oder in riskanten Umfeldern lohnen als für das Erlernen einer Buchhaltungssoftware oder Programmiersprache.

4.3.5 Kompetenzen smart managen

Im Rahmen KI-basierter LMS mit realistischen Lernsituationen in virtuellen Welten werden Lernbedarfe, Entwicklungspfade und Lernformate auf Einzelpersonen zugeschnitten. Mit dem Bedeutungszuwachs einer **personalisierten Personalentwicklung** vergrößert sich auch die Komplexität der Verwaltung von Skills. Virtuelle Lernwelten lassen sich mithilfe von Machine-Learning-Verfahren mit smarten **Skill-Datenbanken** verknüpfen. Machine-Learning arbeitet nicht nur mit den strukturierten Daten aus der Entwicklungsstatistik in der Personalentwicklung, sondern kann zusätzlich unstrukturierte Daten verarbeiten. Textdateien, E-Mails oder Audiodateien werden auf verborgene semantische Muster hin durchsucht. Allein für die Verwaltung von Kompetenzen im Rahmen strategischer Personalplanung lassen sich so **Skill-Klassifizierungen** entwickeln, die aus unstrukturierten Dokumenten mit Text-Mining und Millionen Key-Words eindeutig die Qualifikationen der Belegschaft extrahieren. Daraus entstehen hierarchisch strukturierte Skill-Kataloge mit sinn- und sachverwandten Beschreibungen, die den Wissensbestand offenlegen (vgl. Vetter/Semenova 2020, S. 139).

Human-Resources-Einheiten sehen den **Ist-Zustand aller Kompetenzen** im Unternehmen als strategische Planungsbasis und können ihn z. B. mit der Entwicklung in anderen Ländern ihrer Geschäftstätigkeit vergleichen. Anbieter wie HRForecast vermarkten **Skill-Bibliotheken** mit Zehntausenden Einzel-Skills in über 25 verschiedenen Sprachen; sie werden täglich über die Verknüpfung mit mehr als 900 Stellenportalen weltweit aktualisiert und leiten aus steigender Nachfrage (z. B. nach Mandarin) oder kommenden Trends (z. B. Scrum) auch Zukunfts-Skills ab (vgl. ebd., S. 142). Solche globalen Jobdatenbanken erlauben die Prognose, wie sich Jobprofile und Anforderungen verändern. Wo zeigen sich schon heute operative Lücken? Welche strategischen Qualifikationen werden wir in fünf Jahren händeringend suchen, wenn die neuen digitalen Geschäftsmodelle über die Hälfte unseres Umsatzes ausmachen? Wo sitzen Talente, deren Zukunfts-Skills heute nicht genutzt werden, da sie auf der aktuellen Stelle nicht gefragt sind? Unternehmen, die digitale Plattformen für die Skill-Klassifizierung nutzen, können an diesem Punkt auch ihre Talente einbeziehen und den Mitarbeiterinnen Zugang zu ihrem persönlichen Skill-Profil geben.

AUS DER PRAXIS – BEISPIEL

A1 Group – KI-basiertes Skill-Management mit HRForecast

Die A1 Group, das führende Kommunikationsunternehmen in Österreich, hat mit dem Dienstleister HRForecast ein KI-basiertes Skill-Management eingeführt. Das Projekt sollte die Kompetenzen aufdecken, Zukunfts-Skills in der Belegschaft finden und Weiterqualifizierung anstoßen (vgl. Vetter/Semenova 2020, S. 141). Auf Basis der Analyse weltweiter makroökonomischer

Daten wurden die Jobprofile »Data-Scientist« und »Big Data-Engineer« als Zukunftsbedarfe identifiziert. Mitarbeiterinnen konnten sich für eine Lernreise zu diesen Profilen bewerben (vgl. HRForecast 2019). In Abstimmung mit dem Betriebsratsgremium legten die Durchführenden dabei Wert auf Freiwilligkeit und Datenschutz. Im nächsten Schritt wurden die Rohdaten aus den Belegschaftsdatensätzen der über 150 Teilnehmerinnen verarbeitet, um verstecktes Wissen aus Lebensläufen, Zertifikaten oder Schulungen sichtbar zu machen. Per App konnten die Teilnehmerinnen ihre Qualifikationsprofile einsehen, um selbst Qualifikationslücken und Lernpfade nachzuverfolgen. Etwa die Hälfte der Teilnehmerinnen entwickelte im letzten Schritt durch KI-gestützte personalisierte Entwicklungspläne zur Erreichung des Zielprofils (vgl. ebd.). Ein personalisiertes interaktives Dashboard spielte personalisierte Lernwege und Trainings aus, um die Wissenslücken in Bezug auf den Data-Scientist oder Big-Data-Engineer zu schließen.

Wer seine Belegschaft unterstützt, aktiv die eigenen Potenziale zu entwickeln, kann im nächsten Schritt seine KI-Plattform auch als **interne Drehschreibe für Talente** nutzen. Ähnlich wie beim Einsatz von KI in der Rekrutierung können smarte Algorithmen die Passung von internen Kandidatinnen und offenen Stellen untersuchen oder Talenten mögliche nächste Schritte empfehlen. Konzerne und große Mittelständler verbessern dadurch die Mobilität ihrer Talente über verschiedene Projekte, Business-Units oder Länder hinweg und binden Talente durch Entwicklungschancen. Mitarbeiterinnen werden von einem Suchalgorithmus über passende Optionen informiert, speziell wenn bei ihnen ein überdurchschnittliches Wechselrisiko identifiziert wurde. Ergänzend zum Hinweis auf offene Stellen liefert die KI Tipps, welche **Entwicklungsmaßnahmen** oder **Stretch-Assignments** identifizierte Lücken im Hinblick auf bestehende Anforderungen schließen könnten (vgl. Schoenthal/Gierschmann et al. 2020, S. 317). Mitarbeiterinnen können bei internen Stellenwechseln auch von **Matching-Plattformen** profitieren, die einen Score zur prozentualen Passung zwischen ihrem eigenen Profil und ihrem Positionenwunsch berechnen. Solche Plattformen sind auch über Unternehmensgrenzen hinweg denkbar, wenn Unternehmen im großen Stil um- oder abbauen müssen und mit anderen Arbeitgebern kooperieren (vgl. ebd., S. 318). Die folgenden Praxisbeispiele beschreiben Wechsel- und Entwicklungsplattformen.

AUS DER PRAXIS – BEISPIEL

Telefónicas Suchplattform

Telefónica Deutschland, die Tochter des spanischen Telekommunikationsunternehmens, setzt im Recruiting auch auf eine interne Suchplattform, auf der die Mitarbeiterinnen selbst entscheiden, welche Informationen sie über sich preisgeben (vgl. Diehl-von Hahn 2018, S. 159). Mit der KI-basierten internen Plattform möchte Telefónica seine Belegschaft dabei unterstützen, eigeninitiativ neue Kompetenzen aufzubauen, um die eigene Beschäftigungsfähigkeit langfristig zu sichern. Hintergrund ist das strategische Ziel des Unternehmens, 70 Prozent der Stellen intern nachzubesetzen und auf digitales Lernen im eigenen Team zu setzen (vgl. Heitmann 2020). Den Erfolg misst Teléfonica an der Reduzierung von Cost-per-Hire und Headhunter-Einsätzen. Interne Talente können anhand eines digitalen Profils mit erforderlichen Kompetenzen im Selbst-Assessment auf der Plattform ihren Fortschritt überprüfen und mit ihrem Ergebnis bei offenen Führungspositionen auf sich aufmerksam machen (vgl. Diehl-von Hahn 2018, S. 160).

Eine interne Drehscheibe für Talente hat auch der britische Verbrauchsgüterkonzern Unilever eingeführt. Unilever setzt seit 2019 die KI-Plattform **Gloat** im Talentmanagement ein, deren alternative Anwendung für Active-Sourcing bereits im Kapitel über Personalmarketing beschrieben wurde (s. Kap. 4.1.6).

AUS DER PRAXIS – BEISPIEL

Talent-Plattform Gloat bei Unilever

Der britische Verbrauchsgüterkonzern Unilever nutzt die KI-Plattform Gloat im Talentmanagement, damit seine Beschäftigten konzernweit unternehmensinterne Joboptionen vermittelt bekommen, die exakt zu ihrem persönlichen Profil und ihren Entwicklungspotenzialen passen (vgl. Unilever 2019). Projektmanagerinnen und das Recruiting-Team veröffentlichen auf der Plattform offene Stellen, Projektrollen oder Events und bekommen von Gloat passende Kandidatinnen vorgeschlagen. Mitarbeiterinnen können auf der Plattform ihr Profil aktualisieren, ihre Entwicklungs- und Einsatzwünsche angeben und Expertisen markieren, die auf der Plattform von Kolleginnen bestätigt und empfohlen werden können (vgl. Gloat 2020). Gloat vermittelt nicht nur interne Jobwechsel, sondern auch Mitarbeit in Projekten mit kleinem Zeitaufwand, damit Beschäftigte ihre Erfahrungen und Fähigkeiten gezielt erweitern. Durch den internen Talentmarktplatz konnte Unilever 8.300 Beschäftigte in Bereiche mit hoher Nachfrage vermitteln und die verfügbare Personalressource um 300.000 Stunden steigern (vgl. ebd.). Die KI-Plattform wurde in 90 Ländern und 12 Geschäftseinheiten für 100.000 Beschäftigte ausgerollt, von denen inzwischen 80 Prozent ihr Profil auf Gloat vollständig ausgefüllt haben (vgl. ebd.). Die Anwendung Gloat ist bei Unilever in die HRM-Software **Workday** integriert.

Kompetenz-Plattformen können auch bei der Suche nach Lernpartnerschaften Mehrwert bieten. Die Idee dahinter ist, dass die Belegschaft sich gegenseitig trainiert. »**Training through Community**« ist einer der Modebegriffe, die in diesem Zusammenhang die Runde machen. Gemeint sind offene Strukturen und Kommunikationsräume, zu denen alle Mitarbeiterinnen eines Unternehmens Zugang haben (vgl. Tepe 2020, S. 28). Betroffen sind Personalgruppen, deren Jobveränderung rasant voranschreitet. Ein Beispiel ist Blue-Collar-Work in Produktionsumfeldern, denn Automatisierung beginnt meist in der Produktion, bevor sich Marketing, Buchhaltung oder Vertrieb mit Robotics auseinandersetzen. **New-Collar-Skills** für Blue-Collar-Worker sind jedoch noch nicht Teil der betrieblichen oder dualen Ausbildung. An dieser Stelle kann HR mit einer KI-Plattform einspringen, um Skill-Gaps auch horizontal adressieren zu können, indem nicht nur Lernzugang für Mitarbeiterinnen auf LMS ermöglicht wird, sondern auch deren Vernetzung untereinander, wie das folgende Beispiel zeigt.

AUS DER PRAXIS – BEISPIEL

Tandemploy

Die Software Tandemploy erfasst auf Basis von Personal- und Leistungsdaten Kompetenzlücken und Entwicklungspotenziale. Automatisiert verknüpft der Algorithmus dann Mitarbeiterinnen, um deren Lernbedarf gemeinschaftlich im Rahmen neuer Formate zu befriedigen (vgl. Tepe 2020, S. 29):

- Mentoring-Tandems
- Job-Shadowings
- Working-Circles

- Jobrotation
- Jobsharing
- Peer-Learning-Lunches
- Coffee-Dates

Mit diesem Ansatz will der Anbieter dazu beitragen, Abteilungssilos abzubauen und das Potenzial von Mitarbeiterinnen für gegenseitiges Mentoring nutzbar zu machen. Auf der Anwendungsoberfläche ist die Software einfach zu bedienen, damit sich jeder selbstständig auf die Suche nach Entwicklungsangeboten begeben kann (s. Abb 4.19). HR-Bereiche nutzen die anonymisierten und aggregierten Daten der Such- und Empfehlungsvorgänge, um übergreifende Skill-Defizite sowie Mentoring-Qualifikationen zu managen. Die Kontrolle über persönliche Daten verbleibt bei den Mitarbeiterinnen und die Nutzung basiert auf Freiwilligkeit. Wer die Software nutzt, entscheidet selbst, wie sie oder er mit den Ergebnissen umgeht und wer was davon einsehen darf (vgl. ebd., S. 35). Tandemploy beschreibt die eigene Software als lernenden Algorithmus, hält sich jedoch mit der Bezeichnung Künstliche Intelligenz zurück, da noch ein großer Teil manueller Pflege erforderlich sei (vgl. ebd.). Die standardisierte, cloudbasierte Software wird über Schnittstellen an die Kernsoftware der nutzenden Unternehmen angedockt und kann in beide Richtungen kommunizieren. In Form eines Baukastens sollen nach dem Prinzip von **Mass-Customization** digitale Gesamtlösungen gebaut werden, um Einzelteile leicht austauschen zu können. Tandemploy hat sich auf die Zusammenarbeit mit SAP SuccessFactors fokussiert.

Abb. 4.19: Tandemploy-Lernpartnerschaften (Quelle: Tandemploy 2021)

4.3.6 Virtuelle Lern-Buddys und Sprachanalyse

Neben Lernpartnerschaften mit Kolleginnen kommen auch KI-basierte Lern-Buddys in der Praxis zum Einsatz. Solche Lern-Buddys werden z. B. für Schülerinnen entwickelt, um deren Leseverständnis zu verbessern, wie das nachfolgende Praxisbeispiel vom DFKI zeigt.

AUS DER PRAXIS – BEISPIELE

DFKI-Software für Textverständnis

Das Deutsche Forschungszentrum für Künstliche Intelligenz (DFKI) in Kaiserslautern hat eine intelligente Software entwickelt, die erkennt, ob eine Leserin einen Text versteht, und falls dies nicht der Fall ist, automatisch Erklärvideos anzeigt (vgl. Scherer 2021). Wenn z. B. eine Schülerin in einem digitalen Physikbuch einen Text über Beschleunigung liest, misst ein Sensor am Bildschirm ihre Augenbewegungen. Wenn die Schülerin eine Passage mehrmals lesen muss, erkennt die KI, dass sie den Text nicht versteht, und spielt automatisch ein Erklärvideo ein.
Das Forschungsteam am DFKI sammelte zunächst Trainingsdaten von Schülerinnen, die Texte zum Lesen erhielten. So konnte dokumentiert werden, welche Augenbewegungen vorkamen, wenn sie den Text nicht verstanden, desinteressiert, müde, gelangweilt oder überfordert waren (vgl. ebd.). Diese Informationen wurden im Training des KI-Algorithmus verwendet. Die Software erkannte daraufhin typische Muster in den Daten und lernte, auch neue Augenbewegungen zu interpretieren, um selbstständig Hilfestellungen zu geben.
KI-Lern-Buddys finden sich in der Praxis auch in Form von Chatbots, die Fragen beantworten und Orientierung geben (s. Kap. 4.1.3).

Unilevers Chatbot Unabot

Der britische Verbrauchsgüterkonzern Unilever nutzt den Chatbot »Unabot« in der Personalentwicklung, um Mitarbeiterinnen Fragen zu beantworten – sei es zu Entwicklungsprogrammen, IT-Systemen, zum Jahresgehalt und zu persönlichen Zulagen (vgl. Marr 2018). Unabot ist ein NLP-Bot aus dem Microsoft-Bot-Framework, der aus der Vielfalt an Fragen lernt, was der Belegschaft wichtig ist. In seinen Antworten greift er auf interne Quellen zu, z. B. Unternehmensrichtlinien, Zeitpläne oder Grundsatzdokumente, differenziert nach dem geografischen Standort der Nutzerin und nach deren Position im Unternehmen. Unabot soll in allen 190 Märkten von Unilever zum Einsatz kommen. Schon im Roll-out erhielt die Anwendung hohe Akzeptanz: Über ein Drittel der Mitarbeiterinnen hatte Unabot bereits genutzt und rund 80 Prozent von ihnen wollen ihn wieder einsetzen.

Im nächsten Schritt könnten **Lern-Avatare** die Lernbegleitung übernehmen und dabei nicht mehr nur monoton Inhalte abspulen oder Fragen aus FAQ-Katalogen beantworten, sondern über **Sprachkommandos**, wie Alexa und Siri, flexibel antworten und interagieren. Sprache als zentraler Kanal in der Personalentwicklung lässt sich mit KI auch in der Analyse vertiefen. **Sprachbasierte Tools** sammeln aus den Audiospuren unzählige Datenpunkte, anhand derer die Wirkung der Kommunikation, aber auch die Persönlichkeit analysiert werden kann. Welche Menschentypen sprechen wie? Welche Kombination von Sprecherinnen arbeitet in Gruppen und Teams am erfolgreichsten zusammen? Ähnlich wie in der KI-basierten Auswertung von Bewerbungsvideos im Hinblick auf Persönlichkeitseigenschaften (s. Kap. 4.2.2) adressieren derartige Ansätze den Zusammenhang von Persönlichkeit und Sprache. Studien zeigen, dass KI-Verfahren mit NLP eine erweiterte Datengrundlage für psychologische Konstrukte auf Basis von Sprachanalyse schaffen (vgl. Chung/Pennebaker 2018, S. 344). Im sogenannten **Language-Style-Matching** suchen Algorithmen nach Funktionswörtern, Wortkombinationen oder sprachlichen Mustern (s. Abb. 4.20).

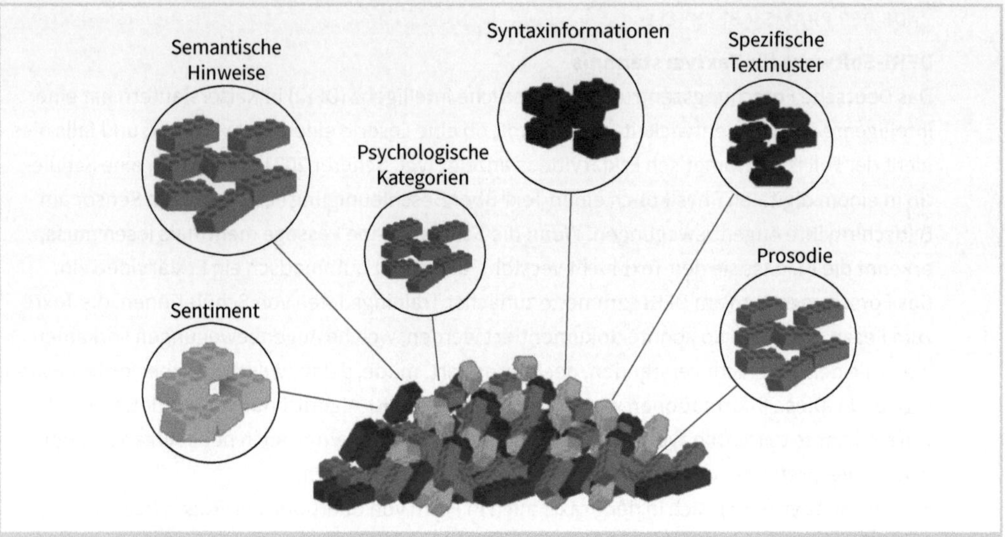

Abb. 4.20: KI-Sprachanalyse erkennt wiederkehrende Strukturen und Muster (Quelle: nach Sprecheffekte 2021)

Ein Forschungsteam aus der Sozialwissenschaft fand z. B. heraus, dass schüchterne Persönlichkeiten Wörter wie »Party«, »gesprächig«, »ruhig« und »schüchtern« häufiger verwenden als Extrovertierte (vgl. Chung/Pennebaker 2018, S. 348). Was zunächst widersprüchlich erscheint, liegt nach Angaben der Studie daran, dass Extrovertierte, die gesprächiger und partyfreudiger seien, keinen Bedarf hätten, das explizit zu erwähnen. **Sprachbasierte Interaktion auf Lernplattformen** könnte mit solchen Analysen nicht nur dazu verwendet werden, **Teamzusammensetzungen zu optimieren**, sondern auch **Führungsverhalten anzupassen** und **Führungskräfte zu sensibilisieren**, wie sie sich sprachlich besser auf ihr Gegenüber einstellen können. Wie Menschen sprechen, verrät etwas über ihre Stärken und Entwicklungsfelder, aber auch über ihre Beziehungen zueinander und den Erfolg von Zusammenarbeit. Im Bereich **Relational Analytics** haben Forscher aus den USA untersucht, welche Rolle die individuelle Vernetzung jenseits von Hierarchie spielt, wenn es darum geht, den Erfolg von Teams vorherzusagen (vgl. Leonardi/Contractor 2018). Ein Anbieter, der Forschungsmethoden aus der Psychologie mit neuen Möglichkeiten von KI verbindet, um automatisiert einzuschätzen, wie Sprache von Nutzerinnen in der Kommunikation wirkt, ist PRECIRE, dessen methodischer Ansatz schon in der Rekrutierung betrachtet wurden (s. Kap. 4.2.2). Das folgende Praxisbeispiel zeigt, wie solche Technologien in der Personalentwicklung eingesetzt werden können.

AUS DER PRAXIS – BEISPIEL

PRECIRE – Sprachanalyse in der Personalentwicklung

Die Software PRECIRE unterstützt nicht nur in der Rekrutierung, sondern auch in der Personalentwicklung. Mitarbeiterinnen und Führungskräfte sollen hierdurch ihre Stärken und Herausforderungen leichter identifizieren können. PRECIRE-Diagnostik mit KI-basierter Sprachanalyse anhand psychologischer Kriterien soll persönliche Entwicklungsfelder ebenso transparent machen wie die Kommunikationskultur im Unternehmen und Ansätze für organisatorischen Wandel (vgl. PRECIRE 2021a). Mithilfe eines neuronalen Netzes übersetzt PRECIRE sprachliche

Kommunikation in psychologische Auswertungen. PRECIRE hat inzwischen Datensätze von über 28.000 Teilnehmerinnen in Textbewertungen analysiert (vgl. Delcker 2021). Die Software kommt auf 42 analysierbare Ergebnisse, die sich aus 9 Haupt-, 20 Suchergebnissen sowie 13 Zusatzergebnissen zusammensetzen.
Die Entwicklung der Softwarelösung erfolgte in vier Schritten (vgl. Linnenbürger/Casper et al. 2020, S. 358):

1. Genaue Definition, was gemessen werden soll
2. Mathematisches Verständnis von Sprache entwickeln, um unstrukturierte Daten (Text) verarbeiten zu können
3. Aus Trainingsdaten lernen, in denen die Texte bereits hinsichtlich psychologischer Merkmale ihrer Verfasserinnen bewertet wurden
4. Die Vorhersagequalität der Software prüfen, wenn sie bei Testdaten selbstständig auf die psychologischen Merkmale schließen muss

In einer Grundlagenstudie wurden zunächst Konstrukte zu Kommunikationsstilen aus relevanter Literatur abgeleitet und Items formuliert. Anhand von zwei repräsentativen amerikanischen Stichproben wurden diese Items bearbeitet. In der ersten Stichprobe wurden mit faktoranalytischen Verfahren die Faktoren explorativ herausgearbeitet und zur Bestätigung anhand der zweiten Stichprobe geprüft. Daraus entstanden 9 Hauptfaktoren mit 20 theoretisch definierten Subkonstrukten. Im nächsten Schritt hat PRECIRE über die Analyse von Zusammenhängen in Persönlichkeitsfragebögen die konvergente und diskriminante Validität der gefundenen Kommunikationsstile geprüft. In der Vorbereitung des Trainingsdatensatzes für die Künstliche Intelligenz wurde ein Modell mit über 110 Millionen Parametern erstellt, das Wörter, Wortstamm, Wortkombinationen und Grammatik in Zahlen übersetzte, um ein mathematisches Abbild von Sprache zu entwickeln (vgl. PRECIRE 2021b). So hat das Künstlich neuronale Netz mit dem sogenannten Dev-Datensatz beispielsweise gelernt, wissenschaftlichen Artikeln einen hohen intellektuellen Wert des Autors beizumessen, während die Autoren von Boulevard-Artikeln hier nur einen geringen Wert erreichen sollten. Ein Teil der 39 Millionen Daten wurde zurückgehalten als Testdatensatz, damit die Software im Anschluss versuchen konnte, mithilfe der erlernten Muster selbst aus der Analyse von Texten auf die psychologischen Merkmale der Autorinnen zu schließen (vgl. Linnenbürger/Casper et al. 2020, S. 357). Mit jeder Wiederholungsschleife lernte die KI, ausgehend von den analysierten Texten die psychologischen Ergebnisse vorherzusagen. Sobald der Testdatensatz ähnlich gute Analyseergebnisse wie der Dev-Datensatz hervorbrachte, war die Stabilität des gelernten Modells bewiesen. Bevor ein Modell in die Software aufgenommen wird, testen die Entwicklerinnen es im Hinblick auf Verzerrungen, die Ergebnisse verfälschen oder Minderheiten diskriminieren könnten. Auch im Einsatz wird die Stabilität der Vorhersage stetig weiter geprüft und in Anwendungsstudien beobachtet (vgl. ebd., S. 358).
Je nach Anwendung entwickelt die PRECIRE-KI standardisierte Interviewsituationen, die Ergebnisse vergleichbar machen. Jede Teilnehmerin wird in einer Eingangsmessung durch ein automatisiertes Telefoninterview von maximal 20 Minuten Dauer hinsichtlich ihres kommunikativen Repertoires erfasst. Der Algorithmus kann darin erkennen, ob die Sprache eher defensiv oder autoritär wirkt und wie motivierend, visionär oder relativierend die Sprecherin klingt. Sprachliche Besonderheiten wie Sprechgeschwindigkeit, Modulation oder Pausen werden ebenso erfasst. Im Anschluss bespricht eine beratende Psychologin von PRECIRE den Ergeb-

nisbericht mit der Teilnehmerin, um Entwicklungsfelder abzuleiten. Im Ergebnisbericht werden sprachliche und kommunikative Besonderheiten im Vergleich zu Referenzgruppen erläutert. Spricht die Probandin detaillierter und komplexer als Kolleginnen im identischen Berufsfeld? Wie effizient ist ihr Ausdruck? Wie sehr schwächt sie durch Relativierungen ihre Wirkung ab? Wie klar benennt sie Verantwortung? In einer Skalen-Darstellung werden Besonderheiten oder widersprüchliche Formulierungen gespiegelt. Auch die Balance aus emotionaler und rationaler Kommunikation wird sondiert. Das Gesamtprofil der Probandin beschreibt, wie sie vornehmlich interagiert und welche Kommunikationstendenzen sie zeigt (vgl. ebd., S. 363). Der Bericht leitet entsprechende Entwicklungsfelder ab, die auf Basis der Sprachprobe aufzeigen, in welchem Handlungsfeld sich Führungskompetenzen ausbauen lassen. Je nach Anforderung im aktuellen Berufsfeld wird der Schwerpunkt auf ein Lernfeld gelegt, das den Teilnehmerinnen konkreten Mehrwert bringt, wie z. B. motivierende Kommunikation als Führungskraft in einem Change-Prozess. Dank der Verknüpfung des Auswertungs-Tools mit der Lernplattform **evolve** können die Nutzerinnen direkt mit dem Trainingsprozess beginnen. Auf evolve lassen sich Übungen und Lerninhalte oder Tests zum Lernfortschritt individuell ansteuern. Teilnehmerinnen können sich zudem untereinander als Lern-Companions gegenseitig unterstützen oder sich für ein Peer-Feedback vernetzen (vgl. ebd., S. 364).

Wie bereits erwähnt, ist die **wissenschaftliche Basis** des Ansatzes von PRECIRE in der HR-Diagnostik **umstritten**. Das Unternehmen gewann 2019 sogar den »Big Brother Award«, einen Negativpreis für fragwürdigen Umgang mit Daten (vgl. Tangens 2019). Im Gegensatz zu HireVue und anderen Wettbewerbern behauptet PRECIRE allerdings nicht, Emotionen analysieren oder Aussagen über die Persönlichkeit von Bewerberinnen treffen zu können. Die Technologie analysiere nur Sprache auf ihre Wirkung hin (vgl. PRECIRE 2021c). PRECIRE hat inzwischen Abstand davon genommen, akustische Merkmale zu analysieren, und will mit neueren Versionen transparent machen, welche Textstellen entscheidend für die Bewertung sind (vgl. Delcker 2021). PRECIRE gibt aktuell auch Hinweise, wie eine Probandin die Wirkung ihrer Sprache verbessern kann. Nach Einschätzung der Wissenschaftlerin Katharina Zweig löst die neue Generation der PRECIRE-Software weniger »Alarmglocken« aus, da sie eine bessere Datengrundlage und mehr sprachwissenschaftliche Theorien verwendet (vgl. ebd.). Im Frühjahr 2021 wurde das Aachener Unternehmen von der 4TechnologyGroup übernommen, wo die Technologie für HR-Anwendungen weiterentwickelt werden soll (vgl. Bös 2021).

Der Wettbewerber HireVue tummelt sich neben seinen psychometrischen Assessments auch in der Sprachanalyse (s. Kap. 4.2.4). Das US-amerikanische Unternehmen bezieht zusätzlich **biometrische Merkmale** wie den Klang der Stimme ein und verfügt über einen Datensatz,der auf 15 Millionen Interviews in mehr als 30 Sprachen basiert (vgl. Delcker 2021). HireVue bezeichnet sich mit über 700 Kunden als Marktführer. Bekannte Unternehmen wie Randstad und Kraft Heinz nutzen HireVue, um freie Stellen zu besetzen (vgl. HireVue 2021). Gegen HireVue wurde im November 2019 wegen **unfairer und irreführender Praktiken** Beschwerde bei der US-Handelskommission eingereicht (vgl. The Electronic Privacy Information Center [EPIC] 2019). Das Forschungsinstitut Electronic Privacy Information Center in Washington D.C. kritisierte, in vielen Branchen hätten Bewerberinnen keine andere Wahl, als sich auf Hire-

Vue oder andere KI-basierte Plattformen einzulassen (vgl. Barnes 2019). Während des Prozesses hätten sie quasi keine Kontrolle darüber, was mit ihren Daten geschieht, und würden nicht erfahren, welche Gründe oder Faktoren darüber entscheiden, ob sie für den jeweiligen Job in Betracht gezogen werden. Unzutreffende Entscheidungen der KI könnten sie daher weder nachvollziehen noch anfechten (vgl. The Electronic Privacy Information Center [EPIC] 2019). Noch hat die Behörde nicht verlautbaren lassen, ob sie der Beschwerde der Bürgerrechtsorganisation folgt und Maßnahmen gegen HireVue einleitet. HireVue hat jedoch im Januar 2021 bekannt gegeben, Teile seiner Technologie wie die Analyse von Gesichtsausdrücken künftig nicht mehr einzusetzen (vgl. Delcker 2021).

Das Beispiel zeigt eindrucksvoll Chancen KI-basierter Diagnostik in der Personalentwicklung und vorhandene Skepsis dieser gegenüber. Sowohl bei Sprach- als auch bei Emotionsanalyse hört der Spaß auf, wenn es darum geht, die Beschäftigten »durchzuscannen« oder den Unternehmen zu versprechen, die KI könne das Gefühlsleben ihrer Beschäftigten und Bewerberinnen verstehen. Fakt ist, dass Emotionserkennung heute bereits vielfach im Einsatz ist. Wenn wir Alexa als smarten Lautsprecher nutzen, analysiert sie unsere Äußerungen auf Anzeichen von Freude oder Frust hin. In China wird KI im Face-Reading eingesetzt, um anhand der Mimik von Lernenden herauszufinden, wie der Lernstoff beim Publikum ankommt und wer im Unterricht nicht aufpasst (vgl. Haidar 2020). Solche Anwendungen beinhalten das zu befürwortende Potenzial, Lerninhalte auf Interessenbasis zu personalisieren, allerdings nur, sofern die Persönlichkeitsrechte gewahrt bleiben.

Egal welche Technologie zur Anwendung kommt, **Transparenz** ist eine Grundvoraussetzung für Akzeptanz. Vor dem Start vergleichbarer Pilotprojekte oder Vorstudien empfiehlt sich eine Informationsveranstaltung, bei der nicht nur die Anwendung selbst erklärt wird, sondern auch Hintergründe, Nutzen, Datenschutz und rechtliche Grundlagen. Die Belegschaft wird wissen wollen, wie genau die Analyse abläuft und was die Ergebnisse für ihre weitere Entwicklung bedeuten.

Zusammenfassung

Der Blick in die Kiste der Anwendungen und Chancen zeigt: Personalentwicklung wird mit KI den **selbstorganisierten Lernprozess** gestalten. Wie könnte das aussehen? Im Zielbild vernetzen smarte Algorithmen in einem LMS integrierte Entwicklungsprozesse über Diagnostik, individuelle Entwicklungspläne sowie die nötigen Tools zur Umsetzung. In digitalen Formaten, spielerischen Lernerlebnissen, augmentierten und virtuellen Welten entscheiden die Lernenden selbst, wann sie eine Wissenslücke füllen wollen. Die Mitarbeiterin genießt das Vertrauen, dass sie ihre Weiterentwicklung im Rahmen transparenter Kriterien und Budgets organisiert. Messen lässt sich das am Wertbeitrag für das gemeinsame Ziel. Vorbei ist die Zeit vorgezeichneter Karrierepfade und Führungskarrieren. Personalentwicklung liegt maximal dezentral in den Händen der Organisation und jeder Bereich hat das Interesse, seine Mitarbeiterinnen bei der Entfaltung ihres Potenzials zu unterstützen. Soziale Lernnetzwerke verbreiten Wissen horizontal von Peer zu Peer. Alle Mitarbeiterinnen wissen, dass es auf sie in ihrer persönlichen Entwicklung ankommt, denn die Organisation entwickelt sich in dem Maße, wie alle in ihr beschäftigten Personen zum Wachstum bereit sind. Alle Führungskräfte fördern die Selbstentwicklung und arbeiten mit der Personalentwicklung an einer proaktiven Lernkultur, die nicht mehr zwischen Arbeiten und Lernen unterscheidet. So erstaunt es nicht, dass sich die gesamte Organisation in einem dauerhaften Entwicklungsprozess befindet, denn nur so bleibt sie anpassungsfähig.

4.4 Performance-Management

KI-Werkzeuge gibt es genug, um Personal zu begeistern, zu rekrutieren und zu entwickeln. Aber was bringt das für die Leistungsfähigkeit der Belegschaft und wie kann KI im Performance-Management unterstützen?

DEFINITION

Performance-Management

Performance-Management ist eine Kernfunktion von HR zur optimalen Aussteuerung der Belegschaftsleistung im Hinblick auf die zu erreichenden Unternehmensziele (vgl. Haufe 2021). Eng verzahnt mit HR-Prozessen wie Personalentwicklung gliedert sich Performance-Management in der Regel in drei Phasen:

1. Ziele definieren und Zielvereinbarungen abschließen
2. Leistung erfassen, messen und beurteilen
3. Leistungsabhängige Vergütung berechnen

In allen drei in der Definition genannten Phasen werden die Auswertungen häufiger, Feedback-Schleifen kürzer, Ziele agiler und Incentivierungen individueller. Damit steigen die Komplexität und potenziell der Nutzen von KI-Unterstützung im Prozess. Nachfolgend werden Aspekte von Ziel- und Feedback-Schleifen beleuchtet.

4.4.1 Ziele und Leistungskontrolle

»Ziele als wichtigstes Führungsinstrument«, dieser Ansatz geht auf den US-Ökonomen Peter F. Drucker zurück, der 1954 sein Konzept **»Management by Objectives«** (MBO) formulierte (vgl. Walzer 2018). Die Idee, mit Zielvereinbarungen zu führen, hat sich in der Hochphase der Industrialisierung vor allem an quantitativen Kennzahlen, den sogenannten Key-Performance-Indicators (KPIs), orientiert. In vielen Unternehmen sind KPIs inzwischen von **Objectives & Key-Results** (OKR) abgelöst worden. Die OKR-Methode wurde Mitte der 1970er-Jahre bei Intel erfunden und in den 2000er-Jahren durch Unternehmen wie Google, Apple, LinkedIn und Twitter bekannt (vgl. Pause 2018). Der Ansatz erweitert den quantitativen KPI-Blick um qualitative Dimensionen. Unternehmen, Bereiche und einzelne Teams nehmen sich für jedes Quartal fünf Ziele vor, mit jeweils maximal vier Kernergebnissen (vgl. Schmid/Alberti 2020). Die **Objectives** (Ziele) definieren konkrete Ziele, z. B. eine Umsatzsteigerung um drei Prozent, während die **Key-Results** (Kernergebnisse) beschreiben, wie das Ziel erreicht werden soll. Im gewählten Beispiel der Umsatzsteigerung könnte dazu die Steigerung der Wiederkaufrate von Neukundinnen oder die Erhöhung der Warenkorbanzahl bei der Bestandskundschaft dienen. Der OKR-Ansatz verknüpft auf diese Weise klar formulierte Ziele mit einer gemeinsamen Vorstellung, wie die Beteiligten das jeweilige Ziel erreichen wollen. Alle Ziele sollen auf die strategischen Unternehmensziele einzahlen, crossfunktional sowie ambitioniert sein und zur besseren Messbarkeit im Erreicht-Zustand formuliert werden (vgl. OKR-Experten 2021). Das Team prüft in wöchentlichen, monatlichen oder quartalsweisen **Reviews** seine Zielerreichung und nimmt sich Zeit für **Retrospektiven**, um Verbesserungsoptionen zu finden (s. Abb. 4.21).

Key-Results sollen nach der OKR-Methode nicht mit Boni verknüpft werden, da sich laut Lehrmeinung sonst kaum ein Team ambitionierte Ziele setzen würde, mit denen es die Aussicht auf höhere Vergütung schmälern könnte (vgl. Pause 2018). Manche Unternehmen lösen dieses Problem durch sogenannte **Objective Optimization** und knüpfen die Höhe des Bonus an den Ambitionsgrad der Ziele: Je höher das anvisierte Ziel, desto höher kann der Teambonus ausfallen (vgl. Wolf 2021).

Abb. 4.21: Der OKR-Kreislauf (Quelle: eigene Darstellung)

Die wesentliche Veränderung durch den OKR-Ansatz ist wachsende **Transparenz**. Teams und Einzelne sind gefordert, ihre Ziele, Zwischenstände und Ergebnisse transparent zu machen, nicht nur für Vorgesetzte, sondern auch für Kolleginnen, andere Teams und benachbarte Fachbereiche. Komplexe Zielsysteme werden auf digitalen Plattformen organisiert, wo Instant Feedback horizontal und vertikal erfasst wird, Rückmeldungen Top-down und Bottom-up eingehen, die Beteiligten diese jederzeit einsehen und interagieren können. Führungskräfte und HR-Expertinnen müssen in der Praxis vielfach Überzeugungsarbeit leisten, damit die um Überwachung und Kontrolle besorgten Beteiligten und Betriebsratsgremien den Nutzen dieser Transparenz für die Teams erkennen.

Performance-Management wird durch **differenzierte Zielsysteme** wie OKR zunehmend komplexer und öffnet damit die Tür für **KI-Unterstützung**:

- Vielfältige Zieldimensionen werden in kürzeren Zeiträumen betrachtet.
- Außer an Arbeitsergebnissen aus Innensicht wird Zielerreichung zunehmend aus Kundinnensicht gemessen (Nutzungsrate, Net-Promoter-Score etc.).
- Vernetzte Prozesse und crossfunktionale Projekte erschweren es, Ziele Einzelnen zuzuordnen, und erfordern Teamziele.
- Digitale Prozesse ermöglichen ständige Transparenz über den Zielerreichungsgrad oder Planabweichungen.
- Numerische Bewertung wird durch qualitative Evaluation ergänzt.
- Teams messen ihren Fortschritt selbstständig und steuern nach.
- Entscheidend für die Bewertung sind nicht mehr allein Vorgesetzte, sondern auch Kolleginnen, Mitarbeiterinnen oder Kundinnen.

- 360-Grad-Feedback-Apps für Instant Feedback erleichtern Rückmeldungen durch vorgegebene Skalen.
- Incentivierungsmodelle und Vergütungsmethoden variieren je nach Dynamik der Zielzyklen.
- Unternehmen entkoppeln Zielerreichung bewusst von Vergütungssystemen, um inhaltlich getriebene Motivation nicht durch monetäre Anreize zu stören.
- Leistungspotenziale wie z. B. »unternehmerischer Mut« oder »Thinking big« ergänzen die Betrachtung aktueller Leistung.
- Transparenz betreffend Ziele, Arbeitsfortschritt und Ergebnisse gehören im Umfeld von Scrum und agilem Projektmanagement zum Standard.

Auch wenn der Prozess von Zielvereinbarungen nicht zwingend digitalisiert werden muss, so ist es ab einer bestimmten Komplexität schwierig, alle Einflussfaktoren, Maßnahmen und Veränderungen manuell nachzuverfolgen. Die folgende Tabelle zeigt beispielhaft unterstützende **Tools für Performance-Management** mit unterschiedlicher technologischer Komplexität.

Tool	PM-Leistungsbereiche	URL
15Five	Die Performance-Management-Software 15Five verbessert das Personalengagement durch kontinuierliches Feedback und Kommunikation. 15Five nutzt eine OKR-Logik, um Ziele in die wöchentlichen Check-ins zu integrieren und den Fortschritt in Echtzeit zu aktualisieren.	https://www.15five.com
BambooHR	BambooHR bietet neben den HR-Services ein Leistungsmanagement-Modul, das Bewertungen, Berichte und Feedback umfasst. Die bedienfreundliche Oberfläche soll durch Kommentarfunktionen und automatische Benachrichtigungen zur Interaktion anregen.	https://www.bamboohr.com/performance-management/
Engagedly	Engagedly ist eine cloudbasierte Software zur Leistungsbeurteilung, die Elemente von Employee-Engagement einbezieht. Das 360-Grad-Talentmanagement bezieht Echtzeit-Feedback von Peers mit ein.	https://engagedly.com/performance-review-software/
functionHR	functionHR bietet Softwarelösungen für People-Analytics und datengestütztes HR-Management. Das Employee-Experience-Hub integriert KI-Analysen entlang der gesamten Employee-Journey.	https://www.functionhr.de
HR instruments	HR instruments unterstützt Personalgespräche und Zielvereinbarungen durch Dokumentation und Dashboards. Das Performance-Management-Dashboard ermöglicht Einsicht und Analyse der individuellen Ziele und Leistungen.	https://www.hr-instruments.com/produkt/karte-performance/
Impraise	Die People-Enablement-Plattform Impraise ist ein Performance-Management-Tool mit Reviews, Real-Time-Feedback, Check-ins, Analysen und Zielvereinbarungsmanagement-Funktionen.	https://www.impraise.com

Oracle	Das Oracle Fusion Cloud Enterprise Performance Management (EPM) unterstützt bei der Modellierung und Planung in den Bereichen Finanzen, Personal, Lieferkette und Vertrieb, bei der Optimierung des Finanzabschlusses und bei der Entscheidungsfindung. KI und maschinelles Lernen liefern datengestützte Erkenntnisse, um schnelleres Handeln zu ermöglichen.	https://www.oracle.com/performance-management/
PurelyHR	Das HR-Performance-Tool PurelyHR organisiert Leistungsmanagement mit Tools für Zielsetzung und Feedback, Personalportal, Urlaubsverwaltungen, Zeiterfassung und Talentmanagement.	https://support.purelyhr.com/software/performance
Personio	Die Performance-Management-Software Personio erfasst regelmäßig und standardisiert die Leistung der Belegschaft und bietet Funktionen zur Leistungsverbesserung. Personio unterstützt alle HR-Prozesse mit transparenter Dokumentation für bessere Entscheidungsgrundlagen.	https://www.personio.de/funktionen/performance/
Primalogik	Primalogik ist ein Online-Performance-Management-Service, um Personal-Informationen zu sammeln, mit Tools wie Benchmarking und Blindspot-Erkennung, 360-Grad-Leistungsbeurteilungen, Zielverfolgung, Umfragen, Manager-Journal und Echtzeit-Feedback.	https://primalogik.com
Reflektive	Die Performance-Management-Plattform Reflektive misst Employee-Engagement und unterstützt die Produktivität durch 360-Grad-Echtzeit-Feedback, Pulsumfragen, Check-ins und Reviews.	https://www.reflektive.com/products/
Saba	Das Performance-Management-System Saba ist eine Allround-Suite, mit der Unternehmen ihre Ziele abstimmen, ihre Leistungen bewerten und die Performance ihrer Belegschaft verbessern können. Unternehmen sollen die Leistungen der Mitarbeiterinnen besser verstehen können, um Schwierigkeiten gezielt zu lösen.	https://www.saba.com/es/resources/centers-of-excellence/performance-management-training-for-managers
SAP	Das Profitability-und-Performance-Management-Tool von SAP kann auch im Kontext von HR als Entscheidungsbasis für Rentabilitätsmodelle, Kostenzuweisungen, treiberbasierte Planung oder Shared-Services-Kalkulation dienen.	https://www.sap.com/products/profitability-and-performance-management.html?url_id=text-glo-404-reclink
Workday	Workday bietet cloudbasierte Unternehmensanwendungen für das Personal- und Finanzwesen. Workday Prism Analytics führt Daten aus den beiden Bereichen für strategische Entscheidungen zusammen. Die Förderung interner Talente soll durch Funktionen zur Zielsetzung, Talentüberprüfung und Analyse erleichtert werden.	https://www.workday.com/de-de/products/talent-management/performance-optimization.html
Workpath	Workpath ist eine agile Ziel- und Performance-Management-Plattform, mit der sich Ziele auf einem OKR-Template ableiten, anpassen, aktualisieren und nachverfolgen lassen sowie Check-ins und Feedback organisiert werden können.	https://www.workpath.com/magazin/persoenliche-okr

Tab. 4.3: Tools für Performance-Management (Quelle: eigene Darstellung)

Limitiert ist der Einsatz von KI im Performance-Management oftmals durch einen Mangel an Datensätzen, anhand derer sich Muster erkennen lassen. Individuelle Zielvereinbarungen und Bewertungen lassen sich nur dann zu prädiktiven Analysen verarbeiten, wenn ausreichend vergleichbare Daten vorliegen, weshalb in der Praxis die deskriptiven Analysen überwiegen (vgl. Gärtner 2020a, S. 116). Der Einsatz von KI im Performance-Management kann dazu dienen, **360-Grad-Feedback** von Beteiligten auf Basis unstrukturierter Daten wie E-Mails zu verarbeiten oder den **Fortschritt eines Teams** zu beobachten, um **Prognosen** und **Empfehlungen** abzugeben. Eine KI könnte Empfehlungen auf Basis von Klassifikationsalgorithmen in Entwicklungspläne oder Lernformate überführen oder Protokolle von Review- und Retrospektive-Terminen mithilfe von Text-Mining auswerten, um dem Team Risiken oder Blockaden zu spiegeln (vgl. ebd., S. 105). Weitergedacht ließen sich im Performance-Management diverse **Verhaltensdaten auswerten**, von E-Mail-Inhalten über Mausklicks, Tastenanschläge bis zu Kontaktnetzwerken und Social-Media-Interaktion. In der Diskussion über solche Analysen scheiden sich die Geister und das folgende Beispiel Amazon zeigt, wie schnell der Nutzen von transparenten Tools im Performance-Management einem Eindruck von brutaler Kontrolle weichen kann.

AUS DER PRAXIS – BEISPIEL

Amazons Anytime-Feedback-Tool

Amazon hat im Jahr 2015 für Schlagzeilen gesorgt, als ein Exposé der »New York Times« über darwinistische Führungspraktiken berichtete, nachdem Amazon das Anytime-Feedback-Tool für Performance-Management eingeführt hatte (vgl. Haussler 2018). Die Feedback-Funktion erlaubt es, Lob von und Kritik an Kolleginnen an das Management zu senden. Letzteres wusste, von wem das Feedback stammte, gab aber diese Information in der Regel nicht an die betroffene Person weiter (vgl. Kantor/Streitfeld 2015). Das Echtzeit-Tool Anytime-Feedback wurde später abgelöst durch die App Connections, die Mitarbeiterinnen täglich Fragen und Antworten teilen lässt, um positives Feedback zu fördern (vgl. Haussler 2018). Connections bittet Mitarbeiterinnen, einige Arbeitsfragen zu beantworten – von der Frage nach der Produktivität der besuchten Meetings bis zur Frage nach der Auslastung von Waschräumen. Der Personalbewertungsprozess heißt inzwischen **Forte** und konzentriert sich mehr auf die Stärken als auf die Schwächen. Mit der Einführung von Connections und Forte verbesserten sich die Arbeitgeberbewertungen auf Business-Portalen wie LinkedIn und Glassdoor drastisch (vgl. Sangwani 2018).

Amazon ist bei Weitem nicht das einzige Unternehmen, das Echtzeit-Feedback-Apps mit Algorithmen einsetzt, aber vermutlich das größte. Die »New York Times«-Autorinnen beschreiben am Beispiel des Vorreiters Amazon eine zweifelhafte Entwicklung in Richtung maximaler Datentransparenz, die Arbeitsleistung betreffend, was für mehr Geschwindigkeit und Produktivität, aber auch für mehr Härte sorgt (vgl. Kantor/Streitfeld 2015). In dem Kontext rückte auch der HR-Software-Anbieter Workday ins Rampenlicht, mit seinem vergleichbaren Produkt Collaborative Anytime Feedback, das die jährliche Leistungsbeurteilung zu einem täglichen Ereignis machen will und in dessen Entwicklung der Amazon-Gründer Jeff Bezos schon früh investiert hat (vgl. Timberg 2015).

Am Beispiel Amazon lässt sich eindrucksvoll nachvollziehen, wie sensibel das Thema Ziel- und Leistungsmanagement in der Begleitung zu behandeln ist, wenn KI-Tools zum Einsatz kommen. In der Regel sind es nicht die Tools, die für wahrgenommene Kontrolle, Spionage oder Unterdrückung sorgen, sondern die Haltung und vermittelten Grundwerte in der Anwendung. Während sich bei Amazon wenig über die technologischen Grundlagen in Erfahrung bringen lässt, bietet eine im folgenden Beispiel beschriebene Anwendung von Zalando mehr Stoff zur Diskussion über eingesetzte Technologie.

AUS DER PRAXIS – BEISPIEL

Zalandos KI-App Zonar

Zalando setzt seit 2016 bei rund einem Drittel seiner Beschäftigten die App Zonar ein, eine KI-basierte Software zur Leistungsbewertung (vgl. Hagelüken/Kläsgen 2016). Beschäftigte sollen durch Kolleginnen und Vorgesetzte in Bezug auf Leistung, Sozialverhalten, Stärken und Schwächen bewertet werden. Zalando nutzt das Tool im Rahmen von Performance- und Talentmanagement, um die Entscheidungen über Beförderungen und Gehaltserhöhungen nicht allein vom Urteil der Vorgesetzten abhängig zu machen (vgl. Rath 2019). Mitarbeiterinnen nominieren für Zonar zweimal im Jahr in Abstimmung mit ihrer Führungskraft bis zu acht Kolleginnen, die sie beurteilen. Außerdem fließen die Ergebnisse der halbjährlichen Personalbeurteilungen, Leistungsdaten und Echtzeitbewertungen ein, die unmittelbar nach Meetings oder Projektabschlüssen vergeben werden können (vgl. Gärtner 2020a, S. 106). Feedbackgebende können Notizen, Dokumente oder Sprachnachrichten an ihre Bewertung anhängen, die aus einem quantifizierenden Rating und einer qualitativen Rezension besteht (vgl. ebd., S. 107). Der Algorithmus profiliert die Inputdaten über mehrere Prozesstufen hinweg und teilt die Personen in drei Gruppen ein: Die Top-Performer qualifizieren sich als Potenzialkandidatinnen bis zur Beförderung (Promotion-Readiness), den Schlechtleisterinnen (Low Performer) wird mangelndes Leistungsverhalten zugeschrieben und die mittlere Gruppe (Good Performer) lässt keine Ausschläge nach oben oder unten erkennen (vgl. Scheller 2019). Alle drei Gruppen sollen sich mit ihren Entwicklungszielen auseinandersetzen, die Top-Leisterinnen qualifizieren sich für Karriereschritte und bekommen Prämien (vgl. Staab/Geschke 2020).

Eine Studie der Berliner Humboldt-Universität kritisiert, dass bei diesen hochfrequenten horizontalen Bewertungen, aus denen vom Algorithmus Scores und Gruppen gebildet werden, der Entwicklungsansatz in den Hintergrund rückt (vgl. ebd. 2020). ver.di-Vorstandsmitglied Stefanie Nutzenberger warf Zalando vor, emotionalen Stress bei der Belegschaft auszulösen und die Mitarbeiterinnen gegeneinander in Stellung zu bringen (ZEIT ONLINE 2019). Kritisiert werden auch die mangelnde Transparenz des Algorithmus und vorgegebene Verzerrungen, da z. B. der mittlere Skalenbereich als 100 Prozent gesetzt wird und damit die Gruppe der Top-Leisterinnen unerreichbar scheint (vgl. Staab/Geschke 2020).

Was ist nun gerechter – die klassische Bewertung von Vorgesetzten im jährlichen Personalgespräch oder eine 360-Grad-Lösung mit Instant Feedback aus allen Richtungen, von verschiedenen Ebenen und Schnittstellen? Die Beispiele von Worker-Coworker-Ratings, die horizontale Bewertungsdaten erfassen und kombinieren, um sie mit Algorithmen zu individuellen Scores zu verarbeiten, zeigen, dass die Antwort nicht so einfach ist. Zahlreiche Studien kritisieren die althergebrachte Top-down-Bewertung durch Führungskräfte mit »Nasenfaktor« (vgl. Scheller 2019). Negative Berichte wie die über Zalando und Amazon vermitteln ein einseitiges Bild von Leistungsauswertung im Performance-Management und führen schnell zu Algorithmen-Bashing. Kein Wunder, wenn **negative Beispiele**, bei denen **automatisierte**

Leistungskontrolle einer **Rundumüberwachung** gleicht, ins Rampenlicht rücken. **Callcenter-Personal** wird durchgängig vermessen, von Gesprächszeiten bis zu After-Call-Befragungen der Kundinnen. **Clickworker** wissen, dass ihr Bildschirm ständig abfotografiert wird, um Arbeitsfortschritt zu messen. **Lagerpersonal** wird von Sensoren und Leitsystemen bei jeder Bewegung begleitet, Amazon hat bereits zwei Patente angemeldet für Armbänder, die falsche Bewegungen erkennen (vgl. Yeginsu 2018). Apps führen die Paketzustellerinnen von Amazon mit motivierenden Nachrichten zum vorgegebenen Prozentsatz für pünktliche Zustellungen und geben Tipps für bessere Performance: »Seien Sie flexibel, seien Sie schnell!« (vgl. Seufert 2019). Amazon plant in der Zustellung sogar, KI-basierte Kameras im Führerhaus einzusetzen, die in vier Richtung filmen und die Fahrerin warnen, wenn sie zu schnell fährt, zu wenig Abstand hält oder abgelenkt scheint (vgl. Schräer 2021). KI-basiertes Performance-Management ist keine Frage des »Ob«, sondern des »Wie«, wenn man den Vorwurf der Überwachung glaubwürdig entkräften will. In Deutschland geben die **Datenschutzgrundverordnung** und das **Bundesdatenschutzgesetz** klare Rahmen vor. Die **betriebliche Mitbestimmung** im Betriebsverfassungsgesetz sichert eine kritische Prüfung durch Betriebsratsgremien (s. Kap. 6.2). Für einen verantwortungsbewussten Umgang haben sich in der Praxis vor allem **Transparenz** und **Beteiligung** bewährt.

Erfolgsfaktoren zur Akzeptanz von KI-basierter Leistungsauswertung

- Aufklären, wie die Algorithmen arbeiten, welche Daten sie erheben und wie diese Daten in Bewertungen, Kategorisierungen oder Maßnahmen transferiert werden
- Transparent machen, wer Entscheidungen auf Basis von KI-Empfehlungen trifft und nach welchen Kriterien
- Die ethischen Richtlinien, Normen und Werte basierend auf der Unternehmenskultur formulieren und deutlich machen, wie deren Einhaltung sichergestellt ist
- Betriebsratsgremien rechtzeitig einbinden, um deren Mitbestimmungsrechte in der technischen Leistungs- und Verhaltenskontrolle ernst zu nehmen
- Transparente Vereinbarungen zur Datenerfassung und -speicherung schließen (Art und Weise, Dauer, Verwendung, Einflussnahme, Löschmöglichkeiten)

Angelehnt an die Leistungsbeurteilung kann KI auch dabei unterstützen, **Vergütungsmodelle zu optimieren**. Während die Leistungsauswertung, wie im Beispiel von Amazon und Zalando dargestellt, nach dem tatsächlichen Ergebnis der Arbeit fragt, hat die **Bewertung von Stellen** (Grading) die Anforderungen an ein bestimmtes Jobprofil im Blick. Bewertet wird für jedes Stellenprofil die damit einhergehende Verantwortung und sein Einfluss auf die Unternehmens-Performance. KI-Software kann die Leistungsbeurteilung mit dem Stellen-Grading verknüpfen und Einflussfaktoren für personalisierte Vergütung berücksichtigen. **Individualisierte Vergütungsmodelle** sollten unterscheiden können, welche Vergütungsbestandteile für die betreffende Person am stärksten wirken. Vom Bonus über die flexible Arbeitszeit, die Mobilitätskarte oder den Firmenkindergarten bis zum Gesundheits- oder Versicherungsschutz werden Mitarbeiterinnen gänzlich verschiedene Resonanz auf solche und ähnliche Gehaltsbestandteile zeigen. Entscheidungsbäume oder Künstlich neuronale Netze können Muster in den Auswirkungen von Vergütungsbestandteilen auf Motivation und Leistung finden (vgl. Gärtner 2020a, S. 111). Hier lässt sich eine KI meist leichter einsetzen als bei der Analyse von Zielsystemen, da größere Stichproben und damit mehr Vergleichsdaten vorliegen.

4.4.2 KI-basierte Workplace-Analytics-Plattformen

Durch die Vereinbarung von Zielen, die Erfassung von Leistung und Berechnung individueller Vergütung oder Aufstiegschancen ist Performance-Management direkt oder indirekt mit Personalentwicklung verbunden. Was motiviert Menschen zur Arbeit? Was macht die einen langsamer und die anderen schneller? Welche der beiden Gruppen ist zufriedener und warum? Wodurch entstehen Fehler und was verhindert Leistung? Wie trägt Performance-Messung zur Selbstentfaltung bei? Wo hemmt sie Eigenverantwortung? Wer ausreichend Verhaltensdaten von Mitarbeiterinnen verknüpfen kann, findet Antworten, sowohl für die Organisation als auch für jede beteiligte Person. Außer der selbstorganisierten Personalentwicklung kann auch **selbstorganisiertes Performance-Management** mithilfe von KI in die Hände der Mitarbeiterin gelegt werden. Der KI-Algorithmus wird zu meinem Freund, wenn er mir aufzeigt, wie ich produktiver arbeite, mit weniger Aufwand mehr erreiche oder mein Netzwerk effizienter ausbauen kann. Wenn ich selbst im Analyse-Cockpit sitze, dann kann ich für mich persönlich blinde Flecken aufdecken und selbst entscheiden, was ich umsetzen will. Auf diesen Ansatz baut die im folgenden Beispiel beschriebene neue Plattform von Microsoft auf.

AUS DER PRAXIS – BEISPIEL

Microsofts Viva-Plattform

Microsoft hat sich in den letzten Jahren aktiv um Zukäufe im HR-Bereich bemüht und unter anderem LinkedIn, GitHub, Lynda und Glint akquiriert (vgl. Der Standard 2018). Der Konzern selbst hat angekündigt, eine Plattform für berufliche und persönliche Entwicklung durch nahtlos integrierte Employee-Experience aufzubauen. Die Plattform namens Microsoft Viva soll als Teil von Office 365 für Mitarbeiterinnen relevantes Wissen, Lerninhalte und Kommunikation mit vier Anwendungen in den Arbeitsalltag integrieren (vgl. Microsoft 2021c):

- **Viva Insights** beobachtet Mitarbeiterinnen zu ihrem eigenen Schutz hinsichtlich regelmäßiger Pausen, konzentrierten Arbeitens und belastbarer Beziehungen im Team. Einbezogen werden auch Daten von LinkedIn, Glint, Zoom, Slack, Workday und SAP SuccessFactors. Die Auswertungen sollen nur für Betroffene einsehbar sein und nicht für Führungskräfte. Das Management bekommt ausschließlich aggregierte und anonymisierte Daten mit Ansatzpunkten für bessere Arbeitsbedingungen.
- **Viva Learning** organisiert individuelle Lern- und Entwicklungsprozesse mit KI, die passende Lerninhalte zur richtigen Zeit empfehlen soll, mit dem Ziel einer in den Arbeitsalltag integrierten Lernkultur. Die Anwendung bindet auch Inhalte von Microsoft Learn, LinkedIn Learning und Drittanbietern wie Coursera, edX, Pluralsight und Skillsoft ein. Viva Learning kann in LMS wie SAP SuccessFactors oder Cornerstone OnDemand eingebunden werden.
- **Viva Topics** vereinfacht Recherche und sucht im gesamten Unternehmen KI-basiert automatisch Inhalte und Fachwissen zu Produkten, Prozessen, Projekten oder Kundinnen. Mitarbeiterinnen sollen so ohne Medienbruch aus einer Anwendung heraus auf alle relevanten Dokumente, Konversationen oder Videos zugreifen können. Auch hier wird Content von Drittanbietern wie Salesforce und ServiceNow integriert.
- **Viva Connections** kuratiert am digitalen Arbeitsplatz relevante Inhalte, News, Leistungen und Community-Updates.

Microsoft betont den offenen Charakter der Plattform als Ökosystem mit Partnern. Daraus entsteht ein 360-Grad-Blick auf Mitarbeiterinnen, der im Performance-Management KI-basiert wirksam werden kann. An Daten mangelt es Microsoft schon heute nicht: Qualifikationen und Kompetenzen finden sich bei der Tochter LinkedIn, Feedbacks von und zu Mitarbeiterinnen bei Glint, Lernpläne auf Lynda und das Arbeitsverhalten wird in allen genutzten Office-Produkten erfasst. Damit ist der Boden bereitet für Workplace-Analytics.

Der Bereich **Workplace-Analytics** befasst sich mit der Analyse von Interaktion und Formen der Zusammenarbeit. Aus KI-basierter Datenanalyse werden Muster für Zusammenarbeit identifiziert, die Einfluss haben auf Produktivität, Effektivität und Bindung der Belegschaft (vgl. Microsoft 2021d). Wer nimmt an Online-Meetings teil? Welche E-Mails werden dazu im Anschluss ausgetauscht? Welche Funktionen treffen sich laut ihren Kalendern zu Abstimmungen? Wie wirkt sich das auf den Rückstand in der Lead-Bearbeitung aus? Welche Teams erzielen im Vertrieb die meisten Verkaufsabschlüsse? Selbst mit anonymisierten Daten lassen sich zu solchen Fragen jede Menge Schlüsse hinsichtlich Mustern und Potenzialen im »Way of Working« ziehen. Anbieter wie Microsoft werben damit, Führungskräften Hinweise auf Arbeitsmuster oder Burn-out-Risiken geben zu können und Teams zu einem effizienteren und ausgeglichenen Arbeiten zu begleiten. Vordefinierte Analysen mit hierarchischen Clustern, Netzwerkanalysen oder Text-Mining vereinfachen die Anwendung und visualisieren interaktive Berichte (vgl. ebd.). Privatsphäre soll durch aggregierte und anonymisierte Daten gewährleistet werden, um personenbezogene Informationen zu schützen.

Office-Anwendungen mit 360-Grad-Portfolio wie Microsoft Office 365 begleiten den kompletten Arbeitstag in vielen Unternehmen und können daher in der Analyse einen Rundumblick anbieten. Kalender und E-Mails werden in Outlook gemanagt, Gespräche über Teams oder Skype geführt, Projekte in MS-Planner und MS-Teams bearbeitet, Dokumente in Word, Excel oder PowerPoint erstellt und in Sharepoint abgelegt. In der Analyse sucht die Office-Graph-Technologie von Microsoft nach Verbindungen zwischen Aktionen, Dokumenten und Personen, um zu lernen, wie sich der Arbeitsalltag optimieren lässt und Vorschläge zu entwickeln (vgl. Gärtner 2020b). Die Idee hinter Workplace-Analytics ist, Teams mit Datenanalyse zu befähigen, Regeln für ihre Zusammenarbeit zu vereinbaren und sie Tool-basiert zu unterstützen. Beispielhaft zeigt die Analyse in der nächsten Abbildung, dass ein Marketingteam mehr Zeit in Meetings verbringt als vergleichbare Teams.

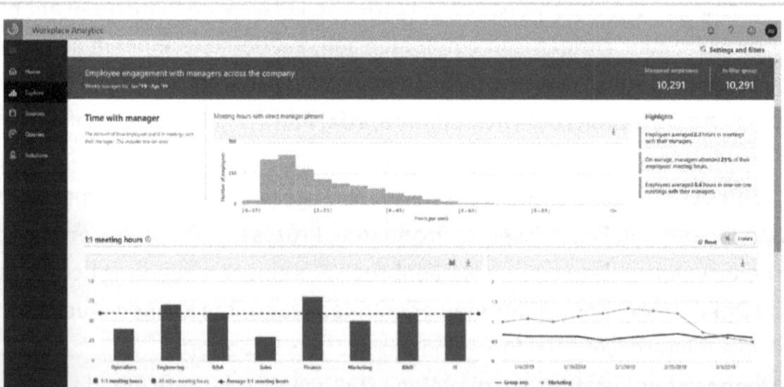

Abb. 4.22: Auswertung der Meeting-Zeit im Team Marketing mit Microsoft Workplace-Analytics (Quelle: McCullough/ Beaujon 2018)

Der Algorithmus macht Vorschläge, wie das Team seine Meeting-Zeit reduzieren könnte, und misst den Fortschritt auf Basis der Ziele, die sich das Team selbst gesetzt hat. Die nachfolgende Abbildung zeigt eine Auswertung der wöchentlichen Meeting-Stunden für ein Engineering-Team.

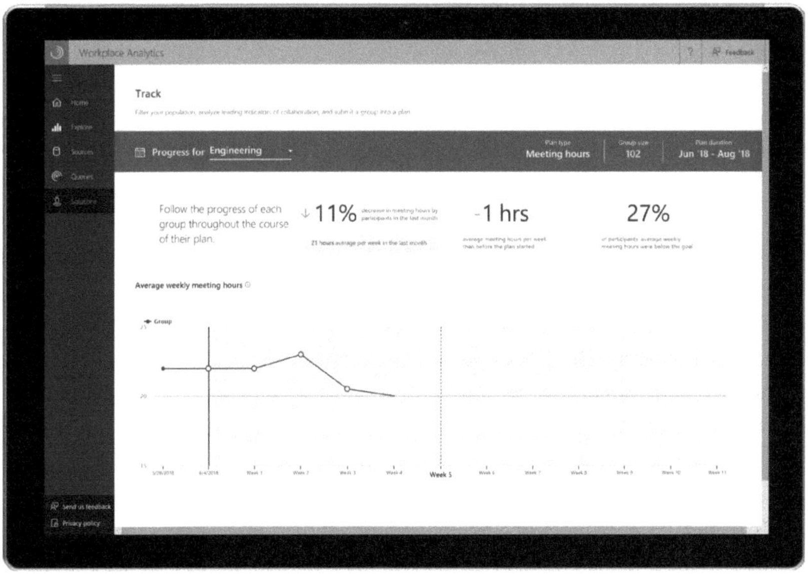

Abb. 4.23: Fortschrittskontrolle im Team Engineering mit Microsoft Workplace-Analytics (Quelle: Microsoft 2019)

Das Microsoft-Produkt **MyAnalytics** konzentriert sich dagegen auf die einzelne Nutzerin der Microsoft-Office-365-Welt und macht im Arbeitsalltag auf Basis der Analyse konkrete Vorschläge für gesünderes und wirkungsvolleres Arbeiten (vgl. McCullough/Beaujon 2018):

- **Aufgaben und ungelesene E-Mails abschließen:** Die MyAnalytics-KI erkennt, wo To-dos versprochen wurden und noch auf Erledigung warten oder wenn E-Mails von wichtigen Kontakten zu lange ungelesen bleiben.
- **Freizeit respektieren:** MyAnalytics warnt Nutzerinnen, die Kolleginnen häufig außerhalb von deren regulärer Arbeitszeit anschreiben.
- **Effiziente Besprechungen organisieren:** Wer zu Besprechungen einlädt, obwohl der Kalender schon voll ist, erhält vom KI-Tool mit Delegationsvorschläge.
- **Fokuszeit blocken:** Volle Konzentration empfiehlt das Tool allen, die von einer Besprechung zur anderen hetzen und nicht mit ihren Aufgaben hinterherkommen. MyAnalytics verteidigt die geblockte Fokuszeit auch gegen neue Besprechungseinladungen.

Für HR oder das Management können solche Plattformen die Arbeitsmuster der Organisation aggregiert darstellen, wie die nachfolgende Abbildung zeigt.

In diesem Beispiel wird einer Führungskraft gespiegelt, dass 60 Prozent ihres Teams außerhalb der Arbeitszeit aktiv sind und potenziell von Burn-out bedroht sein könnten. Auf der rechten Seite sieht sie, dass es ihr gelungen ist, 1 : 1-Termine mit allen Mitarbeiterinnen in den letzten vier Wochen durchzuführen. Das Dashboard empfiehlt der Führungskraft außerdem, keine E-Mails abends und am Wochenende zu versenden, da 40 Prozent ihres Teams darauf direkt reagieren. Potenzial zeigt sich auch in der Reduzierung von unproduktiven Meetings, da 40 Prozent der Mitarbeiterinnen über 20 Stunden pro Woche in Besprechungen verbringen.

Mitarbeiterinnen reagieren in der Regel skeptisch auf Workplace-Analytics, nach dem Motto: »Was, meine Vorgesetzten sollen sehen, was ich wann arbeite und mit wem?!« Umso wichtiger sind **klare Regeln** zur **Datenerfassung, -auswertung** und **-sicherung.** Microsoft trennt zu diesem Zweck verschiedene Rollen mit spezifischen Rechten, die im Compliance-Center kontrolliert werden (vgl. Mulsow 2020):

- **Administrator:** nimmt Einstellungen am Service vor und stimmt zusammen mit den Betriebsratsparteien ab, welche Daten einbezogen, verschlüsselt und in Reports ausgewiesen werden, ohne die Daten selbst einsehen zu können
- **Analyst:** hat Zugriff auf die generierten Reports
- **Programm- und Team-Manager:** begleiten den Change-Prozess und können dafür Zugriff auf bestimmte Analysen bekommen

Pseudonymisierung und Anonymisierung sind bei vielen Datenfeldern voreingestellt, andere sind automatisch aus der Auswertung exkludiert, z. B. E-Mail-Adressen von Nutzerinnen, E-Mail-Texte, Dateianhänge und vertrauliche Kalendereinträge (vgl. Microsoft 2021e). Die berechneten Ergebnisse sind anonymisiert, damit keine Personen aus diesen Feldern identifiziert werden können (vgl. Mulsow 2020). Um sicherzugehen, dass keine Datensätze analysiert werden, die auf einzelne Personen schließen lassen, können zusätzlich Datengruppen ausgeschlossen werden, z. B. Domains, spezielle Meetings oder Nutzungsgruppen (vgl. Microsoft 2021b).

4.4.3 Alternativen und Grenzen von Workplace-Analytics

Jenseits von vernetzten Arbeitsplattformen wie Office 365 lassen sich Daten für Workplace-Analytics auch mit **Soziometern** sammeln. In einer breit angelegten Studie haben die Forscher Bernstein und Turban im Jahr 2018 tausend Mitarbeiterinnen eines Softwareunternehmens mit Soziometern begleitet (vgl. Bernstein/Turban 2018).

DEFINITION

Soziometer
Soziometer (Sociometric Badges) sind kleine vernetzte Geräte (Wearables), die Interaktion mit Personen oder deren Aktivitätsniveau mittels sozialer Signale aus Stimme, Bewegung und dem relativen Standort messen können (vgl. MIT Media Laboratory 2011).

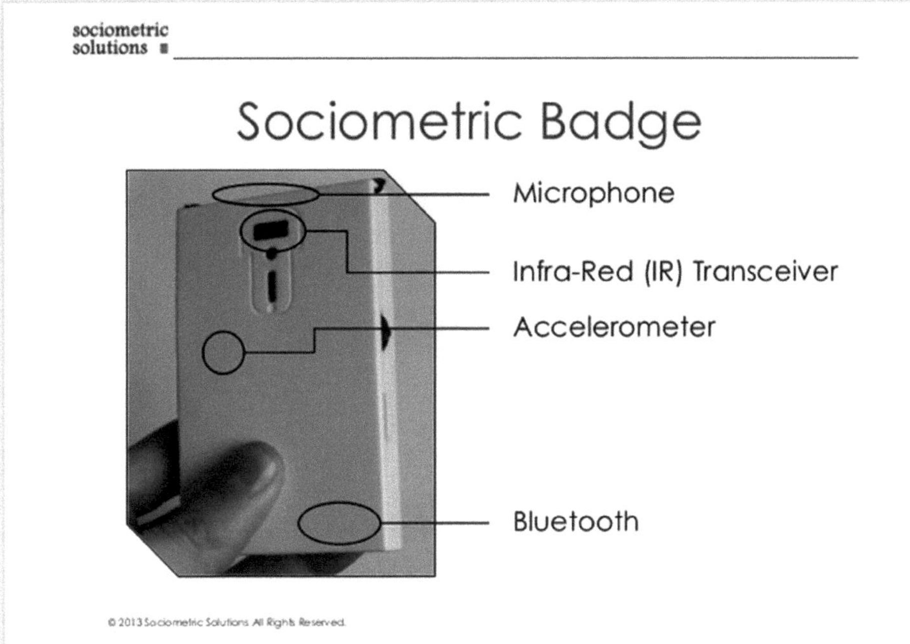

Abb. 4.24: Soziometer (Quelle: Sociometric Solutions 2013)

Sofern das Personal Sociometric Badges dauerhaft am Körper trägt (s. Abb. 4.24), lassen sich damit auch Verhaltensmuster messen und die soziale Interaktion verbessern. Im Rahmen der Studie »The impact of the ›open‹ workspace on human collaboration« wurden während eines halben Jahres alle Interaktionen der Mitarbeiterinnen mit Vorgesetzten, Kolleginnen und Kundinnen erfasst. Ausgewertet wurden leistungsrelevante Fragen (vgl. Bernstein/Turban 2018):

- Größe und Achsen des beruflichen Netzwerks
- Besuchsfrequenz bei Kundinnen
- Meeting-Zeit in internen und externen Besprechungen
- Konzentrierte Stillarbeitszeit
- Verkaufsabschlüsse

In der Auswertung zeigte sich, dass die Top-Leisterinnen das größere interne Netzwerk hatten, mehr Zeit mit ihren Vorgesetzten und ihren Kundinnen verbrachten, bei einem 40 Prozent kleineren Kundinnenstamm (vgl. ebd.). Ihnen war es offensichtlich gelungen, ihre Energie auf die wichtigsten Schaltstellen zu konzentrieren. Solche Erkenntnisse kann Workplace-Analytics nutzen, um ganze Teams, wie in diesem Fall den Vertrieb, hinsichtlich ihrer **Arbeitseffizienz** auf ein neues Niveau zu heben. Im Recruiting helfen **Analysen zum Leistungsoptimum**, um einen entsprechenden Fokus auf bestimmte Verhaltensmuster der Kandidatinnen zu legen.

Im Einsatz sind Soziometer in Form von Wearables heute vor allem in **Produktion** und **Fertigung**, um **Prozesse, Arbeitsabläufe** und **Arbeitsergonomie** zu optimieren. Die Tabelle zeigt eine kleine Auswahl von Anbietern.

Tool	Leistungsbereich für Workplace-Analytics	URL
Humanyze	Humanyze OHS misst mithilfe von Metriken, Indikatoren und Algorithmen auf der Basis von Datenpunkten, wie die Arbeit erledigt wird, und hilft, Verbesserungspotenziale zu identifizieren.	https://humanyze.com/solutions/
Intranav	Die INTRANAV RTLS-Technologie begleitet Beschäftigte, um bei Arbeitsunfällen sofortige Sicherheitsmaßnahmen einzuleiten. Echtzeitanalysen können über den Arbeitsweg sowie Zonenauslastung und Zoneneinsatz der Mitarbeiterinnen berichten und das Betreten unbefugter Zonen kontrollieren.	https://intranav.com/rtls-anwendungen/safety-zone-management/
Kinexon	Kinexon SafeZone nutzt Sensor-Technologie, um Belegschaft und Betrieb zu schützen. Zum Schutz z. B. vor Covid-19 können die UWB-Wearables in Echtzeit Kontakte rückverfolgen und zentimetergenau vor zu nahen Kontakten warnen.	https://kinexon.com/de/safezone
MotionMiners	MotionMiners nutzt Technologie zur automatisierten Arbeitsprozessanalyse, die mithilfe von Sensoren und Kleinfunksendern Prozesse ermittelt. Aus den Daten werden automatisch einzelne Arbeitsschritte durch ein Deep-Learning-Netzwerk identifiziert und einer weiteren Analyse zugänglich gemacht.	https://www.motionminers.com
Sigfox	Der Sigfox GPS-Tracker ermöglicht es, Mitarbeiterinnen in Echtzeit zu tracken. Die Ortung erfolgt über GPS, Funktriangulation und spezielle Beacons sowie Bewegungs- und Temperaturdetektoren.	https://sigfox.de
TrustSphere und KeenCorp	TrustSphere und KeenCorp nutzen Data-Science und Machine-Learning sowie die Analysen von Protokolldaten aus Kommunikations- und Kollaborationssystemen, um Ergebnisse zu erhalten, zu: Arbeitsplatzpräferenzen, Auslastung, Zusammenarbeit, Kultur und Engagement.	https://www.trustsphere.com https://keencorp.com
Xsens	Die Xsens MVN Analyze ist ein Ganzkörper-Messsystem für Personen, das auf Sensoren, biomechanischen Modellen und Sensorfusionsalgorithmen basiert. Die Software dient zum Aufzeichnen, Überwachen und Überprüfen von Bewegungen.	https://www.xsens.com/motion-capture

Abb. 4.25: Beispiele für Anbieter von Workplace-Analytics mit Wearables (Quelle: eigene Darstellung)

Beziehungen in Netzwerken können auch mithilfe von Wearables anhand der Bezüge von Knoten im Netz mit **Centrality-Kennzahlen** ausgewertet werden (vgl. Zhang/Luo 2017):

- **Betweenness-Centrality:** wie viele direkte Kontakte eine Person hat oder wie stark sie als Mittlerin zwischen Personen oder Gruppen agiert
- **Closeness-Centrality:** wie nah oder fern sich zwei Personen oder Gruppen sind
- **Degree-Centrality:** mit wie vielen Personen oder Kontakten jemand in Verbindung steht

Mit **Prestige-Kennzahlen** wird ergänzend erfasst, wie stark die Autorität, Achtung und Kontrollmöglichkeiten von Akteurinnen im Netzwerk sind (vgl. Sakschewski 2021):

- **Degree-Prestige:** wie oft andere durch aktive Kontaktaufnahme auf jemanden zugehen
- **Rang-Prestige:** wie wichtig die Personen sind, die auf die untersuchte Person zugehen, und wie gewichtig damit ihre Verbindungen sind
- **Proximity-Prestige:** wie gut oder schlecht erreichbar Personen oder Gruppen sind

Derartige **Soziogramme** sind für Teams aufschlussreich, aber auch HR kann darüber unzählige Erkenntnisse für die Arbeitseffizienz gewinnen:

- Wie gut ist der Zugang zu Schlüsselfunktionen organisiert?
- Welche Informationsflüsse laufen gut, welche sind redundant und wo fehlen Informationen?
- Wo bilden sich Abhängigkeiten von Rollen oder Teams?
- Welche Funktionen sind nicht ausreichend in Netzwerke eingebunden?

Bei aller Freude an Transparenz für HR und den Potenzialen für Team- und Organisationsentwicklung sind in Workplace-Analytics klare Grenzen gesetzt. Egal ob 360-Grad-Software wie von Microsoft oder Soziometer in Wearables eingesetzt werden, **technische Werkzeuge zur Analyse von Arbeitsprozessen** sind im Rahmen des Betriebsverfassungsgesetzes **mitbestimmungspflichtig.** Sobald personenbezogene Daten verwendet werden, kommt die **Datenschutzgrundverordnung** zur Anwendung (s. Kap. 6.2). Ergebnisse solcher Analysen können z. B. nicht zur Kündigung bei Schlechtleistung verwendet werden. Gemäß dem **Beweisverwertungsverbot** bei personenbezogenen Daten ist die Verwertung von Tatsachen unzulässig, wenn durch die Verwertung rechtswidrig in das Grundrecht der Arbeitsnehmerin auf informationelle Selbstbestimmung eingegriffen wird (BAG vom 21.11.2013 – 2 AZR 797/11, juris Rn. 42 ff.) (vgl. Kotz 2014).

Analyseergebnisse sind auch jenseits rechtlicher Fragen mit Vorsicht zu betrachten. Die Qualität von Beziehungen lässt sich z. B. nur schwer anhand der Häufigkeit des Austausches erkennen und volle Kalender sind nicht zwingend Hinweise auf Workaholics, sondern evtl. auf Work-Life-Expertinnen, die sich gegen Fremdbestimmung durch öffentlichen Kalenderzugriff zu wehren wissen. Auch werden sich introvertierte Charaktere wohl kaum allein aufgrund des wohlwollenden Rats ihrer KI-Assistenzen zu Small-Talk-Königinnen mit einem heißen Draht zu Vorgesetzten und Kundinnen entwickeln. Sozial erwünschtes Verhalten, das gut beim Analytics-Tool ankommt, muss nicht zwingend zu nachhaltigem Unternehmenserfolg beitragen.

Zusammenfassung

Performance-Management mit KI-Algorithmen bedient die wachsende Komplexität von OKR-Zielsystemen, die in kurzen Zyklen Ziele setzen und aus verschiedensten Perspektiven nachhalten. Leistungsauswertung erfordert besondere Achtsamkeit im Umgang mit Messpunkten und Datenverwendung. Ähnlich dem Zielbild in der Personalentwicklung geht der Weg nicht zu einer Machtkonzentration im Daten-Cockpit des Vorstandsgremiums, sondern zu selbstorganisierter Performance-Steuerung für Teams und Mitarbeiterinnen. Steuerungssysteme sollten Nutzerinnen-zentriert entwickelt und genutzt werden, um nicht in die Amazon-Falle zu tappen. Fairness und Transparenz sind oberstes Gebot, z. B. im Prozess der Gehaltsentwicklung. HR kann mit Vereinfachungsarchitektur unterstützen und sich damit von der Zuschreibung »Bürokratiemonster« befreien. Dialogorientiert entwickeln Führungskräfte ihre Teams und lernen mit Analytics-Dashboards, wo sie selbst zu ungesunden und unproduktiven Arbeitsmustern beitragen. Workplace-Analytics webt Performance-Feedback in den Alltag ein, wie beim schnellen Wechsel einer Mannschaft im Spitzensport. Alle im Team wissen, wo sie stehen und woran sie für sich arbeiten können.

4.5 Strategische und operative Personalplanung mit People-Analytics

Theoretisch wissen wir genug über unsere Belegschaft, praktisch wenden wir diese Informationen nur in Bruchteilen an. Trotzdem wird vielfach mehr spekuliert als gemessen und systematisch analysiert. In einer breit angelegten Studie von Deloitte äußerten mehr als zwei Drittel der befragten Führungskräfte ihren Unmut über HR-Bereiche, die keine ausreichenden und verlässlichen Auswertungen lieferten und nur acht Prozent hatten überhaupt brauchbare Daten (vgl. Deloitte 2017). Wissenschaftlich betrachtet ist der Fall klar: Von smarten Algorithmen erhobene und ausgewertete Daten in People-Analytics führen zu besseren Entscheidungsgrundlagen in der strategischen Personalplanung und zu mehr Objektivität und Fairness im operativen Workforce-Management.

Operative Personaleinsatzplanung mit KI-Unterstützung kann deutlich mehr Einflussfaktoren verarbeiten und im Interesse von Belegschaft und Unternehmen ausbalancieren. Tatsächlich reagieren Führungskräfte allerdings oft skeptisch, wenn die Ergebnisse der Analyse nicht mit ihren eigenen Gefühlen und Meinungen übereinstimmen. Mitarbeiterinnen sorgen sich um ihre Privatsphäre oder um einseitige Schichten-Optimierung zum Vorteil des Arbeitgebers. Manche HR-Bereiche halten sich zurück, da es ihnen an analytischen und statistischen Fähigkeiten mangelt und im Controlling allenfalls Vergangenheitsdaten aggregiert werden können. In diesem Kapitel werden die Möglichkeiten von smarten Algorithmen in People-Analytics für HR-Strategie, strategische Personalplanung und operatives Workforce-Management (Personaleinsatzplanung) beleuchtet.

4.5.1 Von HR-Controlling zu People-Analytics

Knut Knobel ist Mitarbeiter im **HR-Controlling** und verbringt jeden Montag damit, für die Vorstandssitzung am Dienstag die HR-Kennzahlen aufzubereiten. Er wälzt verschiedene Excel-Dateien zur Entwicklung von Personalzahlen in Köpfen und Vollzeitäquivalenten der Einzelgesellschaften. Akribisch sammelt er Ein- und Austritte, Krankenquoten, Fehlzeiten, Urlaubsrückstellungen und Trainingszeiten. Mit Pivot-Tabellen und der Funktion SVERWEIS zieht er sich aus den Dateien die relevanten Werte und sammelt sie in **Dashboards für den Vorstand**. Gegen Mittag beginnt er üblicherweise zu schwitzen, aus Sorge, irgendwo einen Fehler übertragen zu haben. Kein Wunder, dass er Montage hasst.

Kurt Knobel kann geholfen werden, denn **datengetriebene Personalarbeit** ist keine Raketentechnik, sie macht vielmehr Daten nutzbar, die längst im Unternehmen vorhanden sind. Oft sind solche Daten zu Menschen und ihren Fähigkeiten jedoch in **Datensilos** verbarrikadiert oder in **unstrukturierten Dateien** versteckt. In der Vielfalt aus HRM-Systemen, Datawarehouse, Netzwerkordnern und Software-Tools finden sich Tabellen, Textdateien oder Bilddaten mit wertvollen Informationen. In vielen Unternehmen steigt inzwischen der Druck auf HR, quantitative und qualitative Programme transparenter auszuwerten (vgl. Ullah/Ullah 2018, S. 223). Welchen Return-on-Invest hat die Personaldiagnose vor zwei Jahren eigentlich geliefert? Wie hat sich das Potenzial der Mannschaft durch das neue europäische Führungskräfteprogramm verändert? Wie lässt sich verborgenes Wissen transparent machen und nutzen? Wer solche Fragen stellt, verabschiedet sich endgültig von klassischem HR-Controlling als Reporting-Schlacht mit Selbstzweck und erkennt die Kraft von **People-Analytics** zur **Validierung des Wertbeitrages**. People-Analytics nutzt analytische Verfahren, um **personenbezogene Daten** zu analysieren und auf dieser Basis **evidenzbasierte Personalentscheidungen** zu treffen (vgl. Staritz/Biemann 2018). An der Machbarkeit scheitert es heute kaum noch, denn es mangelt weder an Daten noch an Tools. Die Basis für People-Analytics ist Big Data, kombiniert mit KI-Anwendungen, die aufgrund der immensen Rechenkapazität sowohl mit Predictive Analytics in die Zukunft fragen als auch umfassend Persönlichkeitsmerkmale von Mitarbeiterinnen ermitteln können. Dieser Wandel baut auf dem klassischen HR-Controlling auf, das historische Daten betrachtet. Nachdem die **Datenbasis der Historie** mit statistischen Methoden auf Besonderheiten und Strukturen hin analysiert wurde, kommen im nächsten Schritt **KI-basierte Methoden** zum Einsatz, um **neue Muster** zu finden oder **Prognosen** zu berechnen. People-Analytics in HR umfasst daher sowohl **deskriptive** und **induktive Statistik**, um aus historischen Daten Sachverhalte zu erklären, als auch **Machine-Learning**, um zukünftige Ereignisse valide vorherzusagen (vgl. Baier 2020, S. 116). Plötzlich geht alles ganz schnell, wenn Daten in Echtzeit aggregiert und sofort nach Abschluss einer Buchung ausgewertet und visualisiert werden können. **Real-Time-People-Analytics** gewinnt in HR an Bedeutung, wenn Arbeitsmärkte weiter globalisiert werden und HR-Controllerinnen auf allen Kontinenten jederzeit auf Daten zugreifen müssen, um schnell reagieren zu können. HR-Controlling steht zusätzlich vor der Aufgabe, Analysen und Reportings in Echtzeit verfügbar zu machen, um mit den dynamischen Geschäftsprozessen des Unternehmens mithalten zu können. People-Analytics nutzt und analysiert Daten zielgerichtet zur Entscheidungsfindung im Personalmanagement auf Basis von fünf Elementen, wie die nachfolgende Abbildung zeigt.

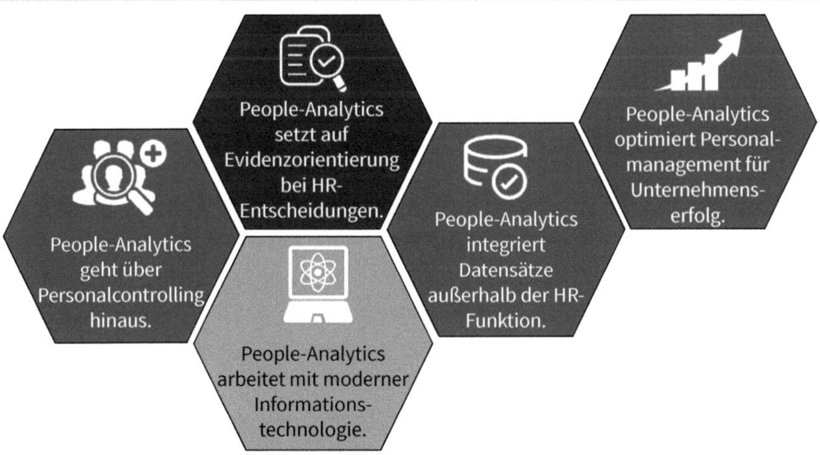

Abb. 4.26: Merkmale von People-Analytics (Quelle: nach Werther/Bruckner et al. 2018d, S. 108)

People-Analytics im Sinne von Data-Analytics fokussiert sich auf alle Datenpunkte, die bei der Arbeit von Menschen auf deren Zufriedenheit, Leistungsfähigkeit und letztlich auf den Unternehmenserfolg Einfluss haben. Wo zeigen sich Verbindungen, Abhängigkeiten und Muster in diesen Datenpunkten und was lässt sich daraus für die Zukunft vorhersagen? Die **Datenpunkte** reichen von personenbezogenen und soziodemografischen Informationen zu Mitarbeiterinnen über Stellen- und projektbezogene Merkmale bis zu leistungsrelevanten Kennziffern in der Leistung von Einzelnen, Teams und dem Unternehmen an der Schnittstelle zu Workplace-Analytics (s. Kap. 4.4.2). Zu den strukturierten Daten aus diversen Tabellen, Listen und Reports gesellen sich unstrukturierte Rohdaten in Form von Texten, Audio- oder Videodaten. **Data-Mining** und **Text-Mining** sind Grundvoraussetzungen, um mit unstrukturierten Daten arbeiten zu können. In der Aufbereitung von Ergebnissen spielt **Visualisierung** eine große Rolle, da Entscheidungsverantwortliche kaum noch bereit sind, sich durch Zahlenkolonnen und Excel-Tapeten zu wühlen. **Dashboards** werden automatisch generiert und vereinfachen die Interpretation.

People-Analytics in HR erfasst im Gegensatz zum bisherigen HR-Controlling neben den **internen Datenpunkten** auch **externe Datenquellen** wie Social-Media-Netzwerke, Jobportale oder Blogs. Daraus entsteht ein sogenannter Data-Lake, der vom HR-Controlling für **Rückblick** und **Prognosen** in Form von Segmentierung, Assoziation, Klassifikation, Regression oder Prognose verwendet werden kann (vgl. Heupel/Lange 2019, S. 214):

- Segmentierung: homogene Gruppen mit offensichtlichen Gemeinsamkeiten bilden
- Assoziation: häufig gemeinsam auftretende Ereignisse identifizieren und Regeln erkennen
- Klassifikation: Merkmale oder untersuchte Objekte bestimmen Klassen zuordnen
- Regression: Beziehungen zwischen Eigenschaften untersuchter Objekte finden
- Prognose: zukünftige Werte und Entwicklungen ableiten

KI-basierte People-Analytics kann in jedem HR-Bereich nach eindeutigen Zusammenhängen und ursächlichen Verbindungen suchen. Im Folgenden werden beispielhaft Untersuchungsfragen vorgestellt:

- Im **Personalmarketing** sollen die gewählten Kanäle (z. B. Stellenanzeigen in Zeitungen, nationale und regionale Jobportale, LinkedIn, Xing oder Facebook) nach Kosten-Ertrag-Relation verglichen werden, um die Budgets für das nächste Geschäftsjahr zu verteilen. Quantitativ lässt sich über URL-Tracking das Volumen in vielen Kanälen messen. Doch welcher Kanal hat die höchste Quote an Einstellungen im Verhältnis zur Anzahl an Bewerberinnen? Aus welchem Rekrutierungskanal kommend verweilen die Eingestellten am längsten im Unternehmen? Welche Kanäle versprechen Kandidatinnen mit der höchsten Leistung und besten kulturellen Passung? Das Personalmarketing-Team möchte nicht nur quantitativ, sondern auch qualitativ analysieren. Dafür verknüpft es das eigene Content-Management-System (CMS) mit Analytics-Software und Schnittstellen zum HR-Management-System sowie zum Performance-Management von Bestandsmitarbeiterinnen. Auf der Reise zur erfolgreich integrierten Belegschaft lassen sich so alle Datenpunkte nachvollziehen.
- Im **Recruiting-Team** fällt auf, dass all jene Kandidatinnen im ersten Assessment gut abschneiden, die einen Notizblock bei sich führen, auf dem sie Fragen an den potenziellen Arbeitgeber notiert

haben. War das Notizbuch kausal für den Erfolg? Bei genauerer Untersuchung dieser Korrelation »Notizblock zu AC-Ergebnis« zeigt sich, dass alle betreffenden Bewerberinnen ein Whitepaper »Bewerbungschancen verbessern« heruntergeladen hatten, welches vom Personalmarketing-Team erst kürzlich veröffentlicht worden war. Der Erfolg der Bewerberinnen hing nicht am magischen Notizbuch, sondern an ihrer gründlicheren Recherche und Vorbereitung auf das Gespräch.

- In der **Personalentwicklung** werden die Mitarbeiterinnen im Vertrieb nicht mehr nur anhand von Ergebnisdaten wie Verkaufsabschlüssen, Umsatz oder Retouren ausgewertet, sondern auch durch die automatisierte Analyse von Verkaufsgesprächen. So können Schulungserfolge und -bedarfe ermittelt und erfolgreiche Vertriebsstrategien in Entwicklungsformate übertragen werden. Leistungsbeurteilung im Vertrieb soll somit nicht mehr allein vom subjektiven Blick der Vorgesetzten abhängen, um Diskriminierung zu verhindern und Fairness zu steigern.
- Im jährlichen Prozess der **Leistungsbeurteilung** will sich das HR-Team vom prozessualen »Elefanten« befreien und nutzt Datenanalyse, um die unstrukturierten Daten aus 360-Grad-Feedbacks in Form von Opinion-Mining auszuwerten. Mittels Textanalyse werden dazu alle vorliegenden E-Mail-Feedbacks ausgewertet und systematisch Informationen zur Leistung von Mitarbeiterinnen analysiert.
- Im **Performance-Management** untersuchen die Expertinnen, welche Faktoren auf die Performance Einfluss nehmen und wie Incentivierung wirkt, wenn sie nicht mehr nach dem Gießkannenprinzip über die Mannschaft verteilt wird. Je nach Lebensmodell, Wertegerüst und motivationalen Faktoren lassen sich aus der Analyse individuelle Performance-Incentives entwickeln, die nachweislich bei einzelnen Mitarbeiterinnen am stärksten auf Zufriedenheit, Motivation und damit Performance wirken. Je größer die Datenmenge, desto leichter fällt es dem Algorithmus, Vorhersagen zu treffen, wenn sich Profile von Mitarbeiterinnen ähneln. Ähnlich der Amazon-Formel »Andere Kunden, die sich für dieses Produkt interessierten, kauften auch ...« wird ein Incentive-Paket vorgeschlagen und in seiner Wirkung getestet, um aus den Reaktionen weiter zu lernen.
- Im **Facility-Management** soll People-Analytics Einzug halten, um Shared Desk zu erleichtern und damit die Mitarbeiterinnen jeden Morgen den passenden Arbeitsplatz im Gebäude finden. Anhand von häufig gewählten Plätzen einer Mitarbeiterin sowie der Menschen, die mit ihr in Projekten verbunden sind, lernt das KI-System, welche Arbeitsplatzmerkmale wann relevant werden, und schlägt proaktiv passende Schreibtische, Lounges oder Projekträume vor.

Google hat People-Analytics vor einigen Jahren genutzt, um herauszufinden, wie **High-Performance-Teams** zusammengesetzt sein müssen, um Höchstleistungen zu erreichen. Das nachfolgende Beispiel zeigt, wie Google im Projekt **»Aristotle«** vorgegangen ist.

AUS DER PRAXIS – BEISPIEL

Googles »Project Aristotle« sucht Schlüsseldynamiken für erfolgreiche Teams

Ein Team aus dem Bereich People-Operations (HR) von Google untersuchte im »Project Aristotle« Datenpunkte in und außerhalb des Unternehmens: Team- und Einzelperformance, Geschlechterverhältnis, Bildungshintergrund, Persönlichkeitsmerkmale, Hobbys, Treffen außerhalb der Arbeitszeit etc. (vgl. Duhigg 2016). Trotz zwei Jahren Forschungszeit, mehr als

200 Interviews mit Mitarbeiterinnen und über 250 Attributen von mehr als 180 aktiven Teams fand das Aristotle-Team keine eindeutigen Zusammenhänge zwischen Teamzusammensetzung und Erfolg, stattdessen fanden sie Muster in ungeschriebenen Regeln, den sogenannten Teamnormen, die nachweislich Einfluss auf die Performance der Teams hatten (vgl. ebd.). Fünf Schlüsseldynamiken unterschieden die erfolgreichen Teams bei Google von anderen (s. Abb. 4.27). Aus diesen Ergebnissen konnte Google ein Selbst-Assessment zu Erfolg versprechenden Teamnormen entwickeln, mit dem Arbeitsgruppen ihre ungeschriebenen Regeln sichtbar machen und verbessern können (vgl. Werther/Bruckner et al. 2018d, S. 122). Das Tool namens »gTeams« ist ein kurzer Test zu den fünf Schlüsseldynamiken, dessen Ergebnis in einem Bericht zusammengefasst und besprochen wird, um Entwicklungsmaßnahmen abzuleiten (vgl. Rozovsky 2015). Am Ende hatte sich der Aufwand gelohnt, über People-Analytics so viele interne und externe Daten zu sammeln und diese aus verschiedensten Perspektiven zu analysieren, denn der Wertbeitrag gab und gibt dem People-Operations-Team bei Google recht. Nach Angaben des Unternehmens haben mehr als 3.000 Mitarbeiterinnen in 300 Teams das Tool im ersten Jahr nach der Einführung genutzt und zurückgemeldet, dass sie aktiv an ihren Dynamiken arbeiten konnten, vor allem in Bezug auf psychologische Sicherheit sowie Struktur und Klarheit (vgl. ebd.).

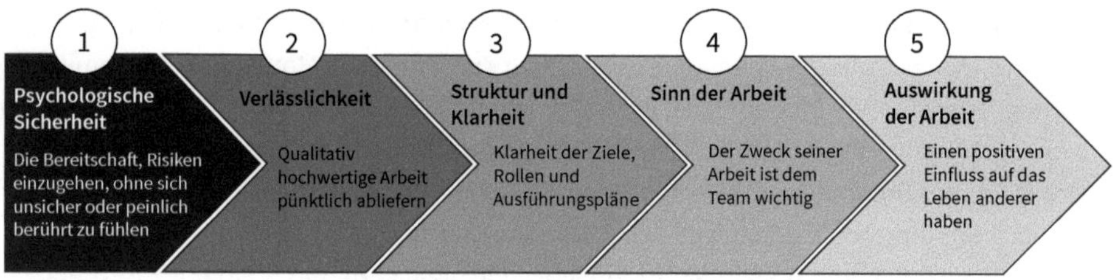

Abb. 4.27: Schlüsseldynamiken für erfolgreiche Google-Teams (Quelle: nach Rozovsky 2015)

4.5.2 People-Analytics-Projekte aufsetzen

Wie das Beispiel von Google zeigt, leben People-Analytics-Projekte vom Forschungsgeist der Beteiligten. Da auch und gerade Forschung von systematischem Vorgehen profitiert, folgt People-Analytics in HR, wie klassische Analytics-Projekte in anderen Geschäftsbereichen, einer festen Struktur, wie die nachfolgende Abbildung zeigt.

Zum Einstieg lohnt es, die **Untersuchungsfrage** kritisch zu prüfen. Welches Problem soll genau untersucht werden und warum ist das relevant für die HR-Arbeit oder für die Unternehmensstrategie? Welches Verbesserungspotenzial versprechen wir uns davon? Eine unternehmerisch relevante Fragestellung wäre z. B.: »Wie können wir ausreichend Fachpersonal im Bereich IT sicherstellen, um die Realisierung

Abb. 4.28: Struktur für ein People-Analytics-Projekt (Quelle: nach Gärtner 2020a, S. 36 f.)

der Unternehmensstrategie auf dem Weg zum datengetriebenen Geschäftsmodell unterstützen zu können?« Die Frage sollte weder zu eng formuliert werden noch Lösungspräferenzen vorwegnehmen. Das HR-Team könnte **Lösungshypothesen** aufstellen, die zeigen, welches Optimierungs- und Lösungspotenzial es in diesem Untersuchungsfall vermutet. Die Relevanz und das Optimierungspotenzial ergeben sich in diesem Fall aus der Notwendigkeit für die Umsetzung der Unternehmensstrategie und aus konkreten Lösungsideen, die es zu testen gilt. Doch auch die **Menge** und **Verfügbarkeit von Datenpunkten** muss ausreichend sein, um ein Analytics-Projekt starten zu können. Datenpunkte sind in diesem Beispiel sowohl die Karrierepfade, Qualifikationen und Zufriedenheitsfaktoren der Bestandsbelegschaft im Bereich IT als auch externe Datenströme rund um Studiengänge, Qualifizierungen, Arbeitsmarktbewegungen, Bewerbungen oder Wettbewerb. Es lohnt sich, auch nach externen Studien zu suchen, da auf dem Gebiet HR viele Fragestellungen bereits umfassend untersucht und in Metaanalysen veröffentlicht wurden (vgl. Staritz/Biemann 2018). Nicht nur der Zugriff auf solche Daten ist wichtig, sondern auch die Frage, wer genug Zeit und Know-how hat, sich um die Datenbereinigung und -auswertung zu kümmern.

Sobald die Fragestellung, deren Nutzen und die Datenlage geklärt sind, beginnt die Arbeit der **Datenerhebung** und **-verknüpfung**. Oft mangelt es an geeigneten Daten, kompatiblen Systemen und systematischer Datenpflege (vgl. ebd.). Nur wenige Unternehmen haben ihre Daten bereits im zentralen Datawarehouse oder Data-Lake aggregiert, in der Regel beginnt die Suche noch in einzelnen Datensilos. Strukturierte

Daten können relativ leicht aus Tabellen, Reporting-Systemen oder HR-Managementsystemen integriert werden. Die Erhebung unstrukturierter Daten aus Stellenanzeigen, Personalakten, Tonspuren oder Videos ist dagegen deutlich aufwendiger und erfordert Hilfsmittel wie Texterkennungssoftware. Relevant ist beim Aufsetzen des Projektes auch, die richtige Software auszuwählen, die sowohl zu den Prozessen der Organisation passt als auch anwenderfreundlich in der Benutzeroberfläche (Frontend) ist. **Software für Predictive Analytics** lässt sich in vier Klassen unterteilen (vgl. Heupel/Lange 2019, S. 214):

- Anwenderspezifische Software mit hoher Bedienfreundlichkeit über vordefinierte Eingabemasken und statistische Modelle
- Erweiterungen für bestehende Business-Intelligence-Lösungen
- Business-Intelligence-Anwendungen mit Advanced Analytics, die über Anweisungen im Formel-Editor gesteuert werden
- Data-Mining-Software mit Entwicklungsumgebung zur Modellierung individueller Analysen

In der anschließenden **Datenaufbereitung** gilt es, Datensätze zu korrigieren, zu vervollständigen und (je nach Datenschutzvorgabe) zu pseudonymisieren oder zu anonymisieren. Häufig fehlen Werte, sind Zahlenreihen unvollständig oder einzelne Angaben fehlerhaft. Diese Arbeit wird oft unterschätzt, sie nimmt in den meisten Projekten den größten Teil der Zeit ein.

Die **Datenanalyse** selbst geht vergleichsweise schnell vonstatten. Zeit kostet in dieser Phase der Einsatz verschiedener Modelle, um die Trefferquote Schritt für Schritt zu optimieren und falsch negative sowie falsch positive Ergebnisse zu minimieren. Die Wahl der Methoden hängt von der Komplexität der Fragestellung und von den verfügbaren Daten ab. Bezogen auf die Beispielfrage nach Fachpersonal in IT lassen sich kleinere, einfache Teilfragen ableiten. Eine Teilfrage könnte lauten: »Wie gut konnte der IT-Bedarf im Unternehmen bislang durch Rekrutierung gedeckt werden?« Über deskriptive Analysen zur Anzahl ausgeschriebener Stellen, eingegangener Bewerbungen, Besetzungszeit und weiterhin offener Stellen lassen sich hierzu Antworten finden. Für solche einfachen Fragen nach absoluten und relativen Häufigkeiten, Mittelwerten oder Segmenten genügt **deskriptive People-Analytics** (vgl. Werther/Bruckner et al. 2018d, S. 127). Komplizierter wird es, wenn eine Teilfrage gestellt wird, die z. B. nach Einflussfaktoren für den Erfolg von Stellenanzeigen im IT-Bereich sucht: »Wie haben welche Stellenanzeigen gewirkt und welche Merkmale wirken kausal auf den Erfolg oder Misserfolg einer Anzeige?« Hier kommen Verfahren der **explanativen People-Analytics** wie Regressionsanalysen zum Einsatz (vgl. ebd., S. 128). Noch einen Schritt weiter gehen **prognostische Verfahren**, die Entwicklungen vorhersagen. »Wie wird sich die Nachfrage nach den von uns gesuchten IT-Talenten im Markt verändern?« könnte eine Teilfrage sein, die solche prädiktiven Analysen erfordert.

Im Anschluss werden die **Ergebnisse visualisiert und interpretiert**, um Maßnahmen ableiten zu können. Wer Datenfriedhöfe verhindern will, auf denen komplexe Analyseergebnisse in Schönheit sterben, der sollte hier kreativ werden. Entscheiderinnen und Führungskräfte sind selten bereit, komplexe Excel-Tabellen zu wälzen. Je leichter zugänglich und je anschaulicher aufbereitet, desto eher werden Auswertungen genutzt. Laut einer Studie von Deloitte erwarten Führungskräfte Analytics-Dashboards mit Direktzugriff, die bereichsübergreifend genutzt werden können, um ihre Auswertungen in Echtzeit zu visualisieren (vgl. Deloitte 2017). Viele Managerinnen wollen selbst auf Knopfdruck auswerten können und die Ergebnisse in Diagrammen, Dashboards oder KPI-Charts mit Interpretation und Handlungsempfehlung auf einen Blick verstehen.

In der letzten Phase trennt sich endgültig die Spreu vom Weizen. Nicht die Menge der **Handlungsempfehlungen** oder abgeleiteten Maßnahmen ist entscheidend, sondern deren **Wirksamkeit**. »Was haben wir veranlasst auf Basis dieser Analyse und inwiefern hat es zur Lösung des von uns untersuchten Problems beigetragen?«, daran muss sich der Erfolg von People-Analytics-Projekten messen lassen. Im gewählten Beispiel der IT-Rekrutierung sind hinsichtlich Umsetzung und Erfolgsmessung sicherlich mehrere Bereiche ausschlaggebend, von Personalmarketing über Recruiting, Onboarding und Training mit Führungs- und PE-Konzepten für langfristige IT-Arbeitsverhältnisse und zufriedene, performante Mitarbeiterinnen auf dem Weg zur datengetriebenen Organisation.

People-Analytics unterscheidet, wie auch andere Anwendungsformen von Data-Analytics, zwischen **deskriptiver, explanativer, prädiktiver** und **präskriptiver Analyse**:

- **Deskriptive Analyse** sammelt und analysiert Daten, um die Vergangenheit zu bewerten und Fragen in Bezug auf den sachlichen Kontext zu beantworten (»Was ist passiert?«). Ähnlich wie beim klassischen Personalcontrolling oder einfachen People-Analytics werden Kennziffern wie Krankenquote, Team-Performance oder Servicelevel für eine vergangene Zeitperiode ausgewertet (vgl. all.in-data 2021).
- Die **explanative Analyse** untersucht mittels fundierter Kausalhypothesen, mit dem Ziel, Ursache-Wirkungs-Beziehungen zwischen Merkmalen zu finden (vgl. Bortz/Döring 2006, S. 371). Fragen erforschen die Auswirkungen möglicher Entscheidungen: Reduziert eine Steigerung der Homeoffice-Quote die Zahl der Krankentage? Wirkt sich die Erhöhung der Einstiegsgehälter auf die Qualität von Bewerberinnen aus? Zum Einsatz kommen Methoden der multivariaten Statistik wie die multiple Regressionsanalyse, die im Gegensatz zur deskriptiven Statistik ein drittes Kausalitätskriterium berücksichtigen können (vgl. Werther/Bruckner et al. 2018d, S. 111). Das ist relevant, um beispielweise bei der Frage nach der Krankenquote weitere Einflussfaktoren untersuchen zu können.
- Die **prädiktive Analyse** geht einen Schritt weiter und untersucht Entwicklungen in der Zukunft. Sie nutzt statistische Modelle und Prognosen, um die Frage zu beantworten: »Was könnte passieren und welchen Effekt hätte das auf unser Unternehmen?« Auf dieser Stufe kommt KI über maschinelles Lernen zum Einsatz, um z. B. in den Bewegungen auf globalen Arbeitsmärkten Muster zu finden, aus denen sich Vorhersagen zu künftigen Ressourcenengpässen oder Kompetenzlücken treffen lassen. Je besser die durchschnittliche Trefferquote solcher Prognosen, desto höher der Wert für das Management. Algorithmen, die mit maschinellem Lernen arbeiten, lernen aus jeder neuen Aktion, jeder Prognose und der Rückmeldung hierzu. Entscheidend für die KI sind ihre Trainingsdaten, die bei jeder Veränderung der Umwelt angepasst werden müssen. Dank standardisierter Tools und automatisierter Analysen mit intuitiver Bedienoberfläche kommen auch solche Anwendungen heute auf breiter Ebene zum Einsatz (vgl. ebd., S. 112).
- **Präskriptive Analysen** werden in Algorithmen zur Optimierung und Simulation verwendet, um bei Entscheidungsfragen zu beraten (vgl. all.in-data 2021). Sie beantworten Fragen wie »Was soll getan werden, wie wirken sich die verschiedenen Handlungen auf ein Ergebnis aus und was wäre die beste Herangehensweise in dieser oder jener Situation?«. Ausgehend von dieser Analysephase sollen die bestmöglichen Entscheidungsoptionen vorgeschlagen werden, um größtmögliche Vorteile zu erreichen oder Gefahren zu reduzieren.

Wie die genannten Untersuchungsfragen und Beispiele zeigen, erfordern die meisten Projekte in People-Analytics **personenbezogene Daten** und fallen daher unter den **Datenschutz**. Nicht wenige Unternehmen schrecken daher vor People-Analytics zurück oder wählen »weiche« Fragestellungen zu Personalzufriedenheit und -engagement statt zu Leistung (vgl. Staritz/Biemann 2018). Auch »harte« Faktoren und sensible Fragestellungen können und sollten mit People-Analytics untersucht werden, wenn sie relevant für das Wohl von Unternehmen und Belegschaft sind. Die Regeln des Datenschutzes müssen zwingend eingehalten werden, um Verständnis und Vertrauen aufzubauen.

Egal ob in HR, Vertrieb, Marketing oder Produktentwicklung – fast alle Unternehmensbereiche entwickeln sich zu **datengetriebenen Divisionen**. Überall werden Daten gesammelt, intern wie extern. Viele Jobportale sammeln Informationen zum Verhalten von Besucherinnen und verfolgen diese über Cookies. Umso wichtiger ist es, in HR transparent zu agieren und die Personalvertretung aktiv einzubinden im Hinblick auf eine rechtskonforme Analytics-Strategie, die zur Kultur passt. Meist ist das gar nicht so schwierig, wie es klingt, denn in der Regel werden für Analytics-Projekte **Daten anonymisiert** und können später nicht mehr auf konkrete Personen zurückgeführt werden, von denen der Datensatz stammt. Für HR-Analysen ist das in der Regel ausreichend, da es um Muster, Korrelation oder Kausalität in einer Gruppe von Mitarbeiterinnen, in bestimmten Ländern, an Standorten oder in Fachbereichen geht und nicht um einzelne Personen.

Unter Miteinbeziehung von Betriebsratsgremien und Berücksichtigung des Datenschutzes sollten vor Analysestart das Ziel, das Vorgehen und der Umgang mit den Daten besprochen werden. Mit **Transparenz und Einbindung** steigt in der Regel das Vertrauen, nicht nur in die Untersuchung, sondern auch in deren Ergebnisse. Je mehr Daten verarbeitet werden, desto relevanter wird in People-Analytics ein verbindlicher Rahmen, um Datenschutz, Ethik und Moral gerecht zu werden. Die Frage nach einem ethischen und rechtskonformen Umgang, speziell im Kontext von erweiterter Analytics mit KI, wird ausführlich in Kapitel sechs behandelt (s. Kap. 6.2 und 6.3).

4.5.3 Neue Kompetenzanforderungen im HR-Controlling

HR-Controllerinnen, die mit Advanced Analytics und KI arbeiten, suchen oft den Austausch mit dem Data-Science-Team, da nicht jede Controllerin ausreichend Vorwissen in Statistik und Datenmigration mitbringt, um automatisierte Analysen eigenständig aufzusetzen. Daraus erwächst die Frage, welche **Kompetenzanforderungen künftig an das HR-Controlling** gestellt werden und wie sich dessen Rolle verändert. Controllerinnen suchen und verarbeiten Daten, um zielgerichtete Entscheidungen vorzubereiten, egal ob sie in der Finanzabteilung, im Einkauf, Vertrieb oder in HR arbeiten. Planung, Steuerung und Kontrolle aller Unternehmensbereiche sollen über das Aggregieren und Auswerten verschiedener Datenquellen sichergestellt werden. Controlling wird auch als der Anspruch beschrieben, die Führungsarbeit von potenziell opportunistisch handelnden und kognitiv begrenzten Menschen zu rationalisieren (vgl. Weber 2021). Umso lauter wird der Ruf nach prädiktiven Analysen anstelle von rückwärtsgerichteter Betrachtung zur Vorhersage von Zukunft. Allein durch den veränderten Anspruch an Advanced Analytics im Controlling werden die Controlling-Teams früher in Prozesse einbezogen, um Optimierungen im laufenden Geschäft zu ermöglichen. Wie beeinflusst das die Rollen im HR-Controlling?

DEFINITION

HR-Controllerin
Controllerinnen befassen sich mit dem Sammeln, Aufbereiten und der Analyse von Daten sowie deren Präsentation zur Entscheidungsunterstützung (vgl. Binder 2017). Früher war Controlling überwiegend Kalkulation und Kostenrechnung. Heute wird die Controllerin zum **Business-Partner mit Datenexpertise und IT-Zugang**, um auch Software-Tools einführen und Prozesse modellieren zu können.

Schnell verschwimmt die Grenze zwischen Controllerin und Data-Scientist, so scheint es zumindest. **Data-Scientists** werten im Umfeld von Big Data und Business-Intelligence systematisch Daten aus, um Wissen zu extrahieren und das Management bei Entscheidungen zu unterstützen (vgl. Litzel 2017). Das klingt zunächst ähnlich wie die Rollenbeschreibung für das Controlling. Data-Scientists haben oft Informatik, Physik oder Mathematik als Hintergrund und arbeiten mit wissenschaftlichen Ansätzen aus Informationstechnik, Statistik, Graphentheorie oder Wahrscheinlichkeitsrechnung. Sie kennen die relevanten Programmiersprachen und nutzen Methoden wie Data-Mining, Machine-Learning und Natural-Language-Processing (NLP), um auch unstrukturierte Daten verarbeiten zu können (vgl. Heupel/Lange 2019, S. 215). Bei genauerer Betrachtung scheint es schwer vorstellbar, dass HR-Controllerinnen neben ihrem SAP- und MS-Office-Know-how all diese Spezialqualifikationen zu Datenbanken und Programmierung in Weiterbildungen erwerben könnten, um als Data-Scientists in HR aktiv zu werden. Vielfach werden sie vermutlich mit Data-Science-Expertinnen aus anderen Unternehmensbereichen eng zusammenarbeiten. So könnten Controllerinnen mit einem bedienfreundlichen Business-Intelligence-Tool selbstständig vorgefertigte Analysen anstoßen oder mit Unterstützung durch Data-Scientists Rohdaten analysieren und visualisieren. Im Rahmen einer Business-Partnerschaft werden HR-Controllerinnen im besten Fall mehr Zeit für **Interpretation** gewinnen, um **Empfehlungen** abzuleiten und im Sparring vorausdenkend auf Geschäftsbereiche zuzugehen. In den Vordergrund rückt auch die Rolle als **Datenkontrolleurin**, denn je mehr Datenpunkte verwendet werden und je diverser die Datenquellen im Data-Lake sind, desto wichtiger wird es, auf die »Wasserqualität im Datensee« zu achten. Verzerrte oder verfälschte Daten können nicht selbstverständlich von jedem Algorithmus als solche erkannt werden, wohl aber vom Controlling-Team mit langjähriger Erfahrung, Unternehmens- und Prozesskenntnis. In Kapitel sieben werden die künftigen Rollen von HR für die verschiedenen HR-Funktionen diskutiert (s. Kap. 7.4).

4.5.4 Strategische Personalplanung

Einen Schritt weiter in Richtung Operationalisierung der großen analytischen Fragen geht die strategische Personalbedarfsplanung, um adäquaten Zugriff auf Talente sicherzustellen. Dieser Geschäftsprozess funktioniert nicht autonom, sondern nur als Konsequenz aus weiteren Planungsprozessen, ausgehend von der Unternehmensstrategie, aus der sich der strategische Personalbedarf ableiten lässt (vgl. Sánchez-Mayoral 2021). Welches Personal mit welchen Kompetenzen benötigen wir wann und an welchen Einsatzorten? Diese Frage ist bestenfalls der Kern aller weiteren HR-Initiativen, vom Personalmarketing über Rekrutierung und Onboarding bis zur Entwicklung. In der Bedarfsermittlung lassen sich verschiedene **Arten von Personalbedarf** unterscheiden (vgl. Campusjäger 2020):

1. **Einsatzbedarf:** ständig verfügbares Personal, um die **anfallende Arbeitsmenge** bewältigen zu können
2. **Reservebedarf:** Personalbedarf aufgrund **vorübergehender Personalausfälle**
3. **Ersatzbedarf:** Personalbedarf durch **überraschende Ausfälle**
4. **Neubedarf:** Personalbedarf wegen **Kapazitätserhöhung**
5. **Zusatzbedarf:** Personalbedarf, der nur **vorübergehend benötigt** wird
6. **Minderbedarf: rückläufiger Personalbedarf**

Unternehmen ermitteln zunächst den **Bruttobedarf** auf Basis des geplanten Umsatzes oder Produktionsvolumens. Davon wird der aktuelle Personalbestand abgezogen, aktualisiert durch vorhersehbare Zu- und Abgänge. Die resultierende Größe ist der **Nettopersonalbedarf.** Je nach wirtschaftlicher Situation, Altersstruktur, Saisonabhängigkeit oder politischen Einflüssen ist der Planungshorizont in der Personalbedarfsermittlung von Unternehmen zu Unternehmen unterschiedlich. Klassische Verfahren sind häufig limitiert durch einzelne Orientierungspunkte, wie die folgende Abbildung zeigt.

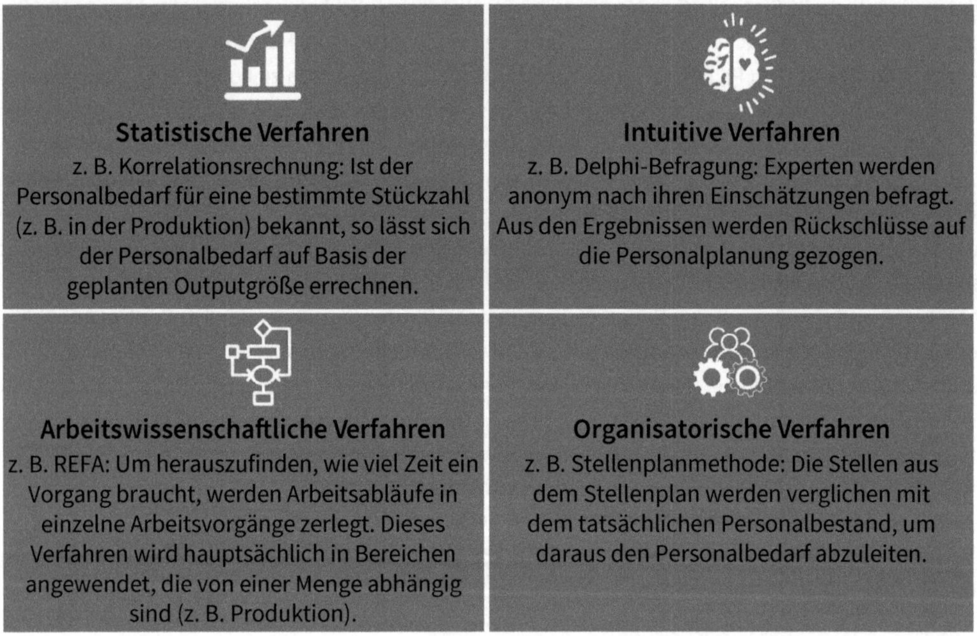

Abb. 4.29: Klassische Verfahren zur Bestimmung von Personalbedarf (Quelle: nach Campusjäger 2020)

Mit zunehmender Komplexität in der Entwicklung und Fertigung von Produkten und Lösungen kommen **statische Bedarfsplanungsmethoden** an ihre Grenzen. Umsatzprognosen, Fertigungspläne und Standortstrategien werden zunehmend dynamisch angepasst. Teams bestehen nicht mehr nur aus festen Mitarbeiterinnen, deren Auslastung für das Unternehmen leicht einzusehen ist, sondern auch aus Kolleginnen mit Überlassungsverträgen, Dienstverträgen, Werkverträgen oder von Clickworker-Plattformen. Bei der Personalbedarfsplanung gilt es daher, mehr **externe und qualitative Einflussfaktoren** zu betrachten. People-Analytics-Anbieter wie HRForecast adressieren diese Lücke, um alle HR-relevanten Daten in Unternehmen nutzbar zu machen. Mit ihren KI-Werkzeugen lassen sich interne Daten aus

Silos zusammenführen und durch externe Daten ergänzen, um auf diese Weise datengetriebene Entscheidungsprozesse zu unterstützen. Für HRForecast besteht ein eigenes Geschäftsmodell darin, über Data-as-a-Service die Unternehmensdaten mit externen Daten zu Stellenausschreibungen, demografischen Entwicklungen, Wettbewerbsinformationen, Studien oder Statistiken anzureichern (vgl. saatkorn 2019). Unternehmen zahlen für diese Leistung, um z. B. frühzeitig sehen zu können, in welcher Region sie wann mit Personalengpässen rechnen müssen und welche Skills es rechtzeitig aufzubauen gilt. Durch leistungsstarke KI-Algorithmen auf den Plattformen von Anbietern wie HRForecast lassen sich weltweit unzählige Datenströme in Echtzeit verarbeiten (vgl. ebd.). Der Wettbewerber SAP SuccessFactors verarbeitet in People-Analytics über 2.000 vordefinierte HR-Kennzahlen mit Standarddefinitionen für ein einheitliches Verständnis (vgl. SAP SuccessFactors 2021a). Unternehmen, die damit arbeiten, können ihre Daten aus HR-Kernsystemen, dem Talentmanagement und Controlling integrieren und mit externen Daten in der SAP-Cloud verknüpfen. Peer-Benchmarks liefern tiefere Einblicke und Best Practises dienen der eigenen Standortbestimmung. HR-Dashboards visualisieren Analyseergebnisse auch zu weichen Themen wie Motivation oder Vielfalt. SAP SuccessFactors arbeitet mit Trends und Flussanalysen, um z. B. die Mobilität der Belegschaft zu visualisieren und Muster in der Auswirkung auf Kostenquoten und Nachfolgepläne zu finden (vgl. SAP SuccessFactors 2021b). Neben Streudiagrammen kommen auch Signifikanztests, Korrelationen und Regression zum Einsatz. Die folgende Abbildung zeigt beispielhaft ein SuccessFactors-Dashboard zu verschiedenen Performance-Auswertungen.

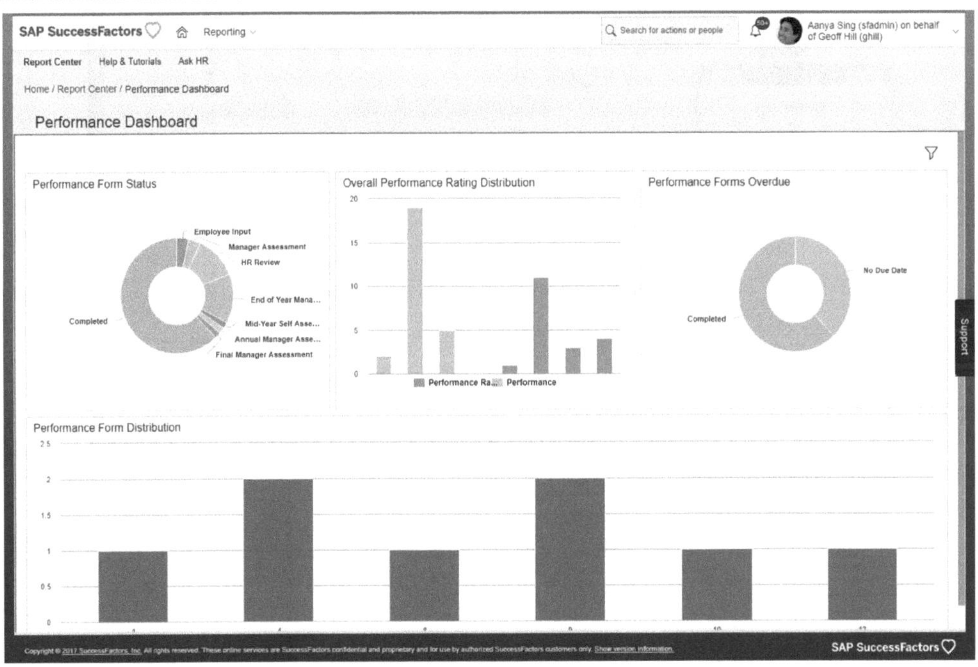

Abb. 4.30: Performance-Dashboard von SAP SuccessFactors (Quelle: Wood 2017)

Auch außerhalb großer HRM-Suiten kommt spezialisierte KI-Software zur Personalplanung in Unternehmen zum Einsatz, wie das nachfolgende Beispiel aus der Fertigungssteuerung zeigt.

AUS DER PRAXIS – BEISPIEL

harucore.ai

Das Unternehmen Datalyze Solutions aus Berlin bietet eine KI-basierte Software-Suite namens harucore.ai für die Fertigungssteuerung in mittelständischen produzierenden Unternehmen (vgl. harucore.ai 2021). Auf Basis des Fertigungsplanes sucht der Algorithmus nach passenden Qualifikationen und Verfügbarkeiten in der Belegschaft. Er berücksichtigt Qualifikationen, Zertifikate und Wunschschichten, bevor er Mitarbeiterinnen Aufgaben zuweist und einen Besetzungsplan erstellt (vgl. harucore.ai 2020). Woche für Woche analysiert das System, welche Fertigungsdurchläufe erfolgreich waren und wodurch sie sich von weniger erfolgreichen unterscheiden (vgl. harucore.ai 2019). Auf diese Weise lernt das System, seinen Besetzungsplan für Teams, Schichten und Linien ständig zu optimieren. In einem Dashboard werden Engpässe, fehlendes Personal und kritische Besetzungen visualisiert, um kurzfristig Lücken zu schließen und mittelfristig Qualifizierungsbedarfe zu erkennen. Kostenstellencontrolling und HR-Reportings werden automatisiert im Hintergrund erstellt (vgl. harucore.ai 2020). Mitarbeiterinnen nutzen die Anwendung in einer App, um ihren Arbeitsplan jederzeit einsehen zu können und mit wenigen Klicks Schichten zu tauschen (s. Abb. 4.31).

Abb. 4.31: harucore.ai – Fertigungsplanung mit KI (Quelle: Datalyze Solutions GmbH 2021)

Nicht immer ist KI erforderlich, um belastbare Zukunftsprognosen zu erstellen. Die Stadtwerke Solingen nutzen für strategische Personalplanung ein treiberbasiertes Planungsmodell für Dynamic Business-Planning von Dynaplan (vgl. Berendes/Müller et al. 2019).

DEFINITION

Dynamic Business-Planning
Dynamic Business-Planning nutzt Computersimulationen, um Rückkopplungen, die durch die gegenseitige Beeinflussung aller Akteure entstehen, in Märkten und Unternehmen korrekt zu berechnen (vgl. Dynaplan 2021).

Gesteuert werden bei den Stadtwerken Solingen auf diese Weise fünf Risikoarten: Kompetenzen, Alter und Diversität, Kapazität und Beschaffung, Kosten sowie Standorte (vgl. Berendes/Müller et al. 2019). In Szenarien sollen künftige Konsequenzen aus verschiedenen HR-Entscheidungen unter dynamischen Rahmenbedingungen erlebbar werden. Im Unterschied zur Arbeit mit smarten Algorithmen kommen hier **strukturelle Informationen** zum Einsatz, die im Vergleich zu Daten stabiler sind und eine schnelle Analyse neuer Situationen ermöglichen, bevor entsprechende Daten zur Verfügung stehen, mit denen z. B. eine KI trainiert werden könnte (vgl. Dynaplan 2021).

Ob mit oder ohne KI-Algorithmen, die strategische Personalplanung bleibt ein komplexes Gebilde mit volatilen Einflüssen. In vielen Unternehmen fehlen aktuelle und validierte Informationen über **Fähigkeiten** und **Kompetenzen** der Belegschaft. Unterschätzt werden oft auch die Aspekte **Engagement** und **Motivation** für die jeweilige Aufgabe. Nach dem **situativen Führungsmodell** von Paul Hersey und Ken Blanchard müssen Führungskräfte in der Lage sein, vor jeder Aufgabenübertragung das **Können und Wollen** ihrer Mitarbeiterinnen einzuschätzen (vgl. Machwürth 2020). Gefragt ist die Fähigkeit, das Gegenüber im Kontext der aktuellen Situation richtig zu bewerten (vgl. Oettinger 2010). Dieser Anspruch lässt sich auf den Algorithmus als Arbeitszuweiser übertragen. Was bringt es, wenn eine Mitarbeiterin auf einem Gebiet erfahren ist, aber keine Motivation hat, sich dort zu engagieren? Strategische Personalplanung wird erst wirksam, wenn die **Handlungstreiber im Können und Wollen** berücksichtigt sind, damit das Leistungspotenzial an der gewählten Stelle auch abgeschöpft werden kann (vgl. Gärtner 2020a, S. 93).

Das Beispiel Handlungstreiber zeigt, dass die Empfehlungen einer KI deutlich mehr Einflussfaktoren als klassische Prognosen einbeziehen können, dennoch beinhalten sie **keine Erfolgsgarantie** bezüglich der Umsetzung. Wie schnell lassen sich die fehlenden Kompetenzen in der Belegschaft entwickeln? Welcher Teil des Personals wird unterwegs abspringen, da er sich in den zukünftigen Anforderungen nicht wiederfindet? Wie bald werden die trainierten Fähigkeiten wieder veralten? Kommen die neuen Kompetenzen zum Einsatz, bevor die nächste Geschäftsmodellanpassung die Planung hinfällig macht? Fragen wie diese unterstreichen einerseits die Notwendigkeit von lernenden Algorithmen, um der Komplexität zu begegnen. Sie verweisen andererseits auf die Grenzen bei dem Bestreben, die zunehmende Komplexität der Wertschöpfungskette vollständig zu beherrschen.

4.5.5 Operative Personaleinsatzplanung

Nun wird es endlich operativ: Die **Personaleinsatzplanung** (Workforce-Management) übernimmt den Staffelstab von der strategischen Personalplanung, um die Leitplanken in konkrete Einsätze, bezogen auf Stellen, Projekten oder Schichten, zu übersetzen. Ziel ist, dass sich die richtige Anzahl von Mitarbeiterinnen mit den passenden Qualifikationen zur richtigen Zeit am richtigen Ort befindet (vgl. Sage 2021). Unter Berücksichtigung eines ausgewogenen Verhältnisses zwischen Auftragsvolumen und Arbeitszeit werden Flexibilität und Kosteneffizienz optimiert. Weder soll sich die Personaleinsatzplanung an teuren Bedarfsspitzen orientieren und Überkapazitäten verursachen, noch soll sie Kapazität zu niedrig bemessen und Engpässe oder Überlastung riskieren. Workforce-Management übersetzt dafür die strategischen Bedarfe in **operative Ressourcenpläne** innerhalb eines Jahres, einer Woche und eines Tages, unter Berücksichtigung von Schwankungsbreiten und Prognosequalität (vgl. Zander 2017). Workforce-Management ist mit dem Anspruch verbunden, in einem ganzheitlichen Prozess Produktivität zu steigern und gleichzeitig Kosten zu senken (vgl. Ionos 2019).

Die Anforderungen an technologische Unterstützung der Personaleinsatzplanung variieren stark, je nach **Volatilität des Geschäftsmodells**. TV-Bezahlsender wie Sky können saisonale Verläufe aus Vergangenheitsdaten meist verlässlich voraussagen, da sie z. B. nach der Vergabe der Bundesligarechte mit einem höheren Ansturm auf Callcenter rechnen können. Klassische Versandhändler, die noch zwei Hauptkataloge pro Jahr versenden, rechnen mit wiederkehrenden Spitzen zum Zeitpunkt des Versands der Hauptkataloge. Für solche Unternehmen reicht es vielfach noch aus, mit regelbasierten Anwendungen aus Vergangenheitsdaten den kommenden Arbeitsanfall vorherzusagen. Volatilere Umfelder mit komplexen Einflussgrößen funktionieren meist nicht in verlässlichen wiederkehrenden Zyklen. Komplexität kann durch schwankende Nachfrage entstehen, wenn z. B. die Zulieferindustrie im Export von konjunkturellen oder politischen Verschiebungen abhängig ist. Komplex wird die Planung allerdings auch, wenn neben klassischen Festangestellten in Vollzeit viele weitere Vertragsarten mit verschiedensten Stundenkontingenten berücksichtigt werden müssen, wie z. B. in einem Callcenter für ein Teleshopping-Unternehmen mit extremen Volumenschwankungen und hohem Anspruch an Flexibilität. Der Begriff **Contingent Workforce-Management** beschreibt in diesem Zusammenhang die Planung von typischen und atypischen Beschäftigungsverhältnissen wie Teilzeit, Beratung, Freelance oder Leiharbeit (vgl. Gärtner 2020a, S. 95). Leitstände müssen in der Feinplanung die verschiedenen Vertragsarten, individuelle Personalkosten, Skills, Verfügbarkeiten, Rollen und Rechtesysteme berücksichtigen. Sie müssen lokale Produktionsengpässe simulieren und die Anforderung der Wertschöpfungskette bedienen, ohne durch Überstunden oder Leerlaufzeiten eine Über- bzw. Unterforderung zu verursachen, trotz saisonaler Bedarfsspitzen und jahreszeitbedingter Krankheitswellen.

In Dienstplänen und Schichtplänen versuchen Workforce-Managerinnen die Bedürfnisse des Unternehmens mit den Wünschen der Mitarbeiterinnen in Einklang zu bringen, oftmals mit **hohem manuellem Aufwand**. In Excel-Tabellen werden Kästchen angekreuzt, in Schichten-Hotlines Wünsche erfasst und über Social-Media-Gruppen Schichten getauscht. Schnell verstoßen solche analogen Methoden gegen Betriebsvereinbarungen oder Datenschutzgesetze, wenn z. B. Schichtpläne mit personenbezogenen Daten in Messenger-Gruppen wie WhatsApp geteilt werden (vgl. ebd., S. 94). **Umplanungen** erfordern manuelle Arbeit, wenn kurzfristig jemand in der Produktion ausfällt. Aus welchem Team könnten wir jemanden abziehen, da die Auslastung es dort erlaubt? Hat die Person schon in dem vom Ausfall betroffenen Team gearbeitet? Wie performant wird die Zusammenarbeit bei der neuen Teamzusammensetzung sein? Erfahrungswerte dazu sind in der Regel nicht in Systemen gespeichert, können jedoch von einer KI erlernt werden. Der **Algorithmus analysiert alle Planungen und kurzfristigen Nachsteuerungen** aus der Vergangenheit und lernt daraus, wie die Steuerungseingriffe das Arbeitsergebnis und die Gesamtkosten beeinflusst haben. Welche Lücken mussten wo gefüllt werden? Welche Kompetenzen waren gefragt und wie haben sich die Auslastungen der Teams durch den Eingriff entwickelt? Welche Auswirkungen hatte das auf die Arbeitsergebnisse der Teams und auf die Arbeitskosten? Daraus entwickelt die KI ein eigenes **Entscheidungsmuster** und kann selbstständig **Steuerungseingriffe und Umplanungen** vorschlagen (vgl. Stadler 2021). Ergänzend zu menschlichen Entscheidungen in der Vergangenheit kann die KI auch **externe Datenströme** einbeziehen. So zeigen z. B. die **Google-Suchanfragen** »Erkältungen« und »Grippe« eine direkte Korrelation mit der Anzahl von Krankheitstagen pro Monat (vgl. Quinyx 2021). KI kann solche Prognosen in Echtzeit mit den historischen Daten verarbeiten, ebenso wie **Feiertage, Wettervorhersagen** oder **regionale Großereignisse**.

Die meisten Unternehmen, die derartige KI-Tools für die Planung nutzen, automatisieren nicht komplett, sondern überlassen ihren Planerinnen die finale Entscheidung. Das **Planungsteam** prüft die Vorschläge der KI-Software und **entscheidet** auf dieser Basis. Die **KI beobachtet** die Auswirkung der Entscheidung und lernt daraus für den nächsten Vorschlag, z. B. wenn sie negative Auswirkungen von Steuerungseingriffen auf Krankentage erkennt. Ziel ist, dass durch den Einsatz von KI bei der Personaleinsatzplanung **Zeit** und **Kosten gespart werden**, während gleichzeitig die **Belegschaft zufriedener** ist, die Kunden von **optimierter Ressourcenausnutzung** profitieren und das Unternehmen vor **Compliance- und Regelverstößen geschützt** wird. Relevant wird smarte Technologie in der Personaleinsatzplanung **ab etwa 250 Mitarbeiterinnen**, wenn manuelle Bearbeitung an ihre Grenzen stößt (vgl. Furkel 2019). Auch bei kleineren Gruppen ab 60 Personen kann sich der KI-Einsatz auszahlen, sobald die Bedarfskurven volatil sind oder hochflexibel mit diversen Arbeitszeit- und Vertragsmodellen gearbeitet wird. Unabhängig von der Gruppengröße wird KI-basierte Personaleinsatzplanung auch dann interessant, wenn **Matrixorganisationen** projektbasiert arbeiten und kurzfristig neue Teams zusammenstellen, um agile Projekte zu stemmen. Mitarbeiterinnen können sich in solchen Tools eigenständig vernetzen und nach Mitstreiterinnen suchen, die spezielle, für das Projekt erforderliche Fähigkeiten mitbringen. **Intelligente Personaleinsatzplanung** umfasst Software, die für Teams und Mitarbeiterinnen automatisiert den Einsatzplan erstellt und optimiert. Obgleich viele Teams bei dieser Vorstellung erschrocken reagieren, zeigt eine aktuelle Studie positive Resonanz auf den Einsatz solcher digitaler Planungssysteme (vgl. Rüttgers/Hochgürtel 2019, S. 223). So wiesen in einer vergleichenden Studie Mitarbeiterinnen mit digitaler Einsatzplanung eine deutlich **höhere emotionale Bindung und Arbeitszufriedenheit** auf als ihre Kolleginnen ohne ein solches Planungssystem (vgl. ebd., S. 223). Mitarbeiterinnen empfinden dieser Untersuchung zufolge sowohl den Prozess als auch die **Arbeitsverteilung gerechter**, wenn eine Software nach objektiven Kriterien entscheidet.

AUS DER PRAXIS – BEISPIEL

Meteolytix

Eine Anwendung für den Einsatz in kleineren Teams hat das Start-up Meteolytix aus Schleswig-Holstein entwickelt. Die KI-basierte Software unterstützt Bäckereien bei der Planung ihrer Wertschöpfung, von Einkauf über Produktion und Personaleinsatzplanung bis zum Verkauf (vgl. Meteolytix 2021). Die Software von Meteolytix verarbeitet in der Bedarfsplanung für den Personaleinsatz über 400 Faktoren, die verkaufsentscheidend in Bäckereien sind. Auf den vorderen Plätzen rangieren die Wetterdaten, gefolgt von lokalen Einflüssen wie Baustellen vor einer Filiale, Gleisarbeiten an der Straßenbahnlinie, Feste oder Schulferien (vgl. Lernende Systeme 2021). Predictive-Analytics-Algorithmen verbinden die externen Datenströme mit der internen Datenhistorie der jeweiligen Bäckerei für detaillierte Prognosen.

Abb. 4.32: KI-basierte Personaleinsatzplanung am Beispiel Meteolytix für Bäckereien (Quelle: nach Meteolytix 2021)

Das **Bochumer Institut für Technologie** untersucht in einem aktuellen Forschungsprojekt, wie KI die **Personaleinsatzplanung im Gesundheitssektor** optimieren kann (vgl. KI-PEPS 2021). Das Projekt mit dem Namen **PEPS** soll sowohl die mittelfristige Personaleinsatzplanung als auch die kurzfristige Einsatzsteuerung verbessern und erleichtern. In der Pflege herrscht akuter Personalmangel, die Zahl unbesetzter Stellen ist zwischen 2021 und 2018 in der Altenpflege um über 70 Prozent und in der Krankenpflege um 40 Prozent angestiegen (vgl. Metropole Ruhr 2021). Manuell gesteuerte Dienstplanungs-Software kostet Stationsleitungen heute rund ein Viertel ihrer Arbeitszeit. Das Projektteam von KI-PEPS beschreibt ambitionierte Ziele, die über eine reine Planungsoptimierung hinausgehen (vgl. ebd.):

- Bessere Bedarfsdeckung
- Alternativer Einsatz rarer Kompetenzen
- Kompetenzen in der Planung erfassen
- Zielerreichung mehrdimensional verbessern
- Mitarbeiterzufriedenheit steigern
- Qualitäts- und Compliance-Kriterien umsetzen

PEPS wird mit anonymisierten Personaleinsatzdaten trainiert, um **Dienstplanvorschläge** zu entwickeln, die von Entscheiderinnen überprüft werden (vgl. ebd.). Mitarbeiterinnen werden aktiv einbezogen, indem sie Feedback dazu geben, was für sie einen guten Dienstplan ausmacht. In **fünf Phasen** entwickelt sich KI-PEPS zu einem **integrativen Tool im Workforce-Management** (vgl. KI-PEPS 2021):

Phase 1: Kriterien erforschen

- Was zeichnet eine gute Dienstplanung aus?
- Welche Perspektiven müssen miteinbezogen werden (Mitarbeiterinnen, Planende, Behandelte, Klinikmanagement)?
- Welche Anforderungen an Compliance und Qualität sind zu berücksichtigen?

Phase 2: Daten sammeln

- Infrastruktur für Datensammlung entwickeln
- Daten von assoziierten Klinikpartnern sammeln
- Daten vor Ort in der Klinik anonymisieren
- Daten aufbereiten, um sie über Krankenhäuser hinweg vergleichbar zu machen

Phase 3: Daten modellieren und trainieren

- Anforderungen an den Algorithmus definieren (ermittelte Kriterien für gute Planung sowie gesammelte Daten)
- Algorithmus auswählen, der die Kriterien erfüllt und verschiedene Interessenlagen verbinden kann
- Mit dem Algorithmus ein Modell auf Basis der verfügbaren Daten trainieren
- Im Modell formale Regeln und Gütekriterien hinterlegen

Phase 4: Prototyp implementieren

- Das trainierte Modell als Software-Tool für die Dienstplanung verfügbar machen
- KI-PEPS in die etablierte Dienstplan-Software Timeoffice integrieren und im Piloteinsatz testen

Phase 5: In der Praxis pilotieren

- Timeoffice-Pilot im Echtbetrieb einsetzen
- KI-Engine im Praxisumfeld mit den konventionellen Dienstplanungs-Tools vergleichen
- Feedback zur Systemverbesserung nutzen

Das Beispiel KI-PEPS wirft die Frage nach der passenden Software auf: Große Anbieter wie Atoss, GFOSS und Quinyx nutzen KI heute in ihren Software-Suiten, aber auch spezialisierte Tools kleinerer Dienstleister arbeiten mit smarten Algorithmen für skillbasierte Personaleinsatzplanung, z. B.:

- **Can Do** vergleicht Kompetenzen und Ressourcen über Projekte, Bereiche und Standorte hinweg mit einem regelbasierten Expertensystem (vgl. Do 2021).
- **iCombine** ermöglicht es, dass Personalmanagerinnen die Belegschaft nach Kompetenzen und Verfügbarkeit filtern, um Mitarbeiterinnen zu Projekten einzuladen; nutzt Algorithmen zum Parsen, Matchen und Empfehlen (vgl. iCombine 2021).
- **Vote2Work** ist ein SaaS-Ansatz für intelligente Prioritätensteuerung unter Einbeziehung der Aspekte »Können« (Qualifikation), »Dürfen« (Ruhepausen), »Sollen« (Zeitkonten) und »Wollen« (Wunschschichten) mit dem Fokus auf dem produzierenden Gewerbe (vgl. Vote2Work 2021).

Vor dem Start der Anbieterauswahl empfiehlt es sich, die für die eigene Personaleinsatzplanung relevanten Datenströme zu ermitteln und Priorisierungen vorzunehmen. Welche Echtzeitdaten sind relevant und welche verfügbar? Welche Beschäftigungsvorgaben müssen berücksichtigt werden? Wie vielfältig sind die Variablen zur Bewertung der Ressourcen? Die folgende Abbildung gibt dazu einige Anhaltspunkte.

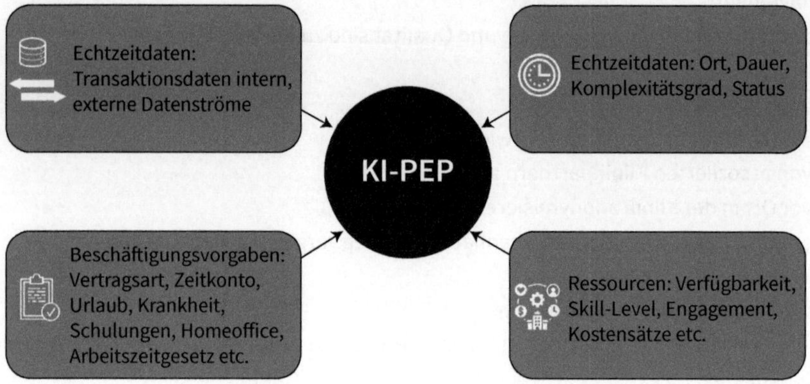

Abb. 4.33: Relevante Faktoren zur KI-Optimierung von Personaleinsatzplänen (Quelle: nach Gärtner 2020a, S. 98 f.)

Die Darstellung zeigt, wie vielfältig die Möglichkeiten sind, in KI-basierten Workforce-Management-Lösungen unzählige Daten miteinander in Beziehung zu setzen, um im Hinblick auf Zielvorgaben Optimierungen umzusetzen. Interessenkonflikte kann jedoch auch eine KI nicht auflösen. Unternehmen wünschen sich maximale Flexibilität ihrer Belegschaft, während Mitarbeiterinnen mit ihren Wünschen nach Vereinbarkeit von Arbeit und Freizeit gehört werden wollen. KI-Technologie kann beim Ausbalancieren der Interessen deutlich mehr Faktoren berücksichtigen und objektive Lösungen vorschlagen.

Zusammenfassung

Einerseits wollen HR-Teams weg vom Bauchgefühl, hin zu einer objektivierten Datengrundlage, andererseits entsteht in der Praxis immer wieder die Sorge, dass der eigene Entscheidungsspielraum eingeschränkt werden könnte. Tatsächlich geht es bei People-Analytics nicht um ein Entweder-oder. Ohne Intuition und Erfahrungswissen würden deutlich weniger initiale Hypothesen entstehen, die eine Analyse in Gang bringen. Fragestellungen ergeben sich aus dem Widerstreit von Kopf und Bauch der handelnden Personen und Analytics soll zu ihrer Beantwortung beitragen. Egal ob strategische oder operative Personalplanung, die Akzeptanz in der Belegschaft steigt, wenn deren Wünsche berücksichtigt werden und transparent gemacht wird, welche Faktoren eine KI in der Lösungsfindung miteinander ausbalanciert hat. Am Ende der Reise, wenn es um die Interpretation von Ergebnissen und die Entscheidung für Maßnahmen geht, sind wieder Menschenkenntnis, Change-Erfahrung und Kultur-Know-how gefragt.

4.6 Personalwechsel und Nachfolge

Personalbindung und -wechsel folgen in vielen Unternehmen immer noch dem Prinzip Zufall. Das Vorgehen erinnert an Fälle im E-Commerce, wenn viel Geld in Akquise von Neukundinnen gesteckt wird, während Bindung und Rückgewinnung vernachlässigt werden. Laut einer Studie ist es im B2C-Markt fünfmal teurer, eine Neukundin zu gewinnen, als eine Kündigung von Bestandskundinnen zu verhindern (vgl. Schickler 2020). Ähnlich sieht die Lage vermutlich beim Kampf um Talente aus. Mit dem reaktiven Ansatz lässt sich weder Geld sparen noch eine attraktive Arbeitgebermarke aufbauen. Ziel der Personalbindung sollte es sein einzulösen, was Personalmarketing und -rekrutierung versprochen haben, damit sich Mitarbeiterinnen lange an ein Unternehmen binden wollen. Smarte Algorithmen können frühzeitig Signale geben, wenn Talente in der Belegschaft mit Wechselgedanken spielen, um rechtzeitig den Kontakt zu suchen. Im persönlichen Gespräch können Bedürfnisse sondiert und alternative Chancen ermittelt werden. Wer seinen Auftrag, in zukunftsfähigen Organisationen die Grenzen zwischen Bereichen, Unternehmen, Wettbewerbern und Plattformen abzubauen, ernst nimmt, für den ist das Ausscheiden einer Mitarbeiterin kein zerschnittenes Tischtuch. Durch die aktive Begleitung von Wechseln können sich neue Entwicklungschancen ergeben, indem der ehemalige Arbeitgeber sein Netzwerk erweitert. Fluide Unternehmen werden anders »atmen« und das Kommen und Gehen wird zur Normalität, wenn es mit professioneller Unterstützung abläuft. Personalbindung ist vielseitig und wurde in den vorhergehenden Kapiteln mehrfach gestreift. In diesem Kapitel liegt der Fokus auf der Vorhersage von Wechselbereitschaft, auf Nachfolgeplanung und Neuorientierung.

4.6.1 Wechselbereitschaft vorhersagen

Die Auswertung »Work Institute 2020 Retention Report« zeigt, dass mehr als drei Viertel aller Kündigenden zum Bleiben hätten bewogen werden können (vgl. Work Institute 2020). **Vermeidbare Kündigungen** zu verhindern wird mit zunehmendem Fachkräftemangel zu einer wichtigen HR-Aufgabe. Eingegangene Kündigungen auf Gründe hin zu analysieren, reicht nicht, um die Anliegen von Einzelnen rechtzeitig zu erkennen. Ziel ist, Mitarbeiterinnen anzusprechen, bevor sie sich auf dem Arbeitsmarkt umschauen. Streng genommen zählt die Prognose, wer am ehesten wechseln oder kündigen will, zu People Analytics (s. Kap. 4.5.1). Unternehmen analysieren im Rahmen des **Risikomanagements**, wo Talente, Know-how-Trägerinnen oder Expertenwissen in Gefahr sind, verloren zu gehen. Umgekehrt kann es aus wirtschaftlicher Sicht sinnvoll sein, bei leistungsschwachen Mitarbeiterinnen, die auf dem Absprung sind, schneller eine Trennung anzustoßen, statt umfassend in die Entwicklung zu investieren. Rekrutierungsteams interessieren sich für **Wechselbereitschaft** bei Talenten der Wettbewerber, um sie für sich zu gewinnen.

Hinweise zur Umsetzung finden sich zuhauf in typischen Abonnement-Branchen. Wer **Kündigungen von Zeitschriftenabonnentinnen** oder Mobilfunkkundinnen vorhersagen will, sammelt im Training einer KI-Software Datensätze von Kundinnen, die gekündigt haben, und solchen, die nicht kündigen: Stammdaten, soziodemografische Informationen, Abolaufzeit, Beschwerden, Zustellreklamationen, Bankrückläufer, Urlaubsunterbrechungen, Transaktionsdaten zum Nutzungsverhalten und viele weitere Indikatoren. Aus solchen Datensätzen lernt der Algorithmus, welche Konstellationen die Kündigungsgefahr erhöhen und welche sie mindern, wenn er wie im Beispiel Zeitschriftenabonnement mit sechs Millionen Datenpunkten von 100.000 Abonnentinnen trainiert wurde (vgl. Schickler 2020). Im Testdatensatz berechnet der Algorithmus dann für jede Kundin die Kündigungswahrscheinlichkeit.

Im Zusammenhang mit Kündigungsprognosen für die Belegschaft interessieren Faktoren wie Alter, Geschlecht, Ausbildung, Familienstand, Pendelstrecke, Entwicklungspotenzial, Arbeitsperformance, Arbeitszufriedenheit, belastungsbedingte Ausfälle (z. B. Burn-out), Zufriedenheit mit Vorgesetzten und

Team, Teamgröße oder Betriebszugehörigkeit (vgl. Gärtner 2020a, S. 161 f.). Die Frage, welche Faktoren analysiert werden sollen, wird je nach den Gegebenheiten des Unternehmens individuell beantwortet, so wie im folgenden Zukunftsbild skizziert.

Zukunftsbild

Susan Smart untersucht Kündigungswahrscheinlichkeit
Die Personalcontrollerin Susan Smart möchte mit Data-Science für ihr Unternehmen die Kündigungswahrscheinlichkeit bei Personalgruppen in IT und Verfahrenstechnik vorhersagen. In der letzten Strategiesitzung des global agierenden Konzerns wurde deutlich, dass in diesen beiden Bereichen die größten Engpässe zu erwarten sind und HR gefordert ist, präventive Bindungs- und Rekrutierungskonzepte zu entwickeln. Sie beginnt, alle verfügbaren Daten zu sichten, um sie mit **deskriptiven Verfahren** zu untersuchen. Insgesamt kommt Susan auf 12.345 Datensätze rund um die Menschen in beiden Bereichen: Jobbezeichnung, Länderorganisation, Gehaltsgruppe, Qualifikation, Geschlechts- und Altersangabe, aber auch die Leistungsbewertung. In der deskriptiven Analyse sucht sie nach Verteilungen, Häufungen und Mittelwerten, um Zusammenhänge zwischen den Merkmalen zu finden. Susan erkennt, dass in ihrem Datentopf die Rolle »Datenschutz« nur acht Mal vorkommt, und entfernt diese acht Mitarbeiterinnen aus dem Datenpool, da ihr die Zahl zu gering erscheint, um auf Basis dieser Stichprobe Muster und Prognosen abzuleiten. Am Ende der deskriptiven Analyse hat sie Folgendes gelernt: In den vergangenen 24 Monaten haben 35 Prozent der Mitarbeiterinnen den Job gewechselt, davon zählten zwei Drittel zu den Top-Leisterinnen. Die Frauenquote liegt in der Gesamtgruppe bei knapp 10 Prozent, in der Gruppe der Kündigenden bei 25 Prozent. Obwohl insgesamt mehr Männer das Unternehmen verlassen haben, kündigen anteilig mehr Frauen. Was die Altersgruppen angeht, kündigen die meisten im Alter von 31 bis 35 Jahren, kündigende Frauen sind im Durchschnitt zwei Jahre jünger als die Männer. Im Vergleich der Bereiche IT und Verfahrenstechnik zeigt sich, dass mit 60 Prozent die Mehrheit der Kündigenden in der IT arbeitet. Was das Gehalt angeht, lässt sich in den Zahlen erkennen, dass Mitarbeiterinnen, die unter dem durchschnittlichen Gehalt der Gesamtgruppe liegen, doppelt so häufig kündigen.

Im nächsten Schritt will Susan explanativ mit **Unsupervised Learning** nach Mustern fahnden, die nicht auf den ersten Blick erkennbar sind. Obwohl sie ausgehend von der deskriptiven Analyse schon Annahmen getroffen hat, arbeitet sie hier völlig offen, um sich nicht zu früh auf eine Richtung festzulegen. Sie definiert für die **Assoziationsanalyse** Regeln, die sich einerseits auf die Gruppe der Kündigenden beziehen und zum anderen auf die Gruppe der Bleibenden, denn ihr Suchbereich ist die einfache Frage »Kündigung, ja oder nein?«. In der Assoziationsanalyse werden auch Wahrscheinlichkeiten ermittelt, so bestätigt sich in ihrem Fall die Kombination von »weiblich« und »Top-Leisterin«, während der Faktor »negative Gehaltsdifferenz« auf diese Kombination nicht dominant zutrifft, wohl aber bei Männern eine wichtige Rolle zu spielen scheint.

Im letzten Teil der Analyse sollen die gewonnenen Erkenntnisse weiter zugespitzt werden. Mithilfe des **prädiktiven Klassifikationsbaumverfahrens** soll eindeutig ermittelt werden, woran sich erkennen lässt, ob Mitarbeiterinnen sich für »bleiben« oder »gehen« entscheiden. Susan teilt in der Vorbereitung ihren Datensatz in zwei Drittel Trainingsdaten und ein Drittel Testdaten. Mit den Trainingsdaten füttert sie den Algorithmus, die Testdaten hält sie zurück, um in Probeläufen den Lernerfolg zu prüfen. Sie achtet peinlich genau darauf, dass beide Datensätze die gleiche Kündigungsquote aufweisen. Auf Basis der Trainingsdaten entwickelt der Algorithmus einen Entscheidungsbaum, um Kombinationen zu finden, die eine Kündigung am stärksten beeinflussen. Da er in den Trainingsdaten erkennt, welche Mitarbeiterinnen gekündigt haben und welche geblieben sind, kann er eigene Muster entwickeln. Das Entscheidungsbaumverfahren bestätigt für die Kombination »weiblich«, »IT«, »31 Jahre« die höchste Kündigungswahrscheinlichkeit, während die starke Korrelation zu »Top-Leisterin« sich hier nicht bestätigt.

Mit den zurückgehaltenen Testdaten lässt Susan im Anschluss den **Algorithmus selbstständig vorhersagen**, welche Mitarbeiterinnen gehen und welche bleiben. Susan interessiert sich im Test besonders für die die falsch positiven und die falsch negativen Ergebnisse. Sie möchte dem Algorithmus vor allem die falsch negativen Vorhersagen abtrainieren, da die Auswirkung von unerwarteten Kündigungen schwerwiegender wäre als ein falscher Alarm bei einer Mitarbeiterin, die entgegen der Prognose gar nicht kündigen will. Am Ende ist Susan Smart zufrieden: Ihr Modell zeigt eine Trefferquote von 74 Prozent. In der nächsten Strategiesitzung wird sie anregen, sowohl die Beweggründe der Frauen Anfang 30 als auch die Perspektiven für Top-Leisterinnen und die Gehaltsunzufriedenheit bei Männern näher zu untersuchen.

Andere Unternehmen untersuchen die Korrelationen zwischen Jobwechseln, Jobeinstufungen, Gehältern und Gehaltserhöhungen über längere Zeiträume. So hat z. B. Hewlett Packard erkannt, dass Beförderungen nur dann das Kündigungsrisiko senken, wenn zugleich das Gehalt steigt, andernfalls steige mit häufigen Beförderungen das Wechselrisiko (vgl. Siegel 2016). Gerne werden für solche Analysen **Entscheidungsbäume** und **logistische Regressionen** eingesetzt, die leichter nachvollziehbar sind und gute Ergebnisse bringen. Viele der großen HR-Softwareprogramme bieten Kündigungsprognosen im Rahmen ihrer People-Analytics-Anwendungen an. **SAP SuccessFactors** nutzt Daten aus der eigenen Anwendung, die über 2.000 Personalkennzahlen für Berichte, Analysen und Personalplanung enthält, z. B. (vgl. Shih 2017):

- Demografische Daten (Alter, Geschlecht, ethnische Zugehörigkeit, Behinderung etc.)
- Vergütung (Gehalt, Aktienoptionen etc.)
- Entwicklung (Schlüsselposition, Leistungsbewertung, Potenzialbewertung)
- Beschäftigung (Stellenkategorie, Gehaltsgruppe, Vertragsart etc.)
- Nachfolge (businesskritische Stelle, Nachfolgebereitschaft, Nachfolgebewertung etc.)
- Betriebszugehörigkeit (Dienstjahre im aktuellen Grading, Dienstjahre gesamt, Dienstjahre auf der aktuellen Stelle etc.)

Der Algorithmus für maschinelles Lernen verwendet bei SAP SuccessFactors Klassifizierung und Regression, um Werte so lange zu gruppieren, bis er das optimale Modell zur Vorhersage der Zielvariablen »Kündigungswahrscheinlichkeit« gefunden hat (vgl. ebd.).

Standardlösungen zur KI-basierten **Vorhersage von Austrittswahrscheinlichkeiten** bietet auch **Visier**, eine cloudbasierte Plattform für Personalplanung und -analyse (vgl. Visier 2021). Visier analysiert mit KI-

Algorithmen, welche **Merkmalkonstellation** die Austrittswahrscheinlichkeit wie stark beeinflusst, und betrachtet unter anderem folgende Faktoren (vgl. Cook 2020):

- Funktion
- Betriebszugehörigkeit
- Standort
- Altersgruppe
- Diversitätsgruppe
- Vergütungsquote
- Wartezeit auf eine Beförderung
- Gehaltserhöhungen
- Betriebszugehörigkeit
- Leistungsniveau
- Arbeitsbelastung
- Onboarding-Bewertung
- Schulungsmöglichkeiten
- Aufstiegschancen
- Flexible Arbeitsbedingungen
- Vorgesetztenbewertung
- Work-Life-Balance

Im Ergebnis zeigt Visier z. B., welche Faktoren die Kündigungswahrscheinlichkeit steigern bzw. senken. In der folgenden Abbildung ist dies am Beispiel einer fiktiven Gesundheitsorganisation visualisiert.

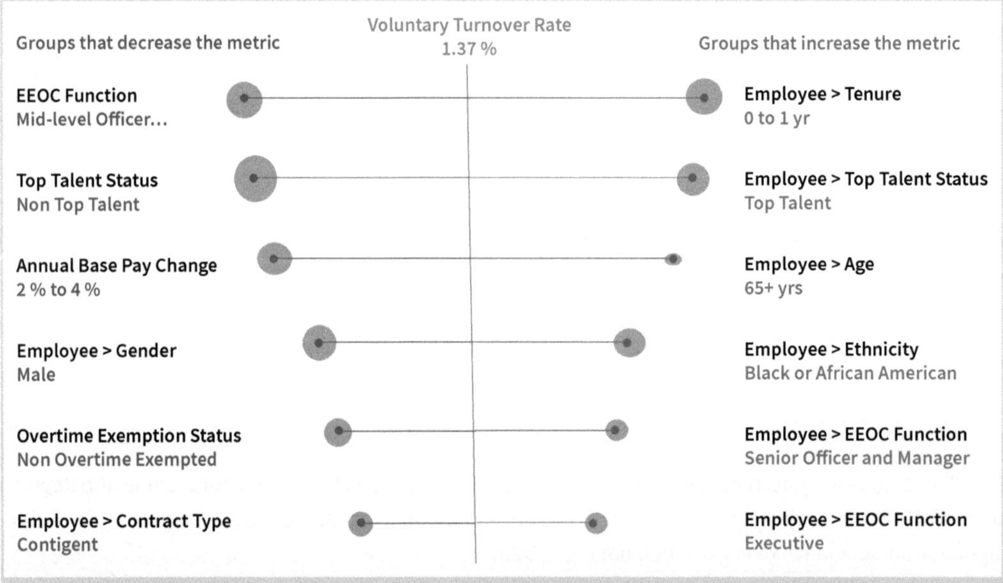

Abb. 4.34: Kündigungsfaktoren am Beispiel einer Gesundheitsorganisation (Quelle: nach Cook 2020)

In dieser Darstellung zeigen die blauen Ausprägungen rechts, dass die Rate freiwilliger Kündigungen durch folgende Gruppen erhöht wird: Mitarbeiterinnen im ersten Jahr der Zugehörigkeit; Top-Talente; Belegschaft im Alter von über 65 Jahren; ethnische Zugehörigkeit »Black« oder »African-American«; Karrierelevel »Senior-Officer« und »Manager« sowie »Executive«. Auf der linken Seite wird dargestellt, dass die Rate durch folgende Gruppen gesenkt wird: Karrierelevel »Mid-level Officer«; Personal, das nicht zu den Top-Talenten zählt; Gruppen mit Gehaltserhöhungen von zwei bis vier Prozent; Männer; Gruppen ohne Überstundenbegrenzung; zufriedenstellender Arbeitsvertrag. Visier gibt an, seine Analyse sei bis zu 17-mal genauer in der Vorhersage, wer in den nächsten drei Monaten kündigt, als die Vermutungen von HR-Teams oder Vorgesetzten (vgl. Cook 2020).

In einer Studie einer Forschungsgruppe um Peter A. Gloor vom **MIT Center for Collective Intelligence** wird das **Kommunikationsverhalten** von Personen im Management verglichen. Wie kommunizieren Personen, die kündigen, in E-Mails und Social Media und wie unterscheidet sich ihr Kommunikationsverhalten von jenen, die bleiben? In der Studie wurden 18 Monate lang E-Mails von 866 Managerinnen gesammelt, von denen 111 kündigten (vgl. Gloor/Colladon et al. 2017). Von den Kommunikationsmustern schlossen die Forscherinnen auf die soziale Vernetzung und entwickelten aus zusätzlichen Indikatoren wie Emotionalität und Sprachkomplexität ein Modell, um Kündigungswahrscheinlichkeit vorherzusagen (vgl. Gärtner 2020a, S. 168). Speziell in den Monaten fünf und vier vor dem Ausscheiden der Managerinnen wichen sowohl Sprachgebrauch als auch Netzwerkstruktur deutlich voneinander ab. Unter anderem waren Managerinnen, die kündigen wollten, deutlich weniger engagiert in der E-Mail-Kommunikation. Auch dieser Ansatz scheint geeignet, ein **Frühwarnsystem** für HR aufzubauen, allein auf Basis von **Veränderungen in Netzwerkaktivitäten und E-Mail-Verhalten**. Für HR bleibt jedoch eine Wissenslücke, da der Algorithmus nicht angeben kann, welche unerfüllten Bedürfnisse zum vermuteten Kündigungsimpuls führen.

Auch im **Recruiting-Markt** werden **Wechselwahrscheinlichkeiten** berechnet als Grundlage für Active-Sourcing-Ansprachen von Talenten, wie das nachfolgende Beispiel zeigt.

AUS DER PRAXIS – BEISPIEL

Talentwunder

Talentwunder ist ein Sourcing-Tool, mit dem sich online Talente aufspüren lassen (s. Kap. 4.1.4). Das Berliner Start-up hat eine **Talentsuchmaschine** entwickelt, die nach spezifischen Skills suchen kann und Social-Media-Kanäle sowie Fach-Communitys wie GitHub oder Stack Overflow einbezieht (vgl. Dietz 2015). In der Regel steigt die Aktivität in sozialen Medien, wenn Mitarbeiterinnen ihren aktuellen Job infrage stellen. Dann werden Lebensläufe auf Xing und LinkedIn aktualisiert, User-Hashtags auf Twitter hinzugefügt oder Headhunter gelikt. Vor allem verbringen die Betroffenen Zeit auf Karriereportalen. Talentwunder analysiert Daten von über 900 Jobportalen und Social-Media-Plattformen (vgl. Talentwunder 2021b). Die Software berechnet die Wahrscheinlichkeit, wie wechselwillig die gefundenen Kandidatinnen sind, basierend auf Daten zu früheren Jobwechseln, Profilaktualisierungen, Pendelstrecken und Statusmeldungen (vgl. Dittes 2018). Talentwunder vergibt im Kandidatinnen-Portfolio sogenannte Expertise-

Scores, um die Passgenauigkeit auszuweisen (vgl. Talentwunder 2021c). Zu der Frage, welcher Machine-Learning-Algorithmus zum Einsatz kommt, macht Talentwunder keine Angaben. Aktuell ist die Lösung vor allem im Bereich Tech-Talente stark positioniert, während Talentwunder in manch anderen Branchen noch der Zugang zu Spezial-Communitys fehlt.

Wer zur Personalbindung auf **KI-basierte Software** zurückgreifen will, sollte folgende Faktoren bei der Auswahl des Tools beachten:

- Alle relevanten Faktoren, die zur Kündigung beitragen, werden in Echtzeit bewertet.
- Neben leicht zugänglichen Daten aus HR-Systemen werden auch relevante soziopsychologische Faktoren wie Arbeitszufriedenheit berücksichtigt.
- In Tests lässt sich nachweisen, dass die Kündigungswahrscheinlichkeit von Mitarbeiterinnen deutlich genauer vorhergesagt werden kann als durch menschliche Prognosen oder regelmäßige Personalgespräche.
- Austrittwahrscheinlichkeiten können über Funktionen, Standorte und Länderorganisationen hinweg berechnet werden, um dort, wo der Hebel am stärksten ist, in Bindung zu investieren.
- Der Algorithmus visualisiert, bei welchen Personen das Kündigungsrisiko am höchsten ist und welche Muster er erkannt hat (z. B. mehrere Beförderungen ohne Gehaltsverbesserung).
- Der Lösungsweg ist mit Datenschutz und Ethik des anwendenden Unternehmens vereinbar, speziell wenn personenscharfe Kündigungswahrscheinlichkeiten ermittelt werden sollen.

Egal welche Lösung gewählt wird, HR muss in der Lage sein, auf Basis der Ergebnisse sofort gezielte Angebote zu machen, bevor die betroffene Person aktiv ihre Fühler nach anderen Arbeitgebern ausstreckt. Rentieren wird sich die Investition in solche Prognosen nur bei **rechtzeitiger Intervention** angesichts drohender Abgänge. Auch der beste Algorithmus kann noch nicht erkennen, wie attraktiv ein mögliches Wettbewerbsangebot ist und ob es die Mitarbeiterin zum Nachdenken bringt. Insofern bleibt das Gespräch ein wichtiger Faktor, um Talente an Bord zu halten.

Neben den klassischen KI-Risiken wie mangelnder Datenqualität, Verzerrungen oder Datenmissbrauch besteht bei der Kündigungsprognose vor allem das **Risiko der Fehlinterpretation**. Was, wenn die KI eine hohe Kündigungswahrscheinlichkeit für eine Person ermittelt, die nicht kündigen möchte, aber von HR in die Schublade Wechselwilliger gesteckt wird? Was, wenn Vorgesetzte über ein solches Ergebnis informiert werden und bewusst oder unbewusst ihr Verhalten ändern, vielleicht weil sie aufgrund vermuteter Motive für einen Wechsel persönlich enttäuscht sind? Was, wenn eine Kandidatin für die Nachfolge vorgesehen war und ihre Vorgängerin von einem hohen Score für Kündigungsbereitschaft erfährt? Hier ist Sensibilität gefragt, um menschlichen Bias zu minimieren.

4.6.2 Nachfolge rechtzeitig regeln

Unternehmen beschreiben **Nachfolgeplanung** oft als komplex und zeitintensiv, im Zweifel zeitkritisch und dringend. KI kann dabei unterstützen, Talente und Potenziale in der Organisation zu finden, die noch nicht auf dem Radar der heutigen Vorgesetzten oder HR-Kolleginnen sind. KI kann die **Datenbasis**

verbreitern, um Fähigkeiten, Interessen oder Karrieremuster potenzieller Nachfolgerinnen zu vergleichen. In einer Studie mit 1.150 Unternehmen, die mehrheitlich ihren Stammsitz in Deutschland haben, gaben 23 Prozent an, bereits mit solchen Systemen bei der Nachfolgeplanung gearbeitet zu haben, und weitere 30 Prozent zeigten Interesse (vgl. TMC 2020). Vielleicht sind die interessierten Unternehmen von schlechtem Gewissen geplagt, da sie ihre Succession-Planning-Kampagnen mehr oder weniger stiefmütterlich behandeln, bis wieder eine kritische Stelle frei wird und das Vorstandsgremium nach Nachfolgeplänen ruft.

Nachfolgeplanung setzt auf der Vorhersage von Kündigungswahrscheinlichkeiten auf und berechnet, wie hoch das **Risiko** ist, dass wichtige **Schlüsselpositionen vakant** werden. Im Rahmen interner Talentsuche oder der frühzeitigen Rekrutierung externer Nachwuchskräfte sollen rechtzeitig Nachfolgerinnen identifiziert und aufgebaut werden (vgl. Haufe 2017). Viele Unternehmen stehen durch die anstehende Verrentung der Babyboomer-Generation vor einer relevanten Menge nachzubesetzender Schlüsselpositionen. Wie im Kapitel Rekrutierung erläutert, wäre es der Zukunftsfähigkeit eines Unternehmens nicht zuträglich, Nachfolgerinnen nach alten Mustern oder über Netzwerke auszuwählen (s. Kap. 4.2.1). Gefragt sind **neue Kompetenzen und Kulturdimensionen**. Angenommen, ein Unternehmen mit 40.000 Mitarbeiterinnen benötigt Nachfolgepläne für 2.000 Positionen. Wie lässt sich sicherstellen, dass die neue Generation von Schlüsselpersonen sowohl die künftige Kultur als auch die Mission verkörpert, relevante Netzwerke knüpft und neues Wissen zugänglich macht? Im Fall von externer Besetzung greifen die Algorithmen aus der Rekrutierung. Wenn auch oder vor allem interne Talente eine Chance bekommen sollen, können KI-Tools unterstützen, die eng mit der Personalentwicklung verknüpft sind (s. Kap. 4.3.5). In der Praxis ist diese Verknüpfung meist durch die bekannten Marken der großen **HR-Management-Anwendungen** gewährleistet, die Personalrekrutierung, -verwaltung und -entwicklung in sich vereinen. Anwendungen wie Workday, SAP SuccessFactors oder Oracle begleiten **Nachfolgeplanung durch Analyse und Empfehlungen**:

1. **Succession-Planning** sammelt alle Merkmale und Erfolgskriterien, die in der Zukunft für die betreffende Schlüsselstelle relevant werden in der HR-Suite.
2. **KI-Anwendungen in der HR-Suite** sondieren und bewerten interne Kandidatinnen für die Nachfolge und identifizieren Lücken.
3. **Talentmanagement-Programme** entwickeln individuelle Entwicklungspläne und stellen relevanten Content in interaktiven Mikro-Lerneinheiten zusammen.
4. Die **Performance-Management-Anwendung** verarbeitet die von der Mitarbeiterin bestätigten Entwicklungsziele und misst Fortschritte bei der Umsetzung.
5. **Persönliche Gespräche** mit Vorgesetzten oder dem HR-Team ergänzen die vollautomatisierte Entwicklungsreise und spiegeln vor allem auf der kulturellen Ebene Aspekte wie Begeisterungsfähigkeit, Buy-in oder Change-Qualitäten.
6. Im Fall einer Vakanz aggregieren **Dashboards** den aktuellen Entwicklungsstand aller infrage kommenden Kandidatinnen.

Manche Unternehmen managen alle Nachfolgekandidatinnen in einem eigenen Programm, um sie untereinander zu vernetzen oder ihnen aktuelle Vakanzen anzuzeigen. Anbieter wie Eightfold AI werben damit, für jede Stelle im Unternehmen mit ihrer KI-Software mehrere Nachfolgekandidatinnen anzeigen zu können (vgl. Eightfold AI 2021a). Auf Basis von einer Million Skills will Eightfold AI mit seiner KI sicherstellen, dass aus der Vielfalt an Daten die relevantesten Alternativbesetzungen herausgefiltert werden. Die **Talent-Intelligence-Plattform** von Eightfold spielt für jede Position eine Liste mit den Kolleginnen aus, die aufgrund ihrer Fähigkeiten und ihres Potenzials am ehesten in der Lage wären, die Rolle zu übernehmen, falls die Stelle jetzt vakant würde (vgl. Eightfold AI 2021b). Den Mitarbeiterinnen zeigt die KI an, welche Fähigkeiten sie noch entwickeln sollten, um die neue Rolle zu übernehmen.

Die Siemens AG, ein Mischkonzern mit den Kernkompetenzen Infrastruktur, Mobilität, Gesundheit und digitale Transformation, hat eine eigene Anwendung für Nachfolgeplanung entwickelt. In einer SCM-App werden für Schlüsselpositionen Nachfolgekandidatinnen in drei Kategorien anzeigt: »Ready Now«, »Ready Future« und »Candidate Ideas«.

Im **Vacancy-Foreacast** können alle Schlüsselpositionen angezeigt werden, die in den nächsten 6 bis 24 Monaten zur Nachbesetzung anstehen. HR kann im Placement-Prozess Longlists und Shortlists erstellen, Interviewnotizen und Bewertungen eingeben. Die Daten sind rund um die Uhr auf mobilen Endgeräten zugänglich. Transparenz soll vor allem durch ein einsehbares Change-Log gewährt werden und lässt sich mit einem Rechtekonzept gezielt aussteuern (vgl. HR-PL-PP 2019). Genutzt wird die Anwendung von Führungskräften auf Ebene 1–3 sowie von HR-Funktionen, die zu jeder Zeit den aktuellen Status der Talente-Pipeline bearbeiten können (vgl. Gärtner 2020a, S. 173). Ergänzend zu den genannten Beispielen können auch alle KI-Anwendungen zum Talent-Matching für die Nachfolgeplanung genutzt werden, die im Kapitel Personalentwicklung im Zusammenhang mit den Beispielen A1 Group und Telefónica beschrieben werden (s. Kap. 4.3.5). Letztlich geht es darum herauszufinden, welche Kandidatinnen als Nachfolgerinnen für eine Schlüsselposition infrage kommen und was ihnen noch zu diesem Schritt fehlt.

4.6.3 Neuorientierung begleiten

Outplacement zählt zu den Instrumenten einer sozialverträglichen Trennung von Mitarbeiterinnen in Form von **beruflicher Transferberatung**. In der Regel kommen externe Agenturen zum Einsatz, die gekündigte oder auf anderem Wege freigesetzte Mitarbeiterinnen in der beruflichen Neuorientierung unterstützen. Die Nachfrage nach Outplacement wird eher zunehmen, denn der Bericht zur Job-Zukunft vom **World Economic Forum** prognostiziert ein Jahr nach Beginn der COVID-19-Pandemie **steigende Volatilität** für den globalen Arbeitsmarkt. In den kommenden fünf Jahren rechnen 43 Prozent der Unternehmen mit einer Verringerung ihrer Belegschaft (World Economic Forum 2020). Parallel plant ein Drittel, das Team zu vergrößern. Eine Umstrukturierung folgt auf die andere und Outplacement-Anbieter investieren in KI-Technologie, um Arbeitnehmerinnen schneller dabei zu helfen, eine neue Rolle zu finden. Die ManpowerGroup aus Wisconsin, einer der größten Personaldienstleister weltweit, nutzt KI zum Skalieren ihrer Ressourcen im »Expert Career Coaching« (ManpowerGroup 2021). Deutlich konkreter wird ein kleinerer Wettbewerber aus Kalifornien im folgenden Praxisbeispiel.

AUS DER PRAXIS – BEISPIEL

Intoo

Die amerikanische Outplacement-Agentur Intoo arbeitet mit Künstlicher Intelligenz, um automatisierte Interviews mit Outplacement-Kandidatinnen zu führen (vgl. Intoo 2021). Das KI-gestützte Video-Assessment bewertet Soft Skills und Charaktereigenschaften auf Basis kurzer, von den Kandidatinnen selbst aufgenommener Videointerviews, die ein echtes Vorstellungsgespräch mit typischen Jobinterviewfragen simulieren (vgl. Souza 2020). Die KI-Technologie von Intoo wertet das Video aus und misst nach Angaben des Unternehmens Engagement und Emotion in der Sprache sowie Mimik und Körpersprache. Intoo erstellt innerhalb von fünf Minuten einen »Soft Skills and Character Traits Report« mit einer Ergebnisübersicht. Darin finden sich ressourcenorientierte Feedbacks zu Eigenschaften wie Anpassungsfähigkeit, Kreativität, Liebe zum Detail und Neugier, die Kandidatinnen in ihrem Selbstbewusstsein stärken sollen, damit sie sich in einem echten Interview entsprechend präsentieren (vgl. ebd.). Kandidatinnen können bei Bedarf ihre Ergebnisse mit einem On-Demand-Karrierecoach von Intoo besprechen, um auf dieser Basis ihre Fähigkeiten und Charaktereigenschaften im Online-Profil, Anschreiben, Lebenslauf und Vorstellungsgespräch besser zu vermarkten (vgl. ebd.). Im Durchschnitt dauert es in den USA mindestens 23 Wochen, bis ein Arbeitssuchender eine neue Stelle findet (vgl. U.S. Bureau of Labor Statistics 2021). Intoo gibt an, dass Outplacement-Kandidatinnen den nächsten Job auf diese Weise 2,5-mal schneller finden als der amerikanische Durchschnitt (vgl. Intoo 2021).

Der Ansatz von Intoo scheint sich von KI-basierten Videointerviews im Recruiting zu unterscheiden, da er auch zum Ziel hat, Menschen in ihrem Selbstbewusstsein zu stärken (s. Abb. 4.35). Auf Basis welcher Kriterien und Methoden die Intoo-KI Videos analysiert, bleibt jedoch im Dunkeln. Daher steht der wissenschaftliche Beweis für die Güte des Verfahrens aus und dieses sieht sich mit ähnlichen kritischen Fragen konfrontiert, wie sie bereits im Kapitel Rekrutierung genannt wurden (s. Kap. 4.2.2).

Abb. 4.35: Outplacement-KI als Selbstbewusstseins-Booster (Quelle: eigene Darstellung)

Wer sich auf **Outplacement-Wellen** vorbereitet und keinen Dienstleister zur Hand hat, der dabei KI einsetzt, dem sei die bereits vorgestellte Anwendung zur KI-Kündigungsprognose empfohlen (s. Kap. 4.6.1). Studien zeigen, dass die verbleibenden Mitarbeiterinnen in einer Kündigungswelle oft in ein **Motivationsloch** fallen, aufgrund anhaltender Ungewissheit sowie wegen Burn-out durch Mehrarbeit oder Angst um den eigenen Arbeitsplatz. Der Effekt ist beeindruckend: Ein Rückgang der Belegschaft um ein Prozent kann die Fluktuationskurve um bis zu 31 Prozent im folgenden Jahr ansteigen lassen (vgl. Sucher/Gupta 2018). Grund genug, auf den smarten Algorithmus zu setzen, um rechtzeitig gegenzusteuern. Auf Basis des **KI-Frühwarnsystems** suchen HR und Vorgesetzte proaktiv Kontakt mit scheinbar wechselwilligen Kolleginnen.

Wie könnte **Wechselbegleitung mit KI** die Kultur verändern? In einer **fluiden Organisation** sind die Gespräche ergebnisoffen und suchen nach dem besten Platz, um berufliche Bedürfnisse zu erfüllen. Wer die Organisation verlässt, nutzt vielleicht anderswo eine Lernchance oder kann sich nicht mehr mit dem Unternehmenszweck identifizieren. Das Team wird bestenfalls in die Trennung eingebunden, schließlich ist die Gruppe gemeinsam verantwortlich. Auch Kolleginnen aus anderen Teams erfahren die Gründe für den Wechsel, denn Ausstieg ist kein Drama und der Abschied verläuft wertschätzend. Über das Netzwerk bleibt oftmals auch nach der Trennung ein enger Austausch erhalten, schließlich schätzt die Organisation ihre erfahrenen Begleiterinnen. Das Team nutzt die Chance für eine Reflexion: Was können wir beim nächsten Mal besser machen?

Künstliche Intelligenz kann den **Trennungsprozess** sowohl **administrativ** als auch **inhaltlich** begleiten. In der **Zeugniserstellung** wird die Führungskraft zum Inputgeber für die Bewertung. Auf Basis von 360-Grad-Feedback-Systemen können KI-Algorithmen auf ein großes Volumen an Rückmeldungen zu Arbeitsleistung, Projekteinsätzen und Stärken ausscheidender Mitarbeiterinnen zugreifen. Der Algorithmus überwacht den **Offboarding-Prozess**, damit die scheidende Kollegin alle notwendigen Unterlagen schnell und fehlerfrei in den Händen hält. Im Rahmen von **Networking** könnte die KI nach dem Wechsel entweder über die Talentmanagement- oder über die Recruiting-Plattform weiter den Kontakt mit der Kandidatin pflegen und sie mit relevanten Informationen auf dem Laufenden halten. Auf diese Weise könnte das Unternehmen ihren weiteren Werdegang verfolgen, um ihr zu einem späteren Zeitpunkt wieder ein passendes Angebot unterbreiten zu können.

Zusammenfassung

Wechsel gehören in der HR-Wertschöpfungskette der Zukunft ganz selbstverständlich dazu, so wie Rollen im Team häufig gewechselt werden, je nachdem, wo Einzelne aktuell am wirksamsten sind. Kommen, Wachsen und Gehen sind in einem offenen, KI-basierten Ökosystem natürliche Bewegungen, die partnerschaftlich begleitet werden. Wenn es Zeit für einen Wechsel der Organisation wird, so zeigt sich das früh, nicht nur durch Algorithmen, sondern auch im kontinuierlichen Austausch mit Führungskräften und Kolleginnen über Werte, Ziele und den eigenen Beitrag. Beim Feedback geht es nicht vorrangig um fachliche Aspekte, sondern (wie schon bei der Personalauswahl) um die kulturelle Integration und persönliche Identifikation mit dem gemeinsamen Sinnauftrag. Wie steht es um die persönliche Entwicklung und welche Lernziele sind vereinbart? Fachliche Defizite sind das geringste Problem, denn sie lassen sich durch die personalisierte KI-Lernbegleitung lösen, die Wissen im Team nutzbar macht.

Algorithmen werden beobachtbares Verhalten auf allen verfügbaren Kanälen auswerten, so wie Menschen ihre sensuellen Eindrücke von einer anderen Person in Sekundenbruchteilen mit bewussten Erfahrungen und unbewusstem Bauchgefühl abgleichen und bewerten. In einigen Jahren wird es für Bewerberinnen nichts Ungewöhnliches mehr sein, mit einer KI an der Seite herauszufinden, welcher Job zu ihnen passt. Recruiting-Verantwortliche werden vollauf beschäftigt sein, die Prozesse in der Interaktion Mensch-Maschine zu designen, um die Entscheidungsvorbereitung zu einem positiven Erlebnis werden zu lassen. Entlang der HR-Wertschöpfungskette werden wir in den nächsten Jahren unzählige KI-Start-ups und KI-Produkte etablierter Anbieter sehen, die im Kern mit Deep Learning arbeiten und unstrukturierte Daten analysieren. Mit weiterer Forschung werden auch die methodischen Grundlagen für Video- und Sprachanalyse wissenschaftlich fundierter sein. Damit Personaler diese Entwicklungen aktiv beeinflussen können, ist es wichtig, aufgeschlossen und neugierig Anwendungsfälle auszuprobieren und dies verantwortlich mitzugestalten. In der Übersicht »KI-Start-ups in HR 2021« auf https://verenafink.de sind aktuelle Lösungen und deren Anbieter aufgelistet.

5 KI-Projekte aufsetzen

Der Veränderungsbedarf ist offensichtlich, die Motivation in HR ist groß, mit einem KI-Projekt zu starten. Wie wäre es, zunächst die administrative Last in der Rekrutierung zu reduzieren? Lässt sich mit einem Chatbot auf der Karriereseite die Candidate-Experience verbessern? Oder vielleicht doch zuerst saubere People-Analytics-Prozesse aufsetzen? Pauschale Antworten gibt dieses Kapitel nicht, vielmehr Orientierung, Anregungen und praktische Tipps.

5.1 KI-Anwendungsfall auswählen

KI erscheint wie ein Ozean voller Möglichkeiten. Egal wie hoch der digitale Reifegrad der Organisation oder wie leistungsfähig die IT-Abteilung ist: Stehen bleiben ist keine Alternative. Statt auf die nächste große Systemumstellung zu warten, können HR-Teams in kleinen Schritten lustvoll lernen. Selbst innerhalb von HR kann mit KI an unzähligen Ecken begonnen werden. Die **Fülle der Möglichkeiten** macht die Auswahl nicht einfacher. Allein im vorliegenden Buch werden zahlreiche Use-Cases entlang der HR-Wertschöpfungskette beschrieben, die in der folgenden Abbildung zusammenfassend aufgeführt sind (s. Kap. 4).

Personal-marketing	Rekrutierung	Personal-entwicklung	Performance-Management	People-Analytics	Wechsel und Nachfolge
• Augmented Writing • Anzeigen klassifizieren • Skill-Suche • Matching • Proaktive Ansprache • Sentiment-Analyse • Social Listening • Chatbots	• CV-Parsing • Interviewanalyse • Diagnostik • Recrutainment • Chatbot-Interviews • Talent-Matching	• Development-Analytics • LMS-Systeme • Augmented Reality • Virtual Reality • Serious Games • Skill-Plattformen • Sprachanalyse	• OKR-Management • Ziele und Grading • Workplace-Analytics • Soziometer und Wearables	• HR-Analytics • Strategische Personalplanung • Operatives Workforce-management und Personaleinsatz-planung	• Prognose Wechsel-bereitschaft • Nachfolgeplanung • Outplacement

Abb. 5.1: Beispielhafte KI-Use-Cases im HR-Wertschöpfungsprozess (Quelle: eigene Darstellung)

Welche Fragen sind relevant, um einen sinnvollen oder besser noch den sinnvollsten Anwendungsfall im HR-Bereich zu finden? Bei der Auswahl von KI-Projekten, egal ob in Fertigung, Backoffice oder HR, stellt sich zunächst die Frage nach dem **Wertbeitrag**, da das KI-Pilotprojekt auf die Unternehmensstrategie einzahlen soll. Entlang der Wertschöpfungskette des Unternehmens lässt sich z. B. untersuchen, wo sich Rollen und Kompetenzen verändern (müssen) und welche Auswirkungen neue Arbeitsformen auf die Dynamik von Führen und Geführt-Werden haben werden. Vor diesem Hintergrund werden die neue Rolle von HR sowie deren Kernprozesse besser sicht- und greifbar. Auch die IT-Infrastruktur will bedacht sein, um keine »eierlegenden Wollmilchsäue« zu planen, während die eigene IT noch nicht einmal in der Lage ist, einfachste Datensilos zu verknüpfen. Im Zusammenhang mit solch richtungsweisenden Diskussionen ist es sinnvoll, zunächst Anwendungsfälle für KI zu sammeln und zu priorisieren. Klassische Priorisierungskriterien sind Anwendungsfälle mit hohem **Volumen** und entsprechenden **Kosteneffekten**, **Schmerzpunkte** in der Personalbindung und -rekrutierung oder **lahmende Prozesse**, die offensichtlich an ihr Limit gekommen sind:

- Wo beschweren sich Mitarbeiterinnen oder Fachbereiche über zeitraubende Abläufe wie langwierige Personalrekrutierung oder komplizierte Formulare?
- Was bemängeln Bewerberinnen an Kontaktpunkten (z. B. schlechte Erreichbarkeit oder fehlerhafte Self-Service-Plattformen)?
- Wo häufen sich Fehler, da etablierte Prozesse an ihre Grenzen gekommen sind?
- Welche Ideen liegen aus Kreativworkshops oder internen Zufriedenheitsbefragungen in Schubladen?
- Wer im Wettbewerb ist für einfache und innovative HR-Prozesse bekannt?

Das Eintauchen in die Welt der Nutzerinnen, Bewerberinnen und der Belegschaft ist hier nicht minder wichtig als die viel zitierte »**kundenzentrierte Produktentwicklung**«. Voraussetzung für beides ist, dass ernsthaft die Perspektive gewechselt wird, um die HR-Welt aus Kundinnensicht zu betrachten. Wer das Feedback seiner internen und externen Kundinnen systematisch erfasst, ist hierbei im Vorteil. Falls sogenannte Employee-Insights nicht regelmäßig erhoben und analysiert werden, kann das HR-Team alternativ auf klassische Bedürfnisse von Kundinnen und Nutzerinnen zurückgreifen. Bestimmte Regeln lassen sich aus dem Commerce auf unternehmensinterne Prozesse übertragen, zumal Bedienerfahrungen im Kontakt mit Unternehmen wie Amazon die **Ansprüche** der Nutzerinnen wachsen lassen:

- **Leicht auffindbar:** Native Strukturen und Filterfunktionen vereinfachen die Suche.
- **Einfach zu verstehen:** Angepasste Sprache und Tonalität erleichtern das Erfassen von Kernbotschaften.
- **Sympathisch und nahbar:** Niederschwelliger Kontakt auf Augenhöhe stärkt die Beziehung.
- **Ständig verfügbar:** 24/7-Erreichbarkeit flexibilisiert den Zugriff, unabhängig von Zeit und Ort.
- **Unmittelbar transparent:** Fortschrittsmeldungen und Status-Dashboards zeigen den Prozessstand an.
- **Schnell erledigt:** Kurze Prozesse helfen, Wartezeiten und Verzögerungen zu vermeiden.

Aufschlussreich bei der Suche nach Bedürfnissen der HR-Kundinnen können auch die Eingaben im Suchfenster auf der Karriereseite oder im HR-Intranet sein. Welche Fragen stellen sich Interessierte, die auf diesen Plattformen unterwegs sind? Talente suchen z. B. nach:

- »Status Bewerbung«
- »Log-in klappt nicht«
- »Zeugnisse hochladen«

Wer das Suchverhalten von internen und externen Besucherinnen auswertet, wird wiederkehrende Fragestellungen mit Hinweisen auf Optimierungspotenzial finden. Technologie wie KI ist kein Selbstzweck. Sie sollte nur dort zum Einsatz kommen, wo sie im Hinblick auf die übergeordneten Ziele wirksam unterstützen kann. KI soll schließlich echte Probleme lösen. Was macht dem HR-Team und der Belegschaft Lust? Wovon würden Bewerberinnen und Talente spürbar profitieren? Wo würde die Zufriedenheit der internen Kundinnen deutlich zunehmen? Ausgehend von den Wünschen der Nutzerinnen lassen sich kleine Pilotprojekte aufsetzen, die mit Neugier und Lernbereitschaft einhergehend Türen zur Weiterentwicklung öffnen.

Bei der Priorisierung kann es auch hilfreich sein zu sondieren, an welcher Stelle Kooperationen ein KI-Pilotprojekt beschleunigen, vergünstigen oder vereinfachen könnten. Die folgende Checkliste versammelt Fragen, die es hinsichtlich der Anforderungen an Organisation, Menschen und HR bei der Auswahl eines Anwendungsfalls zu berücksichtigen gilt.

Wertbeitrag

- Welches übergeordnete Leistungsversprechen (Purpose) verfolgt das Unternehmen?
- Wohin entwickeln sich die wichtigsten Geschäftsfelder?
- Was werden wir loslassen müssen?
- Welchen Beitrag will HR dazu leisten?

Personalarbeit

- Was prägt die HR-interne Wertschöpfung in Zukunft?
- Welche Prozesse werden überflüssig oder müssen neu entstehen?
- Wo verändern sich dadurch Anforderungen an unsere technologische Infrastruktur?
- Wie entwickeln sich unsere HR-Rollen in der Mensch-Maschine-Interaktion?

Supply-Chain

- Wie verändert sich durch Technologisierung die Produkt- und Leistungserstellung im Unternehmen?
- Welchen Einfluss hat das auf die Kompetenzen und Rollen der Mitarbeiterinnen?
- Hinsichtlich welcher Kompetenzen oder Funktionen werden wir die größten Lücken haben?
- Wie will HR diese Entwicklung begleiten?

Technologie

- Welche Strategie verfolgt unsere IT-Chefin?
- Welche technologische Infrastruktur nutzen wir heute und morgen?
- Wo gibt es im Unternehmen bereits KI-Anwendungen und was haben wir daraus gelernt?
- Welche Lernprozesse erfordert die neue Technologie?

Arbeitsformen

- Wie wollen wir New Work für uns gestalten?
- Welche Plattformen bringen die Menschen in diesem Zielbildzusammen?
- Was verändert sich dadurch im Führungsbild?
- Welche Rolle spielt dann HR und welche nicht mehr?

Priorisierung

- Wo gibt es Anwendungsfälle mit großem Volumen und hohem Einsparpotenzial?
- Wie können wir aus dem Mix aus Budget und Ressourcen am meisten profitieren?
- Wie organisieren wir eine zentrale Koordinationsfunktion für alle KI-Aktivitäten?
- Mit welchen Universitäten oder Unternehmen könnten wir Partnerschaften schließen?

Abb. 5.2: Checkliste zur Auswahl eines Anwendungsfalls (Quelle: eigene Darstellung)

Im nächsten Schritt wird aus der großen Ideenkiste der erste **Pilot priorisiert**. Dabei kann es hilfreich sein, die Liste zunächst nach internen und externen Anwendungsfällen zu filtern und dann in Gruppen zu sortieren (z. B. Bewerberinnen-Kontakt, Backend-Prozess, Entwicklungsdiagnostik etc.).

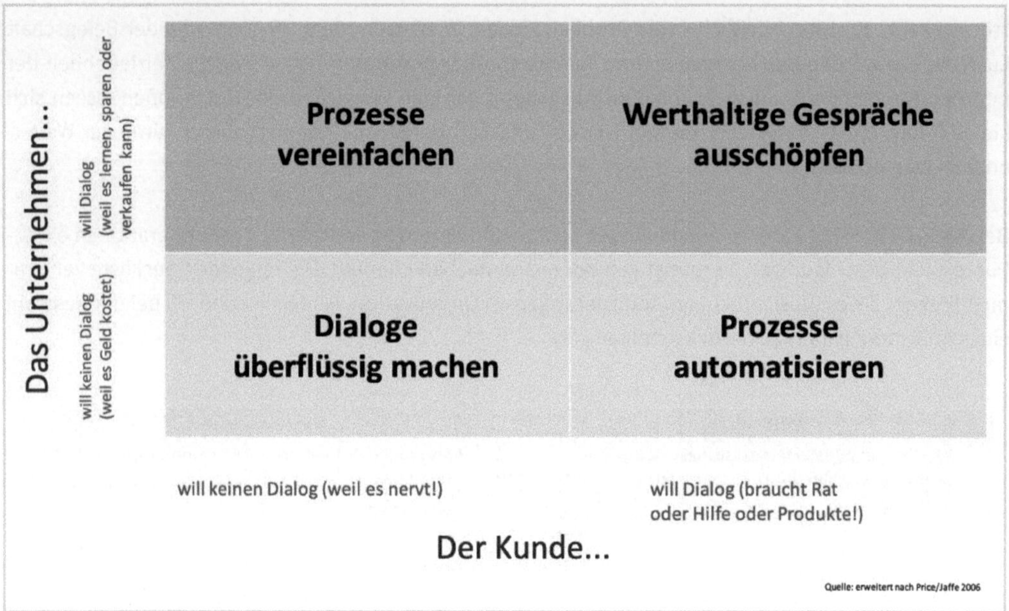

Abb. 5.3: Value-Irritant-Matrix (Quelle: nach Price/Jaffe 2008)

In der Gruppe »Bewerberinnen-Kontakt« lassen sich die Fälle auf einer **Matrix bewerten** und damit weiter eingrenzen. Eine mögliche Matrix ist die **»Value-Irritant-Matrix«** von den Serviceexperten Bill Price und David Jaffe, wie in der vorhergehenden Abbildung dargestellt. Anhand einer Vier-Felder-Matrix wird sortiert, wo Kundinnen (in unserem Fall Bewerberinnen) den persönlichen Kontakt schätzen und an welchem Kontaktpunkt sie eine unkomplizierte Problemlösung ohne Kontakt bevorzugen. Jeder Anwendungsfall wird in der Matrix verortet, um zu klären, wie die Interessen verteilt sind (vgl. Hafner 2017):

Quadrant 1: HR will Kontakt zur Bewerberin, um
- mehr über ihre Erwartungen zu erfahren,
- Ansatzpunkte für zusätzliche Services zu finden,
- Einwilligungen oder Zugang zu bekommen (Plattform-Log-in).

Quadrant 2: Die Bewerberin will Kontakt aufnehmen, um
- Antworten zu bekommen,
- den perfekten Job zu finden,
- Zeit zu sparen.

Quadrant 3: Die Bewerberin will keinen Kontakt, denn
- das kostet zusätzliche Zeit, ohne Zusatznutzen,
- es wäre ihr lästig,
- sie fühlt sich unvorbereitet.

Quadrant 4: Das Unternehmen will keinen Kontakt, denn

- der Kontakt bringt keinen Mehrwert für Gewinnung oder Bindung,
- das kostet zu viel Zeit,
- jeder Kontakt kostet unnötigerweise Geld.

Interessant für KI könnten in HR Konflikte sein, bei denen das Unternehmen Kontakt will, aber die Kandidatin nicht, oder jene, bei denen sie Austausch sucht, HR aber keine Mitarbeiterinnen dafür binden will. Der KI-Pilot könnte genau dort ansetzen und es der Kandidatin entweder möglichst einfach machen oder ihr exzellenten Self-Service anbieten.

5.2 Ein Pilotprojekt im Detail prüfen

Bevor der priorisierte Anwendungsfall zum verklärten Favoriten erhoben wird, lohnt eine kühle **Wirtschaftlichkeitsbetrachtung**. Ist die KI-Lösung wirtschaftlich so relevant, dass sie einen stabilen Business-Case abgibt? Vielleicht ist der gewählte Prozess im Ist-Zustand zwar ein echtes Problem und schmerzhaft für alle Beteiligten, betrifft aber nur verhältnismäßig wenige interne oder externe Kundinnen. Folgende Fragen klopfen den Projektnutzen auf Mehrwerte ab:

- Wie zahlt die angedachte KI-Lösung auf die HR- und Unternehmensstrategie ein?
- Welche Wettbewerbsvorteile sichert der KI-Pilot?
- Wodurch steigert er die Zufriedenheit der Nutzerinnen?
- Welche Kennzahlenziele wirken auf Produktivitätssteigerung oder Kostensenkung?

Bei der Aufwandsschätzung geht es in der Regel um Ressourcen im HR-Team und IT, um Lizenzkosten für KI-Tools und Plattformzugang. Auch wenn die Rechnung an dieser Stelle noch nicht über eine Expertenschätzung hinauskommt, so genügt sie meist, um »Luftnummern« ohne wirtschaftliche Substanz früh zu erkennen.

Vor dem Start der Auswahlgespräche mit externen Partnern gilt es, alle **internen Stakeholder** einzubinden. HR definiert zunächst präzise, welches Problem mit dem geplanten KI-Projekt gelöst werden soll, um interne Erwartungen zu verhandeln und mit der IT die technologischen Anforderungen zu klären. Noch bevor das Marktscreening beginnt, ist es oft erforderlich, den bestehenden Prozess genau zu durchleuchten, denn Standardisierung in KI-Lösungen und begrenzte Budgets erfordern saubere Workflows. Spätestens dann kann die **Geschäftsführung** an Bord geholt werden, um die Dienstleisterauswahl auf Basis klarer Zielformulierungen zu treffen. In dem Zusammenhang wird auch geklärt, wann die Auswahl abgeschlossen sein soll und wann das Budget dafür beantragt und genehmigt wird. Wessen Budget wird das Projekt zugerechnet und welche internen Verrechnungssätze sind gegebenenfalls abzustimmen? Auch der **Einkauf** wird in dieser Phase eingebunden, damit seine Prozessschritte und Compliance-Anforderungen in der Auswahl berücksichtigt werden können. Die **Personalvertretung** hat Mitspracherecht bei der Anwendung und Gestaltung von Arbeitsabläufen nach § 87 BetrVG. Das betrifft auch die Einführung von Software mit Künstlicher Intelligenz. Die **Dienstleisterauswahl** beginnt auch bei einem KI-Projekt mit der präzisen Formulierung des Anwendungsfalls bzw. des zu lösenden Problems. Ergänzend lohnt sich eine Bestandsaufnahme, die eigene IT-Architektur betreffend. Mit einer grafischen Schnittstellenübersicht lassen sich typische Fragen von externen Partnern leichter beantworten.

Im Rahmen des ersten **Briefings** können bereits Fragen an die Anbieter versendet werden, um ihnen die Möglichkeit zur Gesprächsvorbereitung zu geben:

- Was verspricht das KI-System zu lösen?
- Welchen Lösungsweg beschreitet es für den jeweiligen Anwendungsfall (konzeptionell, prozessual, technologisch)?
- Welche KI-Algorithmen kommen zum Einsatz und wie werden sie trainiert?
- Woher kommen die Trainings- und Testdaten und welches Datenvolumen muss das anwendende Unternehmen beisteuern?
- Wie werden objektive, valide und verzerrungsfreie Ergebnisse sichergestellt?
- Welche wissenschaftliche Grundlage (z. B. im Fall von Diagnostik) wird genutzt?
- Wie viel Konfigurationsaufwand ist erforderlich, um das KI-System auf den beschriebenen Anwendungsfall anzupassen?
- Welche Anforderungen an IT-Infrastruktur und -Maintenance sind zu erfüllen?
- Wie werden Datenschutz-Konformität und Transparenz sichergestellt?
- Welche rechtlichen und ethischen Aspekte gilt es zu beachten?
- Wie wird Ausfallsicherheit gewährleistet?

Ausgehend von den Antworten der Anbieter wird eine **Shortlist** mit den überzeugendsten Dienstleistern erstellt. Diese werden zu Präsentationsterminen eingeladen und gegebenenfalls mit weiteren Fragen auf die Schwerpunkte beim persönlichen Treffen vorbereitet:

- Welches Preismodell kommt infrage und wie entwickeln sich die Gesamtkosten in verschiedenen Szenarien über mehrere Jahre?
- Wie können intern planbare Kosten und geringe Gesamtbetriebsaufwände garantiert werden?
- Welche Erfahrungen gibt es zur Akzeptanz der Lösung bei Nutzerinnen?
- Wie erleben andere Unternehmen das System in der Anwendung und was wurde aus Nutzerinnen-Feedback gelernt?

Nach dem Präsentationstermin werden die attraktivsten Anbieter aufgefordert, im Rahmen eines Request for Proposal (RfP) ein Angebot abzugeben. Im Angebot werden oft detailliert die Meilensteine in der Entwicklung, der Roll-out und die Zeitplanung erläutert. In der Entscheidungsphase lohnt es, neben der fachlichen Qualifikation und den finanziellen Bedingungen auch die weichen Faktoren und den persönlichen Eindruck vom Dienstleister zu diskutieren. Erfahrungsgemäß führt bei komplexen technologischen Projekten nicht die Technologie allein zum Erfolg, sondern mindestens ebenso stark die »Chemie« im Projektteam.

An den Vertragsverhandlungen sollten Juristen beteiligt werden, die sich mit den Datenschutz- und Haftungsfragen von KI-Anwendungen auskennen. Entsprechend wie IT-Projektverträge sollte der Vertrag mindestens folgende Aspekte umfassen (vgl. Mangold 2009, S. 61 f.):

- **Angebotsumfang:** Beschreibung der Aufgabe inklusive aller Dokumente, auf die Bezug genommen wird; Definition der zu erbringenden Leistung (Deliverables) und Aufgabenpakete für die KI-Anwendung. Alle Beteiligten sollten das gleiche Verständnis davon haben, was 100 Prozent Zielerreichung bedeutet.
- **Rahmenbedingungen:** klare Formulierung, was die Lösung nicht umfasst, nach welchen Regeln zusammengearbeitet wird, wer wie viel einbringt und bis wann das Projekt fertiggestellt sein wird
- **Leistungsbedingungen:** Definition von Kosten, Zahlungsfristen und -konditionen, Qualitäts- und Abnahmekriterien sowie Lieferbedingungen
- **Rechtliche Hinweise:** Regelung der Geltung von allgemeinen Geschäftsbedingungen, Datenschutz, Geheimhaltung, Gewährleistung und Haftung sowie Gerichtsstand

Je klarer der vertragliche Rahmen, desto geringer ist die Gefahr, dass der externe Partner oder die internen Entscheidungsgremien während der Projektumsetzung die Richtung wechseln, Meilensteine nicht eingehalten werden oder Qualitätsmängel den Erfolg der KI-Algorithmen gefährden.

Bei komplexen KI-Projekten in HR lohnt sich eine **Vorstudie**, die sowohl organisatorische als auch personelle Auswirkungen veranschaulicht und damit Teil des Change-Managements wird. In einer sicheren Umgebung können so alle Beteiligten eingebunden werden, bevor Entscheidungen zu treffen sind. In den ersten vier Wochen wird der Projektumfang skizziert, also der Anwendungsfall detailliert beschrieben und ein Produkt- bzw. Servicekatalog definiert. Darauf folgt eine zweite Phase von etwa acht Wochen, um in Workshops mit den Stakeholdern die Ist-Prozesse im betroffenen Anwendungsfall zu erfassen und den Sollprozess gemeinsam zu entwickeln. Diese Phase schließt mit einer Entscheidung ab, ob der KI-Pilot wie skizziert umgesetzt werden soll. Im Fall einer positiven Entscheidung folgt Phase drei, die in der Regel drei bis fünf Monate dauert und das Service-Design des Anwendungsfalls finalisiert. Darin werden auch die Kosten kalkuliert und der erwartete Nutzen berechnet. Auf dieser Basis startet der Auswahlprozess für KI-Tools oder -Dienstleister zur Umsetzung. Die Vorstudie endet mit der Entscheidung zum Start der Umsetzung.

5.3 KI-Projekt auf die Startbahn schieben

Mit einem budgetierten KI-Projekt und dem Dienstleistervertrag in der Tasche beginnt das Aufsetzen der Projektstruktur. Im Projektmanagement unterscheiden sich KI-Projekte in HR nicht wesentlich von anderen IT-Projekten und leben von sauberer Struktur und Dokumentation. Ein Projektmanagementplan formuliert, was nötig ist, um das KI-Pilotprojekt ins Ziel zu bringen:

- **Ziel:** Im Zielzustand wird formuliert, woran sich erkennen lässt, dass der KI-Pilot erfolgreich abgeschlossen ist
- **Meilensteine:** welche großen Arbeitspakete wann fertiggestellt werden
- **Zulieferungen:** wer welches Teilstück oder -ergebnis wann genau liefert
- **Qualitätssicherung:** wie die Qualität, speziell die Datenqualität, bei Erfassung, Aufbereitung und Data-Mining gesichert ist, welche Verfahren angewendet werden, wie Tests ablaufen und welche Ergebnisdokumentation geplant ist

- **Rahmenbedingungen:** welche Ressourcen intern und extern eingesetzt werden und welche HR-Implikationen zu berücksichtigen sind
- **Verantwortung:** welche Projektbeteiligten was verantworten und wer sie jeweils vertritt
- **Ansprechpartnerinnen:** welche Schlüsselpersonen zu welchem Thema wie zu erreichen sind
- **Risikomanagement:** welche Risiken wie wahrscheinlich eintreten und was zur Prävention geplant ist

Ob mit oder ohne externe Partner und Vorstudien, auf dem Weg zum ersten KI-Pilotprojekt zeigen sich in der Praxis Erfolgsfaktoren, die gute von weniger guten Projektansätzen unterscheiden. Die folgenden Tipps beruhen auf Projekterfahrungen mit HR-KI-Piloten und erheben keinen Anspruch auf Vollständigkeit.

AUS DER PRAXIS – TIPPS FÜR ERFOLGREICHE KI-PROJEKTE

Ziel exakt formulieren

Das Ziel des KI-Pilotprojekts beschreibt optimalerweise, wie genau die Anwendung im Ergebnis laufen wird und worauf das einzahlt. Messbar sollte formuliert werden, woran der Erfolg erkennbar ist, etwa in X Prozent mehr Bewerbungen oder in Y Prozent weniger Zeitaufwand bei HR.

Experten fragen

Egal ob intern oder extern, Fachleute für Data-Science, KI und Automatisierung sind wichtige Anlaufstellen vor dem Start eines KI-Piloten. Der frühe Austausch schützt vor überzogenen Erwartungen oder unterschätzten Aufwänden. Hilfreich sind auch HR-Kolleginnen, die vergleichbare Projekte schon gestartet haben und ungeschönte Erfahrungswerte teilen können.

Benchmarks ausprobieren

Jenseits des engen Projekt-Scopes finden sich garantiert Analogien, die den eigenen Blick weiten. Wer beispielsweise Personalentwicklung mit Algorithmen aufwerten möchte, kann bei State-of-the-Art-CRM-Systemen wie Salesforce viel lernen. Sollte die Arbeit mit Chatbots geplant sein, könnte man z. B. Endkunden-Chatbots von Versicherungen testen, um sich ausgehend von diesen Erfahrungen in die künftigen Chatbot-Nutzerinnen hineinversetzen zu können.

Kontext einbeziehen

Ein Prozess kommt selten allein, auch wenn er KI-basiert ist. Vor dem Start der Entwicklung lohnt es sich zu visualisieren, wie das neue Teilstück in die Prozesslandschaft eingefügt werden soll und mit welchen Systemen es dazu interagieren muss.

Funktionen priorisieren

In der Entwicklung sollten die Teams ausreichend Handlungsspielraum haben, um Funktionen selbstständig priorisieren zu können. Im Zuge der Umsetzung zeigt sich häufig, dass Funktionen, die zu Beginn ganz oben auf der Wunschliste der internen Stakeholder standen, an Relevanz verlieren. Durch systematische Repriorisierung und regelmäßigen Austausch können Teams Zeit und Ressourcen sparen, die sonst eventuell für unnötige Features verschwendet werden.

Fehler sofort beheben
Nichts geht im Projekt über ständiges Testen. Jede neue Entwicklung wird sofort validiert, um Fehler umgehend zu entdecken und zu beheben. Dieses iterative Vorgehen ist effektiver als nachträgliche Fehlerprüfungen, die sich im schlimmsten Fall durch mehrere Entwicklungsschritte ziehen.

Retrospektiven nach jedem Entwicklungsschritt
Nicht nur die Fehlersuche ist eine Daueraufgabe, sondern auch die Selbstreflexion des Entwicklungsteams. Was lief gut? Was sollten wir stoppen? Was hat uns gefehlt? Solche und ähnliche Fragen unterstützen dabei, nicht nur die KI-Lösung, sondern auch die eigene Arbeitsweise ständig zu verbessern.

Realistisch planen
Jedes Team ist in seiner Kapazität begrenzt. Wer diese Limitierung ernst nimmt und dem Team die Verantwortung überträgt, Dauer und Ergebnisse des nächsten Entwicklungsschrittes selbst zu bestimmen, der profitiert von fokussiertem Vorgehen. Das Team konzentriert sich automatisch darauf, die Wertschöpfung in den Vordergrund zu stellen.

Unterwegs anpassen
Trotz exzellenter Projekt- und Zeitpläne wird die Realität ständige Anpassungen einfordern. Da KI-Projekte meist Neuland erschließen, liegen wenig Erfahrungswerte vor, wie lange es dauert, bis tatsächlich alle nötigen Daten erfasst und aufbereitet vorliegen. In Testzyklen zeigt sich, wo nachgeschärft werden muss oder wann das Team besser zwei Schritte zurückgeht, um Verzerrungen in der Analyse zu beheben. Regelmäßige Plan-Reviews sichern eine rollierende Anpassung der Projektplanung.

Geduldig aufklären
Skeptische Blicke sind keine Seltenheit bei internen Parteien, wenn es um KI geht. Egal ob Datenschutz, IT, Legal oder Mitbestimmung, sicherlich schreien nicht alle »Hurra«. Welcher Nutzen und welcher Aufwand ergeben sich für die jeweiligen Parteien durch den KI-Piloten? Dieser vorbereitende Perspektivwechsel macht es leichter, im Gespräch die Bedürfnisse besser adressieren zu können und schnellere Lösungen zu finden.

Positive Beispiele finden
Wo ist ein vergleichbarer Pilot schon erfolgreich eingeführt worden? Was berichten die Projektverantwortlichen? Wie geht es den Nutzerinnen heute mit der Anwendung? Welche Effekte sind eingetreten und welche Ziele wurden erreicht? Was sagten die Zweiflerinnen vorher und was sagen sie heute? Diese Informationen stärken nicht nur die Selbstmotivation, sondern sorgen auch für mehr Lust auf das Projekt im eigenen Unternehmen.

Kompetenz aufbauen
Kaum ein HR-Team strotzt vor Datenwissen und KI-Affinität – woher auch? Es lohnt sich, während der Projektumsetzung nah am Team zu bleiben, um seine technische und analytische Kompetenzen weiterzuentwickeln. Das nächste KI-Pilotprojekt in HR kommt bestimmt.

Wissen teilen

Erfolge wollen gefeiert werden, nicht nur im stillen Kämmerlein des Projektteams, sondern auch in der Branche. In einem Whitepaper, Fachartikel, Blogbeitrag, auf der eigenen Website oder in einem HR-Fachforum wird die Geschichte neugierige Leserinnen finden. Das unterstützt andere HR-Pionierinnen, die selbst erste Schritte in Richtung KI gehen wollen.

KI-Projekte setzen auf Automatisierungsprojekten auf, daher gelten viele Ansätze aus IT-Projekten, wie bereits erwähnt auch für KI-Piloten. Beispielhaft lässt sich dies an einem fiktiven Projekt veranschaulichen.

AUS DER PRAXIS – FIKTIVES BEISPIEL

PoC im HR-Controlling

Ein HR-Team setzt ein HR-Controlling-Projekt auf, um mittelfristig KI-basierte People-Analytics nutzen zu können. Das Projektteam geht in zwei Phasen vor und konzentriert sich in Phase eins auf kleine, schnelle Lösungen (»Quick Wins«), die leicht umgesetzt werden können und trotzdem spürbare Erleichterung bringen. Auf diese Weise möchte das Team Erfahrung sammeln und unterschiedliche Software testen, bevor es sich in Phase zwei an die komplexe Architektur der KI-Analytics wagt.

Ein kleiner HR-Prozess sollen mit einem Softwarepartner in einem Proof of Concept (PoC) automatisiert werden. Ähnlich dem Vorgehen bei agilen Sprints wird für den PoC eine Dauer von fünf Tagen angesetzt. Der gewählte PoC hat das Ziel, im HR-Controlling das Aggregieren und Analysieren von Daten zu automatisieren und mit KI auch den Blick in die Zukunft zu ermöglichen. Das Projektteam trifft sich dazu im ersten Workshop mit einer Entwicklerin und einer Business-Analystin des Dienstleisters sowie mit den Mitarbeiterinnen, die im Alltag mit dem betreffenden Prozess arbeiten. Detailliert besprechen sie, wie der Prozess aktuell abläuft, und die Entwicklerin erstellt parallel ein Design-Dokument, das visualisiert, welche Schritte heute im System wie und in welcher Reihenfolge aktiviert werden. Die Mitarbeiterinnen beschreiben, aus welchen Excel-Tabellen und Datenbanken sie manuell Kennzahlen zusammensuchen und nach welchen Kriterien sie Entwicklungen visualisieren und kommentieren. Die Entwicklerin hinterfragt Systemzugänge, Rollenkonzepte und Berechtigungen, um lückenlos dokumentieren zu können, was später von einem Algorithmus unterstützt werden soll. In der Diskussion entwickelt das Team den Soll-Prozess und hinterfragt, welche Daten für ein Management-Reporting nach Wunsch des Vorstandes künftig erforderlich sind und wie sie an diese Kennzahlen gelangen könnten. Die Entwicklerin erklärt, was ein Datenmodell ausmacht, aus dem die Management-Summary gespeist wird, und warum es wichtig ist, dort ins Details gehen zu können, um Entwicklungsursachen zu erforschen. In der Diskussion wird deutlich, dass es wichtig ist, nicht nur Datenexpertinnen, sondern vor allem Menschen mit Geschäftsverständnis und Prozesswissen am Tisch zu versammeln. Während der Programmierung des neuen Prozesses kann die Entwicklerin jederzeit auf die Business-Analystin zugehen, um Fragen zu klären. Sie ordnet die einzelnen Schritte in ihrem Baukasten in chronologischer Reihenfolge an und definiert, wie die automatisierte Ausführung ablaufen soll:

- Datenzulieferung automatisieren
- Gelieferte Daten auslesen und in Variablen übertragen

- Variablen in die Management-Summary überführen
- Quelldateien nach Bearbeitung umbenennen und in Ordnern ablegen
- Zieldatei versenden und in Microsoft SharePoint ablegen

Dieser erste Teil der Aufgabe folgt dem Ansatz von Robotic Process-Automation (RPA), bei dem ein repetitiver, manueller, zeitintensiver und fehleranfälliger Vorgang auf einen Softwareroboter übertragen wird, der ihn fortan automatisiert ausführt. Ob darin KI vorkommt oder nicht, hängt vom Anwendungsfall ab. Wenn das Team nur die Zusammenführung und rückblickende Kommentierung der HR-Kennzahlen benötigt, genügt eine regelbasierte Auswertung. In diesem Anwendungsbeispiel käme RPA an seine Grenzen, da im HR-Controlling auch zukünftige Entwicklungen prognostiziert werden sollen und weitere Einflussfaktoren berücksichtigen müssen, etwa konjunkturelle Entwicklungen oder das Verhalten von Wettbewerbern. Daher sollen KI-Algorithmen, die mit selbst lernenden Ansätzen komplexe Auswertungen modellieren, integriert werden.

Je einfacher der Prozess, den sich ein Team bei den ersten Schritten vornimmt, desto leichter ist die Automatisierung umzusetzen. Bei komplexen Prozessen, die Erfahrungswissen oder Ermessensentscheidungen beinhalten, muss jeder dieser Punkte für die Software in eindeutige Muster übersetzt werden, was den Abstimmungsaufwand deutlich erhöht. Die kurze PoC-Zeit von fünf Tagen in diesem Beispiel ist zugegebenermaßen nicht der Standard, sondern dem kleinen Anwendungsfall zu verdanken. Softwareanbieter nennen in der Regel sechs bis acht Wochen für die Automatisierung eines Prozesses und wer ganz sichergehen will, sollte bei einem durchschnittlich komplexen Prozess mit zehn bis zwölf Wochen kalkulieren (vgl. Schuster 2020, S. 157). Der Aufwand lohnt sich, denn sauber automatisierte Prozesse laufen zuverlässig und ohne Pausen oder Verschleiß, solange nicht das ganze System ausfällt. Das folgende Beispiel von IBM Watson zeigt, wie ein Chatbot für HR entwickelt werden kann, und illustriert die **agile Vorgehensweise mit Scrum-Methoden**.

AUS DER PRAXIS – FIKTIVES BEISPIEL

Auf dem Weg zum ersten HR-Chatbot

Auf der **Plattform IBM Watson** soll ein Chatbot entwickelt werden, der auf der Karriereseite eines international agierenden Unternehmens Fragen von Interessierten beantwortet. Das internationale Projektteam diskutiert zu Anfang mit KI-Expertinnen grundlegende Vorgaben und kommt zu folgenden Prämissen:

- Da mehrere Länderorganisationen mit dem Bot arbeiten, soll die Landing-Page modular gestaltet werden, damit jedes Land die Einstiegsseite nach seinen Bedürfnissen konfigurieren und ausgestalten kann.
- Während bei der kulturellen Adaption Vielfalt gefragt ist, soll der Anwendungsfall so spitz wie möglich sein. Es wird kaum gelingen, alle möglichen HR-relevanten Fragen aus diversen Ländern und Kulturen mit nur einem Bot zu trainieren.
- Selbst mit dem Initial-Training ist die Arbeit nicht getan, HR-Verantwortliche müssen dauerhaft die Antwortqualität überwachen und weiterentwickeln. Das erfordert ein Content-Management-System mit einer intuitiven Benutzungsoberfläche, um unabhängig von IT administrieren zu können.

Das Unternehmen stellt ein Team aus sechs Mitarbeiterinnen zusammen, die in Vollzeit an diesem Projekt arbeiten, um eine erste Fassung nach drei Monaten live zu schalten. Im Team sind verschiedene Nationalitäten vertreten, daher arbeiten die Beteiligten virtuell in Projekträumen zusammen. Es werden Sprintzyklen von zwei bis vier Wochen Länge angesetzt und das Team geht im Sprint nach dem Scrum-Ansatz vor. Ausgehend von Anwendungsfällen aus Nutzerinnensicht (User-Storys) werden die relevanten Funktionen gesammelt und im Arbeitsspeicher (Backlog) priorisiert. Das Team entscheidet selbst, was es sich im nächsten Sprint zutraut, und ist verantwortlich dafür, dass die versprochene Funktion vollständig abgeliefert wird. Alle Auftraggeber können mitdiskutieren, wenn es um die Priorisierung der Funktionen geht. Während eines laufenden Sprints halten sie sich jedoch zurück, um den Wertschöpfungsfokus des Teams nicht zu stören. Nach jedem Sprint kommt das Team zu einem Rückblick zusammen und bewertet sowohl das Ergebnis (Review) als auch die Zusammenarbeit (Retrospective), um daraus für die nächste Sprintplanung zu lernen. Solche kurzen Entwicklungszyklen schulen das Projektteam, in kleinen Schritten voranzugehen und effizient zu arbeiten. Feedback zu Tests wird häufig und schnell eingeholt, was vor Verschwendung und spätem Bemerken von Fehlern schützt.
Der Anspruch ist klar formuliert: Der Bot soll nicht einen Katalog häufig gestellter Fragen (FAQ) filtern, daher konzentriert sich das Team auf konzeptionelle Arbeit:

- Welche Fragen werden von Interessierten am häufigsten gestellt?
- In welchen Wort- und Satzkombinationen sind diese Fragen möglich?
- Welche Antwortlänge und Tonalität sind adäquat?
- Was provoziert Nachfragen?
- Wann sind Rückfragen erforderlich, um eine präzise Antwort geben zu können?
- Welche Rolle spielt Small Talk?

Das Team organisiert Anwenderinnen-Support für alle Länderorganisationen, die den Bot einführen wollen, und richtet dafür mehrere Tage vor Ort Trainings aus. So lernen die internationalen Kolleginnen nicht nur den Kontext und die Technologie kennen, sondern können gemeinsam ihre Landing-Page konfigurieren und ihre ersten Chatbot-Anwendungsfälle zusammenstellen. Auch die Tonalität der Antworten soll an die Kultur eines jeweiligen Landes angepasst werden, dabei sind sowohl der spezifische Humor als auch sprachliche Feinheiten zu berücksichtigen, um Fettnäpfchen zu vermeiden. Im Anschluss werden die frisch gebackenen Anwenderinnen virtuell durch wöchentliche Sprechstunden und Erklärvideos unterstützt. Auf einer Collaboration-Plattform können sich die Länderorganisationen auch untereinander zu ihren Erfahrungen austauschen.

Im Projektteam achten alle darauf, nicht nur HR-Kolleginnen, sondern auch die Expertisen von IT, Customer-Insights, Legal und Datenschutz miteinzubeziehen. In der Entwicklung sind neben den Inhalten auch Fragen zu technischer Anbindung, Sprachen, Design, Tonalität, Sicherheit, Datenschutz, Mitbestimmung und Reporting relevant. Zwei Personen aus dem Team bringen ihre Vorerfahrung mit agilem Arbeiten ein, um konsequent aus Nutzerinnensicht zu entwickeln. Dem Team ist von Beginn an klar, dass der Bot ohne Mehrwert für Interessierte einen frühen Tod sterben könnte, daher klärt es frühzeitig, welchen Nutzen sich das Unternehmen verspricht: weniger Anrufe auf der HR-Hotline, mehr Online-Bewerbungen und Hinweise zu fehlendem Content auf der Website.

Auch nachdem es gelungen ist, klar messbare Ziele zu formulieren, muss das Team entsprechend der Scrum-Logik den Zyklus »Build – Measure – Learn« befolgen. Der Startpunkt ist dabei die Kernfunktion, verpackt im kleinstmöglichen Produkt, dem sogenannten Minimum Viable Product (MVP). In diesem Fall kann der Bot zu Anfang nicht viel mehr als einen Link auszuspielen, der das fragende Gegenüber zur richtigen Stelle auf der Karriere-Webseite führt. Nachdem dieses Feature gebaut worden ist (Build), wird genau beobachtet, wie die Nutzerinnen darauf reagieren, welche Fragen sie stellen und wie häufig der ausgespielte Link ihre Frage beantworten kann (Measure). Aus den Lernerfahrungen (Learn) kann das Team die Funktion verbessern, bevor aus dem erkannten Nutzungsbedarf die nächste Funktion (Feature) priorisiert wird. So entstehen aus einzelnen Features oder Micro-Services Schritt für Schritt anwendungsfreundliche Lösungen mit echtem Mehrwert.

Für dieses Bausteinsystem sind sogenannte Micro-Services von Vorteil: kleine, unabhängige Software-Services, die über API-Schnittstellen miteinander verbunden sind. Jeder Micro-Service erledigt eine Aufgabe und kann eigenständig entwickelt oder ausgetauscht werden, ohne dass der gesamte Bausatz weggeworfen werden müsste. Micro-Services, Datenbanken und Web-Applikationen werden über API-Schnittstellen verknüpft. Daher hat das Team rechtzeitig geklärt, welche internen Systeme angebunden werden müssen, um auf Inhalte, nach denen evtl. gefragt wird, zugreifen zu können.

Endlich live: Über die Landing-Page des Unternehmens greifen Interessierte auf den Chatbot zu, der über eine API-Schnittstelle an das Frontend angebunden ist. Der Chatbot selbst nutzt in diesem Fallbeispiel die IBM-Watson-Technologie und wird mit überwachtem Lernen (Supervised Learning) trainiert. So lernt er alle möglichen Fragestellungen und die dazu passenden Antworten. Im Trainingsprozess entdeckt der Algorithmus Muster und entwickelt eigene Regeln, damit er auch bei leicht abweichenden Formulierungen auf den Kontext der Frage schließen kann und die richtige Antwort findet. Eine der größten Herausforderungen für den Chatbot ist es, ausgehend von einer trainierten Menge an beispielhaften Formulierungen diverse mögliche Formulierungen einer Frage zu entschlüsseln. Das Team ist überrascht, auf wie viele verschiedenen Arten Bewerberinnen nach Sozialleistungen fragen. Bei der Suche nach einer Antwort hilft dem Bot im Hintergrund der »IBM Watson Discovery Service«, der definierte Quellen durchsucht. Er filtert die relevanten Textpassagen aus unstrukturierten Daten und stellt daraus ein Suchergebnis zusammen. Die Suchergebnisse werden über die zentrale Schnittstelle an das Frontend übergeben und auf der Landing-Page an die Fragenstellerin im Kontext ihrer Frage ausgespielt. Im Content-Management-System können alle vorkonfigurierten und neu entwickelten Antworten von den HR-Verantwortlichen verwaltet werden.

Je nach Anwendungsfall stellt sich die Frage nach **Authentifizierung** oder **Anonymisierung**. Ist es relevant für den Chatbot, dass die Nutzerinnen authentifiziert werden? Wenn ja, dann ist zu klären, wie persönliche Daten verarbeitet werden und in welchem Land dabei welche Datenschutzvorgaben zu beachten sind. Angenommen, der Chatbot soll nicht für Interessierte auf der Karriereseite eingesetzt werden, sondern für die eigene Belegschaft, z. B. bei Fragen nach Resturlaubstagen – in diesem Fall müsste er die Mitarbeiterin identifizieren, um auf die Frage nach ihren Resturlaubstagen antworten zu können. Die Antworten könnten spezifisch im Hinblick auf ihre Rolle, ihren beruflichen Kontext oder aktuelle Projekte, an denen sie beteiligt ist, verfeinert werden. Das System würde lernen, welche Arten von Antworten sie zufriedenstellen, und könnte maßgeschneiderte Empfehlungen ausspielen. Falls dagegen Anonymisierung gewünscht oder gefordert ist, könnte der Bot mit **anonymisierten Identifikationsnummern** für Mitarbeiterinnen agieren. Dann wüsste er zwar, was gefragt wird, aber nie, wer fragt. Die Auswahl an Fragen und Antworten reduziert sich dadurch, kann jedoch erweitert werden, falls Mitarbeiterinnen freiwillig Informationen mit dem Bot teilen wollen. Sie könnten beispielsweise anklicken, in welcher Länderorganisation, Geschäftseinheit oder Fachrichtung sie arbeiten. Auch in der anonymisierten Form kann HR durch die Auswertung aller Fragen wertvolle Erkenntnisse über die Anliegen der Belegschaft erlangen und die Antworten in Summe verbessern. In Kapitel sechs werden datenschutzrechtliche Grundlagen vertieft (s. Kap. 6.2).

Fehlbarkeit gehört dazu. Unabhängig davon, ob anonym oder authentifiziert gearbeitet wird, die Praxis zeigt, dass selbst das talentierteste Projektteam und die beste am Markt verfügbare KI-Lösung noch nicht in der Lage ist, Chatbots zu zaubern, die komplexe HR-Fragen druckreif beantworten. Das Support-Team hat daher auch nach dem Training die wichtige Aufgabe, Antworten zu verfeinern und offensichtlich fehlende Themenbereiche zu ergänzen. Der Bot ist immer nur so gut wie sein Training und dauerhaft abhängig von menschlicher **Qualitätskontrolle**. Letztere bedeutet in diesem Fall Content-Management, eine neue Dimension in HR, die mittelfristig in Jobprofilen an Bedeutung gewinnen wird.

Ähnlich unwahrscheinlich wie ein von Anfang an perfekter Bot ist eine begeisterte Begleitung durch alle Teile der Belegschaft. Eine proaktive Kommunikation zu Bot-Projekten ist daher zu empfehlen. Auf der folgenden Abbildung sind häufig gestellte **kritische Fragen** aufgeführt. In einem FAQ-Katalog können erwartbare Fragen gesammelt werden, um klare Positionierungen zu entwickeln und zu kommunizieren. In Kapitel sechs finden sich weitere Anregungen rund um Akzeptanz für KI-Projekte (s. Kap. 6.6).

Kritische Fragen zum Chatbot-Einsatz
„Warum setzt ausgerechnet HR einen Chatbot ein – von Human Resources zu Inhuman Resources?“
„Was ist Ihre Vision für KI in HR, wo sehen Sie sich in fünf Jahren?“
„Wie stellen Sie den Datenschutz sicher?“
„Wollen Sie Kanäle reduzieren oder dürfen wir weiterhin auch anrufen und E-Mails schreiben?“
„Wie viel HR-Personal wollen Sie einsparen und welcher HR-Workflow wird als nächster automatisiert?“
„Wie qualifizieren Sie das HR-Team dafür, mit KI zu arbeiten?“
„Warum glauben Sie, dass der Lean-Ansatz Ihr Projekt schneller macht?“
„Wie stellen Sie sicher, dass Ihr agiles Projektteam die Regularien unseres Unternehmens berücksichtigt?“
„Wie verändert das KI-Projekt unsere IT-Architektur?“
„Welche Mitarbeiterinnen und welche externen Zielgruppen sind von der Lösung betroffen?“
„Wie planen Sie, die Führungskräfte und Mitarbeiterinnen miteinzubinden?“
„Wie genau soll die interne Effizienz steigen und was bleibt dabei auf der Strecke?“
„Welche Bereiche sind im Projektteam vertreten und wer trifft die Entscheidungen?“
„Welche Partner mischen bei dem Projekt mit?“

Abb. 5.4: FAQ KI-Chatbots in HR (Quelle: eigene Darstellung)

5.4 Stolperfallen mit Erfolgsgarantie

Nicht alle KI-Pioniere machen sich die Mühe, vorab in den Schuhen aller betroffenen Zielgruppen zu gehen. Ein klassischer Fall ist Karl Krawall, dem es gelingt, schon in der ersten Projektphase seinem Nachnamen gerecht zu werden.

AUS DER PRAXIS – FIKTIVES BEISPIEL

Karl Krawall tritt in Fettnäpfchen

Karl Krawall hat sich in den Kopf gesetzt, KI flächendeckend in HR nutzbar zu machen. Er ist überzeugt von der Lösung und will keine Zeit verlieren. »KI ist Technologie«, denkt sich Karl und startet mit der Auswahl von Lösungsanbietern. Deren Versprechungen klingen vollmundig – es ist von 30 Prozent Effizienzsteigerung die Rede. Damit kann er schnell den Finanzvorstand überzeugen. Schon sechs Monate später hat er mit drei verschiedenen Partnern Projekte angestoßen, die auf Arbeitseffizienz einzahlen und Kosten reduzieren. Im Board-Meeting darf er berichten und wundert sich, warum die Strategie-Chefin zu schnauben beginnt. Wie er darauf käme, KI zur Verschlankung der Produktion einzusetzen? Schließlich fokussiere sich die Unternehmensstrategie in den kommenden fünf Jahren auf neue digitale Geschäftsmodelle und Erlöse aus Daten. Nach einem kurzen und heftigen Streit sind sich alle einig: Es wäre sinnvoller gewesen, die Geschäftsmodellexpertinnen vorab einzubeziehen, damit KI dort unterstützt, wo in Zukunft die größten Wertschöpfungs-Hebel und Wettbewerbsvorteile liegen.
Die nächste Abreibung bekommt Karl von seinem IT-Kollegen Alf. Ob er sich mal Gedanken gemacht habe, wie seine Insellösungen in die Daten- und Intelligenzarchitektur des Unternehmens integriert werden sollten? Karl schüttelt kleinlaut den Kopf. Der IT-Chef seufzt und erzählt ihm, dass er nicht nur auf unternehmenskompatible IT-Lösungen achten müsse, sondern inzwischen auch auf Schnittstellen im Ökosystem. Ökosystem? Karl wundert sich und denkt an das Schulbiotop von früher. Alf zeigt ihm einen Auszug aus der Innovationsstrategie, die Co-Creation-Vereinbarungen mit den Marktführern von zwei angrenzenden Branchen beinhaltet. In solchen F&E-Allianzen müssen zusätzlich die Kunden der Unternehmen und Datenintermediäre eingebunden werden. »Willkommen im Flohzirkus«, sagt Alf und lacht.
Schon in der Folgewoche wird Karl zu einer Eskalation ins Recruiting gerufen. Das Team weigert sich, weitergeleitete Talentgespräche zu übernehmen, mit denen der Chatbot auf der Karriereseite nicht klarkommt. Was das Problem sei, fragt Karl vorsichtig. »Ich habe doch keine Lust, mich von einem Chatbot anrufen zu lassen, der mir Arbeit auf den Tisch kippt«, empört sich eine junge Kollegin. Es dauert eine ganze Weile, bis Karl erklären kann, dass der Chatbot unter dem Strich Arbeit reduziert, da er immerhin 50 Prozent der einfachen Anfragen selbst erledigen kann. Noch den ganzen Abend grübelt er und schließlich wird er im Internet fündig. Er liest über ein Paradox: Viele Menschen nehmen ungern Anrufe von KI entgegen, während sie sich gleichzeitig wünschen, dass ihre eigene digitale Assistenz solche Anrufe in ihrem Auftrag erledigt (vgl. Lichtenthaler 2020, S. 169). Wie kann es ihm gelingen, diesen Perspektivwechsel bei den betroffenen Mitarbeiterinnen besser zu begleiten? Schließlich scheinen Menschen einerseits zwar aus emotionalen Gründen lieber mit menschlichen Kollegen als mit Robotern zu arbeiten, nutzen Roboter aber aus rationalen Gründen gerne, wenn sie ihnen einen Nutzen bringen. Karl nimmt sich vor, künftig zuerst mit den beteiligten Teams die Vorteile herauszuarbeiten, damit deutlich wird, was sich im Arbeitsalltag für die Kolleginnen vereinfacht.

Lernerfahrungen sind Teil der iterativen Entwicklung und ein wichtiges Element, nicht nur für Menschen wie Karl Krawall, sondern auch für den Algorithmus selbst und das KI-Projektteam. Dennoch ist es sinnvoll, den einen oder anderen klassischen Fehler vorab zu reflektieren, um nicht alle Fettnäpfchen mitnehmen zu müssen. Die beliebtesten Stolperfallen in der nachfolgenden Liste gelten nicht nur für KI in HR, sondern treten in KI-Projekten verschiedenster Funktionsbereiche auf.

AUS DER PRAXIS – TOP-10-STOLPERFALLEN BEI KI-PROJEKTEN

Hauptsache KI!

Der Schlachtruf »Hauptsache KI!« sollte misstrauisch stimmen, denn oftmals ist Künstliche Intelligenz nicht viel mehr ist als eine leere Verheißung. Wenn eine Organisation noch keinerlei Know-how mit Big Data und Prozessdigitalisierung erworben hat, werden nicht selten schwache Prozesse in KI-Welten übersetzt, gefolgt von großer Enttäuschung. Ein schlechter Prozess, der mit KI-Power aufgeladen wird, ist auch nicht mehr als ein schlechter KI-Prozess.

Der Chef hat gesagt ...!

In einem Unternehmen mit konservativer Organisationskultur soll KI Einzug halten und bei der Auswahl von Bewerbungen die Objektivität fördern. Was, wenn der Patriarch einen Neffen unterbringen will und gegen den Algorithmus wettert, der dem jungen Mann eine schwache Erfolgsprognose ausstellt? In solchen Kulturen lohnt es, vorab klar die Erwartungen zu managen.

Einwandfrei am Nutzungserlebnis vorbei

Entwicklung am Kunden vorbei, das passiert nicht nur in der Produktentwicklung für Konsumentinnen, sondern auch im Set-up von KI-Projekten. Gelegentlich bewegen sich KI-basierte Self-Services jenseits der Lebensrealität künftiger Nutzerinnen. Mitarbeiterinnen werden schnell die Lust verlieren, einen Chatbot zu fragen, wenn die Sprache nicht zur Kultur passt oder die Antworten weniger hilfreich sind als ein FAQ-Katalog, in dem man selbst nachschauen muss.

Verliebt in Technik

Fokus auf Technik kann eine Gefahr für den Projekterfolg sein, wenn der Einsatz von KI nicht von der nachgewiesenen Notwendigkeit abhängt, sondern vom Innovationswunsch. Wo keine komplexen Algorithmen erforderlich sind, um valide Entscheidungen vorzubereiten, da müssen auch keine zum Einsatz kommen. HR-Arbeit ist schließlich schon kompliziert genug. Ein Flickenteppich aus Einzellösungen erschwert es, die Sammlung von Tools zu administrieren. In der Nutzung wird Potenzial verschenkt, wenn Anwendungen nicht aufeinander abgestimmt und 360-Grad-Analysen damit ausgeschlossen sind. Oft werden Einzellösungen von Business-Units gekauft, ohne zu darauf zu achten, ob die Anwendung auch für einen unternehmensweiten Rollout geeignet wäre.

Los, los, voran!

Aktionismus ist oft die Ursache von Flickenteppichen. Schnell etwas einführen! Dadurch gerät die IT unter Druck, Ad-hoc-Lösungen zu verknüpfen. Gleichzeitig wird es schwierig, die Teams kommunikativ mit einer überzeugenden Story abzuholen. Wo wollen wir langfristig damit hin?

Wie zahlt das auf unsere Unternehmens- und HR-Strategie ein? Wer das nicht beantworten kann, stößt auf weniger Akzeptanz bei der Einführung.

KI kann's allein
Einseitige KI wird zum Nachteil, wenn die Rolle der Menschen nicht mitgedacht wurde und die komplementären Talente von Mensch und Maschine sich nicht ergänzen können. Das senkt zudem die Akzeptanz bei HR-Teams und Nutzerinnen.

Efficiency first!
Wenn KI vor allem Kosten sparen oder Arbeitszeit reduzieren soll, resultieren daraus unter Umständen zu klein gedachte Lösungen. Wer das volle Innovationspotenzial ausschöpfen möchte, sollte auch nach inhaltlichen Mehrwerten suchen.

Überraschung, wir haben da was für euch!
Mitarbeiterinnen und Teams wollen nicht mit fertigen KI-Anwendungen überrascht werden, die wie ein Kaninchen aus dem Hut gezaubert werden. Je früher die Organisation eingebunden wird und je mehr Betroffene mitgestalten, desto größer die Überlebenschance für das KI-Kaninchen.

Perfekt soll es sein!
Perfekt ist sicher noch keine KI-Anwendung auf die Welt gekommen. Wie die agile Softwareentwicklung unterliegt die Einführung von KI dem Zyklus »Testen – Lernen – Adaptieren«. Eine gesunde Fehlerkultur kann helfen, mit realistischen Erwartungen an die Lösung heranzugehen.

Endlich fertig!
Die KI-Anwendung ist live und das Projektteam lehnt sich erschöpft zurück. Zu früh gefreut, jetzt geht die Arbeit richtig los, damit das Kind laufen lernt und der Algorithmus nicht auf Abwege gerät.

Zwei größere Stolperfallen bei KI-Projekten sind gesondert zu erwähnen:

1. Die Erfordernis **riesiger Datenmengen zum Training** von KI-Anwendungen ist oftmals die größte Hürde für Unternehmen. Wenn eine KI z. B. Bilder interpretieren soll, um zu erkennen, was fotografisch dargestellt ist, werden mitunter über eine Million Bilder im Training benötigt, die alle von menschlichen Trainerinnen vorab gelabelt werden müssen, damit das Künstlich neuronale Netz die Lösungsinformation erhält, wie Menschen das jeweilige Bild beschreiben. Bei solch großen Datensätzen wird ein Teil der Daten vorher abgezweigt und als Testdatensatz verwendet. Nachdem das KNN z. B. anhand von 700.000 Bildern gelernt hat, wann die Pixelmuster als Katze oder Ampel gelabelt sind, darf es mit den verbleibenden 300.000 ungelabelten Bildern üben, selbstständig auf die richtige Lösung zu kommen. KNN, die auf die Vorauswahl von Bewerbungen trainiert werden sollen, brauchen mehrere Tausend Datensätze, andernfalls muss das Unternehmen auf bestehende generische Netzwerke zugreifen (vgl. Hirschfeld 2020, S. 219 f.). Wenn es sich z. B. um Daten zu Bewerbungen handelt, sind große Unternehmen eindeutig im Vorteil. Mittelständische und kleine Unternehmen können generische Datensets zukaufen, wodurch gegebenenfalls die Besonderheiten des eigenen Unternehmens

weniger Berücksichtigung finden. Das kann allerdings auch von Vorteil sein, da manche Besonderheit zu Verzerrungen und Diskriminierungen führt, wenn beispielsweise der Patriarch in der Vergangenheit Bewerbungen nach Parteibuch oder Stammbaum ausgewählt hat.

2. **Nur saubere Workflows** taugen für KI-Use-Cases. Je größer der Konzern, desto schwieriger ist dieser Anspruch zu realisieren, da oft diverse »Sonderlocken« aus bestehenden Prozessen verhandelt werden müssen. Wenn Prozesse mit KI neu designt werden, sollten alle Altprozesse vorher aufgeräumt werden. Vertragsarten müssen beispielsweise vorab bereinigt werden, nicht nur für neue Mitarbeiterinnen, sondern idealerweise auch für Bestandspersonal. Oft ist diese Bereinigung nicht im Projektplan vorgesehen und sprengt ambitionierte Zeitpläne. Umso wichtiger ist es, Führungskräfte im Haus gut einzubinden, damit sie den mittelfristigen Nutzen erkennen. Das erhöht die Bereitschaft zum Aufräumen. Während die Prozesse harmonisiert werden, klärt sich auch die Frage, wie viel HR künftig zentral vorgibt und wie groß der Spielraum dezentraler Einheiten ist. Der HR-Bereich profitiert davon, vorab zu sondieren, worin die frei gewordene Zeit nutzbringend investiert werden soll. Andernfalls sind die Kolleginnen schnell über beide Ohren eingebunden in Tool-Trainings und Anwendungs-Hotlines und es bleibt wieder keine Zeit, Analyse-Skills zu entwickeln, die Nachfolgeplanung für die businesskritischen Bereiche zu hinterfragen oder Kompetenz-Szenarien zu entwickeln.

Wer sich in Anbetracht der Herausforderungen und Stolperfallen scheut, selbst mit der KI-Entwicklung oder -Integration zu starten, kann im Rahmen von **Crowd-Wettbewerben** erste Gehversuche unternehmen. Die Plattform **Kaggle.com** bietet mit über sechs Millionen Mitgliedern Wettbewerbe rund um Machine-Learning und Data-Mining (vgl. Kaggle 2021). Teil nehmen Datenwissenschaftlerinnen, die gerne tüfteln, und Unternehmen, die Wettbewerbe einstellen, um Modelle für bis zu siebenstellige Geldpreise entwickeln zu lassen (vgl. Litzel/Luber 2020). Data-Science-Teams nutzen Kaggle auch für Wissensaustausch und die Veröffentlichung von Datenmodellen. HR-Teams könnten dort beispielsweise einen Wettbewerb ausloben, um die Vorauswahl von Bewerbungsunterlagen mit KI zu lösen. Sie müssten dazu ein Datenset veröffentlichen und beschreiben, nach welchen Kriterien über die Gewinnerinnen entschieden wird.

Wer seine Aufgabe nicht nur anonym veröffentlichen möchte, kann sich stattdessen bei **Hackathons** mit kreativen Entwicklerinnen vernetzen. Hackathons sind Veranstaltungen, die zu bestimmten Technologien oder Themen Entwicklungsteams und Unternehmen zusammenbringen, um den Talenten eine Plattform zu geben und gemeinsam innovative Lösungen zu entwickeln. Beliebt ist unter anderem der »HR Hackathon«, ein zweitägiges Event für HR-Verantwortliche, Entwicklerinnen, Tech-Start-ups und Dienstleister, die neue HR-Technologie entwickeln wollen (vgl. Zils 2021).

Unternehmen, die keine kommerzielle KI-Lösung einkaufen oder nicht viel Geld in eigene Entwicklung stecken wollen, können alternativ mit **Open-Source-Software** experimentieren. Diese steht meist kostenlos zur Verfügung, ihr Quelltext ist öffentlich und kann von jedem weiterentwickelt und genutzt werden. So bietet z. B. die Plattform **OpenAI** KI auf Open-Source-Basis, die dazu dienen soll, durch gemeinsame Innovation an Künstlicher Intelligenz zu arbeiten, die der Gesellschaft dient, statt ihr zu schaden (vgl. OpenAI 2021). Die Plattform wird über Spenden finanziert, vor allem durch den Tesla-Gründer Elon Musk und das Softwareunternehmen Microsoft.

Auch die Zusammenarbeit mit Start-ups ist für Unternehmen ein Eintrittstor in die Welt von KI. Lernen lässt sich nicht nur von HR-Start-ups, sondern auch von jungen Teams aus dem Bereich FinTech, HealthTech oder InsurTech. Deren Herangehensweise an Anwendungsfälle, Piloten und Algorithmen lässt sich möglicherweise bei genauer Betrachtung auf das eigene HR-Projekt übertragen. In der Übersicht »KI-Start-ups in HR 2021« auf https://verenafink.de sind aktuelle Lösungen und Anbieter aufgelistet.

Zusammenfassung

Jedes KI-Projekt in HR transformiert die HR-Kultur im Team und in der ganzen Organisation. »Customer-centric Development« lautet auch hierbei das Zauberwort, damit Anwendungsfälle echten Mehrwert für die Nutzerinnen schaffen und die KI-unterstützte HR-Transformation mehr ist als eine Serie von Software-Roll-outs. Bei allen großen und kleinen Hindernissen sollte das Team vor allem darauf achten, genügend Trainingsdaten in ausreichender Qualität zu sammeln. Ohnehin wird die Trainingsphase in KI-Projekten immer eine Herausforderung sein. Daher bietet es sich an, einen einfachen Anwendungsfall mit hohem historischem Datenvolumen und großem Automatisierungspotenzial zu wählen. KI-Projekte leben nicht allein von der Raketentechnik im Bauch der Technologie. Hier passt die Formel amerikanischer Risikokapital-Investoren: »Fünf Prozent des Erfolges ist die Technologie und 95 Prozent die Exzellenz der Umsetzung.« Im Projektteam sind daher IT-Kompetenzen ebenso wichtig wie Geschäftsverständnis, unternehmerisches Denken und Prozesswissen. Aus Sicht der Anwenderinnen gilt es, die Nutzungserfahrung an der Bedienschnittstelle zu gestalten – das erfordert auch ein Verständnis von digitaler Kommunikation und Kollaboration. KI-Pilot-Teams sollten ehrlich sich selbst gegenüber sein und nicht nur Zeit zum Testen einplanen, sondern auch zum Reparieren (Bug-Fixing). Je einfacher, desto erfolgreicher: Insbesondere bei KI-Pilotprojekten kann es die Arbeit enorm erleichtern, wenn nach Standardlösungen gesucht und nicht das Rad neu erfunden wird.

6 Mit rechtskonformer KI zu Kooperation und Akzeptanz

Im letzten Kapitel lag der Fokus beim Projekt-Set-up auf dem Mehrwert für interne und externe Kundinnen von HR. Darüber hinaus stellt sich das Projektteam die Frage: »Was bringt mir dieses KI-Projekt eigentlich persönlich?« Diese Frage ist legitim und im Idealfall sollte für alle Betroffenen eine überzeugende Antwort gefunden werden. Typische Nutzenargumente für HR-Teams sind folgende:

- Wegfallen von mühsamen, repetitiven Aufgaben
- Zeitgewinn für komplexere Tätigkeiten
- Frühwarnsysteme, um destruktiven Entwicklungen vorzubeugen (z. B. Kündigungsindikatoren)
- Systematische, objektivierte Personalentwicklung
- Automatisierte Unterstützung in Potenzialfeldern oder Performance-Defiziten
- Bessere Chancen im Recruiting
- Höhere Passung bei der Auswahl von Kandidatinnen

Aus Sicht von HR-Teams besteht der größte Nutzen folglich in Entlastung, Objektivierung und Risikominimierung. Wie die nachfolgende Abbildung zusammenfasst, entstehen so quantitative Effekte durch Reduzierung von Arbeitsvolumen und Kosten. Zugleich wird der qualitative Effekt für die Personalarbeit betont, z. B. durch Zeitgewinn für die Entwicklung von Führungskräften und Mitarbeiterinnen.

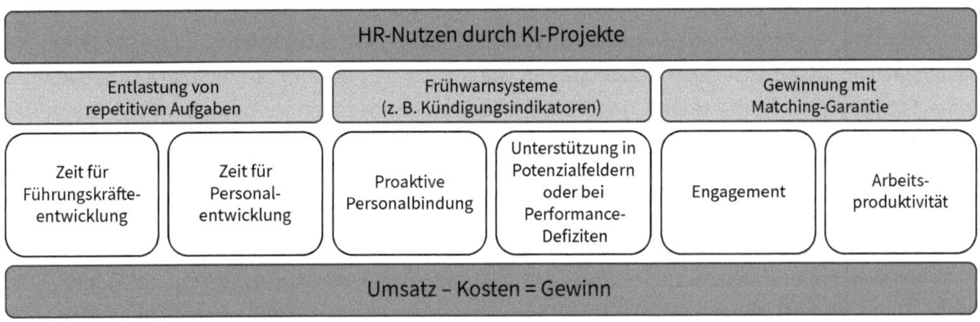

Abb. 6.1: Nutzenaspekte von KI aus Sicht von HR (Quelle: eigene Darstellung)

Doch längst nicht alle Interessengruppen sehen die Potenziale von KI-Projekten so uneingeschränkt positiv. Selbst KI-Projekte mit hochmoderner Technik sind auf Kooperation und Akzeptanz in ihrem Umfeld angewiesen, um erfolgreich zu sein. Dieses Kapitel widmet sich skeptischen Stimmen und konstruktiven Lösungsansätzen rund um Kontrolle und Kooperation, Datenschutz und Mitbestimmung, Ethik und Transparenz, Gesundheits- und Diskriminierungsschutz.

6.1 Von Kontrolle über Kooperation zu Akzeptanz

Mitarbeiterinnen, die mit KI-Systemen interagieren, hinterlassen eine endlose Spur personen- und verhaltensbezogener Daten, die in Systemen oder einer Cloud gespeichert und verarbeitet werden. Viele Beschäftigte stehen der Verwendung ihrer Daten skeptisch gegenüber oder haben Angst vor negativen Konsequenzen, wenn sie der Datennutzung widersprechen (vgl. Werther/Bruckner et al. 2018e, S. 213). Wenn Nutzerinnen im Kontakt mit KI-Systemen viele Informationen über sich preisgeben und nicht genau wissen, wie sie verarbeitet werden und wozu, löst dies in der Regel Unsicherheit und **Angst vor Kontrollverlust** aus. KI-Projekte erfordern daher umso mehr **Aufklärung** und **Transparenz** rund um **Datenschutzstandards**. Unternehmen, die global agieren und damit verschiedenen Jurisdiktionen unterworfen sind, stehen in der Pflicht, transparent zu sein. Teams, die mit KI-Systemen arbeiten, sollten auch darin trainiert werden, mit den erheblichen Datenmengen verantwortlich umzugehen.

Digitale Technologien werden in **agilen Arbeitsformen** zunehmend eingesetzt, um crossfunktionale Teams und Projekte virtuell und transparent zu organisieren. Ob das letztlich eher der Kontrolle und Einengung oder der Ermächtigung und Partizipation dient, hängt von der kulturellen Ausgestaltung ab (vgl. ebd., S. 63). Automatisierung von Arbeitsprozessen mit KI-basierten Tools führt in der Praxis zur Ablehnung, wenn Mitarbeiterinnen sich überwacht fühlen. Unabhängig von der angewandten Technologie empfindet die Belegschaft Kontrollen als unangemessen, wenn sie eingebettet in eine **Kultur des Misstrauens** die Arbeitsleistung erfassen sollen oder wenn sie ungewöhnlich häufig angewendet werden (vgl. Rump/Eilers 2020d, S. 71). Wer in HR KI-Tools zur Effizienzsteigerung von Arbeitsprozessen einführt, sollte sich daher im Vorfeld Gedanken darüber machen, in welcher Kultur dieser Samen aufgehen kann. Wie lässt sich ein **Gemeinschaftsgefühl** entwickeln im Zusammenspiel von Menschen und Maschinen? Wie lassen sich existenzielle Sorgen wie die um den eigenen Arbeitsplatz auffangen? Wie können Mitarbeiterinnen konsequent in KI-Entscheidungen einbezogen werden, sodass sie bereit sind, mehr **Eigenverantwortung** zu übernehmen? Umgekehrt lässt sich der Aspekt Kontrolle auch nutzen, um die Akzeptanz für KI-Lösungen zu erhöhen. In Pilotprojekten reagieren Mitarbeiterinnen oft erleichtert, wenn die KI eine Kontrollfunktion einnimmt, die ihnen **Orientierung gibt** oder **Risiken reduziert**. So könnte eine KI aus der Fülle von Informationen jene für Mitarbeiterinnen relevanten sortieren oder sie z. B. in der Kundenberatung daran erinnern, compliancebezogene Fragen zu stellen, um Fehler zu vermeiden. Positive Kontrollergebnisse, rechtzeitige Hinweise auf Fehler oder gerechte Leistungsbeurteilungen werden von der Belegschaft als hilfreiche und **motivierende Kontrollfunktion** erlebt.

Vermutlich sind alle Projektverantwortlichen, die KI einführen, früher oder später mit der Frage der Akzeptanz durch die Betroffenen konfrontiert. Wird die neue Lösung als überwachende und hilfreiche Funktion erlebt? Sowohl im Recruiting als auch bei KI in der HR-Administration oder Personalentwicklung hängt der Erfolg wesentlich davon ab, wie offen und positiv die betroffenen Beschäftigten mit der Lösung umgehen. Drei Studien in der DACH-Region haben speziell die **Akzeptanz von KI im Bewerbungsprozess** untersucht. Das Forscherduo Dahm und Dregger beobachtete in seiner Studie an 238 berufsbegleitend Studierenden, wie diese auf drei KI-Szenarien in der Bewerbungssituation reagierten, vom KI-basierten Chatbot neben der Stellenanzeige über die Vorauswahl mit KI-Unterstützung bis zum KI-basierten Telefoninterview (vgl. Dahm/Dregger 2018). Der **Chatbot** landete in der **Akzeptanzquote**

auf Platz eins, gefolgt von der **KI-Vorauswahl**, während das **Telefoninterview** das **Schlusslicht** bildete. Die Idee von KI in der Vorauswahl von Bewerbungen wurde ambivalent kommentiert, da einige Teilnehmerinnen Sorge vor Intransparenz und Manipulierbarkeit hatten, während andere glaubten, eine KI werde objektiver auswählen als HR-Kolleginnen (vgl. ebd., S. 261). Die Teilnehmerinnen gaben an, bei komplexeren Aufgaben wie einem Gespräch würden sie eher einem Menschen vertrauen, und bezweifelten die wissenschaftliche Basis des Telefoninterviews. Das Interview würden 76 Prozent der Befragten lieber mit einem Menschen führen. Eine Teilnehmerin beschrieb die empfundene mangelnde Wertschätzung so: »Wenn ich für eine Firma brenne und mich dort bewerbe, dann möchte ich kein Telefoninterview mit einer Maschine« (vgl. ebd.).

Diese Skepsis unterstreicht auch eine Studie der Hochschule RheinMain, die einen zunehmenden Digitalisierungsgrad im Recruiting konstatiert, begleitet von Skepsis der Kandidatinnen gegenüber dem Einsatz von KI (vgl. Petry 2018). In einer Studie des Marktforschungsinstituts respondi wurden mehr als 1.000 Bewerberinnen befragt, wie sie KI im Auswahlprozess wahrnehmen. Die große Mehrheit (80 Prozent) ging davon aus, dass KI künftig die Personalauswahl prägen wird; zwei Drittel gaben an, sie fühlten sich schlecht bis gar nicht darauf vorbereitet (vgl. Thedens 2018). **Je älter die Teilnehmerinnen, desto größer die Skepsis:** Bei den über 60-Jährigen lehnte jede Dritte KI in der Auswahl ab, bei unter 30-Jährigen fiel die Ablehnung auf unter 11 Prozent (vgl. ebd.). In allen Studien stieg die **Ablehnung**, wenn die Teilnehmerinnen glaubten, eine KI treffe selbstständig die Entscheidung. Einer erweiterten Intelligenz stehen Nutzerinnen deutlich wohlwollender gegenüber als einer **autonomen Intelligenz**, die ganz ohne menschliches Zutun Entscheidungen trifft. In der Studie von respondi lehnten rund 60 Prozent eine KI zur **Emotionserkennung** und **Persönlichkeitsbewertung** ab (vgl. viasto 2018). Hingegen sinkt die Ablehnung auf ein Fünftel, wenn es sich um **prozessuale Unterstützung** handelt. Wenn KI hilft, **Auswahlverfahren fairer** und **Interviewfragen objektiver** zu gestalten, dann sinkt die Skepsis auf Werte von unter 15 Prozent (vgl. ebd.). Einschränkend bleibt zu erwähnen, dass in allen drei Studien nach konkreten Anwendungen gefragt wurde, ohne jedoch die Teilnehmerinnen selbst Erfahrungen mit diesen machen zu lassen. Vermutlich werden Bewerberinnen, nachdem sie ein Gespräch mit einer KI geführt haben, auf Basis eigenen Erlebens belastbarere Angaben zur Akzeptanz machen können.

Mit einem echten Menschen zu sprechen, ist die erste Wahl. Stimmt das? Nicht unbedingt, **persönliche Interaktion ist nur besser, wenn sie leichter und zweckmäßiger ist als die digitale** (vgl. Keuchel 2019, S. 26). Wenn ich einen Tag Urlaub beantragen will, hilft mir dann eine freundliche Stimme am Telefon oder eine einfache Maske, in der ich zwei Klicks tätige, auf die hin ich eine schnelle Bestätigung erhalte? Beschäftigten, die in der Spesenabrechnung unsicher sind und nach den Pauschalen für Verpflegungsmehraufwand suchen, ist vielleicht schneller damit geholfen, dass der betreffende Absatz aus der ellenlangen Richtlinie sofort im Display ausgespielt wird. Auch wer den Überblick über sein Urlaubskonto verloren hat, vertraut dem Buchungssystem mit nativer Oberfläche möglicherweise mehr als der Telefonstimme. Und wenn eine Mitarbeiterin nach der Kündigungsfrist oder dem Formular für ein Zwischenzeugnis fragt, könnte eine HR-Kollegin, die auf Bindung spezialisiert ist, einen Chat aktivieren und empathisch reagieren. Jüngere Zielgruppen scheinen sich laut Studienlage deutlich leichter auf die Nutzung KI-basierter Tools im HR-Kontakt einzulassen. Doch auch sie erwarten gute Argumente und einen konkreten Mehrwert (s. Abb. 6.2).

Abb. 6.2: »What's in for me?« aus Sicht von Digital Natives (Quelle: eigene Darstellung)

Die Frage nach dem **Nutzen neuer KI-Tools** ist nicht nur für Digital Natives, sondern für alle Beteiligten relevant und sollte mehr Stoff beinhalten als nur den Verweis auf Effizienzgewinne, mehr Umsatz oder geringere Kosten. Mitarbeiterinnen wollen verstehen, was KI ihnen persönlich bringt, wie genau sich ihre Arbeit verändert, wie Sicherheit und Transparenz in der Anwendung gewährleistet sind und warum es sich lohnt, gemeinsam die Veränderung voranzutreiben. Wer Wissen teilt, sollte wissen, warum, es gilt also zu klären:

- Was wollen wir mit dem KI-Projekt gemeinsam erreichen?
- Wie bringt uns das unserem gemeinsamen Ziel näher?
- Wie erleichtert das meine Arbeit?
- Warum steigert es meine Anerkennung oder Sichtbarkeit?
- Wer profitiert langfristig davon?

Neben der klaren Nutzenargumentation (»Was bringt mir das?«), lässt sich aus den Studien einiges darüber lernen, wie sich **Akzeptanz von KI in der Belegschaft positiv beeinflussen** lässt (vgl. Dahm/Dregger 2019, S. 268 f.; Petry 2018):

- Vertrauen in Technologie stärken durch Erklären der Blackbox
- Spielerische Ansätze integrieren und die Nutzung vereinfachen
- Transparenz und eine Auswahlmöglichkeit zum Speichern und zur Verarbeitung von Daten schaffen
- Vorteile des Systems erklären, z. B. beschleunigter Bewerbungsprozess
- Alternative Kontaktwege anbieten
- Menschliche Ansprechpersonen für Fragen und Feedback zur Verfügung stellen
- Ergebnisse der KI und die Art und Weise, wie sie in die Entscheidungsfindung einfließen, transparent machen
- Detaillierte Information über die individuellen Ergebnisse sicherstellen
- Candidate-Experience verbessern für wertschätzende, an Kandidatinnen orientierte Ansprache

Künstliche Intelligenz lebt von Kooperation mit ihrem menschlichen Umfeld, wenn sie in Unternehmen erfolgreich eingesetzt werden soll. Der Anspruch, Wissen zu teilen, wird in agilen Strukturen proklamiert und nach den meisten Führungsbildern in Unternehmen gilt heute nicht mehr die Chefin als beste Fachspezialistin. Vielmehr sollen Führungskräfte ihre Mitarbeiterinnen mit Wissensquellen vernetzen und Wissensstoffwechsel organisieren. Die Forschung zeigt jedoch, dass auch dafür ein **gemeinsames Ziel** erforderlich ist, sonst haben Menschen wenig Veranlassung, zu kooperieren und ihr Wissen preiszugeben (vgl. Tomasello/Hamann 2011). Peerox, ein Spin-off aus dem Fraunhofer-Institut für Verfahrenstechnik und Verpackung (IVV), nennt die **psychosoziale Dynamik** von Angst vor dem Verlust von Herrschaftswissen als größte Herausforderung in seinen KI-Projekten (vgl. das folgende Praxisbeispiel). Wenn Mitarbeiterinnen z. B. in der Störungsbehebung einen Vorschlag der KI kommentieren sollen, hilft es, wenn sie daraus einen persönlichen Nutzen ziehen können, indem beispielsweise ihre Hilfsbereitschaft und Kompetenz sichtbar oder ihre eigene Entstörungsarbeit durch kompetentere KI-Begleitung effizienter wird.

Je mehr Wissen horizontal und vertikal im Unternehmen geteilt wird, desto mehr profitiert eine KI-Lösung. **Kollaborative Kulturen** sind allerdings meist noch nicht Standard, wenn KI-Pioniere in etablierten Unternehmen die ersten Pilotprojekte aufsetzen. Überall dort, wo Herrschaftswissen nach wie vor große Relevanz hat für den Status oder die gefühlte Arbeitsplatzsicherheit, ist kulturelle Arbeit erforderlich, um das Teilen von Wissen auf dem Weg zur gemeinsamen Zielerreichung in der gelebten Kultur zu verankern. Dies kommt auch im folgenden Interview zum Ausdruck.

AUS DER PRAXIS – INTERVIEW

Von Konkurrenz zu Kooperation bei der Lorenz Nuss GmbH

Henry Kulnick und Andre Schult, mit welchem Ziel haben Sie das KI-System MADDOX bei der Lorenz Bahlsen Snack World eingeführt?

Kulnick: Wir haben uns für die KI von Peerox entschieden, um den Maschinenpark in der Verpackung mithilfe von Expertenwissen unserer Teams besser steuern zu können. Das klingt vielleicht im ersten Moment paradox, da wir KI einsetzen, um das Wissen unserer Belegschaft besser nutzbar zu machen.

Schult: MADDOX ist eine Software, die maschinelles Lernen aus Maschinendaten mit menschlicher Erfahrung der Belegschaft von Lorenz Nuss kombiniert. So können wir gemeinsam Produktionsstörungen reduzieren. Das KI-System MADDOX überwacht vor Ort die produzierenden Maschinen und untersucht im Fall einer Störung, welcher Lösungsweg die größten Erfolgschancen haben wird. Die KI empfiehlt den Mitarbeitern eine Wissenskarte mit einer Anleitung, wie die Störung zu beheben sei, und gibt an, zu wie viel Prozent sie glaubt, die passende Karte für das Problem vorschlagen zu können. Die Mitarbeiter entscheiden selbst, ob sie diese Karte verwenden, und geben im Anschluss eine Rückmeldung, inwieweit die Anleitung geholfen hat, sie ändern oder ergänzen die Anleitung.

Sie sind also auf die Mitarbeit der Belegschaft angewiesen, um Ihr System besser zu machen?

Schult: Genau, MADDOX ist ein selbstlernendes Bedienerassistenzsystem und damit ein Werkzeug, um menschliches Wissen zu sortieren. Wir setzen auf Menschen, die bereit sind, ihr

Wissen zu teilen. Das muss nicht die ganze Mannschaft sein. Wir kalkulieren mit der Ein-Prozent-Regel, also mit einem Prozent aktiven und neun Prozent reaktiven Nutzern, während 90 Prozent der Nutzer nur konsumieren, ohne selbst etwas beizutragen.

Das heißt, Sie arbeiten daran, ein Prozent Fans zu bekommen, die den Rest nachziehen?

Schult: Nein, eher andersherum. Wir setzen auf die 90 Prozent passive Konsumenten, denn wenn die unseren Lösungskarten Aufmerksamkeit schenken, dann stimulieren sie damit indirekt die Aktiven und Reaktiven, ihren Kolleginnen und Kollegen weiterzuhelfen. Wer mithilft, wird sichtbar, da die Autoren auf den Karten festgehalten werden. Jeder kann solche Ergänzungen auf Karten kommentierten und liken, daraus entsteht ein automatisches Scoring.

Klingt nach einem Kinderspiel, aber warum sollten die alten Hasen ihr Wissen einer Maschine anvertrauen, statt 1 : 1 damit zu punkten?

Schult: Dieser Mindset-Change war zu Beginn unsere größte Herausforderung, wenn Menschen Angst haben, sich selbst überflüssig zu machen, sobald sie exklusives Wissen teilen. Wir stärken daher ganz klar die Belegschaft. Unsere KI greift selbst nicht ein, um die Störung zu beheben, sondern macht nur Vorschläge und lässt die Belegschaft selbst entscheiden. Ihr Erfahrungswissen steht im Mittelpunkt und wird mit unserer Hilfe sichtbar. In vielen Unternehmen geht heute Potenzial verloren, wenn Leute keine Lust mehr haben, ihr Wissen zu teilen, da es scheinbar keinen mehr interessiert. Dokumentieren ist bei den meisten eine lästige Pflichtaufgabe und wird auf das Mindestmaß reduziert. Durch unsere Anwendung bekommt Erfahrungswissen einen klaren Wert, über Produktionshallen, Standorte und Länder hinweg.

Kulnick: Ein Kinderspiel ist es auf keinen Fall. Die Belegschaft muss spüren, dass sie ihr Wissen nicht loslässt, wenn sie es der KI zurückspielt, sondern im Gegenteil, dass es wertgeschätzt und promotet wird. Wir sind ja noch mitten in der Kulturveränderung und setzen auf Transparenz und Nutzenargumentation. In automatisierten Prozessen wollen wir den Einfluss unserer Belegschaft stärken und gemeinsam Effizienz steigern und die Arbeit erleichtern. Für uns hat das auch mit einer lernenden Organisation zu tun. Ähnlich wie bei Wikipedia werden unsere Lösungshelden zu sichtbaren Redakteurinnen und Redakteuren. Alte Hasen entwickeln Spaß dabei, den Unerfahrenen Hilfestellung zu geben, da alle auf ihre Kommentare auf den Lösungskarten zugreifen können und rückmelden, ob ihnen das geholfen hat. So ein Kommunikationswerkzeug verändert die Diskussionskultur. Manche im Team gehen in einen positiven Wettstreit um den besten Lösungsweg.

Was lernt die KI aus den Rückmeldungen?

Schult: Zunächst mal lernt sie für die nächste Störung, welche Karte wohl am besten passt. Übergeordnet werden die Lösungskarten anonymisiert und ausgewertet. So profitieren auch die Maschinenhersteller. Schließlich wissen die Mitarbeiter im Betrieb meist besser als der Hersteller, wie die Maschine am besten rundläuft und welche Workarounds funktionieren.

Kulnick: Wir können die Karten auch im Unternehmen auswerten, um zu erkennen, wo wir übergreifenden Schulungsbedarf haben oder innovative Lernformen anwenden könnten, wie Augmented-Reality-Brillen.

Wo sehen Sie den Return-on-Invest dieser Lösung quantitativ und qualitativ?
Schult: Die Datenqualität steigt über bessere Dokumentation und dieses Wissen lässt sich unternehmensweit, aber auch entlang der ganzen Wertschöpfungskette teilen. Im Idealfall sinken die Betriebskosten, die Entscheidungsqualität steigt, da die Datenbasis besser ist und sowohl die Produktions- als auch die Wartungsplanung wird verbessert.
Kulnick: Wir wollen Produktionsverluste durch Maschinenausfälle um bis zu 30 Prozent reduzieren. Auf der qualitativen Seite messen wir, wie sich Motivation und Einsatzbereitschaft unseres Teams verändern. Ich bin überzeugt, dass wir positive Effekte sehen werden, da ich von Pilotnutzern Rückmeldungen bekomme, dir mir zeigen, wo es hingeht. Leute freuen sich, weil Dokumentation leichter geht, weil sie Störungen öfter alleine lösen können und weniger fragen müssen. Die alten Hasen sind stolz, dass ihr Know-how wertgeschätzt wird und auch der Chef das sehen kann.
Henry Kulnick ist Managing-Director der Lorenz Nuss GmbH. Andre Schult ist einer der Väter von MADDOX und Gründer der Peerox GmbH (vgl. Kulnick/Schult 2021).

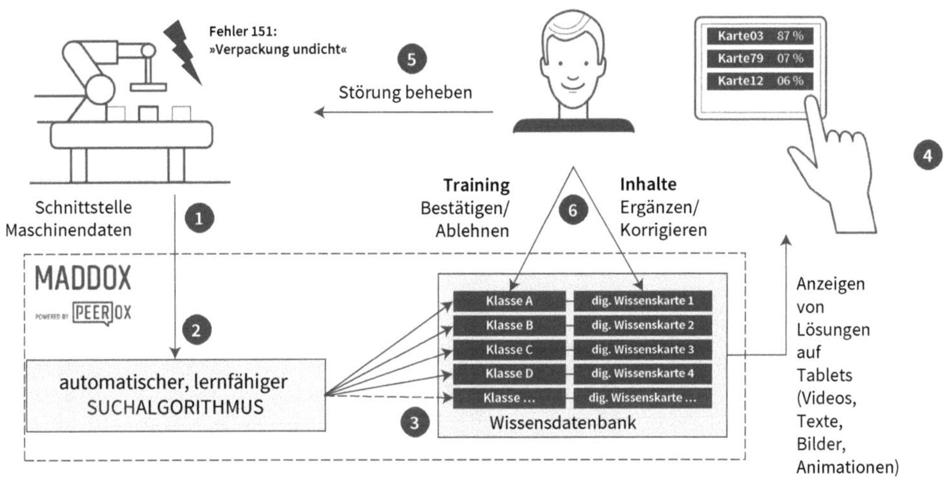

Abb. 6.3: KI-Assistenzsystem MADDOX (Quelle: nach Peerox 2021)

Die Praxisbeispiel MADDOX zeigt, Menschen teilen, wenn sie dadurch keine Nachteile befürchten, sondern das Gefühl haben, ihr Gegenüber hätte es verdient, am Wissen teilzuhaben, oder wenn beide an einem Strang ziehen. Psychosoziale Dynamik im Zusammenspiel Mensch-Maschine verlangt von den Verantwortlichen, Rahmenbedingungen für Kooperation zu schaffen, denen die Mitarbeiterinnen vertrauen.

6.2 Datenschutz und betriebliche Mitbestimmung

Vertrauen in KI-Technologie spielt auch beim Thema **Datenschutz** eine zentrale Rolle. Unternehmen sorgen sich bei der Nutzung von KI-Lösungen nicht nur um Akzeptanz und Kooperation, sondern auch um die Sicherheit der verwendeten Daten. Viele Organisationen scheuen sich, ihre Informationen in große Cloud-Systeme wie die IBM-Cloud zu geben, sondern wollen ihre Daten lieber in Eigenregie verwalten (vgl. Otte 2019, S. 306). Die Zurückhaltung scheint nachvollziehbar in Anbetracht der riesigen Datenmengen, die in den Datenwolken gesammelt wird. Expertinnen schätzen, dass der Marktführer Google etwa die Hälfte aller Daten global speichert. Die Anzahl der Suchanfragen liegt allein bei Google inzwischen stabil bei über 10 Milliarden pro Monat (s. Abb. 6.4).

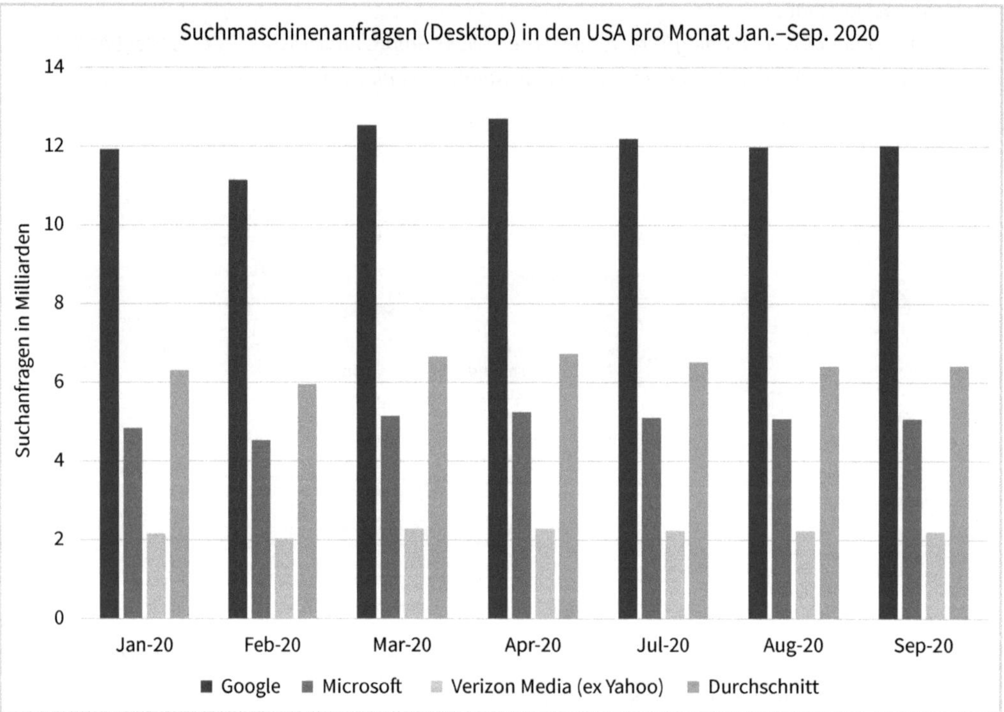

Abb. 6.4: Anzahl monatlicher Suchanfragen bei Google (Quelle: eigene Darstellung, nach Statista 2020)

Google ist das beste Beispiel für **Datenhunger**, vermutlich sammelt kaum eine Organisation so viele Informationen über Nutzerinnen: von der Smartphone-Nutzung über das Online-Suchverhalten, Kommunikationsgewohnheiten, Konsummuster, soziale Kontakte und Alltagsroutinen bis zu Bewegungsprofilen. Der Marktführer bei der Online-Suche ist auch ein Vorreiter für digitale KI (vgl. Statista 2019b). Der Internetriese bemüht sich daher nicht ohne Grund um das Vertrauen der Nutzerinnen. Google-Chef Sundar Pichai veröffentlichte 2018 sieben selbst auferlegte Ethikregeln für Googles KI-Entwicklung (s. Abb. 6.5). Google als Datenkrake bleibt umstritten und zeigt, welchen Balanceakt Datenschutz-Regelungen meistern müssen.

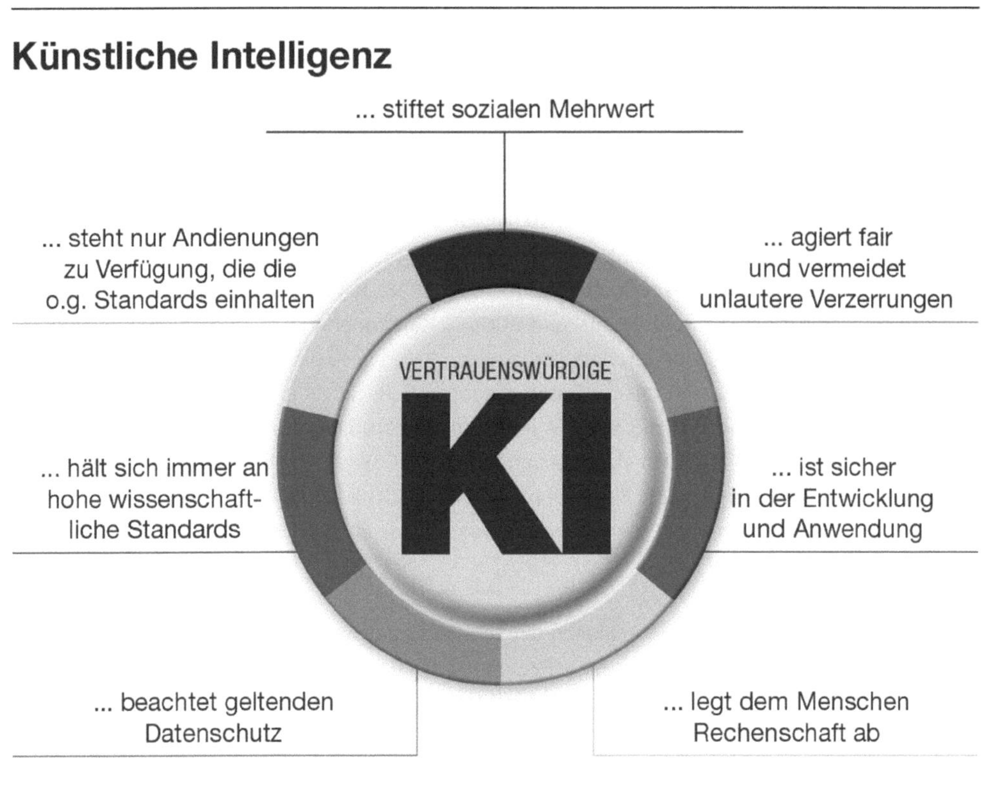

Abb. 6.5: KI-Prinzipien bei Google (Quelle: nach Fink 2020, S. 128, in Anlehnung an Pichai 2018)

6.2.1 DSGVO-konforme Datensammlung

Innerhalb der Europäischen Union (EU) wird der Datenhunger von Unternehmen seit Mai 2018 durch die neue **Datenschutzgrundverordnung** reguliert. Die DSGVO ersetzt die Datenschutzrichtlinie 95/46/EG und gilt unmittelbar in allen EU-Staaten. Dabei ist sie den nationalen Datenschutzgesetzen im jeweiligen EU-Land übergeordnet. Parallel sind in einzelnen Ländern neue Gesetze erlassen worden, wie das neue BDSG 2018 oder das österreichische DSG. Die DSGVO regelt, wie personenbezogene Daten durch private und öffentliche Datenverarbeiter verarbeitet werden dürfen. Da sie sogenannte Öffnungsklauseln enthält, welche durch nationalgesetzliche Bestimmungen ausgefüllt werden können, ist auch das jeweilige nationale Datenschutzgesetz zu beachten. Der Geltungsbereich der DSGVO umfasst alle Verantwortlichen, die personenbezogene Daten von Menschen, die in der EU leben, verarbeiten, egal ob die Verantwortlichen selbst in der EU niedergelassen sind oder nicht. Wenn Nicht-EU-Unternehmen personenbezogene Daten von EU-Bürgerinnen verarbeiten, müssen sie einen offiziellen Vertreter in der EU benennen.

Aus Sicht der Betroffenen hat die DSGVO **Rechte gestärkt**, unter anderem dadurch, dass sie ihre personenbezogenen Daten kostenlos einsehen oder auch löschen lassen können. Verantwortlichen erlegt die DSGVO hingegen umfangreiche Pflichten auf, insbesondere in ihrem Kapitel 3 (Art. 12–23). Vor allem müssen sie vielfältige **Informations- und Auskunftspflichten** erfüllen. Beim Einsatz von KI, die z. B. **personenbezogene Daten in Bewerbungen** verarbeitet, stellt sich die Frage, ob ein Datenverarbeiter auch dazu verpflichtet sein kann, den **Lösungsweg des eingesetzten Algorithmus offenzulegen** (sofern er dem Unternehmen selbst überhaupt bekannt ist). Juristisch ist noch nicht abschließend geklärt, ob das erforderlich ist, um so die getroffene Entscheidung im Einzelfall transparent und damit nachvollziehbar zu machen. Das Urteil des Bundesgerichtshofes (BGH) vom 28. Januar 2014 (Az. VI ZR 156/13) spricht eher dagegen: Danach hat die Bonitätsauskunft SCHUFA Kundinnen zwar einerseits mitzuteilen, welche personenbezogenen, insbesondere kreditrelevanten Daten gespeichert werden und in den Scorewert der Kundin einfließen, damit falsche Daten gegebenenfalls korrigiert werden können. Geschützt durch das Geschäftsgeheimnis ist die SCHUFA jedoch nicht verpflichtet, die Formel ihres Scores mitzuteilen, auch nicht die verwendeten statistischen Werte, die Gewichtung der einzelnen Merkmale und die Einordnung in Vergleichsgruppen. Ein Ergebnis muss folglich nicht nachrechenbar gemacht werden, sondern für die Nachvollziehbarkeit genügt es, deutlich zu machen, welche Faktoren die ausgewiesene Bewertung beeinflusst haben.

Interpretationsfragen wirft auch ein Artikel in der DSGVO zu **automatisierten Entscheidungen** auf. In Art. 22 Abs. 1 DSGVO heißt es: »Die betroffene Person hat das Recht, nicht einer ausschließlich auf einer automatisierten Verarbeitung – einschließlich Profiling – beruhenden Entscheidung unterworfen zu werden, die ihr gegenüber rechtliche Wirkung entfaltet oder sie in ähnlicher Weise erheblich beeinträchtigt.« Im Bewerbungsprozess müsste z. B. sichergestellt sein, dass nicht eine KI-Anwendung allein die Entscheidung trifft, sondern Menschen in die Personalauswahl eingebunden sind. Scoring und Profiling im HR-Kontext sind zulässig, solange sie nur der **Entscheidungsvorbereitung** dienen (vgl. Blum/Kainer 2019).

International ist die **Rechtslage** nach wie vor **uneinheitlich**, weshalb weltweit tätige Unternehmen nicht automatisch verpflichtet sind, die Datenschutzgesetze der Länder ihrer Kundinnen und Nutzerinnen zu berücksichtigen. In den USA regelt z. B. die Consumer Privacy Bill of Rights die Verwendung persönlicher Daten (vgl. King 2014, S. 158). US-Unternehmen sind durch den CLOUD Act (Clarifying Lawful Overseas Use of Data Act) aus dem Jahr 2018 unter bestimmten Voraussetzungen verpflichtet, US-Behörden auch dann Zugriff auf Daten zu gewähren, wenn die Daten nicht in den USA gespeichert sind. Beim Blick nach Asien zeigt sich hierzu eine schwache Gesetzgebung und in Afrika, Russland oder Südamerika sind personenbezogene Daten gänzlich ungeschützt.

Was heißt das für die Anwendung auf **KI-Projekte in HR**? Wer in seiner KI-Anwendung ausschließlich reine **Maschinen- und Systemdaten** verwendet, muss Datenschutzrecht nicht beachten. In HR werden in den meisten Fällen allerdings **personenbezogene Daten** verwendet, die der DSGVO unterliegen und deren Verarbeitung somit stark reglementiert ist. Sobald der Personenbezug aus den Daten entfernt ist, wird die verarbeitende KI aus rechtlicher Sicht wieder freier in den Nutzungsmöglichkeiten. Personenbezug kann auch verschleiert werden, um den Schutz zu erhöhen, ohne die verantwortliche Organisation ganz aus dem Korsett des Datenschutzrechtes zu entlassen (vgl. Bitkom 2020). Aus diesem Grund werden personenbezogene Daten häufig pseudonymisiert oder anonymisiert.

Die **Pseudonymisierung** schützt Daten, indem z. B. der Name der Person (oder ein anderes direktes Merkmal zur Identifikation) durch einen Code oder ein anderes Pseudonym ersetzt wird, um die Feststellung der Identität zu verhindern oder zu erschweren. Solche Pseudonyme werden über geeignete Verfahren aus dem ursprünglichen Wert generiert oder komplett neu vergeben. Wenn ein Name durch ein Pseudonym ersetzt wird, bleibt das Format des Datentyps gleich. Alternativ könnte eine Ausweisnummer durch eine zufällig gewählte Zeichenfolge ersetzt werden, wodurch sich das Format ändert. In jedem Fall muss die Zuordnung eindeutig sein, d. h., für zwei identische Eingabewerte muss das gleiche Pseudonym erzeugt werden (vgl. ebd.). Bezüge zwischen verschiedenen Datensätzen, die auf diese Weise pseudonymisiert wurden, bleiben hier anders als bei der Anonymisierung erhalten (Art. 4 Abs. 5 DSGVO). Pseudonymisierungen können mit einem Schlüssel in den ursprünglichen Datenwert zurückverwandelt werden. **Pseudonymisierte Daten unterliegen der DSGVO**, denn sie machen es zwar schwerer, Rückschlüsse auf den ursprünglichen Datenwert zu ziehen, schließen aber eine Re-Identifikation der betreffenden Person nicht aus (vgl. ebd.).

Wer die Ableitung des ursprünglichen Datenwertes technisch unmöglich machen will, muss auf die **Anonymisierung** zurückgreifen. Daten werden dann als anonymisiert bezeichnet, wenn sie so stark verändert wurden, dass individuelle Angaben über sachliche und persönliche Verhältnisse nicht mehr oder nur mit extrem hohem Aufwand an Kosten und Zeit einer bestimmten oder bestimmbaren natürlichen Person zugeordnet werden können (§ 3 Abs. 6 BDSG, alte Fassung). Anonymisierte Daten können aus technischer Sicht nicht mehr auf betroffene Personen zurückgeführt werden. Damit ist aus Sicht des Datenschutzes der **Personenbezug aufgelöst**, da Verantwortliche keine De-Anonymisierung mehr vornehmen können. Anonymisierte Daten sind nach der Definition in Art. 4 Abs. 1 folglich keine personenbezogenen Daten, da sie sich nicht auf eine identifizierte oder identifizierbare natürliche Person beziehen, und unterliegen daher nicht der DSGVO. Man spricht auch von anonymen Daten, wenn die Identifizierbarkeit eines Individuums unter Berücksichtigung sämtlicher zur Verfügung stehender Mittel »einen unverhältnismäßigen Aufwand an Zeit, Kosten und Arbeitskräften erfordern würde, sodass das Risiko einer Identifizierung de facto vernachlässigbar erschiene« (vgl. ebd.).

Wer bei seinem KI-Projekt auf Nummer sicher gehen will, könnte alle personenbezogenen Daten in der KI-Anwendung anonymisieren, was wiederum im Konflikt mit den Zielen stehen könnte, wenn die Datenanalyse personalisierten Service, z. B. in Self-Service-Anwendungen, für die Belegschaft verbessern soll. Eine De-Anonymisierung führt sofort wieder zur Gültigkeit des Datenschutzrechts. Das bedeutet, es bedarf der **Einwilligung der Betroffenen** oder einer **gesetzlichen Erlaubnis** für die Datenverarbeitung. KI-Projekte befinden sich oft in Konflikt mit dem Datenschutz. Der Auswertung möglichst vieler Daten auf der einen Seite stehen auf der anderen Seite Nutzerinnen gegenüber, die ihre Privatsphäre schützen wollen. Daher sollte jeder einzelne Schritt im Umgang mit personenbezogenen Daten sorgfältig auf seine Notwendigkeit und Zulässigkeit hin geprüft werden. Die folgende Checkliste gibt Hinweise, worauf bei der rechtskonformen Datensammlung zu achten ist.

AUS DER PRAXIS – CHECKLISTE FÜR EINE RECHTSKONFORME DATENSAMMLUNG

1. Fachexpertise einholen (Rechtsabteilung, externe Spezialistinnen, Compliance-Kolleginnen oder Datenschutzbeauftragte)
2. Verordnung (DSGVO) und nationale Datenschutzgesetze vor der Erhebung von Personendaten für den gewählten Anwendungsfall prüfen
3. Datenmanagementkonzept für die KI-Lösung erstellen (Data-Governance)
4. Bei der Übergabe von Daten von Drittparteien klären, welche Rechte erworben werden
5. Im Fall des Verkaufs von Ergebnissen der KI-Analyse (z. B. Jobbörse) die Nutzungsrechte und Haftung prüfen (vgl. King 2014, S. 139)

6.2.2 Privacy by Design im Beschäftigtendatenschutz

Seit dem 25. Mai 2018 richtet sich der **Beschäftigtendatenschutz** (BDSG) nach der neuen Datenschutzgrundverordnung bzw. dem BDSG-neu, das zeitgleich in Kraft getreten ist. Die DSGVO regelt den Beschäftigtendatenschutz nicht im Detail, sondern eröffnet einen Regelungsspielraum für die EU-Mitgliedsstaaten, um nationale Rechtsvorschriften zu erlassen oder in Kollektivvereinbarungen den Schutz zu gewährleisten (vgl. Neuber 2018, S. 318). Solche **Öffnungsklauseln**, die den Mitgliedsstaaten der EU Spielraum bei der Ausgestaltung einräumen, betreffen auch den Beschäftigtendatenschutz und sorgen mangels EU-einheitlicher Regelungen für Hürden. Andererseits profitieren Unternehmen von der Öffnung des Datenschutzes für kollektivrechtliche Lösungen, wenn es gelingt, in Betriebsvereinbarungen Sicherheit durch klare Vereinbarungen zur Datenverarbeitung im Unternehmen zu schaffen (vgl. Werther/Bruckner et al. 2018c, S. 77). **Nationale Vorschriften** sollen Maßnahmen vorsehen, die im Hinblick auf personenbezogene Daten die **menschliche Würde** wahren und **berechtigte Interessen und Grundrechte der Betroffenen** schützen. Die Anforderung umfasst auch die Übermittlung personenbezogener Daten innerhalb einer Unternehmensgruppe sowie Überwachungssysteme am Arbeitsplatz im Kontext der Verarbeitung und Übermittlung. Übertragen auf KI-Projekte bedeutet das, es sind Fragen rund um den Aspekt Ownership zu klären (vgl. Nuernberg 2019, S. 77):

- Wem gehören Daten von Beschäftigten?
- Was passiert mit persönlichen Daten, wenn Mitarbeiterinnen das Unternehmen verlassen?
- Welche Daten werden dann gelöscht, an die Beschäftigte oder an ihren neuen Arbeitgeber übergeben?

»**Daten müssen für das Beschäftigungsverhältnis erforderlich sein**«, so lautet eine zentrale Vorgabe im BDSG. § 26 Abs. 1 BDSG regelt, dass personenbezogene Daten von Beschäftigten für Zwecke des Beschäftigungsverhältnisses verarbeitet werden dürfen, »wenn dies für die Entscheidung über die Begründung eines Beschäftigungsverhältnisses oder nach Begründung des Beschäftigungsverhältnisses für dessen Durchführung oder Beendigung oder zur Ausübung oder Erfüllung der sich aus einem Gesetz oder einem Tarifvertrag, einer Betriebs- oder Dienstvereinbarung (Kollektivvereinbarung) ergebenden Rechte und Pflichten der Interessenvertretung der Beschäftigten erforderlich ist«. Das BDSG macht deutlich, dass die Datenerhebung an Start, Laufzeit und Ende des Arbeitsverhältnisses geknüpft ist. Welche personenbezogenen Daten sind dafür erforderlich? Neben **Stammdaten** wie Name, Geburtsdatum,

Geschlecht und Adresse könnten z. B. in Kliniken oder bei Sicherheitsfirmen auf Basis von § 26 Abs. 3 BDSG-neu auch **Gesundheitsdaten** oder Fingerabdrücke nötig sein, die im Sinne von Art. 9 Abs. 1 DSGVO verarbeitet werden (vgl. Neuber 2018, S. 319). Unternehmen dürfen Arbeitnehmerinnen um ihre Einwilligung bitten, dass personenbezogene Daten von ihnen im Zusammenhang mit ihrer beruflichen Tätigkeit verarbeitet werden (vgl. Dejure.org 2021a). Wichtig ist, dass die **Einwilligung** als **freiwillig** bewertet wird, da Mitarbeiterinnen in einem Abhängigkeitsverhältnis zum Unternehmen stehen. Die DSGVO beschreibt in Erwägungsgrund 43, dass Einwilligungen nicht als freiwillig gelten, wenn sie gesammelt zu mehreren Verarbeitungsvorgängen eingeholt werden. Im BDSG-neu findet sich in § 26 Abs. 2 ein Hinweis auf Freiwilligkeit, wenn für die Beschäftigten ein rechtlicher oder wirtschaftlicher Vorteil erreicht wird oder Beschäftigte und Unternehmen gleich gelagerte Interessen verfolgen, z. B. durch die Anmeldung zu Qualifizierungsprogrammen. Wer entsprechende Einwilligungen einholt, sollte auf die Vorgaben der DSGVO in Art. 7 Abs. 2 achten: Diese verlangen eine Erklärung in klarer, einfacher Sprache mit allen erforderlichen Informationen und dem Hinweis auf das jederzeitige Widerrufsrecht; die Einwilligung ist von der Mitarbeiterin eigenhändig zu unterschreiben und sauber zu dokumentieren.

Die Verwendung von personenbezogenen Daten kann auch im Rahmen von **Betriebsvereinbarungen** geregelt werden, »insoweit sie Transparenz sicherstellen im Hinblick auf die Verarbeitung von personenbezogenen Daten, ihre Übermittlung im Unternehmen oder einer Unternehmensgruppe und auf Überwachungssysteme am Arbeitsplatz« (vgl. ebd.). Regeln lässt sich in der Betriebsvereinbarung nur, was gesetzlich erlaubt ist und nicht negativ vom datenschutzrechtlichen Niveau abweicht (vgl. Neuber 2018, S. 322).

Betriebsvereinbarungen sollten folgende **Standards** berücksichtigen:
- Verständliche, klare, einfache Sprache
- Aufklären über mögliche Risiken, Vorschriften, Rechte und Garantien, bezogen auf die Verarbeitung personenbezogener Daten und darauf, wie diese geltend gemacht werden können (vgl. Intersoft-Consulting 2021b)
- Schutzmaßnahmen bei Übermittlung personenbezogener Daten oder bei Überwachung
- Mitbestimmungsrecht der Betriebsratsgremien bei technischen Lösungen zur Verhaltens- oder Leistungskontrolle (Dejure.org 2021b)
- Vorgaben, welche personenbezogenen Daten wie an Betriebsratsgremien weitergegeben werden, im Rahmen gesetzlicher Auskunftsansprüche oder Mitwirkungspflichten
- Regelungsumfang sowie Verhaltensweisen und Sanktionsmöglichkeiten des Unternehmens eindeutig beschreiben
- Betriebsvereinbarung als Rechtsgrundlage definieren, als datenschutzrechtlicher Erlaubnistatbestand für die rechtmäßige Verarbeitung personenbezogener Daten der Belegschaft (vgl. Neuber 2018, S. 322 f.)

Die DSGVO fordert die Verantwortlichen auf, sich stärker am **erwarteten Risiko** zu orientierten. Dies betrifft auch die Einführung von KI-Tools, bei deren Entwicklung bereits die Anwendung der Datenschutzgrundsätze berücksichtigt werden sollte, um die Rechte betroffener Personen ausreichend zu schützen (vgl. Intersoft-Consulting 2021a). Dieses Vorgehen entspricht dem Prinzip **»Privacy by Design«**: Hierbei werden schon in der Konzeption von IT-Anwendungen die DSGVO-Vorgaben mitgedacht, um den Datenschutz auch technisch zu integrieren (vgl. Schaar 2010). Außerdem gilt das Prinzip »**Privacy by Default**«, wonach die IT-Systeme in der Voreinstellung nur personenbezogene Daten verarbeiten, die für den Zweck ihrer Anwendung erforderlich sind.

Folgende Maßnahmen sollen (neben weiteren) eine **sichere Verarbeitung laut DSGVO** gewährleisten:

- Personenbezogene Daten pseudonymisieren und verschlüsseln
- Vertraulichkeit, Integrität, Verfügbarkeit und Belastbarkeit der technischen Systeme, die Daten verarbeiten, dauerhaft sicherstellen
- Bei physischen oder technischen Zwischenfällen Zugang zu und Verfügbarkeit von personenbezogenen Daten schnell wiederherstellen können
- Regelmäßig die Wirksamkeit der Sicherheitsmaßnahmen in der Verarbeitung prüfen, bewerten und evaluieren

Egal welche Technologie in der automatisierten Bearbeitung von Bewerbungen zum Einsatz kommt, es greift das BDSG-neu. Wer KI-Systeme im Recruiting-Prozess einsetzen möchte, für den gelten die in der folgenden Übersicht aufgeführten Vorgaben.

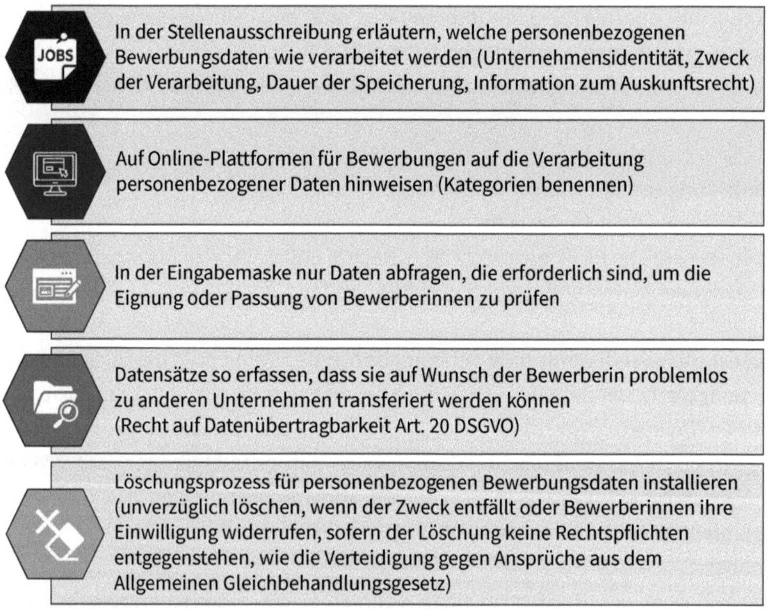

Abb. 6.6: Datenschutzvorgaben für personenbezogene Daten in Bewerbungen (Quelle: nach Neuber 2018, S. 326 f.)

6.2.3 Anwendungsfall Social-Media-Monitoring

Während **Social-Media-Monitoring** mittels KI-Software unter anderem in den USA bereits häufig eingesetzt wird, dürfte in Deutschland die Absprache mit Betriebsratsgremien erforderlich sein. Die Software erstellt Profile von Bewerberinnen durch die Analyse ihrer Fußabdrücke im Internet, wie im Kapitel

Personalmarketing beschrieben (s. Kap. 4.1.4). Das könnte als **Instrument zur Verhaltens- und Leistungskontrolle** durch das Unternehmen betrachtet werden (vgl. Neuber 2018, S. 328). Für diese Art der Datenerhebung ohne Mitwirkung der Bewerberinnen darf im Rahmen des deutschen Datenschutzes lediglich auf zwei wesentliche Quellen zum Zweck der **Vervollständigung oder Überprüfung der Eindrücke oder des Lebenslaufes** zugegriffen werden:

1. Öffentlich zugängliche Information, die Bewerberinnen auf ihrem Social-Media-Profil gepostet haben
2. Berufliche Netzwerke wie Xing oder LinkedIn, welche Beschäftigte zur Selbstdarstellung nutzen

Kritisch werden **Pre-Employment-Screenings** betrachtet, die sich nicht auf die Einwilligung von Bewerberinnen stützen, sowie **Recherchen in eher privat genutzten Social-Media-Netzwerken** wie Facebook oder Twitter (vgl. Brink/Krieger et al. 2020). Eindeutig abgrenzen lassen sich die Netzwerke nicht, da private und berufliche Informationen auf den Plattformen oft verschwimmen, was zu Einzelfallentscheidungen führt (vgl. Hirschfeld 2020, S. 230). Grundsätzlich gilt, dass allgemein zugängliche Informationen auch Gegenstand zulässiger Recherchen des Unternehmens über seine Bewerberinnen sein können, insbesondere wenn **Unstimmigkeiten im Hinblick auf den beruflichen Werdegang** der Bewerberin hierzu Anlass geben (LAG Baden-Württemberg, Urteil vom 21.02.2019 – 3 Sa 65/17). Recherchen in sozialen Netzwerken sind hingegen als problematisch zu bewerten, wenn sie sich nicht auf berufliche Plattformen beschränken. Unzulässig ist also die Verwendung rein privater Informationen, so dürfen Unternehmen z. B. keine Kontakt- oder Freundschaftsanfragen stellen, mit dem Ziel, an nicht öffentliche Daten von Bewerberinnen zu gelangen. Denn das Unternehmen darf durch solche Recherchen grundsätzlich nicht nach Antworten auf solche Fragen suchen, die es den Bewerberinnen im Rahmen eines Vorstellungsgesprächs nicht stellen dürfte.

AUS DER PRAXIS – BEISPIEL

hiQ Labs gegen LinkedIn

Im Jahr 2019 entschied ein Berufungsgericht in den USA in der Streitsache hiQ Labs, Inc. gegen LinkedIn Corp. hiQ Labs bietet Analyse-Tools für Unternehmen, um die Wechselwahrscheinlichkeit von Mitarbeiterinnen vorauszusagen oder erforderliche Qualifikationsmaßnahmen zu empfehlen (vgl. Fischer/Crocker 2019). Zu diesem Zweck greift hiQ Labs auf zugängliche LinkedIn-Daten zu. LinkedIn forderte eine Unterlassungserklärung, um hiQ Labs am Website-Zugriff zu hindern, und berief sich dabei auf den Computer Fraud an Abuse Act (CFAA). Der CFAA ist das Bundesgesetz gegen Hacking, das jeden straf- und zivilrechtlich haftbar macht, der auf einen mit dem Internet verbundenen Computer »ohne Autorisierung« zugreift oder »den autorisierten Zugriff überschreitet«. Daraufhin reichte hiQ Labs selbst Klage ein und erwirkte eine einstweilige Verfügung beim Bezirksgericht, das die Ansicht vertrat, dass der automatische Zugriff auf öffentliche Informationen keine Verletzung des CFAA darstellt (vgl. ebd.). Die Ansicht des Bezirksgerichts wurde vom U.S. Court of Appeals for the Ninth Circuit in einer Entscheidung vom 9. September 2019 bestätigt (938 F.3d 985 [9th Cir. 2019]), wodurch das Scrapen öffentlicher LinkedIn-Profile durch Bots zum Zweck der Monetarisierung von Datenservices für zulässig erklärt wurde. Befürworterinnen der Entscheidung argumentieren, technisch gesehen sei Web-Scraping einfach maschinelles Web-Browsen, das auf die identischen Informationen zugreift, auf die menschlicher Besucherinnen der Website manuell auch zugreifen würden (vgl. ebd.). Im März 2020 wandte sich LinkedIn mit einem Rechtsmittel an den Supreme Court.

Spannend wird es auch, wenn eine KI **E-Mails** und **Surfverhalten** in ihre Analysen einbezieht. In der Rechtsprechung ging es bislang um Fragen der Kontrolle, ob Mitarbeiterinnen unerlaubt Arbeitsmittel für private Zwecke nutzen. Was gilt, wenn eine KI, die Entwicklungspotenziale einer Mitarbeiterin dauerhaft analysiert und sie daher im Alltag begleitet? Es existieren bereits einige Programme, die Möglichkeiten bieten, solche Analysen von Mitarbeiterinnen durchzuführen (z. B. Office 365 Workplace-Analytics von Microsoft, Watson Talent-Insight von IBM, SuccessFactors People-Analytics von SAP), mithilfe derer sich also erkennen lässt, wie viel Zeit die Mitarbeiterinnen für bestimmte Arbeitsschritte benötigen (s. Kap. 4.4.2). Im Rahmen von **Workplace-Analytics** werden auch Daten der Belegschaft gesammelt, wenn Mitarbeiterinnen mit Wearables, Smart Glasses oder Augmented-Reality-Brillen ausgestattet ihrer Tätigkeit nachgehen (s. Kap. 4.4.3). Dabei dürfte der Einsatz solcher Programme regelmäßig erheblich in die Persönlichkeitsrechte der Mitarbeiterinnen eingreifen und daher nur dann zulässig sein, wenn hierfür die **vorherige Zustimmung** aller betroffenen Mitarbeiterinnen eingeholt wurde oder eine entsprechende **Betriebsvereinbarung** vorliegt. Zu diesem Ergebnis gelangte ein zweijähriges Forschungsprojekt der Organisation AlgorithmWatch und der Hans-Böckler-Stiftung (vgl. AlgorithmWatch 2020). Danach dürfen Mitarbeiterinnen nicht zu »Objekten« derartiger Analyseprogramme gemacht werden. Ausnahmen können allenfalls gelten, wenn der konkrete Verdacht strafbarer Handlungen besteht. Solche Systeme erfordern daher eine vollständige Aufklärung der Nutzerinnen sowie deren Einwilligung in die Datenspeicherung und -verarbeitung (vgl. Nuernberg 2019, S. 77).

Die Beispiele zeigen, dass viele **Datenschutzregelungen** mit zunehmender Technisierung mehr Fragezeichen als Lösungen bieten. KI-Projekte sind naturgemäß mit großen Datenmengen verbunden, die erfasst, verknüpft und verarbeitet werden, wodurch sie früher oder später unter die Regelungen zum Datenschutz fallen. Manche Stimmen fragen kritisch, »ob Datenschutz in Zeiten der Digitalisierung überhaupt noch gewährleistet werden kann und wie sicher die eigenen Daten noch sind« (vgl. Semet/Hilberer 2018, S. 190). Jenseits von Aufklärung und Einwilligung stößt der Beschäftigtendatenschutz mit Big Data und KI an seine Grenzen, wenn z. B. Talente in einem crossfunktionalen Projekt **keinen Zugang zu personenbezogenen Daten** bekommen können, da sie sich in **unsicheren Drittstaaten** aufhalten (vgl. Werther/Bruckner et al. 2018c, S. 76). Wir leben in der Cloud, beruflich wie privat. Berechenbarkeit, Vergleichbarkeit und digitale Überwachung akzeptieren wir klaglos im Rahmen der Nutzung von Amazon, Facebook oder Google. KI ist oftmals an Cloud-Systeme angeschlossen, um riesige Datenmengen verarbeiten zu können. Vor dem Hintergrund der Datenschutzgrundverordnung ist zu klären, wo die Cloud-Server stehen. Fragen stellen sich auch im Hinblick auf **Crowdworker**, die ungleich weniger geschützt sind, wenn ihre digitale Reputation von einer einzelnen schlechten Bewertung abhängen kann und ihr Bildschirm unangekündigt abfotografiert wird, um den Arbeitsfortschritt zu messen. Das Sammeln von **Verhaltensdaten** lässt sich auch nicht verhindern, wenn Menschen mit Maschinen zusammenarbeiten, Sensor-Handschuhe tragen oder smarten Brillen, RFID-Chips und GPS-Geräten folgen.

Im Dickicht von Datenströmen kann und muss das Unternehmen **Transparenz** schaffen, welche Daten von Mitarbeiterinnen wann und wofür erfasst werden. Ziel sollte nicht nur sein, Planung, Produktion und Vermarktung effizienter zu gestalten, sondern auch die **Persönlichkeitsrechte** der Betroffenen zu wahren und mithilfe von Daten die **Arbeitsbedingungen** zu verbessern. Es ist Zeit für eine intensive Diskussion über das Recht auf **informationelle Selbstbestimmung**. Wie lassen sich Mitarbeiterinnen und Bewerberinnen ermächtigen, eigenständig über die Verwendung ihrer Daten zu entscheiden? Wo brauchen wir mehr Transparenz, um diffuse Ängste zu lindern, statt sie zu nähren? Wie lässt sich der Nutzen der Möglichkeiten von Datenauswertung in KI-Systemen für die Betroffenen vermitteln? Beschäftigtendatenschutz wirkt in KI-Projekten bisweilen als Klotz am Bein. Umgekehrt lässt er sich auch als Türöffner betrachten, denn nur wenn die Belegschaft versteht, akzeptiert und unterstützt, was aus den Daten mit Unterstützung von KI entsteht, kann diese erfolgreich eingesetzt werden.

6.2.4 Die Zukunft von betrieblicher Mitbestimmung

KI als die Speerspitze der Technisierung wirkt nachhaltig auf die Mitbestimmung der Betriebsparteien. Wenn es z. B. um den Einsatz von KI-Anwendungen im HR-Controlling geht, so wirft KI in der Analyse keine gänzlich neuen Fragen auf, sie öffnet jedoch die Tür zu einem **zukunftsorientierten Personalcontrolling:**

- Wie viele Facharbeiterinnen fehlen uns nächste Woche auf Basis der Eintrittswahrscheinlichkeit einer grassierenden Erkältungswelle?
- Wohin entwickeln sich die Motivation und Arbeitszufriedenheit in den kommenden sechs Monaten?
- Wo laufen wir Gefahr, Talente an den Wettbewerb zu verlieren, und wen können wir umgekehrt für uns gewinnen?
- Wo in der Belegschaft brauchen Menschen Unterstützung und welche Investition lohnt sich?
- Welche Qualifikationen und Menschen brauchen wir in Zukunft?
- Wer im Team hat Potenzial, sich dorthin zu entwickeln und wo brauchen wir welches Talent?
- Wie können wir Personalkosten senken und zugleich den Wertbeitrag steigern?

Strategieänderungen auf Basis vorausschauender Analysen wirken im besten Fall zum Wohle der Belegschaft und des Unternehmens. Im Zusammenhang damit existieren allerdings häufig Ängste aufseiten der Personalvertretung. **Betriebsratsgremien befürchten** eine »gläserne« Belegschaft, unbegrenzte Leistungs- und Verhaltenskontrolle oder gar den Verlust unzähliger Arbeitsplätze. Ungeachtet dieser übergreifenden Bedenken wird in **Betriebsvereinbarungen** der **Gestaltungsspielraum** oft nicht genutzt. Diese beschreiben in der heutigen Praxis meist nur detailliert das technische System, von der Datenverarbeitung über Anwendungsoberflächen, Schnittstellen, Zugänge, Berechtigungen, Auswertungen bis zu Löschfristen (vgl. Merx 2018, S. 342). Betriebsratsgremien, die darüber hinausgehen, konzentrieren sich auf ihre **Kontrollrechte** (vgl. ebd., S. 349 f.):

- Welche Systeme führen Daten aus welchen Quellen zusammen?
- Wo werden kritische Daten gespeichert?
- In welchen Systemen werden kritische Entscheidungen getroffen?
- Welche Systeme beinhalten welches Überwachungspotenzial?
- Wo erlebt die Belegschaft systembedingten Kontrolldruck?
- Welche Systeme erfassen Verhaltensdaten?
- Welche Systeme bewegen sich im Graubereich gesetzlicher Regelungen?

Tatsächlich können und sollten die Betriebsparteien in einer KI-Zukunft noch einen großen Schritt weiter gehen und **gemeinsam technologische Veränderung gestalten.** Veränderung, um in einer vernetzten Welt Autonomie und Partizipation zu stärken, ohne Entwicklung zu bremsen, die in immer kürzeren

Technologiezyklen erfolgt und ohnehin Leitlinien einfordert. Auf diesem Weg stellen sich neue übergreifende Fragen:

- Wo bedrohen Digitalisierung und der Einsatz von KI unser Geschäftsmodell und damit Arbeitsplätze?
- Welche Technologie brauchen wir und welche Qualifikation benötigt unsere Belegschaft, um wettbewerbsfähig zu bleiben, und wie können wir unsere Teams dorthin mitnehmen?
- Wie machen wir die Datenschätze im Sinne unserer Beschäftigten und der Unternehmenszukunft verantwortlich nutzbar?

Noch bewegen wir uns im gesetzlichen Rahmen, den das Arbeitsrecht und das Betriebsverfassungsrecht vorgeben. Auszugsweise werden nachfolgend **fünf Perspektiven von Mitbestimmung** skizziert, die im Rahmen von KI-Projekten an Relevanz gewinnen:

- **Arbeitnehmerinnen-Datenschutz**
  Die Mitwirkung der Personalvertretung im Datenschutz für die Belegschaft ist indirekt geregelt. Im Rahmen der allgemeinen Aufgaben gibt das Betriebsverfassungsgesetz in § 80 Abs. 1 vor, der Betriebsrat habe »darüber zu wachen, dass die zugunsten der Arbeitnehmer geltenden Gesetze, Verordnungen, Unfallverhütungsvorschriften, Tarifverträge und Betriebsvereinbarungen durchgeführt werden«.
- **Arbeits- und Gesundheitsschutz**
  Im Zusammenhang mit der interessierten Selbstgefährdung, also einem gesundheitsschädigenden Verhalten von Beschäftigten, die sich aus dem Interesse am eigenen beruflichen Erfolg heraus selbst nicht ausreichend vor Reizüberflutung schützen, könnte die Umgestaltung der Schnittstelle Mensch-Maschine im Rahmen von KI-Projekten auch zu psychischen Herausforderungen bei Teilen der Belegschaft führen. Im Arbeitsschutzgesetz (§ 2 Abs. 1) wird die »menschengerechte« Gestaltung der Arbeit erwähnt. Das Betriebsverfassungsgesetz regelt in § 87 Abs. 1 Nummer 7 in Verbindung mit § 80 Abs. 1 Nummer 9 die Mitbestimmung bei den »Regelungen über die Verhütung von Arbeitsunfällen und Berufskrankheiten sowie über den Gesundheitsschutz« (vgl. ebd., S. 340). Auch hier lohnt sich eine Ausgestaltung mit der Belegschaftsvertretung, denn das Gesetz allein äußert sich nicht zur Gefährdungsbeurteilung, zu erforderlichen Maßnahmen und deren Umsetzung oder Überprüfung.
- **Einführung neuer technischer Einrichtungen**
  § 87 Abs. 1 Nummer 6 regelt das Mitspracherecht bei der Entscheidung für ein neues IT-System: Der Betriebsrat hat, soweit eine gesetzliche oder tarifliche Regelung nicht besteht, das Recht zur Mitbestimmung über die Einführung und Anwendung von technischen Einrichtungen, die dazu bestimmt sind, das Verhalten oder die Leistung der Belegschaft zu überwachen. Es genügt, wenn die technische Einrichtung zur Überwachung geeignet ist, das zeigt die ständige Rechtsprechung des Bundesarbeitsgerichts, die damit Beschäftigte vor anonymen technischen Kontrollen schützen will, die stark in den persönlichen Bereich eingreifen (vgl. ebd., S. 339). Damit fallen nahezu alle IT-Systeme und IT-gestützten Prozesse unter den Mitbestimmungsvorbehalt, egal ob es sich um Systeme zur Auftragsplanung, Qualitätsprüfung oder Materialsteuerung in der Produktion handelt. Im Fall eines Vorbehaltes ist das Verfahren auf dem Weg zur Einigungsstelle mühsam und zeitraubend, in der Zwischenzeit steht oft schon das nächste technische Release an (vgl. Felder 2018, S. 331). Nicht wenige Managementteams klagen über kleinteilige Systemstreitigkeiten, z. B. um die Anordnung von Eingabefeldern, das Layout von Benutzungsoberflächen und die Regulierung von Auswertungsmöglichkeiten. Betriebsratsgremien beklagen umgekehrt zusammenhanglosen Technologie-Aktio-

nismus und verweisen auf die Vielzahl an Misserfolgen bei komplexen IT-Projekten (vgl. Balkenhol 2018, S. 346).

- **Softwareergonomie und Gebrauchstauglichkeit**
  Die DIN ISO 9241 beschreibt, welche Qualitätsrichtlinien interaktive Systeme im Sinne der Ergonomie erfüllen müssen. Sie hieß zunächst »Ergonomische Anforderungen für Bürotätigkeiten mit Bildschirmgeräten« und wurde im Jahr 2006 von der International Standards Organisation (ISO) umbenannt in »Ergonomie der Mensch-System-Interaktion« (ISO 2021). In dieser Normenreihe finden sich konkrete Anforderungen sowie ein Prozess zur Gestaltung gebrauchstauglicher interaktiver Systeme.
- **Vorschläge zur Beschäftigungssicherung**
  Nach § 92a Betriebsverfassungsgesetz hat die Personalvertretung ein Initiativrecht, wenn es um die Beschäftigungssicherung geht: »Der Betriebsrat kann dem Arbeitgeber Vorschläge zur Sicherung und Förderung der Beschäftigung machen.« Aufgeführt werden unter anderem neue Formen der Arbeitsorganisation, Änderungen von Arbeitsverfahren und Arbeitsabläufen. Der Arbeitgeber muss den Vorschlägen nicht zwingend folgen, er hat jedoch darüber zu beraten und muss gegebenenfalls begründen, warum er sie für ungeeignet hält.

Die Personalvertretung sieht sich konfrontiert mit der Digitalisierung von HR-Prozessen, aber auch mit großen organisatorischen Veränderungen durch die Automatisierung in Entwicklung, Produktion oder Fertigung. Nicht selten wirken solche Szenarien **existenzbedrohlich** und lassen den Ruf nach der **Schutzfunktion** von Betriebsratsgremien laut werden. Diesem Schutzbedürfnis steht jedoch eine technologische Entwicklung gegenüber, die früher oder später fast alle Arbeitsprozesse digitalisiert haben wird. Arbeitsprozesse können dann ohne technische Überwachung nicht mehr durchgeführt werden. Während das Bundesministerium für Arbeit und Soziales (BMAS) versucht, den Arbeitsschutz in sozialversicherungspflichtigen Beschäftigungen auf möglichst viel Drittpersonal auszubreiten, bewegen sich die **Arbeitsmodelle in Industrie 4.0** in eine völlig andere Richtung (vgl. Werther/Bruckner et al. 2018c, S. 67). Big Data und KI machen Ressourcen, Kompetenzbedarfe und deren Verfügbarkeit transparent und fordern in der Geschwindigkeit ihrer vorausschauenden Analysen schnelle Reaktionsfähigkeit ein. KI-Anwendungen werden crossfunktionale Projekte zusammenstellen, die feste Stellenbeschreibungen und Fachbereiche ablösen, zugunsten fluider Teams über Bereichs- und Unternehmensgrenzen hinaus. Wer hat genau jetzt das erforderliche Spezialwissen und wäre für diese Aufgabe verfügbar? Hinter dieser Frage ist es nicht mehr relevant, welcher Organisation gesuchte Expertinnen angehören. **Pflichterfüllung, Kernarbeitszeiten oder Arbeitsstandorte weichen dem tatsächlichen Projekterfolg globaler, virtueller Teams.** Zwischen den Betriebsparteien müssen daher Grenzen ausgehandelt werden, um die Verhältnismäßigkeit zu wahren, ohne die Augen vor der fortschreitenden Technisierung zu verschließen. Teilweise impliziert das digitale Geschäftsmodell bereits eine Transparenz bezüglich Leistung und Verhalten, die sich kaum noch durch Mitbestimmung regeln lässt. Wenn z. B. Booking.com als globale Plattform für Hotelbuchungen vor allem genutzt wird, um auf Basis von detaillierten Bewertungen anderer Gäste über eine Buchung zu entscheiden, dann steht die Frage im Raum, wie die Personalvertretung eines Hotels, dessen Rezeption oder Service bewertet wurden, ihre Belegschaft vor Leistungskontrolle schützen will.

Im Internet der Dinge vernetzen **Sensoren** unzählige Endgeräte und Menschen. **Plattformen** sammeln **Transaktionsdaten** aller Beteiligten, Marktplätze verkaufen neben Ware vor allem Daten, mit denen sich

Entwicklungen in der Zukunft prognostizieren lassen. **Augmented Reality** und **Virtual Reality** steuern Beschäftigte in der Montage und lernen umgekehrt von deren Verhalten. **Collaboration-Tools** wie Slack dokumentieren jede Interaktion in virtuellen Teams und **mobile Endgeräte** lassen die Grenze zwischen Arbeit und Privatleben verschwimmen. Leistungs- und Verhaltenskontrolle lassen sich in einer vernetzten Welt nicht mehr unter den Teppich kehren. Spätestens wenn globale Teams mit Expertinnen verschiedener Unternehmen nach Projekterfolg incentiviert werden, ist **personenindividuelle Leistungsdatenerfassung** ein Thema. Zentrale Fragen für HR und die Betriebsratsgremien drehen sich in der Einführung von KI-Systemen um die Veränderungen der **Rollen** und **Verantwortlichkeiten** von Mensch und Maschine, um die **Regeln** der Zusammenarbeit und um die Weiterentwicklung der **Kompetenzen, Gestaltungsspielräume** und **Arbeitsverhältnisse**. Einerseits werden Maschinen im Einsatz sein, die von Menschen gesteuert werden. Andererseits werden KI-Systeme auch die Arbeit von Menschen organisieren und überwachen, wie z. B. heute bereits auf Clickworker-Plattformen. Das erfordert entsprechende Qualifizierung auf beiden Seiten des Verhandlungstisches, um nicht vornehmlich über Leistungs- und Verhaltenskontrolle zu streiten, sondern gemeinsam eine humane Arbeitszukunft unter Ausschöpfung der technologischen Mittel zu gestalten. Abbildung 6.7 zeigt **Beispiele für Ergebnisse konstruktiver Verhandlungen** zwischen Management und Betriebsratsgremien und zeigt auf, wie **gemeinsame Leitlinien** dabei helfen können, Vertrauen in KI-Systeme zu stärken. In der Praxis werden häufiger **Pilotvereinbarungen** geschlossen, die mit einem kleinen, abgegrenzten KI-Anwendungsfall beginnen, der eng begleitet und beobachtet wird. So gewinnt das Betriebsratsgremium die Sicherheit, dass der definierte Zweck erfüllt wird und Missbrauch, Diskriminierung oder Benachteiligung ausgeschlossen sind.

Abb. 6.7: Betriebsparteien entwickeln Leitlinien für KI-Systeme (Quelle: eigene Darstellung)

Disruption in der technologischen Entwicklung hat auch Auswirkungen auf Regularien wie das Arbeits- und Betriebsverfassungsrecht. Rechtliche Vorgaben sollen Entfaltung innerhalb eines Rahmens ermöglichen, Regulation hemmt jedoch gelegentlich Innovation. **Mitbestimmung wird sich verändern müssen**, wenn KI-Lösungen Datenströme über Betriebe, Branchen und Länder hinweg verarbeiten oder KI-Plattformen in wirtschaftlichen Ökosystemen entstehen. Spätestens dann kommen die althergebrachten Muster von Betriebsverfassungen an ihre Grenzen. Datenströme machen nicht vor Unternehmensgrenzen halt. Cloud-Systeme leben von der Vielfalt der teilnehmenden Organisationen, virtuelle und globale Teams von der Flexibilität ihrer temporären Vertragsformen. **Beschäftigung wird neu definiert**, wenn KI-Lösungen ein autonomer Teil der Wertschöpfung sind und auf Augenhöhe mit Menschen arbeiten. Auch Haftungsfragen müssen neu geregelt werden, wenn KI autonom eine Aktion auslöst oder Ersatzteile bestellt. Egal wo und wie KI-Systeme die Aufbau- und Ablauforganisation im Unternehmen beeinflussen, solche Veränderungen können und sollten nicht ohne Mitbestimmung durchgesetzt werden. Im folgenden Interview wird diese Transformationsarbeit am Beispiel Konica Minolta thematisiert.

AUS DER PRAXIS – INTERVIEW

Rethink-Work mit Konica Minolta

Konica Minolta Deutschland unterstützt smarte Unternehmen auf dem Weg in die Digitalisierung (vgl. Konica Minolta 2021). Mit Druckersystemen, IT- und Digitalisierungsprojekten transformiert das Unternehmen nicht nur seine Kunden, sondern auch sich selbst, wie Geschäftsführer Jörg Hartmann skizziert.

Welche Rolle spielt Mitbestimmung für Konica Minolta in der digitalen Transformation?

Hartmann: Digitale Transformation verändert unsere Geschäftsmodelle und so werden wir zum Geburtshelfer in Sachen Digitalisierung für unsere Kunden. Intern sind wir unsere eigenen Geburtshelfer, und das ist eine doppelte Herausforderung, auch für die Mitbestimmung.

Was genau ist die Herausforderung?

Hartmann: Eine harte Nuss ist der Mindset-Change hin zu einem neuen Verständnis von Unternehmen, die nicht mehr der traditionellen Fabrik gleichen. Standorte werden mobilisiert, Zeitabläufe flexibilisiert, Arbeitssicherheit muss neu definiert werden. Mobile Work, agile Softwareentwicklung und Scrum stellen (auch ohne KI-Einsatz) die gelernten Regelungsrahmen von Gewerkschaften und Betriebsräten auf den Kopf. Da werden bewährte Traditionen plötzlich infrage gestellt.

Bremst in dieser Phase die Mitbestimmung notwendige Veränderung?

Hartmann: Das Bild ist zu einfach. Betriebsratsgremien werden gerne in eine passive, kritisierende Rolle gedrängt. Tatsächlich kenne ich viele, die aktiv und lösungsorientiert mitgestalten und sich selbst zu Zukunftsthemen schlaumachen. Das brauchen wir auch, um auf Augenhöhe gemeinsam entwickeln zu können. Keine beteiligte Partei kann und darf sich den Veränderungen durch neue Technologie verweigern. Zum Wohl der Arbeitnehmer und des Betriebes gibt uns das BetrVG § 2 Abs. 1 einen klaren Gestaltungsauftrag.

Welchen Gestaltungsauftrag sehen Sie für HR und Führungskräfte?

Hartmann: Führungskräfte müssen viel mehr Zeit in ihre eigene Entwicklung investieren, in die Pflege von Netzwerken und den Ausbau von Datenverständnis, statt Menschen an Fließbändern zu kontrollieren. Wenn wir erkennen, was wir persönlich verändern müssen, dann regelt sich vieles von selbst, weil Führungskräfte den Rahmen setzen und Orientierung geben,

während sich Teams mehr selbst organisieren. Wir brauchen diese inhärente Motivation der Veränderung, auch bei HR. People & Culture kann Identitätsarbeit leisten. Wenn Unternehmensgrenzen verschwimmen, weil wir in cross-company Teams arbeiten, womit identifizieren sich die Menschen dann? Ich habe das Bild einer Familie nach dem Erwachsenwerden. Wir arbeiten viel freier, wechseln Teams, Organisationen aber wir verlieren nie den Bezug zu unserer Familie. HR ist für mich auch ein Choreograph für Familiengefühl.
Jörg Hartmann ist Geschäftsführer von Konica Minolta Business Solutions Deutschland und Österreich (Hartmann 2021).

HR ist an der Schnittstelle zur Mitbestimmung nicht nur gefordert, die HR-internen KI-Tools zu erklären, sondern auch, die Chancen und Risiken von KI im unternehmerischen Kontext transparent zu machen. Betriebsratsgremien mitzunehmen erfordert mehr als Verhandlungstaktik, **offensives Einbinden** ist gefragt. »**Digital Literacy**« betreffend klafft nicht nur eine Lücke auf vielen Kompetenzlandkarten von HR-Teams, sondern ebenso aufseiten der Personalvertretung. Betriebsrätinnen können digital qualifiziert werden, um auf Augenhöhe mitreden zu können. Rollenkonzepte, Zugriffsrechte, Datensicherheit, Missbrauchsschutz und Auswertungsmöglichkeiten lassen sich gemeinsam entwickeln. Egal ob Betriebsverfassungsgesetz oder Europäische Datenschutzverordnung, jenseits der Paragrafen gilt es, die **Arbeit der Zukunft** in wachsender Veränderungsgeschwindigkeit gemeinsam auszugestalten.

6.3 Ethik im Neuland

KI-Projekte stellen Neuland dar. Selbst wenn Kooperation von Verantwortlichen angedacht, der Datenschutz peinlichst genau beachtet und die Mitbestimmung frühzeitig berücksichtigt wird, zeigen sich oft noch **Gewissenskonflikte** im Team. Mitarbeiterinnen folgen ihrem individuellen Wertesystem und hadern möglicherweise mit ihrem Arbeitgeber, wenn die Auswertungsvielfalt eines geplanten Algorithmus mit ihrer Vorstellung von Eigentumsrechten oder Datenschutz im Konflikt steht. Speziell in global agierenden Unternehmen gibt es in der Startphase von Big-Data- und KI-Projekten nicht selten Reibung angesichts solcher Fragen (vgl. King 2014, S. 150). Mitarbeiterinnen nutzen auch privat KI-Anwendungen und werden zunehmend sensibler, was die Erfassung und Nutzung ihrer persönlichen Daten angeht. Die Reaktionen in der Belegschaft erscheinen ambivalent, wenn sie einerseits Chatbots als Datenkraken kritisiert werden, während Cookies, die das Surfverhalten der Nutzerinnen auf Websites auswerten, inzwischen akzeptiert sind. Daten, die nicht nur im Hinblick auf Personen ausgewertet, sondern mit den Mustern anderer Nutzerinnen verknüpft werden, geben weitaus tiefere Einblicke in Bedürfnisse und Verhaltensmuster als der Einsatz von HR-Chatbots. Im Wettstreit zwischen **Bequemlichkeit** und **Alltagserleichterung** einerseits und dem **Schutz der Privatsphäre** andererseits überwiegt – zumindest was persönliche Daten angeht – derzeit noch die Bequemlichkeit. Unbehagen aber bleibt, sowohl bei Konsumentinnen als auch bei Bewerberinnen oder Beschäftigten, die in Kontakt mit KI-Lösungen eines HR-Bereiches kommen. Laxer Umgang mit der Datenfrage im Management wird bei ihnen schnell zu **Vertrauensverlust** führen. Der Imageschaden durch Nachlässigkeit im sensiblen Feld HR kann bei der eigenen Belegschaft genauso schwerwiegende Folgen haben wie in der Zielgruppe interessierter Talente. Auf der **Anforderungsliste für verantwortlichen und ethischen Umgang mit KI** steht daher **Transparenz** ganz oben:

- Mit offenen Karten spielen und den Nutzen der Datenauswertung einer KI-Lösung gegenüber allen Anwenderinnen transparent machen
- Allen Datenlieferanten (z. B. Beschäftigten und Bewerberinnen) ermöglichen, die Freigabe der Daten und die damit verbundene Einschränkung der Privatsphäre selbst und einfach zu steuern
- Richtlinien für jeden Prozessschritt in der Datenverarbeitung entwickeln
- Nutzerinnen in der Anwendung darauf hinweisen, falls die Kommunikation rein KI-basiert und ohne menschliche Kontrolle abläuft
- Datenpartnerschaften mit anerkannten Institutionen und Zertifizierungen zum sorgsamen Umgang mit KI-Daten nutzen (vgl. ebd., S. 151)

Auch wenn Entscheidungsprozesse nicht komplett an eine KI übertragen werden, aus Sicht von Bewerberinnen und Belegschaft entscheidet die KI mindestens mit. Kritisch wird vor allem die Intransparenz von KI-Personalsoftware betrachtet, wenn nicht nachvollziehbar ist, auf Basis welcher Daten diese zu ihrer Einschätzung gelangt. Im Zuge der Aufklärung und Einbindung von Betroffenen sollten daher auch ethische Grundsätze diskutiert werden. Manche Organisationen haben bereits **Ethikrichtlinien** für den Einsatz von KI entwickelt oder **Ethikgremien** als Aufklärungs- und Schiedsinstanz einberufen (vgl. Schoenthal/Gierschmann et al. 2020, S. 320). In der HR-Branche finden sich Ethikbeiräte wie z. B. der **Ethikbeirat HR-Tech**, eine Initiative der Lobbygruppe »Bundesverband der Personalmanager« und einer Beratungsfirma. Die beteiligten Wissenschaftlerinnen und Expertinnen aus Wirtschaft, Psychologie und Recht haben im April 2020 zehn Richtlinien für den verantwortlichen Einsatz von KI und digitalen Technologien in der Personalarbeit entwickelt und verpflichten sich auf die Anwendung dieser Regeln (vgl. Ethikbeirat HR-Tech 2021). Unter welchen Umständen sollte ein Algorithmus entscheiden können, wer eingestellt wird? Wer haftet, wenn eine KI-Anwendung falsch entscheidet oder diskriminiert? Wie lässt sich verhindern, dass diskriminierende Muster der Vergangenheit in KI-Systemen fortgesetzt werden? Solche und weitere zukunftsrelevante Fragen des HR-Managements werden in Ethikbeiräten diskutiert. Ethikgremien können auch **Mindeststandards zur Transparenz** sicherstellen; die folgende Liste (s. Abb. 6.8) führt Fragen auf, die es dabei zu berücksichtigen gilt.

KI-Nutzung und Ethik
»Welche Zielsetzungen verfolgt das KI-Projekt?«
»Welche Leitprinzipien und ethischen Grundsätze gelten in der Anwendung?«
»Woraus besteht der Algorithmus und wie funktioniert die technische Umsetzung?«
»Welche Kooperation oder Expertise sichert die wissenschaftliche Basis?«
»Mit welchen Daten wurde trainiert und wie wurde sichergestellt, dass sie aktuell, vollständig und konsistent sind?«
»Wie divers muss das Trainingsteam sein, um vielfältige Perspektiven sicherzustellen?«
»Wie werden die Ergebnisse validiert, um Verzerrungen und Fehler zu vermeiden?«
»Wie wurde mit Nutzerinnen getestet und deren Feedback eingearbeitet?«
»Wie werden die KI-Ergebnisse und -Empfehlungen in den HR-Entscheidungsprozess einbezogen?«
»Welche Auswirkung haben solche Entscheidungen auf das Unternehmen und die Nutzerinnen?«

KI-Nutzung und Ethik
»Wie werden Vertretungsgremien eingebunden, Mitarbeiterinnen befähigt und Nutzerinnen aufgeklärt?«
»Wie können Nutzerinnen auf die Speicherung ihrer personenbezogenen Daten Einfluss nehmen und wie ist sichergestellt, dass sie nicht zum eigenen Nachteil ausgelegt werden?«
»Wer sieht die Daten der Nutzerinnen, wie sind sie vor fremdem Zugriff geschützt und wie ist umgekehrt gewährleistet, dass sie nicht verloren gehen?«

Abb. 6.8: Fragestellungen für einen ethisch verantwortungsvollen Umgang mit KI-Projekten (Quelle: eigene Darstellung)

Anregungen zu ethischen Fragenstellungen in der KI-Nutzung finden sich auch beim **Deutschen Ethikrat**, der sich gemäß seinem gesetzlichen Auftrag ethischen Fragen im Zusammenhang mit Forschung und Entwicklung widmet (vgl. Deutscher Ethikrat 2021a). Die Arbeitsgruppe »Mensch und Maschine« diskutiert unter anderem über neue Schnittstellen in der Zusammenarbeit von Menschen mit Algorithmen und untersucht, wie sich Verantwortung verschiebt und wie Systeme vor Missbrauch geschützt werden können (vgl. Deutscher Ethikrat 2021b). Der Deutsche Bundestag hat eine **Enquete-Kommission** Künstliche Intelligenz eingesetzt, der **Digitalrat** berät die Bundesregierung zu Fragen der Digitalisierung, die ebenso in der **Datenethikkommission** und auf dem jährlichen **Digital-Gipfel** behandelt werden. Die Enquete-Kommission hat im Jahr 2020 ihren Abschlussbericht vorgelegt und darin das Bild einer **menschenzentrierten KI** unterstrichen (vgl. Deutscher Bundestag 2020):

- KI-Anwendungen sollten sich vorrangig auf Wohl und Würde der Menschen fokussieren und gesellschaftlichen Nutzen stiften.
- KI-Systeme sollen die Selbstbestimmung der Menschen als Handelnde und deren Entscheidungsfreiheit wahren.
- Anwendungen, die das positive Potenzial von KI ausschöpfen, stärken das Vertrauen bei den Anwenderinnen.
- Eine KI europäischer Prägung – und keine auf einer anderen Wertegrundhaltung beruhende – soll zur Zukunftsfähigkeit der Volkswirtschaft beitragen.

Im Observatorium Künstliche Intelligenz in Arbeit und Gesellschaft, einer Denkfabrik des Bundesministeriums für Arbeit und Soziales, arbeitet Saatsekretär Björn Böhning an Empfehlungen zum Einsatz von KI im Arbeitsumfeld (vgl. KI_O 2021). Böhning will beobachten, wie KI in der Mensch-Maschine-Interaktion dazu beitragen kann, Arbeitsergebnisse zu verbessern, ohne den Beschäftigten die Kontrolle zu entziehen. Sein Ministerium ist an verschiedenen Initiativen beteiligt, um die Lücken in der Regulierung von KI zu schließen (vgl. Delcker 2021):

- Das Betriebsrätestärkungsgesetz soll die betriebliche Mitbestimmung für KI schärfen, damit Betriebsratsgremien z. B. externe Expertise hinzuziehen können, um die KI besser zu verstehen
- Europaweite oder nationalstaatliche Transparenzregeln, damit Unternehmen ihre KI-Algorithmen für die wissenschaftliche Auswertung offenlegen
- Europaweit bindende Regeln für KI von der Europäischen Kommission

Technologie wie KI soll dem Menschen dienen und nicht umgekehrt. Im Silicon Valley, wo einige der leistungsstärksten KI-Systeme entwickelt werden, entbrennt immer wieder eine Diskussion über **politische Regulierung** im Sinne von KI-Ethik. Brad Smith, President bei Microsoft, regte an, die Nutzung von KI zur

Gesichtserkennung politisch zu regulieren, um unter anderem die Rechte jener zu stärken, die fehlerhaft identifiziert oder bewertet werden (vgl. Smith 2018). Google hat, wie eingangs beschrieben, eigene KI-Prinzipien als Leitfaden für künftige KI-Projekte festgelegt, dennoch haben einige Beschäftigte aus Protest das Unternehmen verlassen, da sie darin zu viel Interpretationsspielraum sahen (vgl. Metz 2019). Die Forschungseinrichtung AI Now Institute beschäftigt sich mit den **sozialen Auswirkungen** von KI und hinterfragt, ob die politische Regulierung schnell genug vorankommt, solange die Kräfte des Kapitalismus Unternehmen zu Profitmaximierung treiben (vgl. AI NOW 2021).

Wie steht es um die **Verantwortung von Unternehmen**, die KI nutzen? Laut einer Studie von Accenture, SAS und Intel überprüfen und bewerten 23 Prozent der Unternehmen, die KI anwenden, deren Leistungen mindestens täglich (vgl. Accenture Applied Intelligence 2018). Fragwürdige Ergebnisse werden bei 43 Prozent der Unternehmen in einem definierten Prozess nachverfolgt. Ethische Fragen zeigen in dieser Studie eine hohe Relevanz, so arbeiten 63 Prozent der Unternehmen mit einem eigenen **Ethikkomitee** und 70 Prozent führen gezielte **Ethikschulungen** für ihre Technologieteams durch (vgl. ebd.). Rumman Chowdhury, die globale Leiterin des Bereichs »verantwortliche KI« bei Accenture, kommentierte im Rahmen der Studie, sie verstehe die meisten Ethik-Kodizes eher richtungsweisend, während sich viele Data-Scientists speziellere Leitlinien wünschten (vgl. ebd.). Ein Unternehmen, das sich aktiv und selbstkritisch mit ethischen Fragen zur Zukunft der Arbeit auseinandersetzt, ist die im folgenden Interview vorgestellte **GLS Gemeinschaftsbank**.

AUS DER PRAXIS – BEISPIEL

GLS Bank – Diskussion im Vertrauenskreis

Als erste sozial-ökologische Universalbank will die GLS Bank nachhaltige, individuelle und gesellschaftliche Entwicklung ermöglichen. Wie geht eine gemeinwohlorientierte Organisation mit einer Technologie wie KI um? Vorstandsmitglied Dirk Kannacher zeichnet ein von Mut und Mitgestaltung geprägtes Zukunftsbild.

Dirk Kannacher, welche Rolle spielt Künstliche Intelligenz heute bei der GLS Gemeinschaftsbank?

Kannacher: Wir setzen heute Robotics-Anwendungen ein, für mich ist das keine Künstliche Intelligenz, da keine selbstlernenden Systeme im Spiel sind. Trotzdem stellen wir uns technologische Fragen und arbeiten an einem Zukunftsbild.

Wie könnte laut diesem Zukunftsbild KI die GLS im Bereich Personal unterstützen?

Kannacher: KI kann uns sicherlich helfen, objektiver zu bewerten und Muster zu durchbrechen, z. B. das Gesetz sozialer Reproduktion, wenn wir in der Auswahl unserer Mitarbeitenden unbewusst das suchen, was uns ähnlich ist. Wir achten sehr auf Diversität in Teams und ich würde gerne mithilfe einer KI noch genauer erforschen, wie Teams funktionieren, jenseits von Fachlichkeit. Solange KI nicht die Entscheidung übernimmt und der Algorithmus transparent arbeitet, können wir von ihren Analysefähigkeiten profitieren.

Sträuben sich Ihren Betriebsratsgremien an dieser Stelle die Haare?

Kannacher: *(lacht)* Allenfalls aus Vorfreude auf den Austausch dazu. Das stereotype Bild von Management gegen Mitarbeitenden-Vertretung passt hier nicht. Sicherlich, in einer gelernten Kultur von Profitmaximierung ist die Geste von Augenhöhe in der Mitbestimmung in vielen Unternehmen noch nicht sozialisiert. Wir arbeiten schon lange in einem Vertrauenskreis, der die Mitarbeitenden-Vertretung einschließt. Damit sind alle Parteien schon bei den ersten Gedanken dabei und wir wachsen gemeinsam in die Veränderung.

Klingt nach harmonischer KI-Zukunft ohne Verluste?
Kannacher: Wenn Menschen einen Weg gehen wollen, dann reicht das aus, um einen Raum zu finden, aber werden alle mitkommen wollen? Gesellschaftlich müssen wir uns im Hinblick auf die Digitalisierung alle fragen, wo wir Gefahr laufen, Menschen zu verlieren, die sich nicht mehr gesehen und wertgeschätzt fühlen. New Work erfordert innere Arbeit von jedem von uns. Wie sehr bin ich mit mir in Verbindung und bereit zu sehen, was ich kann und was nicht? Das ist eine wichtige Frage, speziell für alle Kolleginnen und Kollegen, die im Bereich der Mitarbeiterentwicklung arbeiten.
Was ist Ihre Botschaft an HR-Teams, die sich mit KI-Fragen befassen?
Kannacher: Dazu fällt mir ein Zitat von Barkhoff ein: Die Angst vor einer Zukunft, die wir fürchten, können wir nur überwinden durch Bilder einer Zukunft, die wir wollen.
Dirk Kannacher ist Vorstand bei der GLS Bank und verantwortet das Ressort Privat- und Geschäftskunden, das den telefonischen Kundenservice, die telefonische Beratung im Einlagengeschäft, das Baufinanzierungsgeschäft, den Zahlungsverkehr, das Kundenerlebnismanagement, die GLS Crowd, den Bereich »Neue Mobilität« und die Interne Revision umfasst (vgl. Kannacher 2021).

Übertragen auf die ersten KI-Piloten im HR-Management scheint es geboten, vorab ethische Fragen aufzuwerfen und in einem Ethikbeirat oder Vertrauenskreis zu diskutieren: Wie gehen wir mit Menschen um, die sich weigern, smarte Technologie zu nutzen? Schließen wir sie aus dem Prozess aus oder bieten wir **alternative Wege**? Wer wird die Verantwortung für **Um- und Weiterqualifizierungen** großer Beschäftigtengruppen übernehmen? Auch wenn im Zuge von KI-Entwicklung neue Jobs entstehen, so werden sicherlich Teile der Belegschaft ohne umfassende Neuqualifizierung keinen Anschluss mehr auf dem Arbeitsmarkt finden. Wo sollen Arbeitsplätze durch technische Systeme ersetzt werden und wo erfordert der Einsatz von KI insbesondere die Begleitung von menschlichem Arbeitshandeln?

6.4 Gesundheits- und Diskriminierungsschutz

Virtualisierung von Arbeit verändert und ersetzt zum Teil soziale Interaktion. Nehmen wir mehr oder weniger am Leben anderer teil? Verbringen wir mehr Zeit alleine oder in Gemeinschaft? Wird unser Austausch zunehmend formell oder informell? Die Auswirkungen auf unsere Empathiefähigkeit, unsere seelische und körperliche Verfassung werden sich erst in Zukunft umfassend erforschen lassen. **Interessierte Selbstgefährdung** nennen Forscher das gesundheitsschädigende Verhalten von Beschäftigten, die sich aus Interesse am beruflichen Erfolg nicht ausreichend vor Reizüberflutung schützen (vgl. Villwock/Serries et al. 2018, S. 309). KI-basierte Kollaborationsplattformen ermöglichen uns rund um die Uhr und rund um die Welt Zugriff auf Neuigkeiten zu relevanten Entwicklungen, aufziehenden Gefährdungslagen oder anstehenden Entscheidungen. Die Grenzen zwischen Arbeits- und Privatleben verschwimmen zunehmend und die Weiterentwicklung von Technologie wird Beschäftigte nicht automatisch vor sich selbst schützen. Frankreich hat im Jahr 2017 ein neues Arbeitsgesetz verabschiedet, das Unternehmen mit mehr als 50 Angestellten verpflichtet, Lösungen zu finden, um das Einsickern von Arbeit ins Privatleben zu reduzieren (vgl. Ambassade de France en Allemagne 2019). Einerseits kann ein Algorithmus, der Kommunikationskanäle filtert, Empfehlungen abgibt oder administrative Aufgaben übernimmt, entlasten, andererseits erleben Mitarbeiterinnen die Beschleunigung von Analysen, Entscheidungen und der 24/7-Option als belastend. Digitale Technologie sorgt dafür, dass unsere Wirklichkeitswahrnehmung von einer **permanenten Präsenz** bestimmt wird, und erschwert den Beschäftigten das innere Abschalten (vgl. Albers 2018, S. 12). Digitale Assistenzen, die uns im Berufs-und Privatleben unterstützen, schaffen auch Abhängigkeiten und halten uns in **Filterblasen** gefangen, zugeschnitten auf unsere beruflichen Aufgaben, Kompetenzen und Präferenzen. Wir vertrauen ihren Suchergebnissen, Empfehlungen oder Arbeitsanweisungen, ohne zu 100 Prozent nachvollziehen zu können, welche Kriterien auf dem Lösungsweg eine Rolle gespielt haben. **Gamification-Ansätze** können unsere Motivations-Trigger bedienen und Mitarbeiterinnen über Bonuspunkte, Highscores oder Ranglisten im Wettbewerb rund um die Uhr dazu anspornen, über die eigenen Grenzen hinauszugehen (s. Kap. 4.3.3).

Wer sich davon nicht abhängig machen will, braucht **innere Resilienz**, um als Beschäftigte nicht in eine mentale Sklaverei abzurutschen. Die Einführung von KI-Projekten betrifft nicht nur Teams, denen ausschließlich Digital Natives angehören, sondern auch die Babyboomer-Generation zwischen Mitte 50 und Anfang 70. Allein die massive Umstellung von Arbeits- und Entscheidungsprozessen könnte in dieser Altersgruppe zu **Erschöpfung** und **Überforderung** führen. Je positiver und aufgeschlossener Teams aus dieser Altersgruppe der neuen Technologie gegenüberstehen, desto leichter wird die Veränderung, doch der unerlässliche Lern- und Anpassungsprozess wird die Arbeitsbelastung zumindest vorübergehend erhöhen (vgl. Schaff 2019, S. 314). In der gesellschaftlichen Diskussion kommen häufig **existenzielle Ängste** und Sorgen um den eigenen Arbeitsplatz sowie um die Ressource Mensch im Produktionsprozess zum Ausdruck. Feste Arbeitsmarktstrukturen lösen sich zunehmend auf. Aufgrund von befristeten Arbeitsverhältnissen, Soloselbstständigkeit oder Crowdworking-Plattformen sehen sich z. B. Grafikerinnen oder Entwicklerinnen dem globalen Wettbewerb ausgesetzt. Das ist nicht die Schuld von KI, aber oft wirkt der technologische Fortschritt als Treiber, und so wird KI schnell zum ultimativen Angstszenario. Menschen erleben die Automatisierung ihrer Arbeit zum Teil als **Verlust von Sinn und Wirksamkeit**, was nach Ansicht von Expertinnen vor allem **fünf Krankheitsbilder** verstärken wird (s. Abb. 6.9).

Abb. 6.9: Aus zunehmender Automatisierung resultierende Krankheitsbilder (Quelle: nach Schaff 2019, S. 317 f.)

Schon während der Vorbereitung von KI-Projekten lohnt es, die **Gefahren** psychischer Belastungen zu **bewerten**. Selbst bei geringen Risiken und guten Startbedingungen hilft die Erfassung des aktuellen Zustandes, um in der weiteren Begleitung Abweichungen von der Nullmessung exakt erfassen zu können. Schon allein die Beschäftigung mit dieser Dimension von digitaler Arbeit schärft das Bewusstsein bei den Projektbeteiligten und stärkt das Vertrauen bei betroffenen Teams. **Psychosoziale Aspekte von Automatisierung** im Allgemeinen und KI im Besonderen können auch Teil von fachlichen Schulungen sein, um die Selbstkompetenz der Belegschaft zu entwickeln. In jedem Fall sollten alle Sorgen und Ängste von Teams ernst genommen werden. Im Verlauf des Projektes können quantitative und qualitative Messpunkte erhoben werden, um nicht nur harte Kriterien wie Durchlaufzeiten, Performance und eingesparte Stunden zu messen, sondern auch die Entwicklung von Motivation, Arbeitszufriedenheit oder sozialer Interaktion.

Ein wichtiger Prüfstein vor dem Go-live einer KI-Lösung heißt **»Diskriminierung«**. In der gesellschaftlichen Diskussion über KI und Diskriminierung entsteht schnell das Bild einer **»bösen Blackbox«**. Tatsächlich ist es bei komplexen Künstlich neuronalen Netzen schwer, den Entscheidungsweg von Algorithmen nachvollziehen. Algorithmen, die in ihren Empfehlungen Minderheiten benachteiligen, sind jedoch nicht von Natur aus böse. Sie halten uns vielmehr einen Spiegel vor und **konfrontieren uns mit unseren eigenen diskriminierenden Mustern**. Das passiert auch Unternehmen und Nutzerinnen, die auf Dienste von Jobbörsen oder Business-Netzwerken zurückgreifen. Eine Studie der Forscherinnen Lambrecht und Tucker aus dem Jahr 2019 zeigt, dass Frauen auf Portalen wie Google, Instagram und Facebook weniger bezahlte Stellenanzeigen (Job-Advertisements) zu MINT-Fächern ausgespielt wurden. Hintergrund dieser Verzerrung war kein Fehler im Trainingsdatensatz, sondern die Preisstrategie sozialer Netzwerke im Targeting. Dort waren entsprechend der Dynamic-Pricing-Logik Anzeigen für Frauen teurer als die für Männer (vgl. Lambrecht/Tucker 2019). Häufiger treten Verzerrungen in KI-Anwendungen auf, die diskriminierende Muster aus Trainingsdaten wiederholen, wie das nachfolgende Praxisbeispiel von Amazon zeigt.

AUS DER PRAXIS – BEISPIEL

Geschlechterverzerrung bei Amazon

Zur Überraschung der HR-Szene berichtete Reuters im Jahr 2018 von einem Fall von KI-Diskriminierung am Beispiel Amazon. Die Bloomberg-Journalistin Kathy O'Neil schrieb von einem Algorithmus, der auf Basis von Machine-Learning die Auswahl von Kandidatinnen im Amazon-Bewerbungsprozess vornehmen sollte. Der US-amerikanische Vorreiter in Sachen Automatisierung hatte auf der Suche nach Top-Talenten einen KI-Algorithmus eingesetzt, um Lebensläufe von Bewerberinnen mit einem bis fünf Sternen zu bewerten. Im Folgejahr stellte sich heraus, dass männliche Kandidaten für Softwareentwicklung und andere technische Stellenprofile bevorzugt wurden (vgl. Dastin 2018). Der Fehler war im Training entstanden, da die KI mit Bewerbungen und den dazu getroffenen Entscheidungen der vergangenen zehn Jahre geschult worden war (vgl. Verhoeven 2020b, S. 237). Das Künstlich neuronale Netz wurde mit der Beurteilung alter Bewerbungen trainiert, um neue Bewerbungsunterlagen nach ähnlichen Mustern zu bewerten. Geschult mit den Daten aus eingegangen Bewerbungen und eingestellten Arbeitssuchenden in der Vergangenheit, wiederholte der Algorithmus die scheinbaren Erfolgsmuster von Amazon und bevorzugte systematisch männliche Personen (vgl. O'Neil 2018). Kein Wunder, wenn die KI mit Trainingsdaten gefüttert wird, die aus Informationen über frühere Beschäftigte in einer bestimmten Position und deren Qualifikationen bestehen. Die KI hatte einfach gelernt, welche Geschlechter, welche Altersgruppen und welche Bildungshintergründe bei Einstellungen in der Vergangenheit bevorzugt wurden. Das Trainingsteam machte keine Vorgaben, welche Merkmale der Bewerbung berücksichtigt werden sollten, und entfernte sogar Informationen über Geschlechter wie Vornamen oder die Anrede (vgl. Hirschfeld 2020, S. 214). Dennoch hatte das Künstlich neuronale Netz gelernt, anhand der Namen von Colleges oder Hobbys die Geschlechter zu erkennen, und bewertete Frauen automatisch schlechter. Der Algorithmus hat letztlich nur die bereits existierende Geschlechterverzerrung als Muster einer männlich dominierten Industrie wiederholt. Konkret bewertete der Algorithmus weibliche Bezeichnungen als nachteilig sowie Begriffe, die häufig von Frauen benutzt wurden (vgl. Verhoeven 2020b, S. 237). Amazon arbeitete an der Neutralität des Programms und löste zwei Jahre später das Projektteam auf, da die Führungskräfte nicht mehr an das Projekt glaubten (vgl. Dastin 2018).

Während Amazon das Projekt bereits eingestellt hat, lässt sich in Österreich aktuell ein ähnlicher Fall in einer großen Behörde beobachten, deren Algorithmus ebenfalls Diskriminierung unterstellt wird.

AUS DER PRAXIS – BEISPIEL

Österreichischer Arbeitsmarktservice

Der Arbeitsmarktservice (AMS) in Österreich kümmert sich als staatliche Einrichtung um die Schulung und Weiterbildung von Arbeitssuchenden zur Reintegration in den Arbeitsmarkt. Die Behörde hat einen Algorithmus eingesetzt, um ab dem Jahr 2021 die Chancen von Arbeitssuchenden am Arbeitsmarkt auf Basis von Statistiken vorhersagen zu können. Arbeitssuchende werden je nach Integrationsprognose in drei Segmente unterteilt, die verschiedene Weiterbildungsressourcen erhalten. Die Angehörigen der ersten Gruppe, derjenigen mit den höchsten Chancen, werden mit 66-prozentiger Wahrscheinlichkeit innerhalb von sieben Monaten wieder einen Job finden (vgl. Verhoeven 2020b, S. 238). Wem der Algorithmus dagegen weniger als 25 Prozent Wahrscheinlichkeit vorhersagt, der wird von seiner zuständigen AMS-Betreuerin zur Einsortierung in die letzte Gruppe vorgeschlagen (vgl. ebd.). Die KI sucht Zusammenhänge in relevanten Merkmalen wie Alter, Geschlecht, Nationalität, Familienstand, Betreuungspflichten, gesundheitlichen Beeinträchtigungen, Berufserfahrung, Ausbildung oder strukturellen Effekten am Wohnort. Gefördert werden soll vor allem die Gruppe mit der größten Chance auf Wiedereingliederung in den Arbeitsmarkt. Infolge einer kontroversen Diskussion über das Projekt analysierte das Institut für Technikfolgen-Abschätzung (ITA) mit der TU Wien die technische Funktion und gesellschaftliche Auswirkung (vgl. Mager/Allhutter 2019). Das Ergebnis zeigte, dass niedriger eingestuft werde, wer weiblich und älter ist und Betreuungspflichten hat, die nur bei Frauen vorausgesetzt würden (vgl. Krempl 2020).

Beide Beispiele zeigen: Der Algorithmus verlässt sich auf die Daten, die ihm von Menschen zur Verfügung gestellt werden. Menschen wiederum verlassen sich auf die Ergebnisse der Maschine. Selbst eine Wundermaschine kann allerdings nur so gut sein wie ihr »Kraftfutter« in Form von Daten. **Kernproblem** ist auch hier die **Auswahl der Trainingsdaten**, mit denen die KI lernt, Bewerbungen oder Reintegrationschancen zu bewerten. Wer diskriminierungsfrei trainieren will, muss die Vergangenheit aufarbeiten, um nicht die alten diskriminierenden Muster zu wiederholen. Auch nach einem einwandfreien Training und nachweislich verzerrungsfreien Ergebnissen ist eine KI nicht vor Diskriminierung in der Anwendung gefeit: **KI lässt sich austricksen.** Bilderkennung als gängige KI-Anwendung ist ein beliebtes Beispiel dafür. Schon ein **Fotofilter**, vergleichbar mit den Instagram-Filtern, kann eine KI in die Irre führen. Während für ein menschliches Auge noch nicht erkennbar ist, dass das Foto verändert wurde, kann die KI das abgebildete Gesicht nicht mehr erkennen. Ein Forschungsteam der University of Toronto hat mit Deep Learning ein sogenanntes **Adversarial Training** angewendet und damit eine KI trainiert, Bilder minimal zu manipulieren (s. Abb. 6.10; vgl. Damiani 2018).

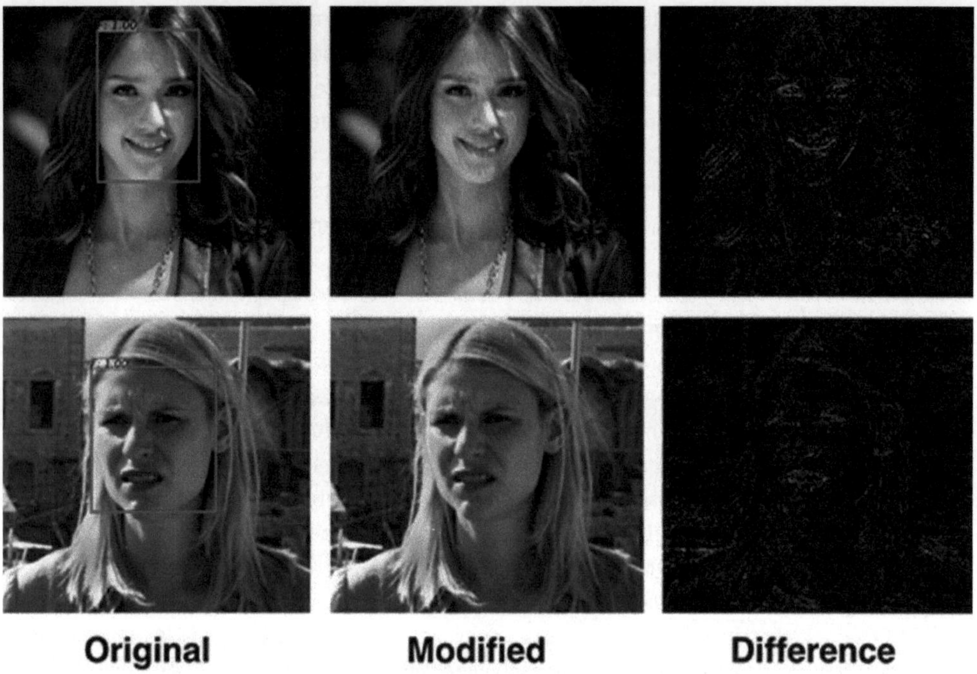

Abb. 6.10: Störfilter hindern KI an Gesichtserkennung (Quelle: Wired-Staff 2018; © University of Toronto/Avishek Bose)

Avishek Bose, einer der Entwickler erklärte: »Die störende KI kann das angreifen, wonach das neuronale Netz für Gesichtserkennung sucht. Wenn diese zum Beispiel auf den Augenwinkel achtet, wird dieser etwas kaschiert. Das erschafft **subtile Störungen im Foto**, die aber groß genug sind, um das System in die Irre zu führen« (Wired-Staff 2018). Die Forscher wollen daraus eine App entwickeln, die Nutzerinnen unterstützt, ihre Privatsphäre zu schützen. Wenn Filter auf Fotos gelegt werden, die für das menschliche Auge nicht erkennbar sind, können selbst hoch entwickelte KI-Systeme, wie jene von Google und Amazon, das **Foto falsch klassifizieren** (vgl. Papernot/McDaniel et al. 2016). Bilderkennung funktioniert über mathematische Muster mit verborgenen Codes, die davon abhängen, wie Farbflächen verteilt sind, wie glatt oder detailliert Strukturen sind und wie kontrastreich die Darstellung (vgl. Dworschak 2018). Gestalten werden nur rudimentär erfasst und solange die KI den abstrakten Inhalt eines Bildes nicht »versteht«, lässt sie sich leichter mit sogenannten **Adversarial Examples** täuschen. Denkbar wären in der Auswahl von **Bewerbungsunterlagen Störfilter**, die für das menschliche Auge nicht sichtbar sind und daher nicht als Betrug entlarvt werden, jedoch dazu führen, dass die KI zu einer positiveren Bewertung kommt. Die Forschung zu Adversarial Machine-Learning befasst sich mit dem Auffinden solcher Sicherheitslücken in Verfahren des maschinellen Lernens, um Gegenmaßnahmen zu entwickeln (vgl. Ruhlig 2020).

HR-Verantwortliche können ihrerseits wachsam bleiben und dem **Overtrust-Effekt** widerstehen, der uns laut Wissenschaft Maschinenwissen zu leichtgläubig vertrauen lässt (vgl. Itoh 2011). Verzerrungen und Fehler lauern nicht nur im Design und Training einer KI, in der Anwendung geht auch eine Gefahr durch Angriffe von außen aus, vor denen es die Technologie zu schützen gilt. Bewerberinnen könnten z. B. KI-Systeme mit erwünschten Antworten bedienen, wenn sie ihre **Bewertungsmuster entschlüsseln** und daraufhin in den eigenen Texten diese und jene Signalwörter unterbringen, die zu positiven Bewertungen führen (vgl. Palmu 2020). KI-Systeme, die E-Mails von Beschäftigten auswerten oder Gespräche mithören können, werden früher oder später auch zu Zielen von **Cyber-Kriminellen**, die an personenbezogenen Daten interessiert sind. Das erfordert beim Einsatz im eigenen Unternehmen eine dauerhafte und kritische Begleitung durch HR-Verantwortliche und Expertinnen mit ausreichendem Daten-Know-how. Für diese Aufgabe entstehen neue Rollen (s. Kap. 7.1).

Zusammenfassung

Die gute Nachricht: Algorithmen sind unbestechlich beim Zusammentragen und Filtern von Informationen. Sie können somit zu besseren Entscheidungen beitragen, denn diese berücksichtigen schließlich mehr Fakten und nicht weniger. Solange Diversität gesichert ist, wird ein automatisiertes Vorgehen naturgemäß faktenbasierter und gerechter funktionieren. Auf dem Weg dorthin gilt es, eine Menge Steine aus dem Weg zu räumen, damit alle Beteiligten ihren Nutzen in der Kooperation erkennen und Vertrauen in eine menschenzentrierte KI entwickeln. Programmiererinnen, Anbieter und Unternehmen, die KI einsetzen, stehen in der Verantwortung, transparente Regeln und Rahmenbedingungen für den Umgang mit personenbezogenen Daten und den Ergebnissen von KI-Analysen zu definieren. Wenn KI-Algorithmen in HR die Handlungen von Nutzerinnen und Mitarbeiterinnen auswerten, dann sollten die Rollen und Verantwortlichkeiten klar verteilt und an ethischen Prinzipien orientiert sein, die auch in globalen Unternehmen von den Beschäftigten mitgetragen werden. Es ist keine Frage des Ob, sondern des Wie, denn KI-Entwicklung lässt sich, wie technologischer Fortschritt insgesamt, nicht aufhalten. Mitbestimmung auf Augenhöhe erfordert daher die Bereitschaft aller Beteiligten, den eigenen Horizont zu erweitern, um Zukunftsbilder mitzugestalten.

7 HR als Change-Maker

Change-Management ist oft von einer Schwere begleitet, die Menschen im Widerstand auf einen Veränderungsweg mitnehmen muss. Sicherlich sieht ein Teil der Belegschaft die Chancen durch neue Technologie und freut sich auf mehr Innovation oder weniger manuelle Aufgaben. Oft blickt jedoch eine Mehrheit eher sorgenvoll auf die kommende Veränderung und sorgt sich um den eigenen Arbeitsplatz oder um unpersönliches Abfertigen. In dieser Haltung könnten sich ganze Heere von Change-Managerinnen bereit machen, bestätigt von der Angst vor KI, die unsere Arbeitskraft zu ersetzen droht. Die Angst überrascht nicht, da viele Initiativen in Produktion, Fertigung oder Logistik auf Effizienzgewinne zielen, Prozesse verschlanken oder Ausfälle und Störungen durch vorausschauende Wartung vermeiden. Digitale Zwillinge simulieren reale Abläufe ihrer realen Geschwister und optimieren deren Abläufe mit maschinellem Lernen. Wenn auf diesem Wege hunderttausende Arbeitsstunden eingespart werden oder Berufsbilder verschwinden, dann hat HR sicherlich eine unverzichtbare Aufgabe, diesen Change zu managen und seine Chancen im Sinne der Menschen zu nutzen. Dieses Kapitel will die Change-Aufgabe mit Lust und Leichtigkeit aufladen.

7.1 Change-Management im Sandwich

HR verantwortet vom ersten KI-Projekt an das **Integrationsmanagement für eine neue Spezies**, vor der sich die »Einheimischen« mehrheitlich fürchten. HR-Verantwortliche und -Projektmanagerinnen haben einen Wissensvorsprung, sie sind deutlich näher an den Unternehmensstrategien und Management-Diskussionen über Technisierung und Automatisierung dran. In der Belegschaft mangelt es dagegen vermutlich noch an Wissen, Transparenz und Klarheit. Das schafft Raum für Vermutungen, Glaubenssätze und Gerüchte rund um Künstliche Intelligenz.

Viele Change-Managerinnen befinden sich in einer **Sandwich-Position**: Sie wollen das HR-Team hinter sich versammeln, das Management-Team überzeugen und alle Beschäftigten für die Veränderung begeistern. Vielleicht verschränken ihre HR-Kolleginnen innerlich bereits die Arme, aus Angst um ihr Herrschaftswissen. Vielleicht zuckt auch das Management zurück, weil es mit KI nicht mehr nach dem HiPPO-Prinzip (Highest-Paid Person's Option) entscheiden kann, sondern auf Basis von Big-Data-Analysen der neuen KI-Anwendung (vgl. King 2014, S. 138). Selbst wenn HR einen klaren Auftrag der Geschäftsleitung hat, müssen die anderen Fach- und Geschäftsbereiche ins Boot geholt werden, um die Grenzen zwischen Datensilos zu überwinden, ohne die ein KI-Projekt nicht weit kommen wird. Andernfalls sind Widerstände und Streit um Budgets und Ressourcen programmiert. Führungskräfte zählen für HR zu den wichtigsten Stakeholder-Gruppen. Sie müssen Entscheidungen und Freigaben unterstützen, vor allem aber als Change-Maker bei ihren Teams sichtbar werden. **Was hilft in der Sandwich-Position**? Lesen Sie im Folgenden einige **Tipps aus der Praxis**.

Wie bei allen Change-Projekten erfordert die Veränderungsbereitschaft ein **gemeinsames höheres Ziel**. Worauf zahlt der KI-Pilot ein? Was ist das große Zukunftsbild und was haben die Beteiligten davon? Viele KI-Projekte werden nur abstrakt oder technisch beschrieben und schüren entweder Angst oder überzogene Erwartungen. Je konkreter HR eine menschenzentrierte KI-Vision beschreiben kann, die vor allem emotional ansteckend wirkt, desto eher entsteht Umsetzungsenergie. Spätestens hier zeigt sich, ob es gelungen ist, einen **nutzenstiftenden Anwendungsfall** auszuwählen, der auch die Bedürfnisse der Beteiligten berücksichtigt (s. Kap. 5.1). Der Nutzen sollte möglichst einfach formuliert und, trotz der komplexen Technologie, auch für Fachfremde leicht verständlich sein (»What's in for me?«).

Das Projekt-Design sollte Beschäftigte auf die Ergebnisse der KI-Anwendung **Einfluss nehmen** lassen, das schafft Vertrauen und lässt sich in **Regeln und Leitplanken** explizit formulieren. Studien zeigen, dass Beschäftigte eher bereit sind, die Überlegenheit von KI-Algorithmen anzuerkennen und entsprechende Systeme zu nutzen, wenn sie einen gewissen Einfluss darauf haben (vgl. Dietvorst, Simmons et al. 2016). Beschäftige und Personalvertretung schätzen Transparenz. **Informationsveranstaltungen** für Interessierte können frühzeitig angeboten werden, um die Hintergründe und die Technologie anschaulich zu erklären. In Vorbereitung können Change-Managerinnen aus Sicht der Betroffenen die unangenehmen und skeptischen Fragen von Bedenkenträgerinnen und KI-Gegnerinnen in einem **Fragenkatalog** sammeln. Gemeinsam mit dem Projektteam lässt sich zu jeder Frage eine Antwort finden, hinter der das Team stehen kann und für die auch Vorstand, Datenschutzverantwortliche und die Rechtsabteilung grünes Licht geben. Das eigene Projektteam profitiert von positiver **Startenergie**. Jeder Neuanfang nährt Begeisterung und positive Erwartung. Wer den Start bewusst zelebriert, fördert Motivation und lädt Energiespeicher auf, die spätestens bei der anstrengenden Datenarbeit gebraucht werden. Je nach Unternehmenskultur und Teamzusammensetzung können Elemente aus Comics, Musik oder Filmen helfen, die **Identifikation** mit dem KI-Piloten zu stärken. Emotionales Futter solcher Art ist auch unterwegs gefragt. Erreichbare **Zwischenziele** sind besonders bei KI-Projekten wichtig, um beim Beschreiten von unbekanntem Terrain für Motivation zu sorgen. Wer später mit dem System arbeitet, sollte aktiv an **Training** und **Tests** der Algorithmen beteiligt werden. Für Betroffene wird vermittelt über das eigene Erleben nachvollziehbar, mit welchen Informationen das System arbeitet und wie Kollaboration funktionieren kann. Spätere Nutzerinnen, die schon in das Training der KI-Lösung einbezogen sind, empfinden sich als aktiven Teil des Change-Prozesses. Im Zusammenspiel Mensch-Maschine entwickelt sich eine Kultur von Co-Kreation. Gegenseitiges Training hilft auch gegen Gefühle der Ohnmacht.

Algorithmen nehmen uns die Denkarbeit nicht einfach ab. Aspekte einer Entscheidung oder Entscheidungsvorbereitung lassen sich an KI-Algorithmen delegieren, nicht jedoch menschliche Vernunft, Wertesysteme und Überzeugungen. Nicht nur die KI braucht daher Training, sondern auch das Team. Neben **fachlichen Trainings** sollten Mitarbeiterinnen im Rahmen der Change-Begleitung auch in ihrem **Urteilsvermögen** geschult und gestärkt werden. Ständige Selbstentwicklung wird nicht nur den Lernprozess der Belegschaft prägen, sondern die ganze Organisation fordern, ihre Rollen und Prozesse kontinuierlich neu zu denken (vgl. Morgan 2019). Der folgende Praxistipp nennt zehn Schritte, die zu einem erfolgreichen KI-Projekt führen.

AUS DER PRAXIS – TIPP

Zehn Schritte zum erfolgreichen KI-Projekt

1. Ein verbindendes höheres Ziel finden
2. KI-Nutzen klar und einfach formulieren: »What's in for you?«
3. Regeln und Leitplanken für menschenzentrierte KI formulieren
4. Informationsveranstaltungen für die Belegschaft anbieten
5. Fragen für den »heißen Stuhl« sammeln und vorab beantworten

6. Projekt-Kick-off mit dem Team feiern
7. Identifikations-Elemente im Projektteam entwickeln
8. Erreichbare Zwischenziele einplanen und zelebrieren
9. Betroffene in KI-Training und -Testing einbinden
10. Entwicklungsprogramme in Fachlichkeit und Persönlichkeit einplanen

Der Change-Aufwand zahlt sich garantiert aus, da KI-Projekte in der Regel auf **funktionsübergreifende Zusammenarbeit** angewiesen sind. Mindestens die IT, die Datenschutz- und Rechtsabteilung müssen als Unterstützer ins Boot geholt werden und dabei erkennen, dass sie Kompetenzen im eigenen Team aufbauen müssen, um KI verantwortlich zu begleiten. Auf diese Weise kann es gelingen, in den Teams Verständnis zu schaffen und bei Betroffenen Vertrauen für ein **vorsichtiges Zusammenwachsen** zu stärken. Der Rest entwickelt sich im Zuge der Umsetzung durch eigene Kollaborationserfahrung mit der KI-Anwendung. Häufig kommt es vor, dass Change-Managerinnen dabei zwei Schritte vor und einen zurück gehen. In Studien an der University of Pennsylvania ist der Begriff **Algorithmus-Aversion** aufgetaucht. Demnach kämpfen KI-Pionierinnen gegen einen natürlichen Widerstand an, da Menschen lieber anderen Menschen vertrauen als einer Maschine (vgl. Hutson 2015). HR-Teams, die früh, transparent und nachvollziehbar zeigen, wie KI den Prozess verändert und die Nutzerinnen unterstützt, tun sich erfahrungsgemäß leichter mit dem Change. Betroffene unterstützen neue KI-Lösungen eher, wenn sie sich dadurch **ermächtigt statt entmündigt** empfinden. HR kann nicht allein Motor dieser Bewegung sein, wohl aber mit KI-Projekten aufzeigen, wie sich die Organisation auf neuen Wegen vorantastet und was einen lernenden Organismus ausmacht. Die folgende Abbildung zeigt zehn Schritte, über die sich im Zuge des Change-Prozesses eine **KI-Kultur** etablieren lässt.

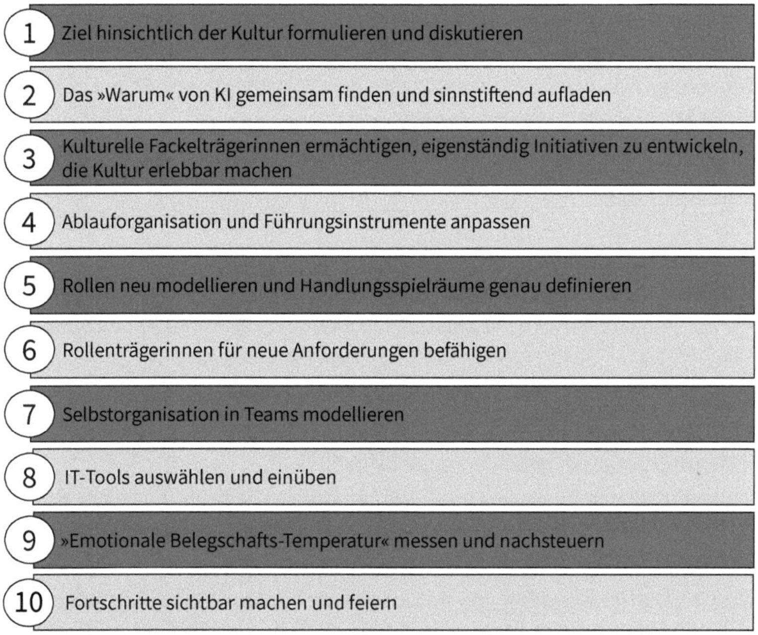

Abb. 7.1: Zehn Schritte auf dem Weg zu einer KI-Kultur (Quelle: eigene Darstellung)

Die bereits erwähnten Aufgaben, die zu Beginn des Change-Prozesses stehen und aus denen ein klares Ziel, der Nutzen und Unterstützung für das Projekt hervorgehen sollten, werden ergänzt durch das Hinterfragen der eigenen Organisation und Instrumente. HR modelliert seine Rollen und damit die eigenen Handlungsspielräume neu. Das Team für die neuen Rollen zu befähigen, beinhaltet auch das Trainieren von Selbstorganisation, damit die Gestaltungsspielräume selbstständig ausgestaltet werden können. Fachliche Befähigung kreist um IT- und Daten-Know-how. Während der Umsetzung werden im Rahmen von **Testen – Lernen – Adaptieren** regelmäßig »Puls und Temperatur« von HR und der ganzen Organisation gemessen. Garantiert gibt es messbare Fortschritte und damit wieder etwas zu feiern!

7.2 Veränderung auf Augenhöhe

Keine KI ohne Menschen: Im Projektteam werden Unterstützerinnen gesucht werden, die aktiv an der Gestaltung der KI-Anwendung mitarbeiten. Nach dem Go-live sind Anwenderinnen gefragt, die unvoreingenommen mit der KI-Lösung interagieren. Wir haben es auf dem aktuellen Entwicklungsstand von KI mit erweiterten Intelligenzen zu tun, die nicht autonom agieren und daher auf die Kooperation der Belegschaft angewiesen sind. Ein Ende des KI-Change-Projekts ist also nicht absehbar und HR sollte die Organisation darauf vorbereiten, dass sie nur durch dauerhaftes Training **KI-Fitness** erlangt und aufrechterhält. **Investition in Weiterbildung** ist essenziell und sollte zum Kern der KI-Strategie gehören. Es geht nicht nur darum, die Menschen auf neue Maschinen vorzubereiten, auch nicht in erster Linie darum, dass den Effizienzgewinnen von KI nichts im Wege steht. In HR und allen anderen Fachbereichen, in denen KI eingesetzt wird, werden Mitarbeiterinnen neue Arbeitsprozesse gestalten, anpassungsfähige Modelle designen und KI-Anwendungen trainieren, steuern oder kontrollieren. Im Hinblick auf **menschliche Wertschöpfung** kann HR in der Transformation mit KI einen **Paradigmenwechsel** einleiten. Die größten Potenziale warten dort, wo **künstliche und menschliche Intelligenz auf Augenhöhe** zusammenwirken. Wie können wir aus der vorausschauenden Vorhersage von KI mit Kreativität neue Geschäftsmodelle entwickeln? Welche Ertragsquellen entstehen, wenn KI-Algorithmen und menschliche Expertise in der gegenseitigen Wechselwirkung verschmelzen? Während sich KI-Ingenieurinnen fragen, wie Beschäftigte die KI-Anwendung weiterentwickeln, könnte HR fragen, wie KI eingesetzt werden kann, um die Intelligenz der Menschen zu fördern. Führende Köpfe von Accenture sehen den **Trainingseffekt durch KI für uns Menschen** auf drei Ebenen (vgl. Wilson/Daugherty 2018):

- KI entlastet uns von einfachen Tätigkeiten und trainiert damit unsere kognitiven Fähigkeiten, da wir uns mit anspruchsvolleren Aufgaben befassen und mehr mit Mitarbeiterinnen oder Kundinnen interagieren können.
- KI schult uns in analytischem Denken und Entscheiden, denn sie präsentiert uns relevante und umfassende Informationen zur richtigen Zeit. Sie macht Entwicklungen transparent und regt uns an, aktiv zu werden und vorausschauend zu entscheiden.
- KI fördert unsere Kreativität, wenn z. B. Designerinnen gemeinsam mit einer KI einen Stuhl entwickeln und die KI dafür zuständig ist, Vorgaben einzuhalten: Der Stuhl darf bis zu 300 Pfund tragen, seine Sitzfläche soll 18 Zoll vom Boden entfernt sein und er muss weniger als 75 Dollar kosten. Dreamcatcher, eine KI-Anwendung von Autodesk aus San Francisco, berechnet daraus Tausende Entwürfe und die Designerin kann sich ganz auf den kreativen Feinschliff konzentrieren.

HR-Teams, die dieses Potenzial für ihre Organisation nutzbar machen wollen, können Strukturen und Rollen in der Aufbauorganisation neu denken. Anhand der im Folgenden dargestellten **drei zentralen Rollen im Umgang mit KI** lässt sich aufzeigen, wie stark technische und humane Wertschöpfung miteinander verschmelzen (vgl. Fink 2020 S. 140–142):

1. **KI-Designerin**
   Die KI-Designerin entwickelt die KI-Systeme im Unternehmen so umsichtig, dass wichtige Kontextbedingungen schon in der Entwicklung berücksichtigt werden, und erleichtert damit ihren Kolleginnen später die Arbeit mit der Anwendung. Kulturelle Aspekte, Branchenspezifika, Rechtsgrundsätze, Wert- und Moralvorstellungen fließen in ihre Arbeit ein. Sie spielt Worst-Case-Szenarien durch, um alle möglichen Auswirkungen zu betrachten und Sicherheitsregeln einzubauen. Auch wenn sie damit gegen wirtschaftliche Interessen handelt, gehört es zu ihrer Rolle, dem Maschinenbewusstsein Grenzen zu setzen. Im Sinne der Robotergesetze von Asimov sondiert sie unter Berücksichtigung gesellschaftlicher Dynamiken, was ein angemessener Einsatz von KI sein kann (vgl. Asimov 1942). An der Schnittstelle zu menschlichen Kolleginnen wacht sie darüber, dass die Systeme funktionieren und dem Team die Arbeit erleichtern. Gemeinsam mit der KI-Versteherin baut sie auf diese Weise Brücken, damit die Mitarbeiterinnen der KI gewogen bleiben, da sie deren Erwartungen erfüllt. Sie kontrolliert die Datenqualität sowohl im Eingang als auch im Ausgang. Gemeinsam mit der Trainerin achtet sie darauf, dass die Daten frei sind von Bias (Verzerrung) und Tendenzen, die das Ergebnis verfälschen könnten. Beide wissen, dass der Algorithmus nur so gut sein kann wie die Daten, mit denen er trainiert wird.
2. **KI-Trainerin**
   Trainerinnen zählen künftig vermutlich zu den wichtigsten Rollen in der Entwicklung, sie bringen der KI-Anwendung bei, bestimmte Aufgaben zu erfüllen und aus Informationen zu lernen. Sie beschäftigen sich im Training vor allem mit den Daten. Welche Datenströme sind relevant? Wo gilt es, Daten aufzubereiten oder zu strukturieren? Wie lassen sich Daten verschlagworten, um für die KI nutzbar zu werden? Trainerinnen füttern nicht nur Daten, sie beobachten genau, wie die KI reagiert, korrigieren Fehler und bestätigen Fortschritt. Sie sind Psychologinnen, wenn es darum geht, die Interaktion mit Beschäftigten oder Anwenderinnen zu analysieren und mit Personalentwicklung gemeinsam Personaltrainings zu konzipieren. Entwicklungspsychologie ist auch gefordert, wenn es darum geht, der KI-Lösung eine stimmige Persönlichkeit zu geben oder Zwischentöne zu vermitteln. Dialoganwendungen wie Chatbots werden künftig zunehmend auch zwischen den Zeilen lesen können und Ironie, Sarkasmus oder Zynismus erkennen. Eine Forschungsgruppe am MIT in Cambridge hat mit einem KI-Algorithmus 1,2 Milliarden Tweets untersucht und konnte damit 82 Prozent der sarkastischen Kurzmitteilungen korrekt identifizieren, was den Testpersonen im Vergleich nur zu 76 Prozent gelang (vgl. Felbo/Mislove et al. 2017). Je mehr Bots in der Lage sind, sprachliche Feinheiten und Humor nicht nur zu verstehen, sondern auch selbst einzusetzen, desto mehr entwickelt die Trainerin mit den Fähigkeiten der Bots auch deren individuelle Persönlichkeit. Die digitale Assistenz Cortana von Microsoft lernt beispielsweise aus den Rückmeldungen der Nutzerinnen, wer wann für welche Art von Feedback oder Humor am empfänglichsten ist. Trainerinnen, die an globalen KI-Anwendungen arbeiten, sollten auch den kulturellen Kontext der Einsatzgebiete einschätzen können, damit die KI-Persönlichkeit nicht nur zur Marke passt, sondern auch zur lokalen Gepflogenheit.
3. **KI-Versteherin**
   Die KI-Versteherin schafft Transparenz, damit nachvollziehbar bleibt, warum der Algorithmus zu dieser oder jener Lösung gekommen ist. Nach welchen Kriterien hat die KI eine Empfehlung dazu ab-

gegeben, welche Bewerberin das größte Potenzial hat oder wie kreditwürdig die Antragstellerin ist? Vielleicht hat der Algorithmus ganz andere Muster gefunden und vergleicht Social-Media-Verhalten mit der Performance im Beruf. An vielen Stellen wächst die Sorge, dass die Blackbox zunehmend ein Eigenleben entwickelt und keine vorgegebenen Wenn-dann-Regeln mehr abarbeitet, sondern mit komplexen neuronalen Netzen agiert. Auch Unternehmen wollen es vermeiden, ratlos und abhängig vor den von der KI gelieferten Ergebnissen zu sitzen. KI-Versteherinnen wägen daher ab, wie viel Blackbox das Unternehmen zulässt, für möglichst viele Einflussvariablen und eine hohe Treffergenauigkeit, beispielsweise um den Energieverbrauch in der Logistik zu optimieren. Sie legen fest, wo es genügt, mit einfacheren Lösungen zu arbeiten, weil die Ergebnisse ausreichend brauchbar sind und der Lösungsweg nachvollziehbar bleiben muss, wie vor allem bei der Personalauswahl. Versteherinnen entscheiden mit, was die KI darf und was nicht. Rückwirkend analysieren sie das Verhalten von Algorithmen, speziell wenn Fehler auftauchen oder ein Bias (Verzerrung) vermutet wird. Je komplexer die Technologie, desto aufwendiger die Verfahren, mit denen sie arbeiten. LIME (Local Interpretable Model-Agnostic Explanations) beispielsweise nimmt minimale Änderungen an den Input-Informationen vor (vgl. Daugherty/Wilson 2018, S. 136). Dann analysiert LIME, wie sich die Veränderung auf das Ergebnis der KI auswirkt. So könnte bei einer Bewerbungs-Vorauswahl jeder einzelne Faktor geändert werden, den die KI-Lösung als Information über die Bewerberin bekommt. Die KI-Versteherin kann dann den Lösungsweg ableiten und sowohl im Unternehmen als auch nach außen hin für Transparenz sorgen. Sie sitzt an der Schnittstelle, um die richtige Balance zwischen technologischer Problemlösung und ethischem Rahmen zu finden (vgl. Burrell 2016, S. 1–12).

Diese Verschmelzung geschieht nicht auf Knopfdruck, sondern in vielen kleinen Schritten. Der amerikanische Forscher Thomas H. Davenport hat die »Five Augmentation Steps« beschrieben, um darzustellen, wie Menschen sich auf KI-Systeme einstellen.

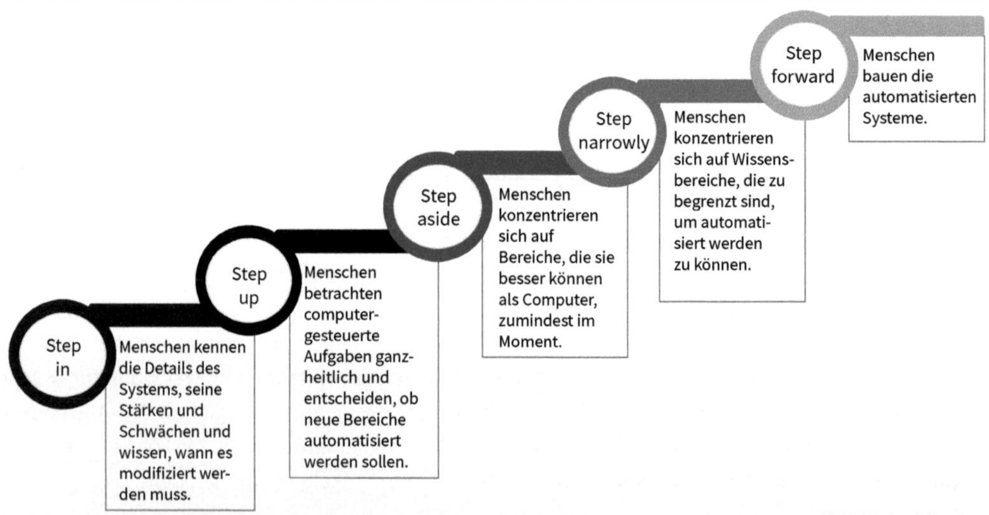

Abb. 7.2: Die fünf Augmentierungsstufen (Quelle: nach Davenport 2016)

Übertragen auf HR lassen sich für jede Stufe Beispiele finden, die verdeutlichen, welche KI-Kompetenzen im Team gefragt sind:

- **Step in:** Ein HR-Team erschließt sich die Anwendung von Chatbots im Employer-Branding und kann selbstständig Dialoge designen und überwachen.
- **Step up:** HR orchestriert alle KI-Piloten, die im Rahmen von Recruiting im Einsatz sind, zu einem 360-Grad-Screening, das den Datenschutz berücksichtigt und eine transparente, intuitive Nutzungserfahrung gewährleistet.
- **Step aside:** HR trainiert sein Controlling-Team, damit es mit seinen spezifischen Kompetenzen aus den KI-Analysen kreative Empfehlungen entwickeln kann.
- **Step narrowly:** HR moderiert einen Workshop, um mit den Betriebsratsgremien ethische Leitlinien für den Einsatz von People-Analytics zu entwickeln.
- **Step forward:** HR entwickelt aus dem KI-Tool zur Kompetenzanalyse eine Lernplattform mit internem und externem Echtzeit-Content.

Die Beispiele zeigen den großen Einfluss von HR auf die Verschmelzung. HR-Teams können sich den beide Seiten betreffenden Intelligenz-Booster der KI-Integration zunutze machen und eine Architektur mitgestalten, in der die **komplementären Talente von KI und Mensch** wertgeschätzt werden und sich gegenseitig trainieren. So wird die Change-Aufgabe zu einer positiven Hin-zu-Motivation für alle Beteiligten und zum **Motor für Veränderung.** HR kann dafür selbst Know-how an der Schnittstelle zwischen humaner zu technologischer Intelligenz aufbauen und gemeinsam mit den Geschäftsbereichen neue Berufsbilder entwickeln. In der Begleitung von KI-Projekten sollte HR darauf achten, den Aspekten **Innovation** und **Wertschöpfung** mehr Raum zu geben, falls im Management bislang ein einseitiger Fokus auf Effizienzgewinnen lag. Der Paradigmenwechsel lohnt sich, nicht nur im Hinblick auf erfreulichere Change-Projekte. Wer seine Fähigkeiten im Management einer **Intelligenzarchitektur** rechtzeitig entwickelt, der kann künftig intelligenzbasierte Wettbewerbsvorteile erzielen (vgl. Lichtenthaler 2020, S. 100). Intelligenzarchitektur entsteht weniger durch klassische Change-Management-Konzepte, sondern mehr durch **organisationales Lernen.**

Professor Lichtenthaler von der Kölner ISM sieht **fünf Erfolgsfaktoren** in der aktiven **Kombination von menschlicher und künstlicher Intelligenz** (vgl. Lichtenthaler 2020, S. 130–132):

1. Unternehmen investieren stärker in die Expertise ihrer Belegschaft, um z. B. mit Design-Thinking-Kompetenz konsequenter aus Kundinnenperspektive zu entwickeln.
2. Unternehmen erweitern Prozesse mit KI, um einen Wettbewerbsvorteil zu generieren, z. B. durch automatisierte Schadenbearbeitung in der KFZ-Versicherung für schnellen Service.
3. Unternehmen verwenden KI, um ihrer Belegschaft »Superkräfte« zu verleihen, z. B. für einen höheren Servicelevel oder mehr Vertriebserfolg.
4. Unternehmen implementieren KI, die Automatisierung mit Personalisierung verbindet und damit die Kundenbeziehung stärkt, z. B. in der personalisierten Finanz- und Anlageplanung.
5. Unternehmen kombinieren ihre intelligenten Ressourcen, um Entwicklungen und Probleme zu antizipieren, z. B. mittels eines Frühwarnsystems zur Wartung systemrelevanter Infrastruktur.

Bevor sich die Armee der Change-Begleiterinnen in Gang setzt, um Menschen um neue Maschinen zu gruppieren, lohnt sich daher ein Workshop im HR-Team, der die eigenen Chancen für einen Paradigmenwechsel durch den Einsatz von KI auslotet. Vielleicht wird aus einem kleinen KI-Piloten dann eine große Transformation.

7.3 Führung in Zeiten von KI

Selbst wenn es dem HR-Team gelungen ist, eine humane KI-Zukunft zu skizzieren, in der sich die Potenziale der Belegschaft entfalten, werden nicht alle Mitarbeiterinnen »Hurra« schreien. HR wird noch einige Jahre zwischen den Stühlen sitzen – zwischen zukunftsorientierten Teams mit agilen Strukturen und klassischen Funktionsbereichen nach hierarchischen Mustern. Kienbaum beschreibt ein Spannungsfeld zwischen vier Idealtypen einer »New Workforce«, das auf der folgenden Abbildung dargestellt ist.

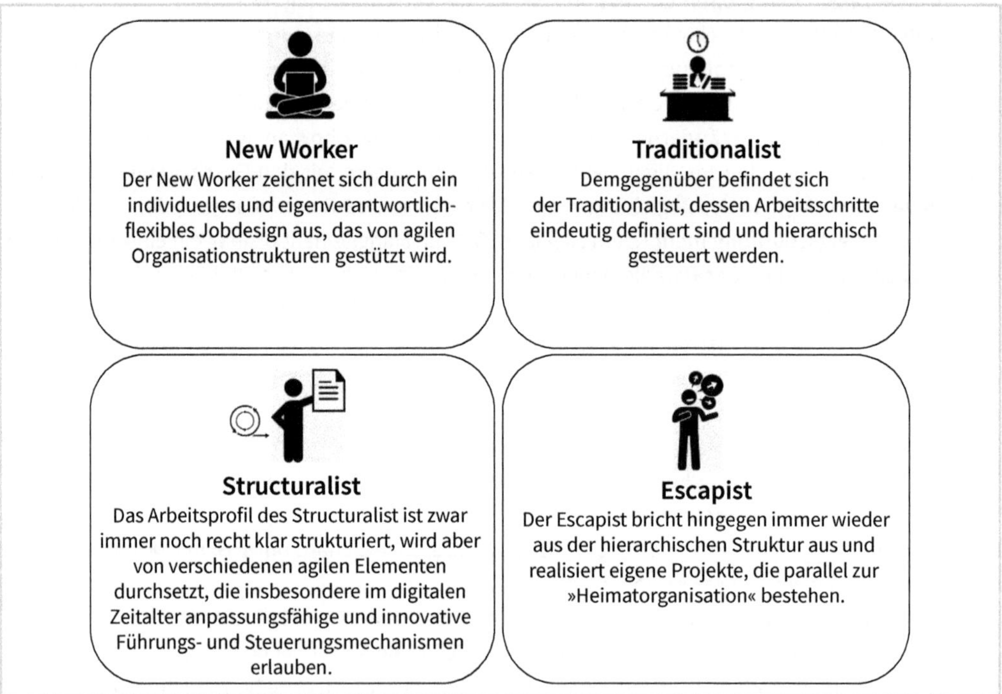

Abb. 7.3: Idealtypen der »New Workforce« (Quelle: nach Kienbaum/Gunnesch et al. 2018, S. 38)

Wer sich die Beschreibungen von »New Worker« und »Escapist« durchliest, denkt vielleicht an die Digital Natives im eigenen Team. Beim »Traditionalist« und »Structuralist« werden womöglich Erinnerungen an Vorgesetzte oder Kolleginnen älteren Semesters geweckt. Diese Zuweisungen sind weder objektiv noch sauber abzugrenzen. Der jüngere Teil der Belegschaft ist mit digitaler Technologie aufgewachsen, doch auch seine Arbeitsweise wird durch die Zusammenarbeit mit Künstlicher Intelligenz weiter verändert. Unabhängig vom Alter der Beschäftigten entwickelt sich nicht nur der technologische Standard am Arbeitsplatz, auch die **Wertewelten** verschieben sich im Lauf der Zeit: Beschäftigte erwarten ein **flexibles und abwechslungsreiches Arbeiten** mit flachen Hierarchien, Möglichkeiten zur Selbstverwirklichung und die Vereinbarkeit der Arbeit mit dem Privatleben (vgl. Werther/Bruckner et al. 2018b, S. 44). Die hohen Erwartungen von Digital Natives an ein selbstbestimmtes und sinnerfülltes Arbeiten werden dabei wohl eher zu- als abnehmen. Vernetzt und kuratiert soll das Arbeiten sein, selbstbestimmt und erlebnisorientiert, sinnstiftend, fair und gemeinschaftlich (vgl. Radomsky 2019, S. 39). Change-Programme, die KI-Einführungen begleiten sollten daher die Willkommenskultur für Mensch-Maschine-Interaktion mit dem neuen Wertgerüst für Arbeit verknüpfen. Für Unternehmen wird in der nachfolgenden Abbildung des Bloggers Fabian Bartnick deutlich, dass es nicht ausreicht, mit KI die Arbeitsprozesse zu optimieren und die Organisation umzubauen. Es gilt vielmehr, die **Veränderungen auf der soziokulturellen Ebene** aktiv zu begleiten.

Abb. 7.4: Predictions – The Digital Native (Quelle: Bartnick 2018)

Die holzschnittartige Segmentierung von Change-Zielgruppen funktioniert also weder im Hinblick auf Generationen noch auf Funktionsgruppen, denn Beschäftigte haben eine von Alter und Beruf unabhängige Einstellung zum **Bewahren bzw. Verändern**. Für manche erfahrenen Kräfte in der Buchhaltung ist es im Lauf ihres Arbeitslebens normal geworden, dass sich die Welt täglich ändert und nichts von Dauer ist, während manche jungen Talente im Marketing durch Veränderungen verunsichert werden. Customer-Focus als Leitlinie zukunftsfähiger Organisationen ist ebenso keine Frage des Alters, sondern entspricht vielmehr der Haltung »zuhören statt gehört werden«. Die viel beschworene Vernetzungsfähigkeit zeigt sich bei extrovertierten Personen vermutlich stärker, allerdings können informelle Führerinnen auf leisen Sohlen deutlich größeren Einfluss entfalten. Der folgende Fragebogen (s. Abb. 7.5) ermöglicht eine **Selbsteinschätzung** zur Bereitschaft für Wachstum von Einzelnen und Teams im Change-Prozess.

Selbsteinschätzung	1–5 Punkte (trifft gar nicht zu – trifft voll zu)				
	1	2	3	4	5
Heute ist wieder alles anders – darin sehe ich mehr Chancen als Gefahren.	○	○	○	○	○
Kundinnenperspektive heißt, dass ich in der Tiefe verstehen will, was mein Gegenüber beschäftigt.	○	○	○	○	○
Wir vernetzen uns als Beziehungsgeflecht, das schlägt jede formale Struktur.	○	○	○	○	○
Kooperation ist die bessere Wahl – auch im Wettbewerb.	○	○	○	○	○
Wertschätzung ist die Basis im Miteinander, denn wir sind hier, um uns gegenseitig in der Entwicklung zu unterstützen.	○	○	○	○	○
Qualität ist mir wichtig, nicht aus Angst vor Fehlern, sondern weil unsere Lösungen wirksam sein sollen.	○	○	○	○	○
Stolz bin ich auf die sichtbaren und messbaren Fortschritte auf dem Weg zu unserem Zukunftsbild.	○	○	○	○	○
Klein und agil, meine liebsten Teams sind die, die von zwei Pizzen satt werden.	○	○	○	○	○
Technologie ist unser Fahrgestell, das hegen und pflegen wir.	○	○	○	○	○
Lernen ist Wachstum und in der Technologie hört es nie auf.	○	○	○	○	○
Regelmeetings sind ein Relikt der Vergangenheit, in Augmented Reality können wir uns ad hoc austauschen.	○	○	○	○	○
Mit freiem Kopf kreativ zu denken, das genieße ich heute bewusst.	○	○	○	○	○
Neue Informationen sind wichtiger als altes Wissen, daher teilen wir sie sofort, aber nur mit denen, für die sie Relevanz haben.	○	○	○	○	○

Abb. 7.5: Selbsteinschätzung zur KI-Kultur-Bereitschaft (Quelle: eigene Darstellung)

Kaum haben sich Mitarbeiterinnen auf den Weg gemacht, ihre Haltung, Arbeitsmethoden und Kompetenzen zu entwickeln, fangen herkömmliche **Führungsbilder** an zu bröckeln. Was soll und kann Führung in einer KI-Kultur leisten? In der idealen Welt denkt jeder in der Organisation unternehmerisch und organisiert sich eigenverantwortlich und vorausschauend. **Die perfekte Führungskraft** kann mit analytischem Geist blitzschnell neue Impulse aus KI-Anwendungen in Risiken, Chancen und Maßnahmen für ihre Projekte und Teams übersetzen. Die Technologie ist nie »fertig«, sie muss jeden Tag ein Stück flexibler und intuitiver werden, um wachsender Komplexität zu begegnen. So weit die Theorie, in der Praxis befinden sich auch Führungskräfte in der Sandwichposition und balancieren Ansprüche wie Selbstverantwortung und Unternehmergeist im Team auf der einen Seite mit der Forderung nach Standardisierung, Geschwindigkeit, Skalierung und Prozesstreue auf der anderen Seite aus. »Führungskräfte gestalten die Schnittstelle zwischen dem realen Leben und der digitalen Anwendung«, so beschreibt es Dr. Nanne Diehl-von Hahn, HR-Generalistin beim Magazin »Der Spiegel« (Diehl-von Hahn 2018, S. 162). Übertragen auf ein KI-Unternehmen, in dem auch die digitale Welt real ist, verbinden Führungskräfte den Arbeitsalltag der Belegschaft mit KI-Lösungen im Prozess. Von ihnen wird **Führung in Echtzeit** gefordert. Das betrifft nicht nur die Führung, wie wir sie heute kennen, mit einer Abteilung im Großraum, sondern **Multi-Stakeholder-Führung**. Unternehmen werden deutlich mehr in Führungskompetenz investieren, da jeder in **fluide Führungssituationen** kommen kann. Es sind nicht mehr Einzelkämpferinnen »zum Vorturnen« gefragt, sondern das ganze Team entwickelt Führungsfähigkeit und damit auch Entwicklungsmaßnahmen für die Gemeinschaft.

Der Wissenschaftsphilosoph und Management-Vordenker Frédéric Laloux vergleicht Unternehmen der Zukunft mit dem menschlichen Gehirn, dessen Zellen nicht aus dem Grund zusammenwirkten, weil sich eine Person als CEO aufspiele – »so kann man Komplexität nicht bewältigen« (Egon Zehnder 2018). Laut Laloux basieren alle komplexen Systeme auf **Selbstführung**. Übertragen auf ein künftiges Führungsbild könnte das bedeuten, die Aufgabe Führung verlagert sich und wird zum »Gehirnjogging« für eine Organisation, die es sich abgewöhnt, auf Anweisungen der Chefin zu warten. Führungskräfte werden **Menschen in ihrem Gedeihen fördern** und deren natürlichem Drang nach Wirksamkeit keine Steine in den Weg legen. Die **Führungskraft in der Linienorganisation** verantwortet künftig die Betreuung ihrer Mitarbeiterinnen. Bedeutet das mehr Stress für Führungskräfte? Nein, denn die Tools und KI-Anwendungen werden dann so ausgereift sein, dass die Beschäftigten den Großteil der administrativen Anliegen via App eigenständig regeln können. Selbst entscheiden und mitbestimmen lautet die Devise, Führungskräfte sind Ansprechpartnerinnen, konstruktive Controllerinnen und Coaches. Personalgespräche folgen keinem vorgegebenen Prozess, sondern immer dem Impuls der Betroffenen. Jede Mitarbeiterin entscheidet selbst, wann sie mit wem ein **Entwicklungsgespräch** führen will. Persönlichkeitsentwicklung beinhaltet neben fachlichen Fertigkeiten vor allem Teamfähigkeit, Selbstmanagement, Selbstlernen und Selbstreflexion. Im **Dialog** wollen und sollen Mitarbeiterinnen mitgestalten, egal ob sie sich im In- oder Ausland, in physischen oder virtuellen Räumen, in festen oder flexiblen Arbeitspartnerschaften befinden. Teams formieren sich mit Blick auf ein gemeinsames Ziel, nicht mehr vor dem Hintergrund eines Organigramms oder dank einer disziplinarisch führenden Chefin.

Umso wichtiger wird es für Führungskräfte, die **Vision als gemeinsames übergeordnetes Ziel** so lebendig und leidenschaftlich zu vermitteln, dass sich auch lose Gebilde zu schlagkräftigen Teams verbinden lassen. Alle im Team sollen wissen, was genau sie zur Zielerreichung beitragen können, und es sollen täglich Fortschritte für sie wahrnehmbar sein. Zumindest in der Transformationsphase benötigen Teams eine enge Begleitung durch Führungskräfte, um das selbstorganisierte Arbeiten zu erlernen. »**Digitale Führungskompetenz**« nennt eine Studie von StepStone und Kienbaum die erforderliche Fertigkeit bzw. eine Haltung, die der Nutzung und Vermittlung neuer Technologien Vorschub leistet (vgl. StepStone/ Kienbaum 2018). Die ideale Chefin soll **transformational führen** und dabei gleichzeitig zur Vernetzung befähigen. Im Zentrum dieses Modells stehen der Mensch, die Fokussierung auf die Person und den Aufbau vertrauensvoller Beziehungen (vgl. Winkler/Niedermeier 2020, S. 221). Vernetzungsfähigkeit lässt sich zu **Inklusion** erweitern, denn diverse Arbeitskulturen erfordern eine stärker integrierende Führung. In hybriden Teams gilt es, über alle Altersgruppen, Unternehmens-, Länder-, und Kulturgrenzen hinweg technologische Affinität zu entwickeln, statt eine digitale Kluft zu vertiefen. Nicht zuletzt der demografische Wandel macht eine Arbeitskultur mit einem aktiven Inklusions- und Diversity-Management unverzichtbar (vgl. Reiner/Cloots et al. 2020, S. 237). Wie die **Sentiment-Wolke** auf der folgenden Abbildung zeigt, ist das Bild von Führung in Zeiten von KI äußerst faccettenreich.

Abb. 7.6: Führung in Zeiten von KI (Quelle: eigene Darstellung)

7.4 Mehrdimensionale Ansprüche an HR

Die Mitarbeiterinnen sind auf dem Weg, die Führungskräfte finden sich in neue Rollen ein – und HR rauft sich die Haare in Anbetracht der allseits steigenden Ansprüche. Agile Teams wollen eigenständig rekrutieren. Karrieremodelle folgen nicht mehr klassischen Führungs- oder Fachkarrieren. Aufwendige Zielvereinbarungen mit persönlichen Zielen weichen Teamzielen in dynamischen Sprints. Je mehr Bereiche in Unternehmen agil arbeiten, desto schwieriger wird der **Spagat für HR-Abteilungen**. Kurze Projektlaufzeiten und hoher Innovationsdruck erfordern **schnellere Stellenbesetzung**. **Prozessautomation** soll über Nacht mit den Betriebsratsgremien verhandelt werden, bevor sie vom nächsten Release überholt wird. HR-intern wird der Ruf nach **digitalen Prozessen** lauter, während die **Themenvielfalt** wächst und mit dem bestehenden Team bewältigt werden muss. Funktionale Organisation, unterteilt in Rekrutierung, Administration und Entwicklung, stößt in **Multi-Matrix-Unternehmen** an ihre Grenzen. Selbst das Businesspartner-Modell, ursprünglich entwickelt als Antwort auf Matrix-Strukturen, passt nicht mehr, wenn agile Teams kollaborativ und bereichsübergreifend zusammenarbeiten (vgl. Häusling/Fischer 2020, S. 18).

HR folgt in der Regel den Organisationsmodellen der Unternehmung. Das klassische **HR-Organisationsmodell** hat sich über die letzten Jahrzehnte in Etappen entwickelt: von der klassischen Aufbau- und Ablauforganisation über eine produktorientiere Unternehmung bis zur funktionsorientierten Matrix, die begonnen hat, crossfunktional zu arbeiten. Wir befinden uns vor dem Sprung zur **agilen Netzwerkorga-**

nisation mit hoher sozialer Dichte, die sich in Windeseile an Veränderungen in der Umwelt anpasst. Wie lässt sich HR als mehrdimensionale Funktion in diesem neuen Ökosystem organisieren? Die Antwort liegt im Netzwerk und ähnelt damit der **Netzwerklogik von Künstlich neuronalen Netzen**:

- **Operative Personalarbeit** wird in den **autonomen Fachbereichen** organisiert, damit Führungskräfte und Mitarbeiterinnen mehr selbst gestalten können.
- **HR-Service-Bereiche** agieren zentral in einer **Dienstleistungsrolle für das Netzwerk.**
- Übergeordnete Themen werden in **crossfunktionalen Teams** bearbeitet.
- HR organisiert die **Befähigung der Menschen** im Netzwerk, stellt **effiziente Werkzeuge und agile Methoden** zur Verfügung, um kollaborative Arbeit und agiles Projektmanagement voranzutreiben. Dazu zählen auch intuitive Bedienoberflächen und modulare Self-Service-Tools.
- **Methodisch befähigt HR die Organisation** durch umfangreiche Test-Werkstätten, nutzerinnenzentrierte Entwicklung und technologische Kompetenzen.
- Übergreifend stehen HR-Expertinnen bei der **Transformation von Business-Units** als Sparringpartnerinnen zur Verfügung.
- Wenn nötig, packt HR mit an und trainiert die Beschäftigten im Umgang mit **Collaboration-Tools** wie Slack, MS-Teams, Confluence oder Trello, um Transformation auch praktisch umzusetzen.
- **HR steht für transparenten Mehrwert**, von der sinnstiftenden KI-Roadmap über den Nutzwert jedes KI-Pilotprojekts und faire Anreizsysteme bis zum aktiven Feiern von Erfolg.

Entlastet wird HR durch **die Zunahme von Autonomie und Eigenverantwortung** bei Teams und Führungskräften. Verantwortlich für die Transformation der Organisation sind dann nicht mehr allein die Abteilung HR, die Unternehmensstrategie oder Organisationsentwicklung. Teams stoßen auch selbst Organisationsentwicklung an, schließlich erarbeiten sie die Wertschöpfung. In **Communities of Practise** verbinden sich bei Bedarf Mitarbeiterinnen, die einen wirksamen Beitrag zur anstehenden Veränderung leisten wollen, ungeachtet ihrer Position oder ihres Fachbereichs. Diese Thinktanks der Veränderung entwickeln sich selbstorganisiert. Die Beteiligten bringen sich auf Basis ihrer Fähigkeiten aktiv ein, entwickeln Ziele und Umsetzungswege. Sie machen ihre Arbeit transparent und können auf nötige Ressourcen zugreifen. Wenn HR zur Community of Practise einen Beitrag leisten kann, dann sind die HR-Kolleginnen Teil des Teams. Davon unabhängig gestalten sie den Rahmen für das abteilungsübergreifende **OE-Netzwerk**, ohne die Themen inhaltlich zu verantworten. Die Veränderung wird auch hier mit **Customer-Focus** geplant, damit sie Mehrwert für externe und interne Kundinnen sichert. **Agile Projektmanagementmethoden** unterstützen dabei das partizipative und kollaborative Vorgehen. Heilige Kühe gibt es keine, jeder Prozess darf kritisch hinterfragt oder disruptiert werden. Längst hat sich das Unternehmen davon verabschiedet, eine einzelne Methode für die Organisationsentwicklung anzuwenden (z. B. Lean, TQM etc.), schließlich ist die Transformation des wirtschaftlichen Ökosystems mannigfaltig und heterogen. **Iteration** ist der Weg zum Soll-Bild, das morgen aus dem Heute gelernt hat. **Bottom-up** verläuft auch die **Kommunikation**, getrieben von den Communities of Practise und befeuert durch die Kolleginnen, die einen Beitrag leisten wollen. Im Kontext einer **lernenden Organisation** ist Organisationstransformation eine dauerhafte Begleiterscheinung.

Natürlich revolutioniert sich HR nicht über Nacht. **HR-Transformation** kehrt zu Beginn vor der eigenen Haustür und räumt **Prozesse** auf, um sie schrittweise zu **digitalisieren**. Die Effizienzgewinne schaffen Raum für neue Arbeitsmethoden. Dank der hierdurch hinzugewonnenen Freiräume begleitet HR anschließend die Veränderung der **Organisations- und Führungsstruktur**, zunächst im eigenen Bereich, dann im gesamten Unternehmen. Erst auf Basis dieser erlebten Veränderung modelliert HR die neuen **Werte und Leitlinien einer agilen Organisation:**

- Selbstverantwortung statt Vorgaben
- Kompetenz statt Hierarchie
- Kollaboration statt Konkurrenz
- Vertrauen statt Kontrolle
- Ausprobieren statt zerreden
- Dialog statt Informationsfriedhof
- Konsens statt Basta-Entscheidung

Die folgende Checkliste kann HR bei **Transformationsarbeit** unterstützen.

Abb. 7.7: Checkliste für den Transformationsprozess hin zu einer fluiden Organisation (Quelle: eigene Darstellung)

HR als **Dienstleister im Netzwerk zur Befähigung der Organisation**: Was bedeutet das für die heutigen Rollen im Team? Einige HR-Kolleginnen äußern Sorgen um ihre Jobs. Im Recruiting könnten die vielen administrativen Aufgaben schrittweise von KI-Anwendungen übernommen werden und in der Theorie bis zu 80 Prozent Personal einsparen. In der Praxis wird HR Werben und Binden von Talenten betreffend aufrüsten müssen. Da kommt es gerade recht, wenn Administration und Negativselektion mit KI automatisch ablaufen, so können sich die HR-Fachkräfte um die **Customer-Journey von Bewerberinnen und Beschäftigten** kümmern. Wer verbringt schon gerne seine Zeit mit Terminkoordination, Dokumentenprüfung, Prozessdokumentation oder Listenpflege? Allein mit den Basisanforderungen in der User-Experience wäre z. B. das Recruiting-Team eine ganze Zeit lang ausgelastet, bis alle Brüche im **Recruiting-Prozess**, vom ersten Kontakt bis zum erfolgreichen Onboarding, aufgelöst sind. Und wenn die **Candidate-Journey** erst einmal rund läuft, wäre es dann nicht attraktiv, kulturelle Passung im direkten Kontakt mit Talenten zu erforschen und auf dem Markt zu sondieren, was die Belegschaft von morgen begeistert? Wie wertvoll für **Auswahl und Entwicklung** wären HR-Teams, die sich in die Arbeit von Data-Scientists hineindenken können! Um wie viel anspruchsvoller wäre der Recruiting-Job, wenn das HR-Team aktiv an den **KI-Kompetenzen** und der **persönlichen Lernagilität** arbeiten könnte, um die KI-Transformation des Unternehmens zu begleiten! Recruiting-Teams könnten sich auf Datenanalyse, Sourcing und Talentberatung spezialisieren. Sie würden sich ihrer **kulturvermittelnden Rolle** bewusst, schließlich repräsentieren sie als erster menschlicher Kontaktpunkt den emotionalen Teil in einer wichtigen Auswahlentscheidung der Bewerberinnen. Auch Prozess-Expertinnen hätten alle Hände voll zu tun, um alle **Self-Service-Tools** für Beschäftigte konsequent aus Nutzerinnensicht zu gestalten. HR könnte bei Bedarf als **Prozessgestalter** für Fachbereiche neue Anwendungen ergänzen. **User-Experience** wäre auch in der Personalbetreuung gefragt, die mitarbeiterfreundlich und agil funktionieren soll.

Klingt dieses fiktive Zukunftsbild einer KI-unterstützten HR-Organisation nach einem Heer hoch spezialisierter Tech-Nerds? Nein, aber dieser Eindruck entsteht schnell, wenn KI in Unternehmen Einzug hält und hierfür hängedringend nach Expertinnen für Data-Science, Statistik, Mathematik oder Programmierung gesucht wird. Zweifelsohne benötigen HR-Teams dringend mehr von diesen Kompetenzen. Bei der **Implementierung** und **Change-Begleitung** braucht KI jedoch vor allem Menschen, die **Brücken zur Umsetzung** schlagen. Übergreifend wächst in HR der Bedarf an **vernetztem und systemischem Denken**, um komplexe Prozesse und Strukturen begleiten zu können. **Design-Thinking** oder andere Entwicklungsmethoden der Kategorie »**Customer-driven**« unterstützen HR-Teams dabei, konsequent aus Nutzerinnensicht zu entwickeln. **Prozess- und Datenwissen** hilft bei der Gestaltung neuer Systemlandschaften.

Gefragt sind **HR-Generalistinnen**, die systematisch Probleme analysieren und Prozesse von Anfang zu Ende durchdenken können. **Wirtschaftlich denken** ist Pflicht, denn was im Hinblick auf das große Unternehmensziel keinen Mehrwert bringt, das wird nicht weiterverfolgt. Zentral ist immer der Nutzen für das Business, daran lassen sich alle HR-Prozesse messen. **Veränderungsbereitschaft** wandert auf der Rangliste wünschenswerter Eigenschaften nach oben, damit ständig Potenziale für Verbesserung ausgelotet und damit Prozessveränderung betrieben werden kann. Prozessexpertise ist dafür eine wichtige Grundlage. Fach- und Spezialkenntnisse werden im Rahmen künftiger Netzwerkorganisationen nach Bedarf von außen hinzugezogen, z. B. durch Crowdworking-Plattformen, Soloselbstständige oder Kompetenz-Cluster verbundener Unternehmen. **Datenanalyse** wird sicherlich eine heiß begehrte Kompetenz in HR, nicht nur bei der Sondierung, Priorisierung und Planung von HR-Initiativen, sondern auch für die Messung von Wirksamkeit und Optimierungspotenzialen. Ebenso nimmt die Bedeutung von **Beratungsaffinität** zu, damit das HR-Team Führungskräfte und Mitarbeiterinnen anleiten kann, eigene Lösungen zu gestalten (vgl. Schoenthal/Gierschmann et al. 2020, S. 322). Heute schon alle künftigen Rollen in KI-Kulturen zu skizzieren, kommt einem Blick in die Glaskugel gleich, aber vielleicht hält die Zukunft das eine oder andere **futuristische Jobprofil** aus der folgenden Abbildung bereit.

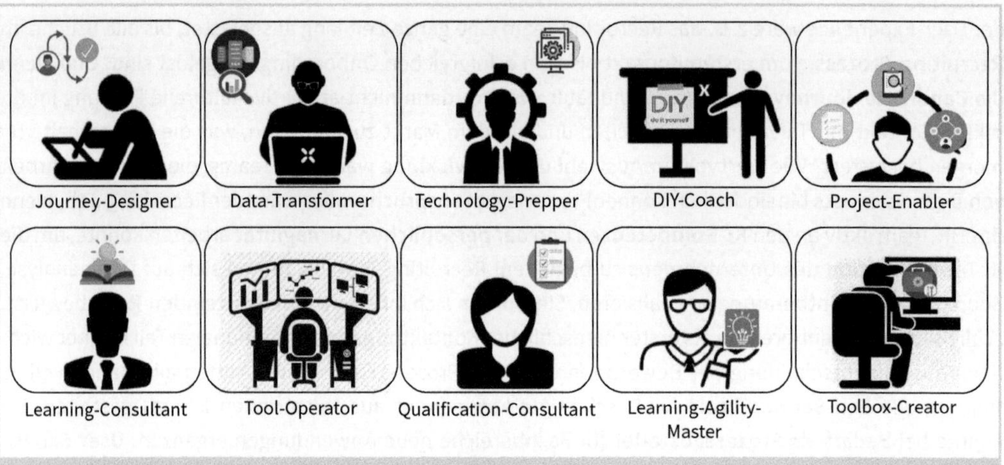

Abb. 7.8: Fiktive Zukunftsrollen in HR (Quelle: eigene Darstellung)

Unabhängig vom Fachbereich innerhalb von HR lässt sich festhalten: **Wissensarbeit** und **Selbstlernen** werden zum strategischen Unternehmensziel und damit zur **Hauptaufgabe der Personalerin.** Repetitive und administrative Aufgaben gilt es zu automatisieren. Übertragen auf die Ansprüche an Eigenentwicklung im HR-Team sind einige grundlegende Fähigkeiten gefragt, die für alle HR-Kolleginnen an Bedeutung gewinnen (s. Abb. 7.9).

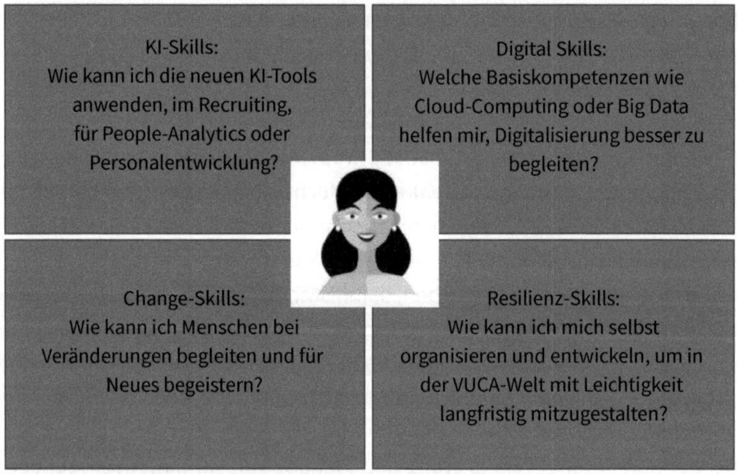

Abb. 7.9: Top 4 HR-Future-Skills (Quelle: eigene Darstellung)

KI- und Digital-Skills sind hier nicht Voraussetzung für das Programmieren von Künstlich neuronalen Netzen oder für Big-Data-Analysen, sondern meinen ein **Grundverständnis** für selbstlernende Systeme, deren Potenziale und Risiken sowie die Arbeit mit strukturierten und unstrukturierten Daten. **Resilienz** als die Kompetenz, sich an **Veränderungen des Umfeldes** anzupassen, ist in der beschleunigten Technisierung sicherlich für alle Beschäftigten relevant, aber für Change-Begleiterinnen in HR überlebenswichtig.

7.5 Auf dem Weg zur neuen HR-Organisation

Wie schön klingen doch die Zukunftsbilder von eigenverantwortlichen Mitarbeiterinnen, coachenden Führungskräften, befähigenden HR-Teams und agiler Organisationsentwicklung Bottom-up. Über alle neuen Arbeitsbereiche von HR hinweg wäre es dann so einfach, HR-Services für das Unternehmen anzubieten, die messbaren Mehrwert aus Sicht der Belegschaft und des Managements bringen. Egal ob analog oder digital, Serviceprozesse wären leicht zugänglich und intuitiv nutzbar.

Zeit für einen **Realitäts-Check**: Wie weit sind wir auf dem Weg in diese verheißungsvolle Zukunft? Jüngere Studien bescheinigen zwar keinen Mangel im Wollen, aber deutlich Entwicklungspotential im Können. Kienbaum und die DGFP titelten, deutsche **Personalabteilungen seien keine agilen Vorbilder**. Die HR-Bereiche blieben nach wie vor fachlich organisiert und agile Umsetzungskompetenz sei eher schwach ausgeprägt (Kienbaum / DGFP 2018). Die Studie wies auch darauf hin, dass 52 Prozent der befragten Personalverantwortlichen KI für HR relevant finden, allerdings nur fünf Prozent sie tatsächlich anwenden (Kienbaum / DGFP 2018).

Und doch, Unternehmen, die den HR-Umbau aktiv vorantreiben gibt es in der Praxis genug. Beispielhaft werden nachfolgend Festo und Robert Bosch beschrieben.

AUS DER PRAXIS – BEISPIELE

Festo
Die Festo SE & Co. KG ist weltweit führend in der Automatisierungstechnik und Weltmarktführer in der technischen Aus- und Weiterbildung (vgl. Festo 2021b). In HR hat Festo ein agiles Team aufgebaut, mit der Aufgabe, die digitale Transformation im eigenen Bereich voranzutreiben. Das agile HR-Team filtert Digitalisierungsinitiativen im Hinblick auf Umsetzbarkeit und Wirtschaftlichkeit. Priorisierte Initiativen begleitet es aktiv während der Umsetzung (vgl. Nuernberg 2019, S. 88). In der Ausbildung konzentriert sich Festo auf die strategische Unternehmensausrichtung auf KI und Online-Plattformen. Das HR-Team hat neue Berufe und duale Studiengänge mit Fokus auf Data-Science, Infotronic (Maschinenvernetzung) und Online-Business eingeführt (vgl. Festo 2021c). Ausbildungszentren rüsten mit 3-D-Druckern und Robotern für additive Fertigung, Robotic und Vernetzung auf. Auch die Personalauswahl-Formate hat Festo digitalisiert. Aus dem Kampf um IT-Talente ist der »Digital Career Day« hervorgegangen, mit virtuellen Journeys, Social-Media-Kampagnen, Instagram-Storys und -Chats (vgl. Festo 2021a). Auszubildende bewerben sich per Videobotschaft, die in der persönlichen Cloud gespeichert wird, auf die Festo temporären Zugriff bekommt. Auf der Lernplattform FestoLX entwickeln Ausbilderinnen Lerneinheiten als »Learning-Nuggets«, die modular zu Lernpfaden zusammengestellt werden. Das HR-Ausbildungsteam hat sich so zu einer Content-Produktion entwickelt, um Vernetzung erlernbar zu machen. In Design-Thinking-Workshops entwickelt Festo-HR gemeinsam mit Auszubildenden neue Formate und Tools für individualisiertes Lernen. Stefan F. Dietl, global für die Ausbildung bei Festo verantwortlich, beschreibt die digitale Transformation der Ausbildung als einen Weg zum »Mensch[en] im Mittelpunkt« (vgl. Dietl 2020). Auch in einer digitalen HR-Welt gehe nichts ohne den Menschen, der alles

steuern, akzeptieren und weiterentwickeln muss. Er warnt davor, in HR zu digitalisieren, »nur damit digitalisiert ist«. Solange ein automatisierter HR-Prozess nicht schneller, günstiger oder besser wird, sei die Investition zu hinterfragen.

Robert Bosch
Die Robert Bosch GmbH ist ein führender Player als Automobilzulieferer, Hersteller von Industrietechnik, Gebrauchsgütern sowie Energie- und Gebäudetechnik (vgl. Bosch 2021). Das Unternehmen hat schon Anfang der 2010er-Jahre auf den Trend zum Internet der Dinge (IoT) reagiert und die Entwicklung zur IoT-Company begonnen, um internetspezifische Kompetenz aufzubauen. In der Veränderung reifte die Erkenntnis, dass neben der Weiterentwicklung verfügbarer Technologien auch disruptive Technologien und Geschäftsmodelle nötig sind. Bosch bemüht sich um digitale Kompetenz und vor allem um deren Verknüpfung mit den bisherigen Kompetenzen. Bosch war stark in der Projektorganisation nach fest vorgegebenen Entwicklungsprozessen, wie sie z. B. in der Automotive-Industrie üblich ist. Disruptive Geschäftsmodelle erfordern jedoch ein iteratives Vorgehen und agile Arbeitsmethoden. Mit dem Zielbild agiler Softwareentwicklung nach Scrum-Methoden hat sich die Business-Unit Power Tools in wenigen Jahren zu einer agilen Organisation gewandelt (vgl. Schirmer 2020, S. 154). HR hat die Transformation begleitet und dafür HR-Labs gebildet, bestehend aus einer kleinen Gruppe von HR-Nachwuchstalenten, die mit der Business-Unit passende HR-Instrumente entwickeln durften. Das HR-Lab arbeitet selbst mit der Scrum-Logik in Sprints. Im nächsten Schritt transformierte auch das Corporate-Department, zuständig für Vergütungsfragen, sein 20-köpfiges Team in ein agiles, selbstorganisiertes Team.
Inzwischen sind in HR drei Cluster-Teams namens »Transformation Qualification Programs«, »Digital Learning Project« und »Learnagilty Toolbox« entstanden (vgl. Nuernberg 2019, S. 88). Aufgabe der Cluster ist, digitale Initiativen anzustoßen und agile Anwendungen für Mitarbeiterinnen zu designen, um deren Zukunftskompetenzen zu entwickeln. Der Leiter für Personalgrundsatzfragen bei der Robert Bosch GmbH, Dr. Uwe Schirmer, beschreibt den Transformationsprozess als wichtigen Weg, um wertvolle Erkenntnisse für die Beratung der Organisation zu gewinnen (vgl. Schirmer 2020, S. 163). HR-Teams können selbst erleben, was es z. B. für Beschäftigte bedeutet, wenn nicht die eigene Führungskraft, sondern andere Kolleginnen und Kollegen über die Entgeltentwicklung mitentscheiden (vgl. Hornung 2019). Als besonders herausfordernd beschreibt Schirmer den Spagat zwischen nach wie vor hierarchischen Organisationsteilen im Zusammenspiel mit agilen Teams.

Doch mit neuen Titeln und Rollen in HR, wie sie z. B. bei Robert Bosch für die Cluster-Teams kreiert wurden, ist es nicht getan – inhaltlich ist eine **neue Aufbauorganisation** für HR erforderlich. Etablierte HR-Funktionen (s. Abb. 7.10) werden nicht in der Lage sein, die multidimensionale HR-Aufgabe in den KI-Organisationen der Zukunft zu meistern.

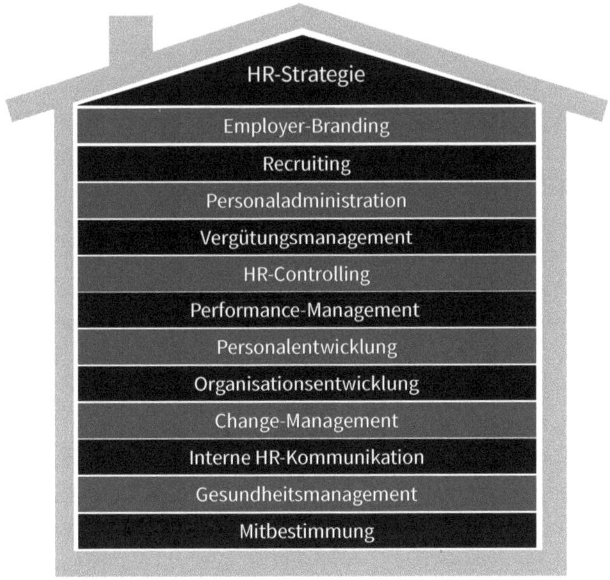

Abb. 7.10: Etablierte HR-Funktionen (Quelle: eigene Darstellung)

Anhand von sieben neuen Funktionen wird nachfolgend skizziert, welche Handlungsfelder eine **zukunftsfähige HR-Organisation** ausmachen könnten:

1. **Strategische Personalplanung**
   Auf Basis von People-Analytics kann HR mitreden, wenn es um die Weiterentwicklung des Geschäftsmodells geht. Mit People-Analytics-Algorithmen kann das HR-Team bei jeder strategischen Unternehmensentscheidung berechnen, welche Auswirkungen sie auf den Aspekt der Ressource Mensch hätte. HR kann jederzeit transparent aufzeigen, welche Kompetenzen heute in welcher Auslastung an welchem Projekt arbeiten. Als Zukunftsprognose zeichnet HR ein Bild der erforderlichen Skills, Arbeitsweisen, Beschäftigungs- und Mitbestimmungformen sowie Netzwerke. HR nimmt damit eine wichtige Rolle im Vorstandsgremium ein, das auf dieser Basis seine Szenarien umfassend bewerten und frühzeitig Weichen für zukunftsfähige Organisationsmodelle stellen kann. In der eigenen Operationalisierung betreibt HR vorausschauende Nachfolgeplanung.
2. **Effiziente HR-Operations**
   Repetitive und prozedurale Tätigkeiten werden in HR konsequent standardisiert und mit KI automatisiert. Auf diese Weise lassen sich durch Prozesseffizienz Skalenvorteile nutzen und Fehlerquoten minimieren. KI-basierte Predictive Analytics spielen eine große Rolle, um alle Entscheidungen in Prozessen auf Basis einer validen Datengrundlage zu treffen. Statistikerinnen und Datenwissenschaftlerinnen sind hier gefragte Kolleginnen. Ähnlich wie in der strategischen Personalplanung nutzt auch HR-Operations konsequent faktenbasierte Argumentation auf Basis von KI-Echtzeitanalysen.

3. **UX-Automatisierung**
HR nutzt KI-Know-how, um im ganzen Unternehmen dabei zu unterstützen, an der Schnittstelle Mensch-Maschine neue Lösungen zu finden. Zu HR gehört daher auch ein Team von IT- und Prozess-Spezialistinnen, die stetig untersuchen, wie KI in Prozessen unterstützen kann. Lösungen für Innovationsmanagement werden hier ebenso diskutiert wie Anwendungen zur Teamentwicklung oder Feedback-Kultur. In diesem Team werden zukunftweisende KI-Prozesse entwickelt, getestet, verworfen, verbessert und eingeführt. User-Experience (UX) gilt als Prüfstein für jede Einführung oder Weiterentwicklung, weshalb das Automatisierungsteam nah an den internen Kundinnen bleibt, um deren Bedarfe gut verstehen und übersetzen zu können. Dem Anspruch einer Fertigung nach Losgröße 1 stellt sich auch HR, um individuelle Lösungen für die internen und externen Kundinnen zu finden, ohne wieder in eine alte Welt von kaum zu verwaltenden »Sonderlocken« zurückzufallen.
4. **Organisational Leadership**
Alle Welt spricht von globalen, virtuellen Teams aus Festangestellten, Freelancern, Clickworkern und Innovationskooperationen. Wer könnte diese vielfältigen Gebilde orchestrieren, wenn nicht HR? Teams wollen zusammengestellt und befähigt werden. Colloboration-Tools, agiles Projektmanagement oder virtuelle Teamentwicklung sind nur drei Beispiele für methodische Selbstermächtigung. Auch hier nutzt HR wieder seinen Datenschatz und analysiert Erfolgsfaktoren, ausgehend von der Beobachtung von Führungskräften, Teamdynamiken und -ergebnissen. Am lebenden Objekt kann HR erfolgsrelevante Messgrößen finden, um Arbeitsräume, -methoden und Führung gezielt weiterzuentwickeln. Ein wichtiger Teil von Organisational Leadership ist die Befähigung der Führungskräfte, mit KI-Unterstützung virtuelle Teams, autonome Einheiten oder hybride Projekte zu führen und im Selbstmanagement zu stärken.
5. **Empathische Rekrutierung**
Customer-Focus prägt den HR-Ansatz auch im Recruiting. Um den Bewerbungsprozess aus Sicht der jeweiligen Zielgruppe optimieren zu können, tun sich Psychologinnen mit HR-Generalistinnen zusammen, die sich in die Perspektive einer Softwareprogrammiererin ebenso hineinversetzen können wie in die Erwartungen eines Performance-Marketeters oder einer Key-Account-Managerin.
6. **Smarte Personalentwicklung**
Entwicklung folgt nicht mehr vordergründig der Fachlichkeit, sondern entwickelt Menschen und Kultur gleichermaßen als Teil der Führungsaufgabe. Rollen ändern sich ebenso wie fachliche Anforderungen, daher verschiebt sich der Fokus auf Metakompetenzen wie Netzwerkfähigkeit und Selbstbefähigung. Mitarbeiterinnen bekommen Zugang zu Assessment-Tools, mit denen sie selbstständig ihre Potenziale identifizieren und Handlungsfelder in Entwicklungsmaßnahmen übersetzen. HR stellt Lernplattformen und KI-basierte Tools wie Virtual-Reality-Anwendungen zur Verfügung. Jederzeit ansprechbar, befähigen die früheren Personalentwicklerinnen nun als Coaches und Beraterinnen die Führungskräfte zur Personalentwicklung.
7. **Stakeholder-Management**
Zum Kreis der wichtigsten Schnittstellen von HR gesellen sich in der KI-Zukunft neue Funktionen. Neben Rechts- und Datenschutzabteilung sowie Betriebsratsgremien sitzen nun z. B. auch Kolleginnen aus den Bereichen Compliance, IT, Data-Science und Company-Ethics mit am Tisch.

Der Weg dorthin scheint weit. Doch auch wenn die zukunftsfähige HR-Organisation noch ein Stück davon entfernt ist, die Aussicht ist motivierend. Es ist Zeit, zu starten und im nächsten HR-Meeting Zukunftsbilder zu entwerfen. Folgende Leitfragen können Lust machen auf die HR-Organisation von morgen:

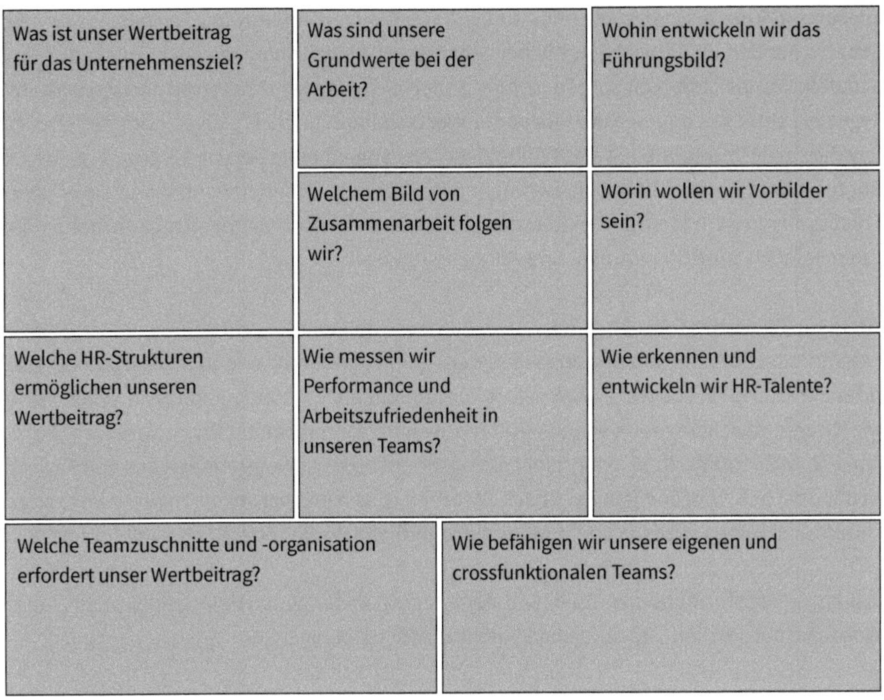

Abb. 7.11: Anreize für HR-Transformation geben (Quelle: eigene Darstellung)

Zukunftsbild

Pressemitteilung »HR-Organisation der Zukunft«
»From the customer backwards« ist ein Grundsatz von Amazon, um in der Entwicklung konsequent bei dem Endergebnis zu starten, wie es die Kundin erleben soll. Zum Start eines Projektes gehört bei Amazon der Entwurf einer Pressemeldung, die eine erfolgreiche Einführung feiert. Übertragen auf die Mission dieses Buches lässt sich die **Pressemitteilung für HR in KI-Organisationen** folgendermaßen formulieren:

HR begleitet die Organisation als Sparringpartner und stellt **KI-basierte Software** bereit, um den individuellen und übergeordneten Entwicklungsbedarf zu prognostizieren, Empfehlungen abzuleiten und HR-Angebote zu kuratieren. **Neue Lernmethoden** und **Formate** begleitet HR regelmäßig bereits in der Entstehung, um Probleme von morgen nicht mit Werkzeugen von gestern zu bearbeiten. Die Mitarbeiterinnen beteiligen sich an der Weiterentwicklung von Instrumenten. Dazu gehören über **virtuelle Plattformen** geteilte Lernerfahrungen. **Standardisierung** ist für HR relevant, um ausreichende Schnittmengen im Interaktionsverhalten von Teams und Rollen sicherzustellen, da auch Führungskräfte bedarfsorientiert ständig wechseln. HR wird als Fundament einer **Vereinfachungsarchitektur** geschätzt, die mit intuitiven Werkzeugen unterstützt. **Fairness** ist wichtig, z. B. im Prozess der Gehaltsentwicklung. Dabei begleiten **KI-Algorithmen**, die nicht nur in der Kernbelegschaft für Vergleichbarkeit sorgen, sondern auch die externen Netzwerke und frei verbundenen Kolleginnen berücksichtigen. Eine **Kultur der Wertschätzung** richtet sich an immateriellen Werten aus, während die monetären Statussymbole der Vergangenheit in den Hintergrund gerückt sind. **Dialogorientiert** werden die Arbeitsbedingungen weiterentwickelt und mit ihnen die erlebte Kultur. Nichts davon ist in Stein gemeißelt, **das ganze Unternehmen tastet sich dauerhaft voran** und probiert verschiedene Steuerungs- und Anreizsysteme aus.

HR steht für »**Walk the Talk**«, damit die neue Aufbau- und Ablauforganisation mit ihrem Anspruch der **Agilität** und **Selbstermächtigung** glaubwürdig und konsistent erlebbar wird. Das HR-Team wendet die Prinzipien von **New Work** selbst konsequent an. Entsprechend wie in agilen Sprints in der Softwareentwicklung werden alle HR-Initiativen iterativ erarbeitet und transparent auf einem Kanban-Board verfolgt. In jedem Projekt sitzen die späteren Anwenderinnen aus den Fachbereichen mit am Tisch. In ständigen Feedback-Schleifen wird der Ursprungsplan unterwegs angepasst, um **funktionsfähige Prozesse** oder **nutzungsfreundliche Bedienoberflächen** einführen zu können.

Wenn es mit der Transformation im Team und der Integration der neuen Rolle geklappt hat, werden HR-Verantwortliche mit solchen und ähnlichen Selbstbildern belohnt:

Abb. 7.12: Selbstbilder in einer zukunftsfähigen HR-Mannschaft (Quelle: eigene Darstellung)

Zusammenfassung

HR wird dank seiner Verantwortung für das Change-Management der Dreh- und Angelpunkt für die KI-getriebene Kulturtransformation im Unternehmen sein. Auf dem Weg dorthin gilt es, technologische Innovation konsequent mit klaren Visionen, Zielen und Werten zu verbinden. Schließlich wetteifern Unternehmen heute nicht mehr nur um das bessere Geschäftsmodell, sondern im Kampf um Talente auch um die agilste und attraktivste Unternehmenskultur. Zugegeben, für manche HR-Einheit scheint das noch weit entfernt zu sein. Vor allem Unternehmen, die HR als Richtlinienorgan einsetzen, als Personalverwaltungsbehörde oder als Compliance-Hüter, dürfte es schwerfallen, HR als Motor für Innovation zu verstehen, wären doch zumindest digitale Business-Kompetenz und KI-Fitness wünschenswert, um die unternehmerische Relevanz von KI-Initiativen mitdenken zu können.

8 Ausblick

KI wird unsere Unternehmen und damit HR prägen, egal ob wir die Entwicklung aktiv vorantreiben oder nicht. Technologiesprünge und ein postmaterieller Wertewandel verändern spürbar unsere Arbeitsprozesse und Organisationen, aber auch unser Denken und Handeln im Alltag. Wir werden in wenigen Jahren privat etwa 30 Service-Bots und eine persönliche KI-Assistenz nutzen. Ein Reise-Bot wird mit einem Bahn- und dem Kalender-Bot kommunizieren. Aus »Do it yourself« und Self-Service wird **»I do it for you«**. Schrift wird von gesprochener Sprache dominiert sein und wir werden selbstverständlich mit KI-Tools reden bzw. uns über Gesten verständigen. Angesichts wachsender Komplexität sollen Menschen in Zukunft eine **Erleichterung durch smarte KI-Tools** erleben, um Beruf und Privatleben entspannter miteinander zu verbinden. In einem KI-Unternehmen wird **Kreativität Normalzustand, Echtzeitanalysen auf Knopfdruck** verfügbar und das andere Ende der Erde nur einen Wimpernschlag entfernt sein. Hand in Hand mit KI-basierter Automatisierung hat HR die Chance und den Auftrag, auf dieser Reise die **Menschen in den Mittelpunkt** zu stellen und neue Möglichkeiten wertschöpfender Zusammenarbeit zu modellieren. HR folgt in diesem Zukunftsbild dem Prinzip »kein KI-Tool ohne Mehrwert und kein KI-Prozess ohne Belegschaftsbeteiligung«, schließlich soll Technologie den Menschen unterstützen.

Arbeitsbeziehungen an Schnittstellen zu gestalten wird eines der Steckenpferde des HR-Teams von morgen. Nicht nur die Schnittstelle Mensch zu algorithmengesteuerter Maschine, sondern auch die Arbeitsbeziehungen von Mensch zu Mensch und Maschine zu Maschine oder zu Akteurinnen verschiedener Organisationsformen wollen in der neuen Interaktion begleitet werden. **Netzwerk-Management** umfasst für HR daher auch die fließende Zusammenstellung von Arbeitsteams jenseits klassischer Beschäftigungsverhältnisse, Orte und Zeiten mit neuen Formen von Verbindlichkeit und Vertrauen. **Personalzentrierung** als konsequente Fortsetzung von Customer-Focus nach innen macht das Unternehmen auch interessant für neue Talente. Je wirkungsvoller die Zusammenarbeit organisiert ist, je kürzer die Zeit von der Idee bis zur Umsetzung, desto attraktiver wirkt die Organisation auf die Belegschaft von morgen. Künstliche Intelligenz auf der einen Seite und agile Transformation auf der anderen lösen die Grenzen von Teams, Bereichen und Unternehmen auf. Eine KI-getriebene HR-Organisation hat kein »intern« und »extern« mehr. Sie organisiert sich und andere in **offenen, globalen Netzwerken**, die von gemeinsamen sinnstiftenden Zielen getrieben sind und auf dem Grundgedanken der **Partizipation** aufbauen.

Wenn wir das erreichen wollen, wird es nötig sein, veraltete Rechtsvorschriften und Ausbildungskonzepte zu modernisieren. Für europäische Unternehmen bleibt es eine riesige Herausforderung, gegenüber asiatischen oder amerikanischen Wettbewerbern im Rennen um die **KI-Hoheit** Boden gutzumachen. Nicht nur **HR**, auch **Politik** und **Gesellschaft** sind gefordert, Talente zu entwickeln und zu halten, wenn andere Länder mit astronomischen Gehältern oder liberaleren Forschungsbedingungen locken. Im **globalen Kampf um Arbeitskräfte** sind Arbeitsmarktpolitik, Bildungssystem, Informationsinfrastruktur und Arbeitsrecht wichtige Stellgrößen. Europas alternde Gesellschaft konkurriert mit digitalaffinen und hochqualifizierten Nachwuchstalenten aus Schwellenländern. Wir brauchen weniger Regulierung und mehr **KI-Förderung** sowie **anwendungsorientierte Forschung**. Andererseits liegt es an uns, Missbrauch, Manipulation und Überwachung vorzubeugen und klare Leitlinien zu setzen, um **KI zum Wohle der Menschheit** zu nutzen.

Wir brauchen auch Antworten für Menschen, die Sorge haben, »abgehängt« zu werden. **Soziale Sicherungssysteme** können nicht mehr an einzelne Unternehmen oder Länder gebunden sein. **Bildungsinitiativen** müssen alle Altersgruppen und sozialen Schichten berücksichtigen, andernfalls produzieren wir einen deutschen Zwilling des amerikanischen Rust-Belt mit abgehängten Industrien und Menschen. **Bedingungsloses Grundeinkommen** als Konzept klingt verlockend. Befürworterinnen erhoffen sich vom Einkommen ohne Gegenleistung Freiheit, Sicherheit und Arbeitsmotivation. Gewerkschaften sind skeptisch, da Sozialversicherungs- und Steuersysteme massiv verändert werden müssten, um dieses Modell zu finanzieren. Die IG Metall kritisiert das bedingungslose Grundeinkommen, da es Menschen in Passivität dränge, während Arbeit heute nicht nur den Lebensunterhalt sichere, sondern auch **Anerkennung** und **gesellschaftliche Teilhabe** biete (vgl. Schulze 2019).

Wir sind uns vermutlich einig, die Veränderung ist bereits angestoßen. Die nächsten Jahre werden zeigen, wie umfangreich, intensiv und schnell sie passieren muss. Ähnlich wie **Tipping Points** in der Klimaveränderung könnten uns externe Beschleunigungsfaktoren unter Druck setzen, **schneller und mutiger zu transformieren.** Im Idealfall kommen Management- und HR-Teams von selbst zu dieser Erkenntnis, wenn sie die Ergebnisse ihrer People-Analytics-Prognosen ernst nehmen und datenbasiert entscheiden, welche Weichen zu stellen sind. Für **HR** steckt darin das **große Potenzial**, sich vom Image der Personalverwaltungsbehörde zu befreien und aktiv KI-relevante Kompetenzen und Selbststeuerungsmechanismen einzuführen. Wenn HR vorangeht und Experimentierräume öffnet, steigen die Chancen, dass die Organisation auf Basis eigenen Erlebens schrittweise in die **Selbstorganisation** hineinwächst, und wenn Menschen angeregt werden, aktiv zu werden und KI einen sinnvollen Rahmen zu setzen, entdeckt die Organisation **neue intelligente Wertbeiträge**. HR kann jedoch auch dem Business folgen und immer so weit transformieren, wie es die Unternehmensstrategie und das Geschäftsmodell erfordern. Selbst das ist für viele ein sportlicher Anspruch, sofern es bedeutet, mit hochinnovativen Business-Units Schritt zu halten. Auch hier helfen **intra- und interorganisationale Netzwerke** dabei, Wissen und Erfahrung zu erweitern, wenn sich HR z. B. mit anderen HR-Organisationen verbindet.

Compliance-Sensibilität ist in diesem Zukunftsbild ebenfalls wichtig, schließlich erfordert KI-getriebenes HR-Management, sicher durch das Dickicht von Datenschutzauflagen und rechtlichen Rahmenbedingungen zu navigieren. Die Technologie ist komplex und Beschäftigte wollen verstehen, nach welchen Kriterien die KI entscheidet und ob man den Ergebnissen einer **Blackbox** überhaupt trauen kann. Hier hilft nur die aktive Auseinandersetzung mit den Tools, um keine KI-Anwendung einzuführen, ohne genau zu verstehen, was sie bewirkt und wie sie wirkt. Gebraucht werden weder Pessimistinnen noch Optimistinnen, sondern Realistinnen mit Sportsgeist, die mit Weitblick die Chancen und Risiken von Künstlicher Intelligenz bewerten und KI-Potenziale neugierig erforschen. HR-Managerinnen, die sich heute damit vertraut machen, werden wir morgen dringend benötigen, denn HR ist und bleibt auch Change-Management. »Mutig voran« lautet die Losung, denn nur aus eigener Erfahrung entsteht lebendiges Wissen darüber, wie sich Künstliche Intelligenz sinnstiftend zur Transformation nutzen lässt.

Literaturverzeichnis

100 Worte (2021): 100W Funktion. https://www.100worte.de/de/functions. Abrufdatum: 31.03.2021.

Acapela (2020): Voice banking in 50 sentences: introducing version 3 of »my-own-voice«. https://www.acapela-group.com/news/voice-banking-in-50-sentences-introducing-version-3-of-my-own-voice/. Abrufdatum: 31.03.2021.

Accenture-Applied-Intelligence (2018): AI Momentum, Maturity & Models for Success. https://www.accenture.com/_acnmedia/pdf-86/accenture-ai-momentum-final.pdf. Abrufdatum: 31.03.2021.

Ackerschott, H. (2020): Die DIN 33430 für bessere Personalentscheidungen. https://eignungsdiagnostik.info/din-33430-eignungsdiagnostik-fuer-bessere-personalentscheidungen. Abrufdatum: 31.03.2021.

Ai Now (2021): AI Now. https://ainowinstitute.org. Abrufdatum: 31.03.2021.

Ai-United-Redaktion (2021a): Chatbot selbst erstellen in Python. http://www.ai-united.de/chatbot-selbst-erstellen-in-python/. Abrufdatum: 31.03.2021.

Ai-United-Redaktion (2021b): Entscheidungsbäume für maschinelles Lernen. http://www.ai-united.de/entscheidungsbaeume-fuer-maschinelles-lernen/. Abrufdatum: 31.03.2021.

Aicomp (2021): SAP SuccessFactors. https://www.aicomp.com/de/business-software/sap-successfactors/. Abrufdatum: 31.03.2021.

Aivy (2021a): Dein Assistent, der Talent erkennt. https://www.aivy.app. Abrufdatum: 31.03.2021.

Aivy (2021b): Aivy Presse. https://www.aivy.app/presse. Abrufdatum: 31.03.2021.

Ajayi, D. / Sodha, S. (2020): Solving common challenges in sentiment analysis with help from Project Debater. https://www.ibm.com/blogs/watson/2020/08/solving-common-challenges-in-sentiment-analysis-with-help-from-project-debater/. Abrufdatum: 31.03.2021.

Albers, M. (2018): Digitale Erschöpfung. In: H. R. Fortmann / B. Kolocek (Hrsg.): Arbeitswelt der Zukunft. Trends – Arbeitsraum – Menschen – Kompetenzen. Wiesbaden: Springer Gabler, S. 3–14.

Alexander Training (2021): Die 7 Grundemotionen. https://alexander-training.de/grundemotionen. Abrufdatum: 31.03.2021.

Algorithmwatch (2020): Dossier: Automatisiertes Personalmanagement und Mitbestimmung. https://algorithmwatch.org/de/auto-hr/. Abrufdatum: 31.03.2021.

All.In-Data (2021): Deskriptive, prädiktive und präskriptive Analysen. https://www.all-in-data.de/de/kuenstliche-intelligenz/deskriptive-praediktive-und-praeskriptive-analysen/. Abrufdatum: 31.03.2021.

Allianz SE (2017): Harry und Allie. https://www.allianz.com/de/presse/news/unternehmen/personalthemen/171016-future-of-work-allie-the-chatbot.result.html/2.html. Abrufdatum: 31.03.2021.

Amazon (2021a): Alexa kennenlernen. https://www.amazon.de/b?node=12775495031. Abrufdatum: 31.03.2021.

Amazon (2021b): Pimax Vision 8K X VR Headset with Dual Native 4K CLPL Displays, 200 Degrees FOV, Fast-Switched Gaming RGB Pixel Matrix Panels for PC VR Steam Games Videos, USB Powered, Modular Audio Strap. https://www.amazon.de/Headset-Displays-Degrees-Fast-Switched-Powered-Blau-beschichtetes-Geh%C3%A4use/dp/B08G8HWYJ2/ref=pd_sbs_3?pd_rd_w=yHRP6&pf_rd_p=368fb9c4-dbef-44cc-98c0-80b189d2eca9&pf_rd_r=SWR34RN5P1AZTA88HB4C&pd_rd_r=0b8ae159-ab15-4347-8fa3-b5dd4890a69f&pd_rd_wg=VFOeF&pd_rd_i=B08G8HWYJ2&psc=1. Abrufdatum: 31.03.2021.

Ambassade de France en Allemagne (2019): Leitlinien der Reform des Arbeitsrechts in Frankreich. https://de.ambafrance.org/Leitlinien-der-Reform-des-Arbeitsrechts-in-Frankreich. Abrufdatum: 31.03.2021.

Aon (2021): Video Assessment: Mit KI-gestützten Video Interviews valide Auswahlentscheidungen treffen. https://assessment.aon.com/de-de/online-assessment/video-interview. Abrufdatum: 31.03.2021.

Arriaga, O./ Plöger, P. G. et al. (2017): Real-time Convolutional Neural Networks for Emotion and Gender Classification. https://github.com/oarriaga/face_classification/blob/master/report.pdf. Abrufdatum: 31.03.2021.

Asimov, I. (1942): Runaround. In: Astounding Science Fiction, 29. Jg., 1942, H. 1, S. 94–103.

Baier, M. (2020): Data Science im HR-Management. In: C. Gärtner (Hrsg.): Smart Human Resource Management. Analytics, Automatisierung und Agilität in der Personalarbeit. Wiesbaden: Springer Gabler, S. 115–132.

Balkenhol, C. (2018): Digital HR – nicht ohne meinen Betriebsrat!? In: T. Petry / W. Jäger (Hrsg.): Digital HR. Smarte und agile Systeme, Prozesse und Strukturen im Personalmanagement. Freiburg: Haufe Group, S. 343–347.

Barnes, P. (2019): EPIC Asks Federal Trade Commission To Regulate Use Of Artificial Intelligence In Pre-Employment Screenings. https://www.forbes.com/sites/patriciagbarnes/2020/02/03/group-asks-federal-trade-commission-to-regulate-use-of-artificial-intelligence-in-pre-employment-screenings/. Abrufdatum: 31.03.2021.

Bartnick, F. (2018): 2019 Predictions — The Digital Native (Part 2). https://medium.com/@fabian.bartnick/2019-predictions-the-digital-native-part-2-43af2b815980. Abrufdatum: 31.03.2021.

Bauer, R. (2020): Wie die Jobsuche zur Traumjobsuche wird – und wie HR Tech dabei hilft. In: T. Verhoeven (Hrsg.): Digitalisierung im Recruiting. Wie sich Recruiting durch künstliche Intelligenz, Algorithmen und Bots verändert. Wiesbaden: Springer Gabler, S. 135–148.

Beamery (2019): Beamery Secures Workday as Strategic Investor and Partner. https://beamery.com/blog/beamery-workday. Abrufdatum: 31.03.2021.

Beamery (2021): It's time to transform. https://beamery.com. Abrufdatum: 31.03.2021.

Behrendt, B. (2019): Application-Programming-Interface (API). https://www.businessinsider.de/gruenderszene/lexikon/begriffe/application-programming-interface-api/. Abrufdatum: 31.03.2021.

Berendes, K. / Müller, O. et al. (2019): Das HR-Planungspuzzle lösen. Strategische Personalplanung bei den Stadtwerken Solingen. In: Personalführung, 52. Jg., 2019, H. 11, S. 18–25.

Bernstein, E. S. / Turban, S. (2018): The impact of the »open« workspace on human collaboration. https://royalsocietypublishing.org/doi/10.1098/rstb.2017.0239. Abrufdatum: 31.03.2021.

Biemann, T. / Weckmüller, H. (2017): Candidate Experience – Arbeitgeberattraktivität im Bewerbungsprozess. In: Personal Quarterly, 69. Jg., 2017, H. 1, S. 54–57.

Binder, U. (2017): Berufs- und Leitbild eines Controllers. https://www.haufe.de/controlling/controllerpraxis/was-ist-controlling/controller-beruf-und-leitbild_112_433750.html. Abrufdatum: 31.03.2021.

Bitkom (2018): Zwei von drei Personalern informieren sich online über Bewerber. https://www.bitkom.org/Presse/Presseinformation/Zwei-von-drei-Personalern-informieren-sich-online-ueber-Bewerber.html. Abrufdatum: 31.03.2021.

Bitkom (2020): Anonymisierung und Pseudonymisierung von Daten für Projekte des maschinellen Lernens. https://www.bitkom.org/Bitkom/Publikationen/Anonymisierung-und-Pseudonymisierung-von-Daten-fuer-Projekte-des-maschinellen-Lernens. Abrufdatum: 31.03.2021.

Błażek, M. / Kaźmierczak, M. et al. (2014): An unorthodox view on the problem of tracking facial expressions. https://www.researchgate.net/publication/265412054_An_unorthodox_view_on_the_problem_of_tracking_facial_expressions. Abrufdatum: 31.03.2021.

Blum, B. / Kainer, F. (2019): Rechtliche Aspekte beim Einsatz von KI in HR: Wenn Algorithmen entscheiden. In: Personal Quarterly, 71. Jg., 2019, H. 3, S. 22–27.

Boll-Westermann, S. / Faisst, W. et al. (2019): Neue Geschäftsmodelle mit künstlicher Intelligenz. https://www.handbuch-mittelstand.de/neue-geschaeftsmodelle-mit-kuenstlicher-intelligenz/. Abrufdatum: 31.03.2021.

Bortz, J. / Döring, N. (2006): Hypothesengewinnung und Theoriebildung. Forschungsmethoden und Evaluation für Human- und Sozialwissenschaftler. Berlin, Heidelberg: Springer, S. 351–391.

Bös, N. (2021): Umstrittene Technologie: Precire findet einen Käufer. https://www.faz.net/aktuell/karriere-hochschule/buero-co/umstrittene-technologie-precire-findet-einen-kaeufer-17225356.html. Abrufdatum: 31.03.2021.

Bosch (2021): About us. https://www.bosch.com/de/unternehmen/. Abrufdatum: 31.03.2021.

Botvinick, M. / Ritter, S. et al. (2019): Reinforcement learning, fast and slow. In: Trends in cognitive sciences, 23. Jg., 2019, H. 5, S. 408–422.

Bpm (2019): Zwischen Euphorie und Skepsis: KI in der Personalarbeit. https://www.bpm.de/sites/default/files/bpm-service-24-ki_in_der_personalarbeit.pdf. Abrufdatum: 31.03.2021.

Brandt, O. S. / Justenhoven, R. T. et al. (2020): Web-basierte Videointerviews. In: K. P. Stulle (Hrsg.): Digitalisierung der Management-Diagnostik: Aktuelle Instrumente, Trends, Herausforderungen. Wiesbaden: Springer Gabler, S. 43–66.

Brauer, T. (2021): VR ausprobiert: Das kann die HTC Vive Cosmos Elite. https://www.inside-digital.de/tests/vr-ausprobiert-das-kann-die-htc-vive-cosmos-elite. Abrufdatum: 31.03.2021.

Brink, S. / Krieger, J. et al. (2020): Ratgeber Beschäftigtendatenschutz. https://www.baden-wuerttemberg.datenschutz.de/wp-content/uploads/2020/04/Ratgeber-Besch%C3%A4ftigtendatenschutz.pdf. Abrufdatum: 31.03.2021.

Buchheim, C. / Weiner, M. (2014): Entscheidungsfindung und Auswahlfehler. HR-Basics für Start-ups. Wiesbaden: Springer Gabler, S. 107–119.

Burrell, J. (2016): How the machine »thinks«: Understanding opacity in machine learning algorithms. In: Big Data & Society, 3. Jg., 2016, H. 1, S. 1–12.

Buxmann, P. / Schmidt, H. et al. (2019): Bestärkendes Lernen (Reinforcement learning). Wie Maschinen anhand von Belohnungen lernen können. https://www.ki-business.de/blog/reinforcement-learning. Abrufdatum: 15.11.2019.

Cambridge Quantum (2021): Cambridge Quantum Announces Largest Ever Natural Language Processing Implementation on a Quantum Computer. https://cambridgequantum.com/cambridge-quantum-announces-largest-ever-natural-language-processing-implementation-on-a-quantum-computer/. Abrufdatum: 31.03.2021.

Campion, M. C. / Campion, M. A. et al. (2016): Initial investigation into computer scoring of candidate essays for personnel selection. In: Journal of Applied Psychology, 101. Jg., 2016, H. 7, S. 958.

Campusjäger (2020): Personalbedarf berechnen – In nur 3 Schritten. https://arbeitgeber.campusjaeger.de/hr-blog/personalbedarf-berechnen. Abrufdatum: 31.03.2021.

Careerbuilder (2020): Stellenanzeigen aus Kandidatenperspektive. https://arbeitgeber.careerbuilder.de/blog/stellenanzeigen-aus-kandidatenperspektive. Abrufdatum: 31.03.2021.

Case (2020a): Abschlüsse fair vergleichen mit CASE. https://www.candidate-select.de. Abrufdatum: 31.03.2021.

Case (2020b): Hat der CASE Score einen Gender Bias? https://www.candidate-select.de/blog/hat-der-case-score-einen-gender-bias. Abrufdatum: 31.03.2021.

Chamberlain, A. (2017): Glassdoor Economic Research: 5 HR-Trends für 2017. https://www.glassdoor.de/blog/hr-trends-fuer-2017/. Abrufdatum: 31.03.2021.

Chung, C. K. / Pennebaker, J. W. (2018): What do we know when we LIWC a person? Text analysis as an assessment tool for traits, personal concerns and life stories. In: V. Zeigler-Hill / T. K. Shackelford (Hrsg.): The SAGE Handbook of Personality and Individual Differences. London: Sage Publications, S. 341–360.

Continousdev (2021): Cave Automatic Virtual Environment (CAVE). https://de.continuousdev.com/6353-cave-automatic-virtual-environment-cave-3031. Abrufdatum: 31.03.2021.

Cook, I. (2020): How To Reduce Employee Turnover with Workforce Analytics. https://www.visier.com/clarity/reduce-employee-turnover-with-workforce-analytics/. Abrufdatum: 31.03.2021.

Cornerstone (2021): Always Learning. https://www.cornerstoneondemand.de. Abrufdatum: 31.03.2021.

Dabirian, A. / Paschen, J. et al. (2019): Employer branding: Understanding employer attractiveness of IT companies. In: IT Professional, 21. Jg., 2019, H. 1, S. 82–89.

Dahm, M. / Dregger, A. (2018): Künstliche Intelligenz: Schöne neue Welt? https://www.personalwirtschaft.de/recruiting/artikel/kuenstliche-intelligenz-im-bewerbungsprozess.html. Abrufdatum: 31.03.2021.

Dahm, M. / Dregger, A. (2019): Der Einsatz von künstlicher Intelligenz im HR: Die Wirkung und Förderung der Akzeptanz von KI-basierten Recruiting-Tools bei potenziellen Nutzern. In: B. Hermeier / T. Heupel et al. (Hrsg.): Arbeitswelten der Zukunft. Wie die Digitalisierung unsere Arbeitsplätze und Arbeitsweisen verändert. Wiesbaden: Springer Gabler, S. 249–271.

Damiani, J. (2018): AI Researchers Create »Privacy Filter« That Disrupts Facial Recognition Technology. https://www.forbes.com/sites/jessedamiani/2018/05/31/ai-researchers-create-privacy-filter-that-disrupts-facial-recognition-technology/?sh=68e70cd96d96. Abrufdatum: 31.03.2021.

Dastin, J. (2018): Amazon scraps secret AI recruiting tool that showed bias against women. https://www.reuters.com/article/us-amazon-com-jobs-automation-insight-idUSKCN1MK08G. Abrufdatum: 31.03.2021.

Datalyze Solutions GmbH (2021): https://harucore.ai/#main. Abrufdatum: 13.06.2021.

Datenschutz.Org (2020): Datenschutz in sozialen Netzwerken. https://www.datenschutz.org/soziale-netzwerke/. Abrufdatum: 31.03.2021.

Daugherty, P. R. / Wilson, H. J. (2018): Human + Machine: Künstliche Intelligenz und die Zukunft der Arbeit. 1. Aufl., München: dtv.

Dauth, W. / Findeisen, S. et al. (2017): German robots-the impact of industrial robots on workers. http://doku.iab.de/discussionpapers/2017/dp3017.pdf. Abrufdatum: 31.03.2021.

Davenport, T. H. (2016): Only Humans Need Apply: Winners and Losers in the Age of Smart Machines. http://leadersexcellence.com/wp-content/uploads/dlm_uploads/2016/08/Davenport-Leaders-Excellence-presentation.pdf. Abrufdatum: 31.03.2021.

DBS (2018): DBS introduces Jim, Southeast Asia's first virtual bank recruiter. https://www.dbs.com/newsroom/DBS_introduces_Jim_Southeast_Asias_first_virtual_bank_recruiter. Abrufdatum: 31.03.2021.

Dejure.org (2021a): § 26 Datenverarbeitung für Zwecke des Beschäftigungsverhältnisses. https://dejure.org/gesetze/BDSG/26.html. Abrufdatum: 31.03.2021.

Dejure.org (2021b): § 87 Mitbestimmungsrechte. https://dejure.org/gesetze/BetrVG/87.html. Abrufdatum: 31.03.2021.

Delcker, J. (2021): Der gläserne Bewerber: Wie Emotionserkennung die Arbeitswelt verändert. 07.04.2021. SWR2 Feature. Südwestrundfunk.

Deloitte (2017): Neue Spielregeln im digitalen Zeitalter: Globale Human Capital Trendstudie 2017. https://www2.deloitte.com/content/dam/Deloitte/de/Documents/human-capital/HC-Trends%20Studie-2017-Globale-Human-Capital-Trends-Poster-Deutschland-Report.pdf. Abrufdatum: 31.03.2021.

Deloitte (2020): KI-Studie 2020 – Wie nutzen Unternehmen Künstliche Intelligenz? https://www2.deloitte.com/de/de/pages/technology-media-and-telecommunications/articles/ki-studie-2020.html. Abrufdatum: 31.03.2021.

Der Standard (2018): Microsoft beteiligt sich an Grab, Linkedin-Tochter kauft Glint. https://www.derstandard.de/story/2000088967601/microsofts-linkedin-kauft-start-up-das-arbeitszufriedenheit-misst. Abrufdatum: 31.03.2021.

Dettmers, S. (2018): Die neuen Stellenanzeigen – Renaissance oder Revolution? https://crosswater-job-guide.com/archives/72996/die-neuen-stellenanzeigen-renaissance-oder-revolution/. Abrufdatum: 31.03.2021.

Deutsche Bahn AG / Skydeck (2019). In: Mediathek der Deutschen Bahn AG, https://mediathek.deutschebahn.com/marsDB/login/login.xhtml. Abrufdatum: 13.06.2021.

Deutscher Bundestag (2020): Enquete-Kommission »Künstliche Intelligenz – Gesellschaftliche Verantwortung und wirtschaftliche, soziale und ökologische Potenziale«. https://www.bundestag.de/ausschuesse/weitere_gremien/enquete_ki. Abrufdatum: 31.03.2021.

Deutscher Ethikrat (2021a): Der Ethikrat. https://www.ethikrat.org/der-ethikrat/. Abrufdatum: 31.03.2021.

Deutscher Ethikrat (2021b): Künstliche Intelligenz und Mensch-Maschine-Schnittstellen. https://www.ethikrat.org/anhoerungen/kuenstliche-intelligenz-und-mensch-maschine-schnittstellen/. Abrufdatum: 31.03.2021.

Dfki (2016): Appsist_AK. https://www.dfki.de/web/forschung/projekte-publikationen/projekte-uebersicht/projekt/appsist-ak/. Abrufdatum: 31.03.2021.

Diehl-von Hahn, N. (2018): Human Resources for our Digital Future: Die Funktion des HR-Managers in der Zukunft. In: H. R. Fortmann / B. Kolocek: Arbeitswelt der Zukunft. Trends – Arbeitsraum – Menschen – Kompetenzen. Wiesbaden: Springer Gabler, S. 153–166.

Diercks, J. (2020): Online Assessment. In: T. Verhoeven (Hrsg.): Digitalisierung im Recruiting. Wie sich Recruiting durch künstliche Intelligenz, Algorithmen und Bots verändert. Wiesbaden: Springer Gabler, S. 79–100.

Dietl, S. F. (2020): Digitale Transformation in der beruflichen Bildung. In: K. Schwuchow / J. Gutmann (Hrsg.): HR-Trends 2021: Strategie, Kultur, Big Data, Diversity. 30. Ausgabe, Freiburg: Haufe Group, S. 325–335.

Dietvorst, B. J. / Simmons, J. P. et al. (2016): Overcoming algorithm aversion: People will use imperfect algorithms if they can (even slightly) modify them. In: Management Science, 64. Jg., 2016, H. 3, S. 1155–1170.

Dietz, S. (2015): Das Recruiting Wunder von Talentwunder (Software Snippet). https://www.hr-software-vergleich.de/aktuelle-nachrichten/recruiting-wunder-von-talentwunder-snippet/. Abrufdatum: 31.03.2021.

Digital Impact Labs (2019): Selbstversuch: Wir testen vier Chatbots in der Assekuranz. https://digitalimpactlabs.de/blog/selbstversuch-wir-testen-vier-chatbots-in-der-assekuranz. Abrufdatum: 31.03.2021.

Dittes, A. (2018): Die digitale Revolution – Neue Möglichkeiten im Recruiting. In: H. R. Fortmann / B. Kolocek (Hrsg.): Arbeitswelt der Zukunft. Trends – Arbeitsraum – Menschen – Kompetenzen. Wiesbaden: Springer Gabler, S. 209–220.

Do, C. (2021): Ressourcen- und Skill-Management. https://www.can-do.de/funktionen-ressourcenmanagement. Abrufdatum: 31.03.2021.

Döbel, I. / Leis, M. et al. (2018): Maschinelles Lernen – eine Analyse zu Kompetenzen, Forschung und Anwendung. https://www.bigdata.fraunhofer.de/content/dam/bigdata/de/documents/Publikationen/Fraunhofer_Studie_ML_201809.pdf. Abrufdatum: 31.03.2021.

Docebo (2021a): #1 Cloud LMS. https://www.docebo.com/de/. Abrufdatum: 31.03.2021.

Docebo (2021b): Docebo on Extended Enterprise. https://www.docebo.com/extended-enterprise-lms/. Abrufdatum: 31.03.2021.

Dudler, L. (2020): Wenn Bots übernehmen – Chatbots im Recruiting. In: T. Verhoeven (Hrsg.): Digitalisierung im Recruiting: Wie sich Recruiting durch künstliche Intelligenz, Algorithmen und Bots verändert. Wiesbaden: Springer Gabler, S. 101–112.

Duhigg, C. (2016): What Google Learned From Its Quest to Build the Perfect Team. https://www.nytimes.com/2016/02/28/magazine/what-google-learned-from-its-quest-to-build-the-perfect-team.html?smid=pl-share. Abrufdatum: 31.03.2021.

Dworschak, M. (2018): Wie man mit simplen Tricks die Gesichtserkennung foppen kann. https://www.spiegel.de/spiegel/kuenstliche-intelligenz-selbstlernende-software-laesst-sich-leicht-taeuschen-a-1191991.html. Abrufdatum: 31.03.2021.

Dynaplan (2021): Dynamic Business Planning. https://www.dynaplan.com/de/solutions/dynamic-business-planning. Abrufdatum: 31.03.2021.

Egon Zehnder (2018): »Sense and Respond«. https://www.egonzehnder.com/de/interview-mit-frederic-laloux. Abrufdatum: 31.03.2021.

Eightfold AI (2021a): Eightfold AI: Artificial Intelligence Powering the Whole Employee Lifecycle. https://eightfold.ai/artificial-intelligence/. Abrufdatum: 31.03.2021.

Eightfold AI (2021b): Successors for any role, not just the C-suite. https://eightfold.ai/capabilities/succession-planning/. Abrufdatum: 31.03.2021.

Eilers, S. / Möckel, K. et al. (2019): HR-Report 2019. https://www.hays.de/documents/10192/118775/hays-studie-hr-report-2019.pdf/b4dd2e3c-120e-8094-e586-bdf99ac04194. Abrufdatum: 31.03.2021.

Elia, F. (2020): Sentiment Analysis Dictionaries. https://www.baeldung.com/cs/sentiment-analysis-dictionaries. Abrufdatum: 31.03.2021.

Ethikbeirat HR Tech (2021): #EhtikbeiratHRTech. https://www.ethikbeirat-hrtech.de/. Abrufdatum: 31.03.2021.

Fabula Games (2021): Lernen kann sooo bunt sein. https://fabula-games.de. Abrufdatum: 31.03.2021.

Fedossov, A. (2014): Personalisiertes Web und personalisierte Karriere-Webseiten. https://wollmilchsau.de/karrierewebseiten/personalisiertes-web-und-personalisierte-karriere-webseiten/. Abrufdatum: 31.03.2021.

Fedossov, A. (2016): Personalisierte Stellenanzeige. https://wollmilchsau.de/karrierewebseiten/personalisierte-stellenanzeige/. Abrufdatum: 31.03.2021.

Felbo, B. / Mislove, A. et al. (2017): Using millions of emoji occurrences to learn any-domain representations for detecting sentiment, emotion and sarcasm. In: arXiv preprint arXiv:1708.00524, 2017, S. 1–13.

Felder, R. (2018): Gestaltung von Arbeitnehmerbeziehungen im Digitalen Zeitalter. In: T. Petry / W. Jäger (Hrsg.): Digital HR. Smarte und agile Systeme, Prozesse und Strukturen im Personalmanagement. Freiburg: Haufe Group, S. 327–340.

Festo (2021a): Hallo Neugier: Willkommen bei Festo. https://www.festo.com/group/de/cms/11699.htm. Abrufdatum: 31.03.2021.

Festo (2021b): Innovation braucht Freiheit. https://www.festo.com/group/de/cms/11686.htm. Abrufdatum: 31.03.2021.

Festo (2021c): Werde Experte für modernste Technologie. https://www.festo.com/group/de/cms/11720.htm. Abrufdatum: 31.03.2021.

Fetzer, M. / Mcnamara, J. et al. (2017): Gamification, Serious Games and Personnel Selection. In: H. Goldstein / E. Pulakos et al. (Hrsg.): The Wiley Blackwell Handbook of the Psychology of Recruitment, Selection and Employee Retention. Hoboken: Blackwell Publishing, S. 293–309.

Fink, V. (2020): KI-Projekte – einfach machen: Künstliche Intelligenz in Service, Marketing und Sales erfolgreich einführen. 1. Aufl., Wiesbaden: Springer Gabler.

Fischer, C. / Crocker, A. (2019): Victory! Ruling in hiQ v. Linkedin Protects Scraping of Public Data. https://www.eff.org/deeplinks/2019/09/victory-ruling-hiq-v-linkedin-protects-scraping-public-data. Abrufdatum: 31.03.2021.

Fishburne, T. (2018): Being Agile. https://marketoonist.com/2018/05/being-agile.html. Abrufdatum: 31.03.2021.

Fisher, T. (2020): What Is a Boolean Search? https://www.lifewire.com/what-does-boolean-search-3481475. Abrufdatum: 31.03.2021.

Fraunhofer IAO (2021): »APPsist«: Wissens- und Assistenzsysteme in der smarten Produktion. https://www.engineering-produktion.iao.fraunhofer.de/de/forschung/appsist.html. Abrufdatum: 31.03.2021.

Frey, C. B. / Osborne, M. (2013): The future of employment: How susceptible are jobs to computerisation? https://www.sciencedirect.com/science/article/abs/pii/S0040162516302244. Abrufdatum: 31.03.2021

Furkel, D. (2019): Wenn künstliche Intelligenz Arbeitszeiten plant. https://www.haufe.de/personal/hr-management/kuenstliche-intelligenz-im-workforce-management_80_493004.html. Abrufdatum: 31.03.2021.

Future Work Lab (2021): Ideenwelt für die Produktionsarbeit der Zukunft. https://futureworklab.de/de/ideenwelt.html. Abrufdatum: 31.03.2021.

Galileo Redaktion (2021): Ein Blick in die neue Welt: Wie funktioniert eine VR-Brille? https://www.prosieben.de/tv/galileo/videos/themengebiete/virtual-reality/ein-blick-in-die-neue-welt-wie-funktioniert-eine-vr-brille. Abrufdatum: 31.03.2021.

Gamelearn (2021): Mars: Personalisierbares Serious Game für Ihre Schulungen oder interne Kommunikation. https://www.game-learn.com/schulungen-fur-unternehmen/mars-erstellen-sie-ihr-eigenes-spiel/. Abrufdatum: 31.03.2021.

Gärtner, C. (2020a): Smart HRM: Digitale Tools für die Personalarbeit. 1. Aufl., Wiesbaden: Springer Gabler.

Gärtner, C. (2020b): Workplace Analytics: Arbeitsbeurteilung oder Überwachung? https://www.haufe.de/personal/hr-management/performance-management-arbeitsbeurteilung-oder-ueberwachung_80_525046.html. Abrufdatum: 31.03.2021.

Genner, S. (2017): Digitale Transformation: Auswirkungen auf Kinder und Jugendliche in der Schweiz–Ausbildung, Bildung, Arbeit, Freizeit. https://www.researchgate.net/publication/320331474_Digitale_Transformation_Auswirkungen_auf_Kinder_und_Jugendliche_in_der_Schweiz_-_Ausbildung_Bildung_Arbeit_Freizeit. Abrufdatum: 31.03.2021.

Gentsch, P. (2017): Künstliche Intelligenz für Sales, Marketing und Service: Mit AI und Bots zu einem Algorithmic Business – Konzepte, Technologien und Best Practices. 1. Aufl., Berlin: Springer Gabler.

GetApp (2021): Beamery Pricing, Features, Reviews & Comparison of Alternatives. https://www.getapp.com/hr-employee-management-software/a/beamery/. Abrufdatum: 31.03.2021.

Gfr (2021): Die Zertifizierung für Personalberater. http://www.gesellschaftfuerrecruitingqualitaet.de. Abrufdatum: 31.03.2021.

Github (2020): Face classification and detection. https://github.com/oarriaga/face_classification. Abrufdatum: 31.03.2021.

Gloat (2020): How Unilever Uses AI To Retain Engage And Develop Employees. https://www.gloat.com/wp-content/uploads/How-Unilever-Uses-AI-to-Retain-Engage-and-Develop-Employees.pdf. Abrufdatum: 31.03.2021.

Gloat (2021): Create an agile workforce. https://www.gloat.com. Abrufdatum: 31.03.2021.

Gloor, P. A. / Colladon, A. F. et al. (2017): Forecasting managerial turnover through e-mail based social network analysis. In: Computers in Human Behavior, 71. Jg., 2017, S. 343–352.

Goedereis, S. (2019): Wie Alexa Deutsch lernt. https://blog.aboutamazon.de/forschung-entwicklung/wie-alexa-deutsch-lernt. Abrufdatum: 31.03.2021.

Google (2021a): Funktionsweise der Suchalgorithmen. https://www.google.com/intl/de/search/howsearchworks/algorithms/. Abrufdatum: 31.03.2021.

Google (2021b): Google Search Console. https://search.google.com/search-console/about?hl=de. Abrufdatum: 31.03.2021.

Hafner, N. (2017): Kundendialog in einer digitalen Welt – strategisch wichtig und operativ steuerbar! https://www.topsoft.ch/news/kundendialog-in-einer-digitalen-welt-strategisch-wichtig-und-operativ-steuerbar/. Abrufdatum: 15.11.2019.

Hagelüken, A. / Kläsgen, M. (2016): So überwacht Zalando seine Mitarbeiter. https://www.sueddeutsche.de/wirtschaft/zalando-ueberwachung-zonar-1.4688431. Abrufdatum: 31.03.2021.

Haidar, L. (2020): Die Perspektiven Künstlicher Intelligenz im Corporate Learning. https://www.dfki.de/web/news/detail/News/die-perspektiven-von-kuenstlicher-intelligenz-im-corporate-learning/. Abrufdatum: 31.03.2021.

Harlan, E. / Schnuck, O. (2021): Fairness oder Vorurteil? Einsatz Künstlicher Intelligenz bei der Jobbewerbung fragwürdig. https://web.br.de/interaktiv/ki-bewerbung/. Abrufdatum: 31.03.2021.

Harucore.Ai (2019): Personal algorithmusbasiert planen. https://datalyze-solutions.com/harucore/downloads/harucore.ai-2019.pdf. Abrufdatum: 31.03.2021.

Harucore.Ai (2020): Die neue Generation der Mitarbeiter-Einsatzplanung. https://datalyze-solutions.com/harucore/downloads/harucore.ai-2020.pdf. Abrufdatum: 31.03.2021.

Harucore.Ai (2021): Künstliche Intelligenz in der Fertigungssteuerung 4.0: Personal automatisiert planen. https://harucore.ai/. Abrufdatum: 31.03.2021.

Haufe (2017): Kompetenzmanagement und Nachfolgeplanung. https://www.haufe.de/personal/hr-management/talentmanagement/kompetenzmanagement-und-nachfolgeplanung_80_99128.html. Abrufdatum: 31.03.2021.

Haufe (2021): Performance Management – Leistungsmanagement. https://www.haufe.de/thema/performance-management/. Abrufdatum: 31.03.2021.

Haufe-Akademie (2021): Open Badges. https://www.haufe-akademie.de/seminare-lehrgaenge/trending-topics/open-badges. Abrufdatum: 31.03.2021.

Hauser-Ditz, A. / Ullrich, C. et al. (2018): Assistenz und Wissensvermittlung am Beispiel von Montage- und Instandhaltungstätigkeiten. In: S. Wischmann / E. A. Hartmann (Hrsg.): Zukunft der Arbeit – Eine praxisnahe Betrachtung. Berlin: Springer Vieweg, S. 107–122.

Häusling, A. / Fischer, S. (2020): Gründe für eine neue HR-Organisation. In: A. Häusling / S. Fischer (Hrsg.): Der Weg zur agilen HR-Organisation. Modelle und Praxisbeispiele für erfolgreiche Transformationen. Freiburg: Haufe Group: S. 17–24.

Haussler, P. (2018): 4 Ways to Fix Amazon's Anytime Feedback Tool. https://www.quantumworkplace.com/future-of-work/4-ways-fix-amazons-anytime-feedback-tool/. Abrufdatum: 31.03.2021.

Heitmann, G. (2020): Personalvorständin Nicole Gerhardt im Manager Magazin: Podcast zum Thema Recruiting in der digitalen Arbeitswelt. https://www.telefonica.de/news/corporate/2020/06/personalvorstaendin-nicole-gerhardt-im-manager-magazin-podcast-zu-recruiting-in-der-digitalen-arbeitswelt.html. Abrufdatum: 31.03.2021.

Hemamou, L./ Felhi, G. et al. (2019a): Slices of Attention in Asynchronous Video Job Interviews. https://www.researchgate.net/publication/335926007_Slices_of_Attention_in_Asynchronous_Video_Job_Interviews/fulltext/5d844702458515cbd19f4a5f/Slices-of-Attention-in-Asynchronous-Video-Job-Interviews.pdf. Abrufdatum: 31.03.2021

Hemamou, L./ Felhi, G. et al. (2019b): Hirenet: A hierarchical attention model for the automatic analysis of asynchronous video job interviews. https://www.researchgate.net/publication/335805029_HireNet_A_Hierarchical_Attention_Model_for_the_Automatic_Analysis_of_Asynchronous_Video_Job_Interviews. Abrufdatum: 31.03.2021.

Herrmann, D. / Felfe, J. et al. (2012): Transformationale Führung und Veränderungsbereitschaft. In: Zeitschrift für Arbeits-und Organisationspsychologie A&O, 56. Jg., April 2012, H. 2, S. 70–86.

Heupel, T. / Lange, V. W. (2019): Wird der Controller zum Data Scientist? Herausforderungen und Chancen in Zeiten von Big Data, Predictive Analytics und Echtzeitverfügbarkeit. In: B. Hermeier / T. Heupel et al. (Hrsg.): Arbeitswelten der Zukunft. Wie die Digitalisierung unsere Arbeitsplätze und Arbeitsweisen verändert. Wiesbaden: Springer Gabler, S. 201–222.

Hirevue (2021): Video interview software and platform that makes hiring simple. https://www.hirevue.com/. Abrufdatum: 31.03.2021.

Hirschfeld, G. (2020): Personaldiagnostik im digitalen Zeitalter. A. Haubrock (Hrsg.): Digitalisierung – das HR-Management der Zukunft. Stuttgart: W. Kohlhammer GmbH, S. 213–239.

Hofmann, J. / Piele, A. et al. (2019): New Work. Best Practices und Zukunftsmodelle. http://publica.fraunhofer.de/eprints/urn_nbn_de_0011-n-5436648.pdf. Abrufdatum: 31.03.2021.

Hornung, S. (2019): »Geld alleine ist relativ unbedeutend.« https://www.haufe.de/personal/hr-management/uwe-schirmer-im-gespraech-ueber-gehaltssysteme-bei-bosch_80_496224.html. Abrufdatum: 31.03.2021.

HR Monkeys (2021): Programmatic Job Advertising: Was steckt dahinter? https://hr-monkeys.de/programmatic-job-advertising/. Abrufdatum: 31.03.2021.

Hr-Pl-Pp (2019): HR PL PP Award. https://www.youtube.com/watch?v=hpy6I_dL6kE&feature=youtu.be. Abrufdatum: 31.03.2021.

Hrforecast (2019): A1 Group – KI trifft auf Lernen: Personalisierte Lernerfahrung durch KI. https://www.hrforecast.de/de/portfolio-item/20180/. Abrufdatum: 31.03.2021.

Hutson, M. (2015): Why we need to learn to trust robots. https://www.bostonglobe.com/ideas/2015/01/25/why-need-learn-trust-robots/Nj6yQ5DSNsuTQlMcqnVQEI/story.html. Abrufdatum: 15.11.2019.

IBM (2018): Servicebeschreibung IBM Watson. https://www-03.ibm.com/software/sla/sladb.nsf/8bd55c6b9fa8039c86256c6800578854/34545d82920950b08625834a001226f6/$FILE/i126-7768-06_11-2018_de_DE.pdf. Abrufdatum: 31.03.2021.

IBM Cloud Education (2020): Natural Language Processing. https://www.ibm.com/cloud/learn/natural-language-processing. Abrufdatum: 31.03.2021.

Icombine (2021): Expertennetzwerke etablieren – in Ihrer Organisation, und darüber hinaus. https://icombine.net/de. Abrufdatum: 31.03.2021.

Ideal (2021): AI for Recruiting: A Definitive Guide For HR Professionals. https://ideal.com/ai-recruiting/. Abrufdatum: 31.03.2021.

Index (2021): Studie zum Stellenmarkt 2020. https://anzeigendaten.index.de/mag/stellenmarkt-fachkraeftemangel-deutschland-2020/. Abrufdatum: 31.03.2021.

Intersoft-Consulting (2021a): Art. 25 DSGVO Datenschutz durch Technikgestaltung und durch datenschutzfreundliche Voreinstellungen. https://dsgvo-gesetz.de/art-25-dsgvo/. Abrufdatum: 31.03.2021.

Intersoft-Consulting (2021b): Erwägungsgrund 39 Grundsätze der Datenverarbeitung. https://dsgvo-gesetz.de/erwaegungsgruende/nr-39/. Abrufdatum: 31.03.2021.

Intoo (2021): Turn global workforce change into opportunity. https://us.intoo.com/. Abrufdatum: 31.03.2021.

Inztitut Medienkompetenz (2021): Semantisches Targeting. https://www.inztitut.de/blog/glossar/semantisches-targeting/. Abrufdatum: 31.03.2021.

Ionos (2019): Personaleinsatzplanung (PEP): Zweck, Methoden und Hilfsmittel. https://www.ionos.de/startupguide/produktivitaet/personaleinsatzplanung/. Abrufdatum: 31.03.2021.

Iso (2021): ISO 9241-210:2010. https://www.iso.org/standard/52075.html. Abrufdatum: 31.03.2021.

It Wissen (2021): CAVE (cave automatic virtual environment). https://www.itwissen.info/CAVE-cave-automatic-virtual-environment.html. Abrufdatum: 31.03.2021.

Itoh, M. (2011): A model of trust in automation: Why humans over-trust? SICE Annual Conference 2011. https://ieeexplore.ieee.org/abstract/document/6060601. Abrufdatum: 31.03.2021.

Jacobs, E. (2019): How artificial intelligence helps companies recruit talented staff. https://www.ft.com/content/2731709c-3043-11e9-8744-e7016697f225. Abrufdatum: 31.03.2021.

Jäger, W. (2018): Digitalisierung im Recruiting (Recruitng 4.0). In: T. Petry / W. Jäger (Hrsg.): Digital HR. Smarte und agile Systeme, Prozesse und Strukturen im Personalmanagement. Freiburg: Haufe Group, S. 213–222.

Jankowiak, A. (2021): docebo: LMS Learning Management Systeme. https://trusted.de/docebo. Abrufdatum: 31.03.2021.

Jánszky, S. G. (2018): Arbeitswelten 2040 – Nehmen uns Computer die Arbeit weg? In: H. R. Fortmann / B. Kolocek (Hrsg.): Arbeitswelt der Zukunft. Trends – Arbeitsraum – Menschen – Kompetenzen. Wiesbaden: Springer Gabler, S. 15–26.

Jenkins, L. (2017): Does personality effect facial emotion recognition? A comparison between the older Ekman Emotion Hexagon Test and a newly created measure. In: Madridge J Neuro Sci, 1. Jg., 2017, H. 1, S. 38–46.

Jeske, D. / Shultz, K. S. (2019): Social media screening and content effects: implications for job applicant reactions. In: International Journal of Manpower, Jg. 40, 2019, H. 1, S. 73–86.

Jesko (2019): Was bedeutet Ontologie in der Informatik. https://www.it-talents.de/blog/it-talents/was-bedeutet-ontologie-in-der-informatik. Abrufdatum: 31.03.2021.

Jobpal (2018a): The iConny chatbot – a digital recruiting initiative. https://jobpal.ai/de/blog/iconny-chatbot/. Abrufdatum: 31.03.2021.

Jobpal (2018b): Innogy Case Study. https://jobpal.ai/de/kunden/innogy-consulting/. Abrufdatum: 31.03.2021.

Jobpal (2018c): STRV Case Study. https://jobpal.ai/de/kunden/strv/. Abrufdatum: 31.03.2021.

Jobpal (2021): How Airbus Improved Their Candidate Experience Globally with Bessie the Chatbot. https://jobpal.ai/en/customers/how-airbus-improved-their-candidate-experience-with-jobpal-chatbot/. Abrufdatum: 31.03.2021.

Johnson, W. L. / Valente, A. (2008): Collaborative authoring of serious games for language and culture. https://citeseerx.ist.psu.edu/viewdoc/download?doi=10.1.1.497.3883&rep=rep1&type=pdf. Abrufdatum: 31.03.2021.

Kaggle (2021): https://www.kaggle.com/. Abrufdatum: 31.03.2021.

Kantor, J. / Streitfeld, D. (2015): Inside Amazon: Wrestling Big Ideas in a Bruising Workplace. https://www.nytimes.com/2015/08/16/technology/inside-amazon-wrestling-big-ideas-in-a-bruising-workplace.html. Abrufdatum: 31.03.2021.

Karg, T. (2020): Tipps und Tricks für die Boolesche Suche im Recruitment https://blog.recruitee.com/de/boolesche-suche-im-recruiting/. Abrufdatum: 31.03.2021.

Kataoka, H. / Satoh, Y. et al. (2018): Temporal and fine-grained pedestrian action recognition on driving recorder database. In: Sensors, 18. Jg., 2018, H. 2, S. 627.

Kern, D. / Wältermann, T. (2020): Career und Competency Management in der Praxis. In: K. Schwuchow / J. Gutmann (Hrsg.): HR-Trends 2021: Strategie, Kultur, Big Data, Diversity. 30. Ausgabe, Freiburg: Haufe Group, S. 345–354.

Keuchel, P. (2019): Personalmanagement in der Cloud: zehn Erfolgsfaktoren für die Digitalisierung der Personalarbeit. 1. Aufl., Freiburg: Haufe Group.

Keune, M. / Jepsen, M. (2007): Not balanced and hardly new: the European Commission's quest for flexicurity. Brussels: ETUI-REHS.

KI_O (2021): Das KI-Observatorium: Ein Projekt der Denkfabrik. https://www.ki-observatorium.de. Abrufdatum: 31.03.2021.

KI-Peps (2021): KI-PEPS. https://www.ki-peps.de/. Abrufdatum: 31.03.2021.

Kienbaum / DGFP (2018): Deutsche Personalabteilungen sind keine agilen Vorbilder. https://www.kienbaum.com/de/blog/all-agile-hr-studie/. Abrufdatum: 31.03.2021.

Kienbaum, F. / Gunnesch, M. et al. (2018): Geld und Vergütung im Zeitalter der Digitalisierung: Wie sieht das Performance Management von morgen aus? In: H. R. Fortmann / B. Kolocek (Hrsg.): Arbeitswelt der Zukunft. Trends – Arbeitsraum – Menschen – Kompetenzen. Wiesbaden: Springer Gabler, S. 27–47.

King, S. (2014): Big Data: Potential und Barrieren der Nutzung im Unternehmenskontext. 1. Aufl., Wiesbaden: VS Verlag für Sozialwissenschaften.

Kirchner, S. / Beyer, J. (2016): Die Plattformlogik als digitale Marktordnung: Wie die Digitalisierung Kopplungen von Unternehmen löst und Märkte transformiert. In: Zeitschrift für Soziologie, 45. Jg., 2016, H. 5, S. 324–339.

Klein, P. L. (2020): Aivy: Mit Game-Based-Assessments zum passenden Kandidaten. https://hrtalk.de/aivy-mit-game-based-assesments-zum-passenden-kandidaten/. Abrufdatum: 31.03.2021.

Klein, R. (2019): Google als Stellenvermittler mit der Funktion »Google for Jobs«. https://dataloft.ch/marketing/google-als-stellenvermittler-mit-der-funktion-google-for-jobs/. Abrufdatum: 31.03.2021.

Klingholz, L. (2021): Was Industrie 4.0 (für uns) ist. https://www.bitkom.org/Themen/Digitale-Transformation-Branchen/Industrie-40/Was-ist-Industrie-40-2.html. Abrufdatum: 31.03.2021.

Klöckner, J. (2020): Operieren lernen ohne Blut: Wie Videospiele den Gesundheitsmarkt revolutionieren. https://www.handelsblatt.com/technik/digitale-revolution/serious-games-operieren-lernen-ohne-blut-wie-videospiele-den-gesundheitsmarkt-revolutionieren/26175468.html. Abrufdatum: 31.03.2021.

Klug, A. (2021): KI in der Personalauswahl: mit Dr. Philipp Karls Seegers. In: Andreas Klug: KI-Board. https://andreasklug.com/podcast/012-ki-in-der-personalauswahl-mit-dr-philipp-karl-seegers/. Abrufdatum: 28.01.2021.

Knecht, J. (2020): Big Five Modell: Alle Infos zum Persönlichkeitsmodell. https://praxistipps.focus.de/big-five-modell-alle-infos-zum-persoenlichkeitsmodell_119613. Abrufdatum: 31.03.2021.

Konica Minolta (2021): Rethink Work mit Konica Minolta. https://www.konicaminolta.de/de-de. Abrufdatum: 31.03.2021.

Kontio, C. (2017): Denn sie wissen nicht, wen sie suchen! https://www.handelsblatt.com/karriere/the_shift/schlechte-stellenausschreibungen-denn-sie-wissen-nicht-wen-sie-suchen/20302198.html?ticket=ST-7767115-1ZfsMzqXqhmjm2tWbJFD-ap1. Abrufdatum: 31.03.2021.

Korn, O. / Brenner, F. et al. (2017): Defining Recrutainment: A model and a survey on the gamification of recruiting and human resources. International Conference on Applied Human Factors and Ergonomics. https://www.researchgate.net/publication/318173493_Defining_Recrutainment_A_Model_and_a_Survey_on_the_Gamification_of_Recruiting_and_Human_Resources. Abrufdatum: 31.03.2021.

Kotz, H.-J. (2014): Fristlose Kündigung – Beweisverwertungsverbot bei personenbezogenen Daten. https://www.arbeitsrechtsiegen.de/artikel/fristlose-kuendigung-beweisverwertungsverbot-bei-personenbezogenen-daten/. Abrufdatum: 31.03.2021.

Kreimeier, D. / Kreggenfeld, N. et al. (2014): Intelligente Wissensdienste in Cyber-Physischen Systemen. In: Industrie Management – Zeitschrift für industrielle Geschäftsprozesse, 30. Jg., 2014, H. 6, S. 25–29.

Krempin, R. (2018): Pymetrics' Suche nach dem heiligen Gral des Recruitings. https://www.business-punk.com/2018/08/pymetrics/2/. Abrufdatum: 31.03.2021.

Krempl, S. (2020): Bundestagsstudie: Intransparente Benachteiligung durch Künstliche Intelligenz. https://www.heise.de/news/Bundestagsstudie-Intransparente-Benachteiligung-durch-Kuenstliche-Intelligenz-4970243.html. Abrufdatum: 31.03.2021.

Kugler, P. (2020): Gefangen im Dilemma der »New Work-Kultur«. In: S. Wörwag / A. Cloots (Hrsg.): Arbeitskulturen im Wandel: Der Mensch in der New Work Culture. Wiesbaden: Springer Gabler, S. 71–90.

Kunisch, M. (2020): HR goes digital: Ist Personalarbeit 4.0 schon Realität? In: Wissensmanagement, 2. Jg., 2020, H. 6, S. 18.

Lambrecht, A. / Tucker, C. (2019): Algorithmic bias? an empirical study of apparent gender-based discrimination in the display of stem career ads. In: Management Science, 65. Jg., 2019, H. 7, S. 2966–2981.

Lang, C. (2020): Augmented Writing: A New Level of Text Analysis. https://www.100worte.de/blog/technology/augmented-writing. Abrufdatum: 31.03.2021.

Langer, M. / König, C. J. et al. (2017): Examining digital interviews for personnel selection: Applicant reactions and interviewer ratings. In: International journal of selection and assessment, 25. Jg., 2017, H. 4, S. 371–382.

Lawson, A. (2018): Verizon using Augmented Reality and Virtual Reality apps to train employees. https://www.verizon.com/about/news/verizon-using-augmented-reality-and-virtual-reality-apps-train-employees. Abrufdatum: 31.03.2021.

Lemke, C. (2020): Digitalisierung im Spannungsfeld zwischen Technologie und Management. In: J. Rump / S. Eilers (Hrsg.): Die vierte Dimension der Digitalisierung: Spannungsfelder in der Arbeitswelt von morgen. Berlin: Springer Gabler, S. 17–42.

Leonardi, P. / Contractor, N. (2018): Better people analytics. In: Harvard Business Review, 96. Jg., 2018, H. 6, S. 70–81.

Lernende Systeme (2021): Brezeln, Brot und Big Data. https://www.plattform-lernende-systeme.de/anwendung-im-focus.html?AID=702. Abrufdatum: 31.03.2021.

Leutner, F. / Aichholzer, C. (2020): Digitale Video- & Spiel-Assessments: Psychometrie und Maschinelles Lernen. In: K. P. Stulle (Hrsg.): Digitalisierung der Management-Diagnostik. Aktuelle Instrumente, Trends, Herausforderungen. Wiesbaden: Springer Gabler, S. 67–95.

Lichtenthaler, U. (2020): Integrierte Intelligenz. 1. Aufl., Frankfurt a. M.: Campus.

Liebscher, K. (2020): Mehr Recruiting-Power durch KI-Tools von JobStairs. https://www.humanresourcesmanager.de/news/mehr-recruiting-power-durch-ki-tools-von-jobstairs-sponsored.html. Abrufdatum: 31.03.2021.

LinkedIn (2018): Weltweite Trends in der Personalbeschaffung 2018. https://business.linkedin.com/content/dam/me/business/de-de/talent-solutions/resources/pdf/global-recruiting-trends-2018-v04-de-final.pdf. Abrufdatum: 31.03.2021.

Linnenbürger, A. / Casper, V. et al. (2020): Analyse kommunikativer Wirkung mittels KI als Einstieg für Personal- und Organisationsentwicklung. In: K. P. Stulle (Hrsg.): Digitalisierung der Management-Diagnostik: Aktuelle Instrumente, Trends, Herausforderungen. Wiesbaden: Springer Gabler, S. 351–375.

Linnenbürger, A. / Greb, C. et al. (2018): PRECIRE Technologies. In: K. P. Stulle (Hrsg.): Psychologische Diagnostik durch Sprachanalyse. Wiesbaden: Springer Gabler, S. 23–56.

Litzel, N. (2017): Was ist ein Data Scientist? https://www.bigdata-insider.de/was-ist-ein-data-scientist-a-600907/. Abrufdatum: 31.03.2021.

Litzel, N. / Luber, S. (2020): Was ist ein Kaggle? https://www.bigdata-insider.de/was-ist-kaggle-a-951812/. Abrufdatum: 31.03.2021.

Liu, B. (2016): Sentiment analysis: Mining opinions, sentiments, and emotions. https://direct.mit.edu/coli/article/42/3/595/1534/Sentiment-Analysis-Mining-Opinions-Sentiments-and. Abrufdatum: 31.03.2021.

Lmis (2021): Im Wandel der Zeit: Von Industrie 1.0 bis 4.0. https://www.lmis.de/im-wandel-der-zeit-von-industrie-1-0-bis-4-0/. Abrufdatum: 31.03.2021.

Luber, S. / Litzel, N. (2017): Was sind unstrukturierte Daten? https://www.bigdata-insider.de/was-sind-unstrukturierte-daten-a-666378/. Abrufdatum: 31.03.2021.

Machwürth, H.-P. (2020): Mitarbeiter in der Krise situativ und agil führen. https://www.itmagazine.ch/artikel/72054/Mitarbeiter_in_der_Krise_situativ_und_agil_fuehren.html. Abrufdatum: 31.03.2021.

Mager, A. / Allhutter, D. (2019): Ein Algorithmus für Arbeitslosigkeit? https://www.oeaw.ac.at/ita/projekte/der-ams-algorithmus/. Abrufdatum: 31.03.2021.

Majumder, N. / Poria, S. et al. (2017): Deep learning-based document modeling for personality detection from text. In: IEEE Intelligent Systems, 32. Jg., 2017, H. 2, S. 74–79.

Mangold, P. (2009): IT-Projektmanagement kompakt. 3. Aufl., Heidelberg: Spektrum Akademischer Verlag.

Manpowergroup (2021): Three Ways Outplacement Helps You Support All Employees. https://workforce-resources.manpowergroup.com/blog/three-ways-outplacement-helps-you-support-all-employees. Abrufdatum: 31.03.2021.

Marr, B. (2018): The Amazing Ways How Unilever Uses Artificial Intelligence To Recruit & Train Thousands Of Employees. https://www.forbes.com/sites/bernardmarr/2018/12/14/the-amazing-ways-how-unilever-uses-artificial-intelligence-to-recruit-train-thousands-of-employees/?sh=6ef165286274. Abrufdatum: 31.03.2021.

Martin, J. A. / Finnegan, M. (2020): What is IFTTT? How to use If This, Then That services. https://www.computerworld.com/article/3239304/what-is-ifttt-how-to-use-if-this-then-that-services.html. Abrufdatum: 31.03.2021.

Matthes, B. / Dauth, W. et al. (2019): Digitalisierung der Arbeitswelt: Bisherige Veränderungen und Folgen für Arbeitsmarkt, Ausbildung und Qualifizierung. https://www.econstor.eu/handle/10419/207551. Abrufdatum: 31.03.2021.

McCullough, N. / Beaujon, N. (2018): Einführung von Workplace Analytics-Lösungen und »Anstupsern« in MyAnalytics. https://www.microsoft.com/de-de/microsoft-365/blog/2018/07/12/introducing-workplace-analytics-solutions-and-myanalytics-nudging/. Abrufdatum: 31.03.2021.

McIlvaine, A. R. (2019): HR Tech 2019: HR in the age of artificial intelligence. https://hrexecutive.com/hr-tech-2019-hr-in-the-age-of-artificial-intelligence/. Abrufdatum: 31.03.2021.

Merx, K. (2018): Der Mensch im Mittelpunkt: IT-Mitbestimmung – neu ausgerichtet. In: H. R. Fortmann / B. Kolocek (Hrsg.): Arbeitswelt der Zukunft. Trends – Arbeitsraum – Menschen – Kompetenzen. Wiesbaden: Springer Gabler, S. 339–351.

Meteolytix (2021): Alle Tische belegt? Kundenzufriedenheit steigern durch verlässliche und vorausschauende Personalplanung von meteolytix. https://meteolytix.de/. Abrufdatum: 31.03.2021.

Metropole Ruhr (2021): Mit Künstlicher Intelligenz Pflege besser steuern. https://metropole.ruhr/ki-gesundheit. Abrufdatum: 31.03.2021.

Metz, C. (2019): Is Ethical A.I. Even Possible? https://www.nytimes.com/2019/03/01/business/ethics-artificial-intelligence.html. Abrufdatum: 31.03.2021.

Microsoft (2018): https://www.microsoft.com/de-de/microsoft-365/blog/2018/07/12/introducing-workplace-analytics-solutions-and-myanalytics-nudging/. Abrufdatum: 13.06.2021.

Microsoft (2019): https://news.microsoft.com/wp-content/uploads/prod/2019/05/Workplace-Analytics-Time-with-manager.png. Abrufdatum: 13.06.2021.

Microsoft (2021a): Azure Bot Service. https://azure.microsoft.com/de-de/services/bot-service/. Abrufdatum: 31.03.2021.

Microsoft (2021b): Deidentifizierung personenbezogener Daten. https://docs.microsoft.com/de-de/workplace-analytics/privacy/de-identify-data. Abrufdatum: 31.03.2021.

Microsoft (2021c): Microsoft stellt neue Employee Experience Platform Microsoft Viva vor. https://news.microsoft.com/de-de/microsoft-stellt-neue-employee-experience-platform-microsoft-viva-vor/. Abrufdatum: 31.03.2021.

Microsoft (2021d): Workplace Analytics. https://www.microsoft.com/de-de/microsoft-365/business/workplace-analytics. Abrufdatum: 31.03.2021.

Microsoft (2021e): Workplace Analytics-Dokumentation. https://docs.microsoft.com/de-de/workplace-analytics/. Abrufdatum: 31.03.2021.

Mills, D. / Boorman, B. (2018): How Airbus Improved Their Candidate Experience Globally with Bessie the Chatbot. https://f.hubspotusercontent20.net/hubfs/5523924/How%20Airbus%20Improved%20Their%20Candidate%20Experience%20Globally%20with%20Bessie%20the%20Chatbot.pdf. Abrufdatum: 31.03.2021.

MIT Media Laboratory (2011): Sociometric Badges. https://hd.media.mit.edu/badges/. Abrufdatum: 31.03.2021.

Morgan, B. (2019): Conversational AI At Capital One. https://www.forbes.com/sites/blakemorgan/2019/05/30/conversational-ai-at-capital-one/. Abrufdatum: 15.11.2019.

Moßner, J. / Bergmann, L. et al. (2019): Internet of Things – Definition, Technologie und Anwendung. https://www.industry-of-things.de/internet-of-things-definition-technologie-und-anwendung-a-878883/. Abrufdatum: 31.03.2021.

Mrass, V. / Leimeister, J. M. (2018): Crowdworking-Plattformen als Enabler neuer Formen der Arbeitsorganisation. In: H. R. Fortmann / B. Kolocek (Hrsg.): Arbeitswelt der Zukunft. Trends – Arbeitsraum – Menschen – Kompetenzen. Wiesbaden: Springer Gabler, S. 139–151.

Mstechnology (2021): Was ist Microsoft Viva? https://mstechnology.wordpress.com/. Abrufdatum: 31.03.2021.

Müller, M. U. (2019): Erkennt der Computer, welcher Bewerber etwas taugt? https://www.spiegel.de/wirtschaft/bewerbungsgespraech-erkennt-der-computer-welcher-bewerber-etwas-taugt-a-00000000-0002-0001-0000-000161789329. Abrufdatum: 31.03.2021.

Mulsow, R. (2020): Was ist Workplace Analytics und wie sicher sind die Daten. https://rob-the-ninja.de/was-ist-workplace-analytics-und-wie-sicher-sind-die-daten. Abrufdatum: 31.03.2021.

Munnelly, C. (2020): How Airbus Employees Nailed Naming Their Recruiting Chatbot. https://jobpal.ai/en/blog/why-airbus-gave-their-chatbot-name/. Abrufdatum: 31.03.2021.

Müske, J. (2020): Disziplinierende Zukunftsdiskurse. Gesellschaftliche Verhandlungen über Arbeit »4.0« am Beispiel der Logistik. https://edoc.hu-berlin.de/bitstream/handle/18452/22824/M%c3 %bcske.pdf?sequence=1&isAllowed=y. Abrufdatum: 31.03.2021.

Neal, A. / Yeo, G. et al. (2012): Predicting the form and direction of work role performance from the Big 5 model of personality traits. In: Journal of Organizational Behavior, 33. Jg., 2012, H. 2, S. 175–192.

Neuber, M. (2018): Datenschutz und Datensicherheit am Arbeitsplatz: Zum Umgang mit personenbezogenen Daten durch Arbeitgeber und Arbeitnehmer. In: H. R. Fortmann / B. Kolocek (Hrsg.): Arbeitswelt der Zukunft. Trends – Arbeitsraum – Menschen – Kompetenzen. Wiesbaden: Springer Gabler, S. 317–337.

Neumann, O. (2020): Auswirkungen der Digitalisierung auf Personalberatungen. In: T. Verhoeven (Hrsg.): Digitalisierung im Recruiting. Wie sich Recruiting durch künstliche Intelligenz, Algorithmen und Bots verändert. Wiesbaden: Springer Gabler, S. 149–160.

New Players Network (2020): Marktmonitor Start-ups für die Assekuranz – Chatbots. https://docplayer.org/127908915-Marktmonitor-start-ups-fuer-die-assekuranz-chatbots-1.html. Abrufdatum: 31.03.2021.

Nextpractise (2016): Wertewelten Arbeiten 4.0. https://www.bmas.de/SharedDocs/Downloads/DE/PDF-Publikationen/Forschungsberichte/wertewelten-arbeiten-vier-null.pdf?__blob=publicationFile&v=2. Abrufdatum: 31.03.2021.

Nuernberg, V. (2019): Agiles HR-Management: Effiziente Personalarbeit durch smarten Einsatz digitaler Technologien. 1. Aufl., Freiburg: Haufe.

O'Neil, C. (2018): Amazon's Gender-Biased Algorithm Is Not Alone. https://www.bloomberg.com/opinion/articles/2018-10-16/amazon-s-gender-biased-algorithm-is-not-alone. Abrufdatum: 31.03.2021.

Obermann, C. / Serocka, I. et al. (2020): Digitalisierung im Assessment Center. In: K. P. Stulle (Hrsg.): Digitalisierung der Management-Diagnostik. Aktuelle Instrumente, Trends, Herausforderungen. Wiesbaden: Springer Gabler, S. 127–153.

Oberstädt, C. (2021): Programmatic Job Advertising. https://www.germanpersonnel.de/blog/programmatic-job-advertising/. Abrufdatum: 31.03.2021.

OECD (2011): Zuordnung nationaler Bildungsprogramme zur ISCED 2011. https://www.oecd.org/berlin/publikationen/Zuordnung%20nationaler%20Bildungsprogramme%20zur%20ISCED%202011.pdf. Abrufdatum: 31.03.2021.

OECD (2019): OECD Employment Outlook. http://www.oecd.org/employment-outlook/. Abrufdatum: 31.03.2021.

Oettinger, R. (2010): Führungsstil der Entwicklung anpassen. https://www.computerwoche.de/a/so-lernen-sie-situatives-fuehren,1927473,3. Abrufdatum: 31.03.2021.

OKR Experten (2021): OKR Beispiele. https://okrexperten.de/okr-beispiele/. Abrufdatum: 31.03.2021.

On-Apply (2021): Google for Jobs: So funktioniert es! https://onapply.de/google-for-jobs. Abrufdatum: 31.03.2021.

Ongig (2021): 5 Uses of Chatbots in Recruiting. https://blog.ongig.com/ai-recruitment/5-uses-of-chatbots-in-recruiting/. Abrufdatum: 31.03.2021.

Online, H. (2016): Mensch gegen Maschine: Google-KI AlphaGo schlägt Lee Sedol 3:0. https://www.heise.de/newsticker/meldung/Mensch-gegen-Maschine-Google-KI-AlphaGo-schlaegt-Lee-Sedol-3-0-3133401.html. Abrufdatum: 31.03.2021.

Onlinemarketing Praxis (2021): Definition Contextual Targeting. https://www.onlinemarketing-praxis.de/glossar/contextual-targeting-kontext-targeting-contextual-advertising. Abrufdatum: 31.03.2021.

Open Badges (2021): Elevate your learning with Open Badges. https://openbadges.org/. Abrufdatum: 31.03.2021.

OpenAI (2021): Discovering and enacting the path to safe artificial general intelligence. https://openai.com/. Abrufdatum: 31.03.2021.

Oracle (2021a): HRMS Transformation in the Cloud. https://www.oracle.com/human-capital-management/hrms/. Abrufdatum: 31.03.2021.

Oracle (2021b): Oracle Human Capital Management (HCM) https://www.oracle.com/de/human-capital-management/. Abrufdatum: 31.03.2021.

Otte, R. (2019): Künstliche Intelligenz für Dummies. 1. Aufl., Weinheim: WILEY-VCH.

Palmu, E. (2020): Human Resource Management with Artificial Intelligence. https://www.theseus.fi/bitstream/handle/10024/338353/Palmu_Emilia_Bachelor_Thesis.pdf?sequence=2&isAllowed=y. Abrufdatum: 31.03.2021.

Papernot, N. / Mcdaniel, P. et al. (2016): Practical black-box attacks against deep learning systems using adversarial examples. In: arXiv preprint arXiv:1602.02697, 1. Jg., 2016, H. 2, S. 3.

Paradox (2021a): Get recruiting work done. Without doing anything. https://www.paradox.ai. Abrufdatum: 31.03.2021.

Paradox (2021b): Say Hello to Olivia: The conversational AI assistant for recruiters everywhere. https://www.paradox.ai/products. Abrufdatum: 31.03.2021.

Paul Ekman Group (2021): Facial Action Coding System. https://www.paulekman.com/facial-action-coding-system/. Abrufdatum: 31.03.2021.

Pause, C. (2018): Im Sprint zum agilen Performance Management?! https://newmanagement.haufe.de/leadership/im-sprint-zum-agilen-performance-management. Abrufdatum: 31.03.2021.

Peerox (2021): Produktübersicht Maddox. https://peerox.de/produkt-und-pilotkunden/. Abrufdatum: 31.03.2021.

Peopledoc (2021): HR Service Delivery in der Cloud. https://www.people-doc.de. Abrufdatum: 31.03.2021.

Petry, T. (2018): Social Media Personalmarketing Studie 2018. https://personalmarketing2null.de/wp-content/uploads/2018/09/Social-Media-Personalmarketing-Studie-2018_Gek%C3%BCrzter-Ergebnisbericht.pdf. Abrufdatum: 31.03.2021.

Petry, T. / Jäger, W. (2018): Digital HR – Ein Überblick. In: dies. (Hrsg.): Digital HR. Smarte und agile Systeme, Prozesse und Strukturen im Personalmanagement. Freiburg: Haufe Group, S. 27–91.

Pichai, S. (2018): AI at Google: our principles. https://blog.google/technology/ai/ai-principles/. Abrufdatum: 15.11.2019.

Pitney Bowes (2021): Careers at Pitney Bowes. https://careers.pitneybowes.com/global/en. Abrufdatum: 31.03.2021.

Planet Beruf (2020): Lernen in virtuellen Welten. https://planet-beruf.de/schuelerinnen/ausbildung-so-laeufts/azubi-basics/experteninterview-virtual-reality-in-der-ausbildung/. Abrufdatum: 31.03.2021.

Pols, A. / Vogel, M. (2019): Cloud-Monitor 2019. https://www.bitkom.org/sites/default/files/2019-06/bitkom_kpmg_pk_charts_cloud_monitor_18_06_2019.pdf. Abrufdatum: 15.11.2019.

Poria, S. / Majumder, N. et al. (2018): Multimodal sentiment analysis: Addressing key issues and setting up the baselines. In: IEEE Intelligent Systems, 33. Jg., 2018, H. 6, S. 17–25.

Praher, J. (2020): Regel- oder KI-basiert: Die Technologien hinter Chatbots. https://inspire.mindbreeze.com/de/blog/regel-oder-ki-basiert-die-technologien-hinter-chatbots.html. Abrufdatum: 31.03.2021.

PRECIRE (2021a): Personal- und Organisationsentwicklung mit PRECIRE. https://precire.com/human-resources/. Abrufdatum: 31.03.2021.

PRECIRE (2021b): Sprachanalyse mit PRECIRE. https://precire.com/blog/2019/10/22/sprachanalyse-mit-precire/. Abrufdatum: 31.03.2021.

PRECIRE (2021c): Wirkung messen. Sprache gestalten. Zielgerichtet kommunizieren. https://precire.com. Abrufdatum: 31.03.2021.

PRECIRE (2021d): Sprachanalyse für den next Level Recruiting Prozess. https://precire.com/mindsquare/. Abrufdatum: 31.03.2021.

Price, B. / Jaffe, D. (2008): The Best Service is No Service: How to Liberate Your Customers from Customer Service, Keep Them Happy, and Control Costs. 1. Aufl., San Francisco: Jossey-Bass, S. 59 f.

Promerit (2019): Benchmarking HR Digital 2019: DACH. https://promerit.de/wp-content/uploads/2019/07/BHRD_2019_DACH_final_Promerit.pdf. Abrufdatum: 31.03.2021.

Pymetrics (2021): We are redefining talent management. https://www.pymetrics.ai/. Abrufdatum: 31.03.2021.

Queb (2018): Textio: Mit Augmented Writing und AI zur besten Stellenanzeige. https://www.queb.org/blog/textio-mit-augmented-writing-und-ai-zur-besten-stellenanzeige/. Abrufdatum: 31.03.2021.

Quinyx (2021): 5 Wege wie Algorithmen die Personaleinsatz-Planung verändern. https://www.quinyx.com/de/blog/algorithmen-personaleinsatz-planung. Abrufdatum: 31.03.2021.

Radomsky, C. (2019): Willkommen in der Welt der Digital Natives: Wie Sie als erfahrene Arbeitskraft Ihre Stärken ausspielen. 1. Aufl., München: Redline Verlag.

Raghavan, M. / Barocas, S. et al. (2019): Mitigating Bias in Algorithmic Employment Screening: EvaluatingClaims and Practices. https://arxiv.org/pdf/1906.09208v1.pdf. Abrufdatum: 31.03.2021.

Rath, D. (2019): Stasi-Methoden bei Zalando? https://www.humanresourcesmanager.de/news/personalbewertung-zonar-zalando-kritik-stasi-methoden.html. Abrufdatum: 31.03.2021.

Rauffmann, T. (2020): Videospiele sollen die Weiterbildung retten. https://www.wiwo.de/erfolg/beruf/serious-games-videospiele-sollen-die-weiterbildung-retten/26027370.html. Abrufdatum: 31.03.2021.

Reiner, J. / Cloots, A. et al. (2020): Digitale Kluft zwischen älteren und jüngeren Arbeitnehmenden – ein kompetenzbedingtes oder sozial konstruiertes Phänomen der Arbeitskultur? In: S. Wörwag / A. Cloots (Hrsg.): Arbeitskulturen im Wandel. Der Mensch in der New Work Culture. Wiesbaden: Springer Gabler, S. 223–238.

Reportlinker (2019): Human Resource Management Market Size, Share & Trends Analysis Report By Software, By Service, By Deployment, By Enterprise Size, By End Use And Segment Forecasts, 2019–2025. https://www.reportlinker.com/p05360489/Human-Resource-Management-Market-Size-Share-Trend-Analysis-Report-By-Software-By-Service-By-Deployment-By-Enterprise-Size-By-End-Use-And-Segment-Forecasts.html?utm_source=PRN. Abrufdatum: 31.03.2021.

Retorio (2021): Artificial Intelligence Revealing Talent. https://www.retorio.com/. Abrufdatum: 31.03.2021.

Rozovsky, J. (2015): The five keys to a successful Google team. https://rework.withgoogle.com/blog/five-keys-to-a-successful-google-team/. Abrufdatum: 31.03.2021.

Rüdiger, R. L. (2020): talent::digital – Eine Plattform zur Erfassung des digitalen Mindset. In: K. P. Stulle (Hrsg.): Digitalisierung der Management-Diagnostik. Aktuelle Instrumente, Trends, Herausforderungen. Wiesbaden: Springer Gabler, S. 247–264.

Ruhlig, K. (2020): FRAUNHOFER: Machine Learning. https://esut.de/2020/09/fachbeitraege/22440/fraunhofer-adversarial-machine-learning/. Abrufdatum: 31.03.2021.

Rump, J. / Eilers, S. (2020a): Agilität und Flexibilität – auf dem Weg zur Ambidextrie. In: dies. (Hrsg.): Die vierte Dimension der Digitalisierung. Spannungsfelder in der Arbeitswelt von morgen. Berlin: Springer Gabler, S. 227–236.

Rump, J. / Eilers, S. (2020b): Beschäftigungseffekte der Digitalisierung. In: dies. (Hrsg.): Die vierte Dimension der Digitalisierung. Spannungsfelder in der Arbeitswelt von morgen. Berlin: Springer Gabler, S. 145–162.

Rump, J. / Eilers, S. (2020c): Einleitung. In: dies. (Hrsg.): Die vierte Dimension der Digitalisierung. Spannungsfelder in der Arbeitswelt von morgen. Berlin: Springer Gabler, S. 1–16.

Rump, J. / Eilers, S. (2020d): Kontrolle ist gut, Vertrauen ist besser!? In: dies. (Hrsg.): Die vierte Dimension der Digitalisierung: Spannungsfelder in der Arbeitswelt von morgen. Berlin: Springer Gabler, S. 65–78.

Rump, J. / Eilers, S. (2020e): Future Learning – Kompetenzaufbau und -erhaltung für Beschäftigung. In: dies. (Hrsg.): Die vierte Dimension der Digitalisierung: Spannungsfelder in der Arbeitswelt von morgen. Berlin: Springer Gabler, S. 201–226.

Russell, S. / Norvig, P. (2013): Künstliche Intelligenz: Ein moderner Ansatz. 3., akt. Aufl., München: Pearson.

Rüttgers, C. / Hochgürtel, K. (2019): Digitalisierung der Arbeit und des HR-Managements – Eine empirische Analyse der Einstellungen von Beschäftigten. In: B. Hermeier, T. Heupel et al. (Hrsg.): Arbeitswelten der Zukunft. Wie die Digitalisierung unsere Arbeitsplätze und Arbeitsweisen verändert. Wiesbaden: Springer Gabler, S. 223–248.

Saatkorn (2019): HR Startups: HR FORECAST. https://www.saatkorn.com/hr-startups-hr-forecast/. Abrufdatum: 31.03.2021.

Sadasiva, S. (2019): The Rise Of Cognitive Robotic Process Automation. https://www.forbes.com/sites/forbestechcouncil/2019/08/19/the-rise-of-cognitive-robotic-process-automation/?sh=46075fe42a7 f. Abrufdatum: 31.03.2021.

Safar, M. (2021): Was ist Robotic Process Automation (RPA)? https://weissenberg-solutions.de/was-ist-robotic-process-automation/. Abrufdatum: 31.03.2021.

Sage (2021): Personaleinsatzplanung. https://www.sage.com/de-de/blog/lexikon/personaleinsatzplanung/. Abrufdatum: 31.03.2021.

Sakschewski, T. (2021): Zentralität und Prestige. http://wissensstrukturplan.de/wissensstrukturplan/glossar/z_zentralitaet.php. Abrufdatum: 31.03.2021.

Salesforce (2021): Intelligenteres Arbeiten mit der künstlichen Intelligenz in Salesforce. https://www.salesforce.com/de/products/einstein/overview/. Abrufdatum: 31.03.2021.

Samek, W. / Wiegand, T. et al. (2017): Explainable artificial intelligence: Understanding, visualizing and interpreting deep learning models. https://www.researchgate.net/publication/319327051_Explainable_Artificial_Intelligence_Understanding_Visualizing_and_Interpreting_Deep_Learning_Models. Abrufdatum: 31.03.2021.

Sánchez-Mayoral, U. (2021): Strategische Personalplanung: Prozess und Umsetzung bei SAP. https://www.haufe.de/finance/haufe-finance-office-premium/strategische-personalplanung-prozess-und-umsetzung-bei-sap_idesk_PI20354_HI2902925.html. Abrufdatum: 31.03.2021.

Sánchez-Monodero, J. / Dencik, L. (2019): The datafication of the workplace. https://datajusticeproject.net/wp-content/uploads/sites/30/2019/05/Report-The-datafication-of-the-workplace.pdf. Abrufdatum: 31.03.2021.

Sangwani, G. (2018): Here's how Amazon collects employee feedback — One question a day. https://www.financialexpress.com/industry/sme/heres-how-amazon-collects-employee-feedback-one-question-a-day/1136028/. Abrufdatum: 31.03.2021.

SAP (2021): Geschichte der SAP. https://www.sap.com/corporate/de/company/history.html. Abrufdatum: 31.03.2021.

SAP SuccessFactors (2021a): SAP SuccessFactors Workforce Analytics. https://www.sap.com/germany/products/workforce-analytics.html. Abrufdatum: 31.03.2021.

SAP SuccessFactors (2021b): SAP SuccessFactors Workforce Analytics: Optimize Performance and Results with Data-driven Insights. https://www.sap.com/germany/products/workforce-analytics.html?pdf-asset=12e85371-c37c-0010-82c7-eda71af511fa&page=1. Abrufdatum: 31.03.2021.

Sartorius, K. (2020): Chancen und Risiken der Sprachsynthese. https://www.heise.de/ct/artikel/Chancen-und-Risiken-der-Sprachsynthese-4723629.html. Abrufdatum: 31.03.2021.

Schaar, P. (2010): Privacy by design. In: Identity in the Information Society, 3. Jg., 2010, H. 2, S. 267–274.

Schäfer, M. / Schwarzkopf, N. (2019): Gig-Economy: Chance oder Gefährdung für den Arbeitsmarkt? https://www.kas.de/documents/252038/4521287/AA349+Gig+Economy.pdf/2df45fcf-6634-7ab5-0657-4e6dfaa12f12?version=1.0&t=1556609593640. Abrufdatum: 31.03.2021.

Schaff, A. (2019): Arbeit 4.0: Risiken für die psychische Gesundheit. In: B. Hermeier, T. Heupel et al. (Hrsg.): Arbeitswelten der Zukunft. Wie die Digitalisierung unsere Arbeitsplätze und Arbeitsweisen verändert. Wiesbaden: Springer Gabler, S. 303–320.

Scheller, S. (2019): Zonar von Zalando: Algorithmisches Management, People Analytics und Mitarbeiter-Ratings in der Diskussion. https://persoblogger.de/2019/11/25/zonar-von-zalando-algorithmisches-management-people-analytics-und-mitarbeiter-ratings-in-der-diskussion/. Abrufdatum: 31.03.2021.

Scherer, K. (2021): Begrenzt genial: Künstliche Intelligenz am Arbeitsplatz. 12.02.2021. Dok5: Feature. WDR https://www1.wdr.de/mediathek/audio/wdr5/wdr5-dok5-das-feature/audio-begrenzt-genial---kuenstliche-intelligenz-am-arbeitsplatz-100.html. Abrufdatum: 31.03.2021.

Schickler (2020): Churn Prediction – Präventive Kündigungsverhinderung mit künstlicher Intelligenz. https://www.schickler.de/2020/08/churn-prediction-praeventive-kuendigungsverhinderung-mit-kuenstlicher-intelligenz/. Abrufdatum: 31.03.2021.

Schirmer, U. (2020): Praxisbeispiel: Vergütung in agilen Teams – Erfahrungen in einem Großkonzern am Beispiel Robert Bosch. In: A. Häusling / S. Fischer (Hrsg.): Der Weg zur agilen HR-Organisation. Modelle und Praxisbeispiele für erfolgreiche Transformationen. Freiburg: Haufe Group, S. 152–163.

Schischka, B. / Kolokythas, P. (2016): Google DeepMind besiegt Profi-Go-Spieler Lee Se-dol. https://www.pcwelt.de/news/Google-KI-Kuenstliche-Intelligenz-Go-Spiel-9944352.html. Abrufdatum: 31.03.2021.

Schmid, D. / Alberti, M. (2020): OKR-Methode: Auf diese Führungsmethode schwört man im Silicon Valley. https://www.impulse.de/management/unternehmensfuehrung/okr-methode/7311743.html. Abrufdatum: 31.03.2021.

Schmidt, A. (2019): Conversational Commerce: So gelingt der Einstieg. https://t3n.de/news/conversational-commerce-gelingt-1182850/. Abrufdatum: 31.03.2021.

Schoenthal, N. / Gierschmann, F. et al. (2020): Künstliche Intelligenz in HR – Chance oder Risiko? In: K. Schwuchow / J. Gutmann (Hrsg.): HR-Trends 2021: Strategie, Kultur, Big Data, Diversity. 30. Ausgabe, Freiburg: Haufe Group, S. 314–324.

Scholten, J. (2018): Personalentwicklungsmaßnahmen 4.0. In: H. R. Fortmann / B. Kolocek (Hrsg.): Arbeitswelt der Zukunft. Trends – Arbeitsraum – Menschen – Kompetenzen. Wiesbaden: Springer Gabler, S. 387–420.

Scholz, T. M. (2017): Big data in organizations and the role of human resource management. Frankfurt a. M.: Peter Lang International Academic Publishers.

Schräer, F. (2021): Amazon plant Überwachungskameras für seine Lieferwagen – zur Sicherheit https://www.heise.de/news/Amazon-plant-Ueberwachungskameras-fuer-seine-Lieferwagen-zur-Sicherheit-5045405.html. Abrufdatum: 31.03.2021.

Schreyer, J. / Scharpe, J.-F. (2018): Algorithmische Arbeitskoordination in der plattformbasierten Gig Economy: das Beispiel Foodora. In: AIS-Studien, 11. Jg., 2018, H. 2, S. 262–278.

Schulze, D. (2019): Bedingungsloses Grundeinkommen. https://www.igmetall-hannover.de/no_cache/aktuelles/meldung/bedingungsloses-grundeinkommen/. Abrufdatum: 31.03.2021.

Schürholz, M. / Spitzner, E.-C. (2019): Hardware für KI. In: V. Wittpahl (Hrsg.): Künstliche Intelligenz: Technologie | Anwendung | Gesellschaft. Berlin, Heidelberg: Springer, S. 36–47.

Schuster, A. S. (2020): Robotic Process Automation im Human Resource Management. In: C. Gärtner (Hrsg.): Smart Human Resource Management. Analytics, Automatisierung und Agilität in der Personalarbeit. Wiesbaden: Springer Gabler, S. 149–160.

Schwertfeger, B. (2015): Personalauswahl per Sprachtest. In: Personalmagazin, 17. Jg., H. 12, S. 32–34.

Semet, S. / Hilberer, L. (2018): Potenziale von künstlicher Intelligenz für HR. In: T. Petry / W. Jäger (Hrsg.): Digital HR. Smarte und agile Systeme, Prozesse und Strukturen im Personalmanagement. Freiburg: Haufe Group, S. 181–192.

Seufert, J. (2019): Amazon: Ich liefere. https://www.zeit.de/2019/46/amazon-flex-paketzusteller-freiberufler-nebenjob. Abrufdatum: 31.03.2021.

Seufert, S. / Meier, C. (2020): Personalentwicklung im Zeitalter von Smart Machines. In: K. Schwuchow / J. Gutmann (Hrsg.): HR-Trends 2021: Strategie, Kultur, Big Data, Diversity. 30. Ausgabe, Freiburg: Haufe Group, S. 283–293.

Shih, J. (2017): Applying predictive analytics to manage employee turnover. https://blogs.sap.com/2017/07/20/applying-predictive-analytics-to-manage-employee-turnover/. Abrufdatum: 31.03.2021.

Siegel, E. (2016): With Power Comes Responsibility: Hewlett-Packard, Target, the Cops, and the NSA Deduce Your Secrets. In: ders. (Hrsg.): Predictive Analytics. The Power to Predict Who Will Click, Buy, Lie, or Die, Revised and Updated. Hoboken, New Jersey: John Wiley & Sons, Inc., S. 46–101.

Singler, E. (2020): Der Markt für HR-Software auf einen Blick. https://www.haufe.de/personal/hr-management/marktuebersicht-wichtige-entwicklungen-des-hr-softwaremarkts_80_525016.html. Abrufdatum: 31.03.2021.

Siop (2018): Principles for the Validation and Use of Personnel Selection Procedures. https://www.cambridge.org/core/journals/industrial-and-organizational-psychology/article/abs/principles-for-the-validation-and-use-of-personnel-selection-procedures/730C076329F88919D5C81C6E7D304FE2. Abrufdatum: 31.01.2021.

Smith, B. (2018): Facial recognition technology: The need for public regulation and corporate responsibility. https://blogs.microsoft.com/on-the-issues/2018/07/13/facial-recognition-technology-the-need-for-public-regulation-and-corporate-responsibility/. Abrufdatum: 31.03.2021.

Sociometric Solutions (2013): https://notalentgeek.github.io/20161111-0718-gmt-2-document-16-presentation-5-assessment-1/#/0/3. Abrufdatum: 13.06.2021.

Soós, K. (2018): Der Chat-bot iConny – eine digitale Recruiting-Initiative. https://www.innogyconsulting.com/de/karriere/icon-magazin/artikel/der-chat-bot-iconny-eine-digitale-recruiting-initiative. Abrufdatum: 31.03.2021.

Souza, L. (2020): New AI-Powered Video Assessment Gives Intoo Outplacement Users a Competitive Edge. https://us.intoo.com/blog/ai-powered-video-assessment-intoo-outplacement/. Abrufdatum: 31.03.2021.

Der Spiegel (29/1982): Gläserner Mensch. https://www.spiegel.de/spiegel/print/d-14349954.html. Abrufdatum: 31.03.2021.

Sprecheffekte (2021): So funktioniert's – ein kurzer technischer Einblick. https://www.sprecheffekte.de/precire%c2%ae-training/precire-technologie. Abrufdatum: 31.03.2021.

Squared Online (2021): Was ist Social Media Monitoring? https://www.wearesquared.de/glossar/was-ist-social-media-monitoring. Abrufdatum: 31.03.2021.

Staab, P. / Geschke, S.-C. (2020): Ratings als Arbeitspolitisches Konfliktfeld: Das Beispiel Zalando. https://www.researchgate.net/publication/336513640_Ratings_als_Arbeitspolitisches_Konfliktfeld_Das_Beispiel_Zalando_Study_der_Hans-Bockler-Stiftung_Nr_429. Abrufdatum: 31.03.2021.

Stadler, M. L. (2021): So verbessern Sie Ihre Personaleinsatzplanung mithilfe von KI. http://mit-blog.de/so-verbessern-sie-ihre-personaleinsatzplanung-mithilfe-von-ki/. Abrufdatum: 31.03.2021.

Staritz, S. / Biemann, T. (2018): Hype oder Kurswechsel in HR? Nutzen von People Analytics. https://www.dgfp.de/fileadmin/user_upload/DGFP_e.V/Medien/Personalfuehrung/Ausgaben_2018/05/TH_1_0518.pdf. Abrufdatum: 31.03.2021.

Startup Xchange (2018): JIM. https://www.dbs.com/startupxchange/stories-jim.html. Abrufdatum: 31.03.2021.

Statista (2018): Wo Crowdworking zum Einsatz kommen kann. https://de.statista.com/infografik/20188/branchen-mit-einsatzmoeglichkeiten-fuer-crowdworking/). Abrufdatum: 31.03.2021.

Statista (2019a): Automatisierung bedroht Millionen Arbeitsplätze. https://de.statista.com/infografik/5203/beschaeftigte-in-jobs-mit-hohem-automatisierungs-risiko/. Abrufdatum: 19.03.2021.

Statista (2019b): Marktanteile der meistgenutzten Suchmaschinen auf dem Desktop nach Page Views weltweit in ausgewählten Monaten von August 2015 bis August 2019. https://de.statista.com/statistik/daten/studie/225953/umfrage/die-weltweit-meistgenutzten-suchmaschinen/. Abrufdatum: 31.03.2021.

Statista (2020): Suchmaschinen-Ranking (Desktop) in den USA nach Anzahl der Anfragen in ausgewählten Monaten von Januar 2010 bis Oktober 2020. https://de.statista.com/statistik/daten/studie/71500/umfrage/anzahl-der-suchanfragen-auf-suchmaschinen-in-den-usa-seit-2007/. Abrufdatum: 31.03.2021.

StepStone (2018a): Führung und Arbeit in der Digitalen Revolution. https://www.stepstone.de/wissen/leadership-und-arbeit-der-digitalen-revolution/. Abrufdatum: 31.03.2021.

StepStone (2018b): Kandidaten im Fokus. https://www.stepstone.de/hr-studies/stepstone-kandidaten-im-fokus.pdf?cid=MAILING_B2B_DownloadWebsite_DDE__09-08-18_%20SYS19_C2A. Abrufdatum: 31.03.2021.

StepStone / Kienbaum (2018): Führung und Arbeit in der Digitalen Revolution. https://www.stepstone.de/wissen/leadership-und-arbeit-der-digitalen-revolution/. Abrufdatum: 31.03.2021.

Stimac, M. (2018): Wie Computer lernen. https://www.golem.de/news/kuenstliche-intelligenz-wie-computer-lernen-1810-135633-4.html. Abrufdatum: 31.03.2021.

STRV (2021): Brave Thinkers Wanted. https://www.strv.com/careers. Abrufdatum: 31.03.2021.

Stucki, T. / D'Onofrio, S. et al. (2018): Chatbot – Der digitale Helfer im Unternehmen: Praxisbeispiele der Schweizerischen Post. In: HMD Praxis der Wirtschaftsinformatik, 55. Jg., 2018, H. 4, S. 725–747.

Studyflix (2021): Logistische Regression. https://studyflix.de/statistik/logistische-regression-2150. Abrufdatum: 31.03.2021.

Sucher, S. J. / Gupta, S. (2018): Layoffs That Don't Break Your Company. https://hbr.org/2018/05/layoffs-that-dont-break-your-company. Abrufdatum: 31.03.2021.

Systemhaus.Com (2021): LMS E-Learning Management Software – Die Top 10 Anbieter im Test & Vergleich. https://systemhaus.com/lms-elearning-management-software/. Abrufdatum: 31.03.2021.

Talent LMS (2021a): About Us. https://www.talentlms.com/about. Abrufdatum: 31.03.2021.

Talent LMS (2021b): The platform built for complete buy-in https://www.talentlms.com/platform. Abrufdatum: 31.03.2021.

Talent LMS (2021c): Privacy Policy. https://www.talentlms.com/privacy. Abrufdatum: 31.03.2021.

Talent::Digital (2021): Die neue Art der digitalen Transformation. https://talentdigital.eu. Abrufdatum: 31.03.2021.

Talentwunder (2021a): Kunden. Stimmen. https://talentwunder.com/kunden-stimmen/. Abrufdatum: 31.03.2021.

Talentwunder (2021b): Recruit. Smart. People. https://talentwunder.com/. Abrufdatum: 31.03.2021.

Talentwunder (2021c): Smart. https://talentwunder.com/smart/. Abrufdatum: 31.03.2021.

Tambe, P. / Cappelli, P. et al. (2019): Artificial Intelligence in Human Resources Management: Challenges and a Path Forward. In: California Management Review, 61. Jg., 2019, H. 4, S. 15–42.

Tan, A. (2020): DBS taps AI and data analytics in intelligent banking move. https://www.computerweekly.com/news/252489320/DBS-taps-AI-and-data-analytics-in-intelligent-banking-move. Abrufdatum: 31.03.2021.

Tandemploy (2021): Your Talent Marketplace for a learning, agile Organisation. https://www.tandemploy.com/en/?noredirect=en_US. Abrufdatum: 31.03.2021.

Tangens, R. (2019): Precire Technologies GmbH in Aachen. https://bigbrotherawards.de/2019/kommunikation-precire-technologies-gmbh. Abrufdatum: 31.03.2021.

Tanmay (2021): Adaptive Learning Software Market Precise Outlook 2021: Smart Sparrow, Cogbooks, Docebo, ScootPad. https://ksusentinel.com/2021/02/06/adaptive-learning-software-market-precise-outlook-2021-smart-sparrow-cogbooks-docebo-scootpad/. Abrufdatum: 31.03.2021.

Teetz, I. (2018): Künstliche Intelligenz im Recruiting. In: T. Petry / W. Jäger (Hrsg.): Digital HR. Smarte und agile Systeme, Prozesse und Strukturen im Personalmanagement. Freiburg: Haufe Group, S. 225–239.

Tensorflow (2021): Learn how TensorFlow solves real, everyday machine learning problems. https://www.tensorflow.org/about/case-studies. Abrufdatum: 31.03.2021.

Tepe, J. (2020): Smarte Algorithmen und geballte Menschlichkeit: So gelingt der Weg zur vernetzten Organisation. In: C. Gärtner (Hrsg.): Smart Human Resource Management. Analytics, Automatisierung und Agilität in der Personalarbeit. Wiesbaden: Springer Gabler, S. 27–38.

Textio (2021): Write like you mean it. https://www.textio.com. Abrufdatum: 31.03.2021.

Textkernel (2021a): The AI behind Textkernel's Skills Taxonomy. https://www.textkernel.com/webinars/on-demand-webinar-the-ai-behind-textkernels-skills-taxonomy/. Abrufdatum: 31.03.2021.

Textkernel (2021b): AI for Recruitment | A Q&A to better understand how Textkernel works with Knowledge Graphs. https://www.textkernel.com/technology/ai-for-recruitment-a-qa-to-better-understand-how-textkernel-works-with-knowledge-graphs/. Abrufdatum: 31.03.2021.

Textkernel (2021c): Künstliche Intelligenz, die Kandidaten und Jobs zusammenbringt. https://www.textkernel.com/de/uber-uns/. Abrufdatum: 31.03.2021.

Textkernel (2021d): So bringt smarte Technologie Kandidaten und Jobs zusammen. https://www.textkernel.com/de/solution/match/. Abrufdatum: 31.03.2021.

The Electronic Privacy Information Center (Epic) (2019): Complaint and Request for Investigation, Injunction, and Other Relief Submitted by The Electronic Privacy Information Center (EPIC). https://epic.org/privacy/ftc/hirevue/EPIC_FTC_HireVue_Complaint.pdf. Abrufdatum: 31.03.2021.

The United States Department of Justice (2015): Brief Description Of The Uniform Guidelines On Employee Selection Procedures. https://www.justice.gov/crt/brief-description-uniform-guidelines-employee-selection-procedures. Abrufdatum: 31.03.2021.

Thedens, T. (2018): Bewerberstudie zu künstlicher Intelligenz in HR: zwischen Unbehagen und Gefallen. https://www.viasto.com/blog/bewerber-studie-zu-kuenstlicher-intelligenz-in-der-personalauswahl/. Abrufdatum: 31.03.2021.

Tillman, B. (2019): Cutting Edge Awards 2019: Mastercard employs VR in worldwide training sessions – including active shooter training. https://www.bizjournals.com/stlouis/news/2019/06/28/cutting-edge-awards-2019-mastercard-employs-vr-in.html. Abrufdatum: 31.03.2021.

Timberg, S. (2015): Jeff Bezos, Orwellian overlord: Why his defense of Amazon's »bruising« workplace culture is so hard to swallow. https://www.salon.com/2015/08/17/amazons_orwellian_anytime_feedback_tool_makes_defenses_of_the_companys_bruising_workplace_culture_hard_to_swallow/. Abrufdatum: 31.03.2021.

Tmc (2020): Künstliche Intelligenz im Unternehmensumfeld. https://tmcgroup.de/wp-content/uploads/2020/03/Studie-KI-im-Unternehmensumfeld.pdf. Abrufdatum: 31.03.2021.

Tomasello, M. / Hamann, K. (2011): Kooperation bei Kleinkindern. https://www.mpg.de/4658054/Kooperation_bei_Kleinkindern. Abrufdatum: 31.03.2021.

Tuscherer, R. (2019): Walmart uses virtual reality to test new store managers. https://eu.usatoday.com/story/tech/2019/07/08/walmart-uses-virtual-reality-hire-new-managers/1635311001/. Abrufdatum: 31.03.2021.

U.S. Bureau of Labor Statistics (2021): Economic News Release. https://www.bls.gov/news.release/empsit.t12.htm. Abrufdatum: 31.03.2021.

Ullah, M. / Ullah, R. (2018): Big Data im HR. In: H. R. Fortmann / B. Kolocek (Hrsg.): Arbeitswelt der Zukunft. Trends – Arbeitsraum – Menschen – Kompetenzen. Wiesbaden: Springer Gabler, S. 221–231.

Unger, M. (2020): Persönlichkeitseigenschaften guter BeobachterInnen – eine experimentelle Studie anhand direkter und indirekter Messmethoden. https://kobra.uni-kassel.de/bitstream/handle/123456789/12066/DissertationMarkusUnger.pdf?sequence=13&isAllowed=y. Abrufdatum: 31.03.2021.

Universität Oldenburg (2009): Schwache KI und Starke KI. http://www.informatik.uni-oldenburg.de/~iug08/ki/Grundlagen_Starke_KI_vs._Schwache_KI.html. Abrufdatum: 31.03.2021.

Unilever (2019): Unilever launches new AI-powered talent marketplace. https://www.unilever.com/news/press-releases/2019/unilever-launches-ai-powered-talent-marketplace.html. Abrufdatum: 31.03.2021.

Van Alstyne, M. W. / Parker, G. G. et al. (2020): Plattform statt Pipeline. https://www.manager-magazin.de/harvard/digitalisierung/plattformstrategie-so-bauen-sie-ein-geschaeftsmodell-auf-a-00000000-0002-0001-0000-000151446948. Abrufdatum: 31.03.2021.

Van Iddekinge, C. H. / Lanivich, S. E. et al. (2016): Social media for selection? Validity and adverse impact potential of a Facebook-based assessment. In: Journal of Management, 42. Jg., 2016, H. 7, S. 1811–1835.

Verhoeven, T. (2020a): Blick über den Tellerrand: Wie andere Marktteilnehmer im Recruiting-Geschäft auf die Digitalisierung reagieren und was sich dort verändern wird. In: ders. (Hrsg.): Digitalisierung im Recruiting. Wie sich Recruiting durch künstliche Intelligenz, Algorithmen und Bots verändert. Wiesbaden: Springer Gabler, S. 129–134.

Verhoeven, T. (2020b): Die Risiken der Digitalisierung. In: ders. (Hrsg.): Digitalisierung im Recruiting. Wie sich Recruiting durch künstliche Intelligenz, Algorithmen und Bots verändert. Wiesbaden: Springer Gabler, S. 225–244.

Verhoeven, T. / Goldmann, P. (2020): Digitalisierung im Recruiting: der Status quo. In: T. Verhoeven (Hrsg.): Digitalisierung im Recruiting. Wie sich Recruiting durch künstliche Intelligenz, Algorithmen und Bots verändert. Wiesbaden: Springer Gabler, S. 7–24.

Vetter, C. / Semenova, M. (2020): Strategische Personalplanung & Qualitatives Skillmanagement. In: C. Gärtner (Hrsg.): Smart Human Resource Management. Analytics, Automatisierung und Agilität in der Personalarbeit. Wiesbaden: Springer Gabler, S. 133–147.

Viasto (2018): Was Bewerber von künstlicher Intelligenz in der Personalauswahl halten. https://pages.viasto.com/whitepaper/KI-im-HR. Abrufdatum: 31.03.2021.

Villwock, P.-O. / Serries, C. et al. (2018): Arbeitsschutz 4.0. In: H. R. Fortmann / B. Kolocek (Hrsg.): Arbeitswelt der Zukunft. Trends – Arbeitsraum – Menschen – Kompetenzen. Wiesbaden: Springer Gabler, S. 299–315.

Visier (2021): Our Mission. https://www.visier.com/company/. Abrufdatum: 31.03.2021.

Vollmer, L. / Poppenborg, M. (2018): Was Sie über New Work wissen sollten. In: A. Ternès / C.-D. Wilke (Hrsg.): Agenda HR – Digitalisierung, Arbeit 4.0, New Leadership. Was Personalverantwortliche und Management jetzt nicht verpassen sollten. Wiesbaden: Springer Gabler, S. 21–27.

Vote2work (2021): Einfach. Smart. Planen. https://www.vote2work.com/. Abrufdatum: 31.03.2021.

Vr, W. O. (2021): Immersion in der Welt der Computerspiele. https://worldofvr.net/immersion/. Abrufdatum: 31.03.2021.

Walzer, F. (2018): HR: Modernes Performance Management geht über Zielvereinbarungen hinaus. https://crosswater-job-guide.com/archives/73607/hr-modernes-performance-management-geht-ueber-zielvereinbarungen-hinaus/. Abrufdatum: 31.03.2021.

Weber, J. (2021): Controlling. https://wirtschaftslexikon.gabler.de/definition/controlling-30235. Abrufdatum: 31.03.2021.

Weimann, H. (2012): Cloud computing. https://www.uni-frankfurt.de/44195764/Vortrag-Cloud-Computing---Weimann.pdf. Abrufdatum: 31.03.2021.

Werther, S. / Bruckner, L. et al. (2018a): Einleitung. In: S. Werther / L. Bruckner (Hrsg.): Arbeit 4.0 aktiv gestalten. Die Zukunft der Arbeit zwischen Agilität, People Analytics und Digitalisierung. Berlin: Springer, S. 1–22.

Werther, S. / Bruckner, L. et al. (2018b): Aktuelle Studien zur Zukunft der Arbeit. In: S. Werther / L. Bruckner (Hrsg.): Arbeit 4.0 aktiv gestalten: Die Zukunft der Arbeit zwischen Agilität, People Analytics und Digitalisierung. Berlin: Springer, S. 23–46.

Werther, S. / Bruckner, L. et al. (2018c): Perspektiven auf die Zukunft der Arbeit. In: S. Werther / L. Bruckner (Hrsg.): Arbeit 4.0 aktiv gestalten: Die Zukunft der Arbeit zwischen Agilität, People Analytics und Digitalisierung. Berlin: Springer, S. 47–86.

Werther, S. / Bruckner, L. et al. (2018d): Implikationen von Arbeit 4.0 auf die Personalarbeit. In: S. Werther / L. Bruckner (Hrsg.): Arbeit 4.0 aktiv gestalten. Die Zukunft der Arbeit zwischen Agilität, People Analytics und Digitalisierung. Berlin: Springer, S. 87–162.

Werther, S. / Bruckner, L. et al. (2018e): Arbeitswelten 2025. In: S. Werther / L. Bruckner (Hrsg.): Arbeit 4.0 aktiv gestalten: Die Zukunft der Arbeit zwischen Agilität, People Analytics und Digitalisierung. Berlin: Springer, S. 163–228.

Wikipedia (2021): Polanyi's paradox. https://en.wikipedia.org/wiki/Polanyi%27 s_paradox. Abrufdatum: 31.03.2021.

Wilde, T. (2017): Customer Engagement mit Chat-Bots und Collaboration Bots: Vorgehen, Chancen und Risiken zum Einsatz von Bots in Service und Marketing. In: P. Gentsch (Hrsg.): Künstliche Intelligenz für Sales, Marketing und Service. Mit AI und Bots zu einem Algorithmic Business-Konzepte, Technologien und Best Practices. Berlin: Springer Gabler, S. 173–186.

Willenbrock, H. (2019): Die Menschenfischer. https://www.brandeins.de/magazine/brand-eins-thema/innovation-2019/talentwunder-die-menschenfischer. Abrufdatum: 31.03.2021.

Wilson, H. J. / Daugherty, P. R. (2018): Collaborative Intelligence: Humans and AI Are Joining Forces. https://hbr.org/2018/07/collaborative-intelligence-humans-and-ai-are-joining-forces. Abrufdatum: 31.03.2021.

Winkler, K. / Niedermeier, S. (2020): Führung in der digitalisierten Arbeitswelt. In: S. Wörwag / A. Cloots (Hrsg.): Arbeitskulturen im Wandel. Der Mensch in der New Work Culture. Wiesbaden: Springer Gabler, S. 133–154.

Wired-Staff (2018): Ein simpler Foto-Filter kann verhindern, dass eine KI Gesichter erkennt. https://www.gq-magazin.de/auto-technik/article/dieser-filter-verwirrt-die-gesichtserkennung-von-kis. Abrufdatum: 31.03.2021.

Wolf, G. (2021): Objective Optimization: Das variable Vergütungssystem für moderne und agile Unternehmen. https://objectiveoptimization.de/. Abrufdatum: 31.03.2021.

Wondrak, M. (2016): Recency Effekt – Warum der letzte Eindruck täuschen kann. https://www.anti-bias.eu/unconsciousbias/bias-effekte/recency-effekt/. Abrufdatum: 31.03.2021.

Wood, A. J. / Graham, M. et al. (2019): Good gig, bad gig: autonomy and algorithmic control in the global gig economy. In: Work, Employment and Society, 33. Jg., 2019, H. 1, S. 56–75.

Wood, R. (2017): Reporting and Analytics in SAP SuccessFactors HXM Suite – Let's Make It Simple [Updated]. https://blogs.sap.com/2017/08/16/successfactors-reporting-analytics-lets-make-it-simple/. Abrufdatum: 31.03.2021.

Work Institute (2020): 2020 RETENTION REPORT. https://info.workinstitute.com/hubfs/2020%20Retention%20Report/Work%20Institutes%202020%20Retention%20Report.pdf. Abrufdatum: 31.03.2021.

Workday (2021): Workday Machine Learning. https://forms.workday.com/en-gb/other/workday-machine-learning/form.html. Abrufdatum: 31.03.2021.

World Economic Forum (2020): The Future of Jobs Report 2020. http://www3.weforum.org/docs/WEF_Future_of_Jobs_2020.pdf. Abrufdatum: 31.03.2021.

Yeginsu, C. (2018): If Workers Slack Off, the Wristband Will Know. (And Amazon Has a Patent for It.). https://www.nytimes.com/2018/02/01/technology/amazon-wristband-tracking-privacy.html. Abrufdatum: 31.03.2021.

Your Learning (2021a): Frequently Asked Questions. https://yourlearning.ibm.com/about/faq/. Abrufdatum: 31.03.2021.

Your Learning (2021b): Your Learning and Watson. https://yourlearning.ibm.com/about/watson. Abrufdatum: 31.03.2021.

Youyou, W. / Kosinski, M. et al. (2015): Computer-based personality judgments are more accurate than those made by humans. In: Proceedings of the National Academy of Sciences, 112. Jg., 2015, H. 4, S. 1036–1040.

Zander, G. (2017): So verbessern Sie Ihre Personaleinsatzplanung. https://www.haufe.de/personal/hr-management/personalbedarf-personaleinsatzplanung-verbessern_80_401616.html. Abrufdatum: 31.03.2021.

Zeit Online (2019): Datenschutzbehörde prüft Mitarbeitersoftware von Zalando. https://www.zeit.de/arbeit/2019-11/zonar-zalando-mitarbeiter-scoring-software?utm_referrer=https%3A%2F%2Fwww.ecosia.org%2F. Abrufdatum: 31.03.2021.

Zhang, J. / Luo, Y. (2017): Degree centrality, betweenness centrality, and closeness centrality in social network. https://www.atlantis-press.com/proceedings/msam-17/25874733. Abrufdatum: 31.03.2021.

Zils, E. (2021): What is the HR Hackathon? https://www.hrhackathon.net/about-the-hrhackathon/. Abrufdatum: 31.03.2021.

Zschunke, L. (2018): Was ist Crowdsourcing? Schlaglichter auf eine junge Arbeitsform. https://www.crowdguru.de/blog/crowdsourcing-schlaglichter-einer-jungen-arbeitsform/. Abrufdatum: 31.03.2021.

Die Autorin

Verena Fink ist Expertin für Zukunftsökonomie und Neuroscience-Marketing und agiert als Unternehmerin mit der Strategieberatung Woodpecker Finch in Deutschland sowie mit Start-up-Projekten rund um Künstliche Intelligenz und Lösungen für Industrie 4.0 in San Francisco. Als Beraterin und Aufsichtsratsmitglied ist sie für etablierte Unternehmen aus Industrie, Energie, Mobilität, Handel, Finanzen und Gesundheit tätig. Auf Basis ihres umfangreichen Erfahrungsschatzes wurde sie ins Advisory Board von DocuSign berufen, dem globalen Industry Leader für Prozessdigitalisierung. Verena Fink veröffentlicht und spricht zu Künstlicher Intelligenz, um Menschen Lust zu machen, ihre humane Arbeitszukunft aktiv mitzugestalten.

PI13717817
9788560